BUILDING THE NETWORK OF THE FUTURE

Getting Smarter, Faster, and More Flexible
with a Software Centric Approach

软件定义网络之旅

构建更智能、更快速、更灵活的未来网络

[美] 约翰·多诺万（John Donovan）
克里什·普拉布（Krish Prabhu）/ 主编

郎为民 程如岐 马卫国 闪德胜 沈宇 等 / 译

U0342977

人民邮电出版社
北 京

图书在版编目（CIP）数据

　　软件定义网络之旅：构建更智能、更快速、更灵活
的未来网络 ／（美）约翰·多诺万（John Donovan），
（美）克里什·普拉布（Krish Prabhu）主编；郎为民等
译. -- 北京：人民邮电出版社，2020.9
　　ISBN 978-7-115-54091-1

　　Ⅰ. ①软… Ⅱ. ①约… ②克… ③郎… Ⅲ. ①计算机
网络—研究 Ⅳ. ①TP393

　　中国版本图书馆CIP数据核字（2020）第090895号

- 主　　编　　[美]约翰·多诺万（John Donovan）
　　　　　　　[美]克里什·普拉布（Krish Prabhu）
- 译　　　　　郎为民　程如岐　马卫国　闪德胜　沈　宇　等
- 责任编辑　　李　强
- 责任印制　　彭志环
- 人民邮电出版社出版发行　　北京市丰台区成寿寺路 11 号
- 邮编　100164　　电子邮件　315@ptpress.com.cn
- 网址　https://www.ptpress.com.cn
- 涿州市京南印刷厂印刷
- 开本：787×1092　1/16
- 印张：25.75　　　　　　　　　　2020 年 9 月第 1 版
- 字数：574 千字　　　　　　　　2020 年 9 月河北第 1 次印刷
- 著作权合同登记号　图号：01-2018-8397 号

定价：199.00 元

读者服务热线：**(010)81055493**　印装质量热线：**(010)81055316**
反盗版热线：**(010)81055315**
广告经营许可证：京东市监广登字 20170147 号

内容提要

　　本书首先开门见山地介绍了网络变革的必要性；接着由浅入深地介绍了新技术（如网络功能虚拟化、软件定义网络、网络云），包括基础架构、网络运营、业务平台；然后，AT&T 的顶级网络专家讨论他们如何将软件定义网络从概念转移到实践以及为什么要快速完成这项业务，并完整地介绍将网络定义为软件定义实体的方法，还提供了软件定义网络演进的唯一总体视图；最后通过一些具体用例，我们能够更深入地了解软件如何改变网络世界。

　　本书值得任何关注以软件为中心的网络的机构，以及电信行业的工作人员、网络工程师阅读。

约翰·多诺万（John Donovan）于 2008 年加入 AT&T，担任首席技术官。他于 2012 年成为 AT&T 技术和运营部门（ATO）的首席战略官兼集团总裁，随后于 2017 年 8 月被任命为 AT&T 通信部门的首席执行官并于 2019 年 10 月卸任，其间主要负责公司战略职能、技术开发、网络部署与运营，以及 AT&T 向 SDN 的过渡。

克里什·普拉布（Krish Prabhu），AT&T 实验室总裁兼 AT&T 首席技术官，负责制订公司的技术战略，包括网络架构和演进，以及网络、服务和产品设计。他还负责知识产权组织和全球供应链。克里什先后在 AT&T 贝尔实验室、罗克韦尔、阿尔卡特和泰乐通讯公司工作过，拥有深厚的技术创新背景。此前，他曾担任过阿尔卡特首席运营官、泰乐通讯公司首席执行官和 Tekelec 公司首席执行官。他还曾在摩根塔勒风险投资公司担任合伙人，协助开发信息技术和建立通信初创公司。克里什拥有班加罗尔大学物理学学士学位、印度理工学院孟买校区物理学硕士学位以及匹兹堡大学电气工程专业硕士、博士学位。

致谢

作者在此要感谢 Mark Austin、Rich Bennett、Chris Chase、John DeCastra、Ken Duell、Toby Ford、Brian Freeman、Andre Fuetsch、Kenichi Futamura、John Gibbons、Mazin Gilbert、Paul Greendyk、Carolyn Johnson、Hank Kafka、Rita Marty、John Medamana、Kathleen Meier-Hellstern、Han Nguyen、Steven Nurenberg、John Paggi、Anisa Parikh、Chris Parsons、Paul Reeser、Brian Rexroad、Chris Rice、Jenifer Robertson、Michael Satterlee、Raj Savoor、Irene Shannon、Tom Siracusa、Greg Stiegler、Satyendra Tripathi 和 Jennifer Yates 的支持和贡献。

我们还要感谢 Tom Restaino 和 Gretchen Venditto 在本书编辑过程中所做的贡献。

所有版税收入将捐赠给 AT&T 基金会，用于支持 STEM（Science Technology Engineering Mathematics，科学、技术、工程、数字）教育。

译者序

近年来，随着 SDN（软件定义网络）/NFV（网络功能虚拟化）作为全局性、颠覆性的变革技术越来越被业内接受，全球运营商的部署力度也越发增加，大规模商用部署 SDN/NFV 已成为大势所趋。SDN/NFV 的引入将产生新的盈利方式，加速新服务的推出，有助于提高运营效率，控制基础设施成本，是未来网络的关键。然而，从现阶段来看，运营商在部署 SDN/NFV 时仍面临如虚拟化安全问题、设备部署维护成本高等巨大挑战，如何加快其部署进度，越来越成为业内关注的焦点。

在这种背景下，为促进我国未来网络技术的发展和演进，在国家自然科学基金项目"节能无线认知传感器网络协同频谱感知安全研究"（编号：61100240）和国防科技大学 2018 年科研计划项目"支持所有权动态管理和隐私保护的边缘计算数据去重机制研究"（编号：ZK18-03-23）和国防科技大学装备综合保障技术重点实验室基金项目"通信装备智能诊断与故障预测研究"（编号：6142003190207）资金的支持下，译者特翻译此著作。

本书紧紧围绕未来网络领域发展过程中的热点问题，全面和系统地介绍了 SDN、NFV、边缘计算等前沿技术的基本概念、工作原理和设计实践的最新成果。针对未来的网络需求一定会超出预期这一事实，作者并未在书中直接预测未来，而是与业界一些著名的专家共同为我们设计和构建一种可以满足未来需求的网络，从而帮助我们做好一切准备。因此，从组织结构和内容方面看，本书既有普及性，又有作者独特的视角，符合当前研究发展方向。

本书由郎为民、程如岐、马卫国、闪德胜、沈宇等译，空军预警学院的黄美荣，国防科技大学信息通信学院的余亮琴、安海燕、陈放、姜斌、和湘、陈红、廖非凡、朱义勇、魏声云、吴文辉、邹顺、邹力、赖荣煊、王燕妮、王振义、严其飞、李海斌、李祯、林志强、陈金明、任殿龙参与了本书部分章节的翻译工作，高泳洪、蔡理金、王会涛、李官敏绘制了本书的全部图表，在此一并向他们表示衷心的感谢。同时，本书是译者在尽量忠实于原书的基础上翻译而成的，书中的意见和观点并不代表译者本人及所在单位的意见和观点。

由于未来网络技术还在不断完善和发展中，新的技术和应用不断涌现，加之译者水平有限，翻译时间仓促，因而本书翻译中的错漏之处在所难免，恳请各位专家和读者不吝指出。我的邮箱：wemlang@163.com，微信：aqz076。

谨以此书献给我聪明漂亮、温柔贤惠的妻子焦巧，以及活泼可爱、美丽幽默的宝贝郎子程！

郎为民
2019 年 12 月于武汉

人们很容易忘记移动连接如何彻底改变我们与技术的关系。我们对任何新硬件进行评价时，不仅要看它的处理器、内存和摄像头，还要看它的联网功能。无线保真（Wi-Fi，Wireless Fidelity）、光纤、第四代移动通信系统（4G，4th Generation）和第五代移动通信系统（5G，5th Generation）已经成为衡量技术进步的新基准。

这个时代的高速连接，与 19 世纪铁路、20 世纪高速公路的出现在很多方面非常类似。与那些大型基础设施项目一样，连接性正在重新定义社会。它为社会的各个方面带来能量和知识，促成了一个协作、创新和娱乐的新时代。

然而，大多数人感受不到这一点，因为发生在他们身上的大部分事件都被"隐藏"起来。当我们在联网汽车中使用手机、平板电脑或视频播放器时，我们希望体验是简单且无缝的。我们应该关注的最后一件事是万物如何建立连接或接入何种网络。我们一直在给这些网络增加越来越重的载荷，包括 4K 视频和虚拟现实。

拟合这些需求曲线是一项异常艰巨的任务。事实上，了解如何管理、保护、传输和分析这些海量数据可能是 21 世纪通信行业面临的最大挑战。

毋庸置疑，这是一种相对较新的现象。过去，对于任何电话网络来说，最大的考验是母亲节当天处理话务量爆炸的能力。现在，任何一天都可能是网络最繁忙的一天——当某个流行节目的完整一季发布时，或者当最新智能手机操作系统（OS，Operating System）升级上线时。今天的网络必须始终准备好应付一切突发情况。

这种范式的转变需要一种新型网络，该网络能够近实时地响应和适配不可预测的持续变化，且能够检测和转移各种网络威胁。

面对这种情况，旧的网络模型完全束手无策，这就是软件定义网络（SDN，Software Defined Network）和网络功能虚拟化（NFV，Network Function Virtualization）如此迅速地从概念步入实践的原因，这就是未来网络——开源、面向未来、高度安全、足够灵活、易于扩展，以满足任何需求。

本书列出了我们在 AT&T 集团学到的与 SDN 和 NFV 有关的大部分内容。业界网络专家绘制出一张地图，可以帮助你完成这一旅程。他们的目标不是预测未来，而是帮助你设计和构建一种可以满足未来需求的网络。如果说过去十年我们总结出了一条经验，那么这条经验一定是：网络需求总会超出预期。本书将帮助你做好一切准备。

兰德尔·斯蒂芬森（Randall Stephenson）
AT&T 董事会主席兼首席执行官

目录

第1章

变革的必要性

约翰·多诺万（John Donvan）和克里什·普拉布（Krish Prabhu）

　　虽然电子通信系统的早期历史可以追溯到 19 世纪 30 年代，但是人们通常将亚历山大·格雷厄姆·贝尔（Alexander Graham Bell）1876 年发明的电话视为现代电信的曙光。在最初的 100 年里，电信网络主要是固定的——用户受限于固定的位置（而不是由无绳电话提供的有限移动性），这些位置通过固定线路连接到电信基础设施。20 世纪 80 年代，移动电话的出现使用户在通话期间四处走动成为现实，并最终推动“个人通信服务”概念出现，它支持每个用户使用自己的手机在任何时间、任何地方进行呼叫。为了实现这一目标，可以使用与现有基础设施互通的特殊移动设备（它具有无线天线塔和用于跟踪用户移动情况的数据库等）来增强固定网络功能。

　　如今，世界各地和各行各业的人们广泛使用互联网，使互联网协议（IP，Internet Protocol）不仅成为首选的数据网络协议，还几乎成为所有形式的未来网络构建的基础技术，包括传统的公共电话网络。20 世纪 90 年代中期，浏览器的发明推动了互联网的快速发展。与移动网络一样，互联网同样基于固定电信网络基础设施构建，并通过增加特殊设备（如调制解调器、路由器、服务器等）来实现。然而，互联网的发展不仅使为数十亿人提供通信服务成为可能，还极大地改变了商业和整个社会。

　　在较高层次上，电信网络可以看作是由两个主要部分构成的：一部分是核心网，它拥有地理上分布的共享设施，这些共享设施通过信息传输系统实现互联；另一部分是接入网，它包含将各用户（或其驻地）连接到核心网的专用链路（如铜缆、光纤或无线链路）。基础设施提供的效用在很大程度上取决于可用传输能力。1934 年通过的《通信法案》要求采用完善的基础设施，向“全美人民”提供快速高效、收费合理的覆盖全球的有线和无线通信服务。这一通用服务原则有助于实现电话服务泛在化。传输设备的部署需要大量资本投资，以便在广泛的地理区域内部连接电话服务用户。

　　部署的传输容量远远高于基本话音服务所需的容量，且随着新技术解决方案（如数字用户、光纤等）的陆续开发应用，网络显然具备比提供话音服务更强的能力。支持泛在话音服务的基础设施逐渐发展为支持数据服务并提供互联网宽带接入能力的基础设施。根据美国联邦通信委员会（FCC，Federal Communications Commission）的说法，高速（宽带）互联网是一种不可或缺的通信技术，应该像话音服务一样无处不在。政治、经济和社会生活的质量对电信网络高度依赖，以至于人们通常会将其视为一个国家的关键基础设施。

移动电话和互联网的发展历史是一种渐进历程，且逐步得到应用。创新步伐已经呈指数级加速，从而使服务产品的爆炸式增长与新应用的迅猛增长相匹配。20世纪70年代，第一代移动通信系统（1G，1st Generation）首次推出，鼎盛时期话音用户数最高达到2000万，而当前的第四代移动通信系统（4G，4th Generation）则为全球近20亿智能手机用户提供服务。

"智能手机的变革力量源于其小尺寸和高连通性。"小尺寸使智能手机易于携带；高连通性意味着智能手机不仅可以将人们联系在一起，还可以提供在线能力和体验的全部功能，从而催生了诸如Uber和Airbnb等新型业务模式。此外，全世界拥有20亿部智能手机，且每部智能手机都可以"充当数字普查员"，这一事实使人们以高分辨率实时查看喜欢和不喜欢的内容成为可能。但是，该技术框架的强大功能受限于设备与网站以必要的速度进行互联的能力以及近实时业务的时延需求管理能力。这些都可以通过传输层来实现，以确保任何两个端点之间具有足够的带宽和吞吐量。

传输技术从早期本地接入和长途传输网络不断演进。铜线、无线和光纤技术的迅猛发展提供了更廉价、更耐用和更简单的传输网管理方法。传输的流量已经从模拟发展到数字（时分复用），然后又从数字发展到IP。分层协议支持诸多不同服务共享公共传输基础设施。辐射型、固定带宽、固定电路和长时间交换会话（以及伴随话音服务增长而增长的架构）不再是主导模式，而是由诸如视频分发、互联网接入、机器对机器（M2M，Machine to Machine）通信等新应用驱动的众多不同流量模式主导。在这些新应用中，移动性已经成为提供服务的重要组成部分。目前，这种演进使全球电信网络不仅成为人与人之间话音、数据和视频通信的基础，还成为全世界数十亿人所从事的各种社会和经济活动的基础。接下来出现的是物联网（IoT，Internet of Things），它由数百亿台远程设备连接和控制能力驱动，促进下一轮生产力的提高，跨行业运营得到大大简化。

传统上，运营商网络的用户通常是静态和可预测的，与其相关的流量也是如此。因此，运营商当时所依赖的基础架构往往基于固定的、专用的网络硬件。由于电信运营商的运营环境遵循将IT和网络组分开的组织方法，因而流量增长和需要支持的各种服务创造了一种环境。在这一环境中，响应业务需求的能力会受到越来越多的限制。当前网络支持数十亿项应用——重应用、照片共享、视频流、移动设备和新兴物联网应用，所有这些应用都要求具备按需扩展、高弹性和实时动态服务修改的能力。

如今，网络连通性是每项创新的核心，从汽车到手机再到视频等，无不如此。连接和网络使用正呈现爆炸式增长：2007—2014年，仅美国电话电报公司（AT&T，American Telephone & Telegraph）移动网络的数据流量就增长了近150000%。这一趋势将持续下去，预计到2020年底，无线数据流量将会再增长10倍。截至本书编写时，视频流量占到AT&T总网络流量的60%左右（大约每天114 PB）。从这一角度来看，114 PB相当于大约1.3亿小时的高清视频。目前，发送1分钟视频需要大约4 MB的数据。相比之下，发送1分钟的虚拟现实（VR，Virtual Reality）视频需要数百兆字节。随着VR越来越流行，急需一种简单方便的方式来访问这些需要大量数据的内容。与此同时，物联网也在产生大量需要存储和分析的数据。预计到2020年底，联网设备将达到200亿～500亿台。

公共网络（特别是预计覆盖范围大的公共网络）部署成本一直很高。为了支持网络增长和应用（网络用户越多，网络的价值越高），运营商需要依靠技术进步来持续提高性能并降低成本。与 20 世纪的公共网络相比，当前能够提供高级服务的全 IP 网络从根本上改变了诸多要求。在移动设备功能、社交媒体以及可用内容和应用创造价值的推动下，任何时候的可用服务或应用数量都增长了几个数量级，且服务也在持续演进。

为了跟上新应用的步伐，并能在流量不断增长和收入不断降低的情况下提供可靠的网络服务，我们需要一种新型网络方法。几十年来，传统电信网络设计和实现方案都采用了尝试验证的方法。

当新的网络需求确定时，运营商发布招标书（RFP，Request For Proposal）。供应商采用符合互操作性标准的专有解决方案进行响应，然后每个网络运营商选择符合其要求的解决方案。网络是通过将功能实体的物理实现方案进行互连来构建的。如今的电信网络部署了超过 250 种不同的网络功能——交换机、路由器、接入节点、复用器、网关和服务器等。这些网络的大多数功能都是作为独立设备来实现的具有独特硬件和软件的物理"盒子"，它可实现上述功能且符合标准接口，易于实现与其他"盒子"的互操作。通常情况下，为了便于操作，网络运营商更喜欢由一家或两家供应商来提供给定类型设备（如路由器）。设备供应商通常使用自定义硬件来优化成本 / 性能；软件与硬件配合，产品可以被认为是"封闭的"。这会导致供应商相对固定，且由于大多数已部署设备很少进行替换，因而导致平台也相对固定，随着技术进步而升级的选择非常有限。图 1.1 定性描述了 10 年间成本的变化情况。为便于说明，单位成本表示执行一项网络功能的成本（如 1 GB IP 业务的分组处理成本）。由于平台相对固定，因而任何成本变化要么来自使用更便宜部件对硬件重新进行插件级设计，要么来自供应商为确保市场地位而提供的优惠价格。另外，以部件技术进步（摩尔定律）和竞争性市场动态变化为特征的技术进步促进了单位成本的快速下降，更加符合流量快速增长催生的各种需求。当前网络设计和实现面临的第二个问题是，面对流量的激增，网络规划人员需要部署远超过需求的容量（因为除了简单的插件附件外挂之外，扩充部署容量可能会需要消耗几个月的时间），从而导致利用率降低。

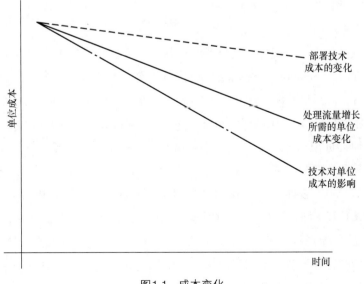

图1.1　成本变化

我们需要从以硬件为中心的网络设计方法转向以软件为中心的网络设计方法。在可能的情况下，部署的硬件应该是标准化和商品化硬件（如云硬件），且可以独立升级，以便在技术发展时受益。网络功能实体应该主要通过在商用硬件上运行软件来实现。硬件可以在多个网络功能实体之间进行共享，因而可以实现利用率最大化。网络容量以流畅的方式进行升级，并在需要时连续部署新型硬件资源和网络功能软件。此外，SDN 的实现将提供三大主要优势：（1）控制平面与数据平面分离，支持更高的操作灵活性；（2）物理层通过软件进行控制，支持实时容量配置；（3）采用与实时网络数据相结合的先进高效算法进行全局集中式 SDN 控制，支持在路由、流量工程、服务提供、故障恢复等方面实现更好的多层网络资源优化性能。这种新型网络设计方法（如图 1.2 所示）的资本支出和持续运营成本较低，能够更加灵活地应对流量激增和故障情况，且具备更强的创建新服务的能力。

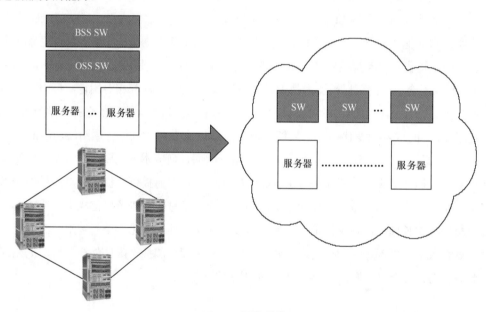

图1.2　网络转换

为了构建以软件为中心的网络，充分利用 SDN 的全部功能，需要采取以下几个步骤。重新审视信息技术（IT，Information Technology）/ 网络分离以及硬件和软件分离，重点通过软件来实现网络功能，具备在商用云硬件平台上运行的能力，实现操作的高度自动化。除此之外，还要求基于开源应用程序编程接口（API，Application Programming Interface）在开源平台上构建实现方案。

如今，人们通常将 SDN 看作是一种新型网络范式，它源于以数据为中心的网络虚拟化，而以数据为中心的网络虚拟化又是由计算和存储资源的虚拟化驱动的。事实上，SDN 技术已经被AT&T（以及其他运营商）使用了十多年。这些技术已嵌入内部组网架构中，用于创建网络级智能覆盖，这种架构既是基于网络流量、资源和策略视角的全面、全局视图提供的，又是基于客户应用资源和策略的全面、全局视图来提供的。其动机是支持创建客户应用感知的增值服务功能生成，这些功能并非供应商交换设备中的固有功能。这种类似 SDN 的方法已经多次成功应用于多代运营商网络服务，从传统电路交换服务到当前 IP/ 多协议标签交换（MPLS，Multiple Protocol Label

Switching）服务。

　　随着计算机技术的发展，电信行业成为计算机的使用大户，通过计算机实现诸如连接建立类任务的自动化。这也促成了电信软件中第一款软件应用的推出——一款支持对交换机中电信专用硬件进行控制的软件。随着路由决策数量和复杂性的增加，需要提升网络的灵活性，以便做出与路由呼叫相关的全局决策，这些决策无法采用分布式方法来完成。首款"软件定义网络控制器"应运而生，该控制器又称为网络控制点（NCP，Network Control Point）。通过信令 API，控制器可以实时做出决定，如是否应该接受呼叫请求、将呼叫路由到哪个端点，以及谁为呼叫付费等。这些功能无法通过单台交换机来实现，但需要在集中式位置上完成，因为需要基于用户、网络和服务数据来决定如何对呼叫进行处理。

　　最初，NCP 是一种相对静态的专用服务程序。它拥有用于处理对方付费电话的应用程序、用于提供免费 800 服务的应用程序、阻止来自拖欠账户的呼叫的应用程序等。人们很快发现，诸多服务应用共享一组常用功能，"服务逻辑"略有不同，但拥有一组网络支持的原始功能，以及将这些功能进行捆绑的一小组逻辑步骤。随着数据的变化，服务专用参数可能会有所不同，但存在一个可重用集合。可编程网络（特别是可编程网络控制器）应运而生。

　　直接服务拨号功能（DSDC，Direct Services Dialing Capability）网络是一种新型网络连接方式。称为作用点的交换机拥有可以通过远程传输网络（CCIS6/SS7）调用的 API，被称为控制点的控制器可以在服务执行环境中调用程序。服务执行环境是网络的逻辑视图。交换机访问控制器，控制器执行程序，并将 API 调用到交换机中进行计费和路由呼叫。控制器拥有设置计费参数功能以及路由呼叫基本功能。高级功能使用 API 来播放公告和收集数字，并查找数字用于验证和转换，以及临时路由到目的地，然后重新进行路由呼叫。这些功能支持不同服务的创建。

　　将一个拨打号码转换成另一个目的地号码，并设置计费参数来对被叫方收费的免费服务（800 服务）是在前 SDN 时代中使用类 SDN 技术的另一个实例。关于哪些目的地号码由客户进行控制用于诸如区域代码路由、时间路由等特征的决策是通过软件来实现的，该软件用于对交换机进行控制。整个数十亿美元的行业源于扭转收费的简单概念，以及让客户决定将呼叫路由到哪个数据中心，降低代理成本或为最终客户提供更好的服务能力。

　　对于企业客户，AT&T 提供了名为 AT&T SDN ONENET 的商标服务，该服务为企业客户提供私人拨号计划、认证码和部门计费功能，作为企业客户的虚拟时分复用（TDM，Time Division Multiplexing）网络。无论是否使用专用交换机（PBX，Private Branch eXchange），该服务为企业提供了一种可编程虚拟网络。DSDC 网络还为调用高级功能和机制提供了添加或删除资源的能力，这些功能和机制用于处理联合控制器面临的问题。服务助理（Service Assist）是一种将公告和数字采集节点链接到呼叫的服务机制，这种技术已演进成为具有语音识别功能的交互式语音应答（IVR，Interactive Voice Response）技术，但它是虚拟网络服务链的早期形式。当需要多台控制器来处理负载（或执行整套所需功能）时，通常使用 NCP 传输，我们将其视为控制器到控制器的联合。目前，在全球，人们创建了此类服务的诸多变体，因为软件控制能力和计算可用性（具有更强的处理能力）支持服务提供商让客户管理其业务。

在电路交换域中，这些类 SDN 的网络具有类似功能，即在分组路由环境中提供网络级智能控制，而在其中，路由器替代了交换机。AT&T IP/MPLS 网络的 SDN 开发和实现方案——通常称为智能路由服务控制平台（IRSCP, Intelligent Routing Service Control Platform），于 2004 年推出。其目标是在快速成熟、商品化通用 IP 组网服务环境中为 AT&T 提供。IRSCP 设计使用基于软件的网络控制器米控制一组增强型专用多协议边界网关协议（MP-BGP, Multiple Protocol Border Gateway Protocol）路由反射器，并将选择性、细粒度路由和转发控制功能动态分配给适当的 IP/MPLS 路由器子集。IRSCP 的基本架构构造支持客户使用潜在控制触发器，根据网络和客户应用策略、流量和资源状态等的任意组合，按需执行与客户应用相关的指定流量路由和转发处理。这为诸如内容分发网络（CDN, Content Distribution Network）、基于网络的安全性 [分布式拒绝服务（DDoS）攻击缓解]、虚拟私有云等许多关键网络应用程序提供了广泛的增值功能。

除了 SDN 之外，转型的另一个关键方面是网络功能虚拟化（NFV, Network Function Virtualization），即逐步向以云为中心的架构转变。2010 年底，AT&T 开始了自己的云计算之旅，几经努力，且每次努力都专注于不同的目标——基于 VMware 的传统 IT 业务应用云、面向外部客户的计算即服务（CaaS, Compute-as-a-Service）提供、针对内部和外部开发人员的 OpenStack 服务。随后，这些不同的云被整合为一个通用云平台，进而演变为 AT&T 集成云（AIC, AT&T Integrated Cloud）。如今，它是 AT&T 业务应用程序运行的云环境，也是以云为中心的网络功能虚拟化的工作平台。到 2020 年，预计 75% 的网络将在云中完成虚拟化并正常运行。

众所周知，有多种在专用服务器基础结构上部署应用程序的方法和机制，但虚拟化基础设施具有诸如可扩展性和空闲容量主动重新分配等属性，且人们尚未充分理解这些属性。如果应用程序的结构无法使用这些功能，那么它们将比在专用基础结构上运行同一应用成本更高、效率更低。构建围绕专用基础架构概念设计的服务，并将其在虚拟化基础架构中进行部署，这无法充分利用虚拟化网络的功能。此外，与专用应用程序相比，构建不使用 SDN、在服务部件之间提供灵活消息路由的虚拟化服务显著增加了解决方案的复杂性。虚拟化和 SDN 定义明确，但关键是要将虚拟化和 SDN 结合起来使用，以简化虚拟化服务设计。虚拟化和 SDN 的集成可归结为理解如何将分解、编排、虚拟化和 SDN 一起用于创建、管理并向用户提供已实现服务。它使服务能够根据方法中描述的模块化部件进行创建，其中自动创建、扩展和管理由开放网络自动化平台（ONAP, Open Network Automation Platform）提供，而 ONAP 是一种为 AT&T SDN 提供支持的开源软件平台。ONAP 的主要功能如下。

（1）独立管理应用、网络和物理基础架构。

（2）不受固定底层网络或计算基础架构限制的服务创建环境。

（3）基于实时应用的部件自动实例化和扩展。

（4）模块化应用程序逻辑的高效重用。

（5）通过 SDN 自动配置网络连接。

（6）用户可定义服务。

ONAP 将通过降低运营成本使服务提供商从中受益、它还将为供应商和企业提供更强的网络服务控制能力，从而使网络服务提供变得更加"按需"。最终，客户将受益最大。按需创建完全个性化安全服务集的理念将会改变我们提供消费者应用和商业服务的方式。

如今的电信网络是丰富的数据宝藏——尤其与移动性有关。AT&T 平均每天测量 19 亿个网络质量检查点，这些检查点是无线客户实际使用其服务的入口。这些数据用于网络分析，以更好地了解客户真实的网络体验。通常，该项目在内部被称为服务质量管理，且复杂的分析用于理解大量网络数据并识别客户正在经历的活动。这些技术改变了我们管理网络的方式——使决策更加智能，且解决问题比以往更加迅速。

例如，假如两个小区的蜂窝塔停止工作——快速恢复所有客户服务是一项关键运营目标。基于可用实时数据和历史测量结果，AT&T 开发了一种称为塔停电和网络分析器（TONA，Tower Outage and Network Analyzer）的算法，该算法利用当前用户数、一天中不同时段的典型使用情况、附近塔的人口分布和位置等因素，评估哪些塔可以通过卸载来自故障塔的流量来做出响应。TONA 算法在识别客户影响方面改进了 59%，并缩短了最大数量客户的网络事件持续时间。这只是使用实时数据来提高网络性能的一个实例。

这种转变不只限于网络及其相关技术。转型后的网络还需要以软件为中心的员工队伍。重新培训各种软件和数据专业人员与改变网络架构同样重要。此外，传统招标书（RFP）方法目前用于采购新产品或引入新供应商，取而代之的是一种用于指定和采购软件的、更加迭代连续的方法。它还要求积极参与开源社区。开源可以加速创新，降低成本，并有助于快速融合成通用解决方案，它受到所有人的拥护。最初，开源被设想为人们可以修改和分享的东西，因为设计方案是公开可访问的，"开源"代表着开放交流、协作参与、快速原型设计、透明、精英管理和面向社区的开发。互联网取得的巨大成功归功于开源技术（Linux、Apache Web 服务器应用程序等）。因此，现在使用互联网的任何人都可以从开源软件中受益。开源社区的原则之一是你不只使用代码，还要贡献代码。

AT&T 坚信全球电信业需要积极支持和培育开源事业。为了推动开源的发展，我们决定将 ONAP 平台贡献给开源事业。ONAP 由 AT&T 及其合作伙伴开发，开源 ONAP 平台的目的是希望拥有一种可提供下一代应用和服务的全球标准。在编写本书时，至少有以下 4 个与 NFV/SDN 工作相关的在用开源社区。

（1）OpenStack。

（2）ON.Lab。

（3）OpenDaylight。

（4）OPNFV。

AT&T 一直活跃在这四大领域，并将继续开展这方面的工作。许多其他电信公司和设备供应商也同样活跃。

将电信网络重构为以软件为中心的任何重大工作都无法忽视无线（移动）系统的需求。第四代无线系统——长期演进（LTE，Long Term Evolution）已于 2009 年底推出，它在用于处理移动流量的空中接口以及核心网络架构方面取得了重大进展。背后的驱动力是构建一个针对智能手机并运行在其上的众多应用程序进行优化的网络的愿望。在编写本书时，第五代移动网络正处于架构研发和网络设计阶段。与现有 4G 系统相比，5G 网络可以提供：

（1）与当前的 5 Mbit/s 速率相比，每台设备的平均数据速率在 50 Mbit/s 范围内；

（2）同一局域网中的多个用户可同时达到 1 Gbit/s 的峰值速率；

（3）在大规模无线传感器网络中，数十万条连接同时建立；

（4）提高现有频段的频谱效率；

（5）带宽更高的新频段；

（6）覆盖范围大大扩展；

（7）针对低延迟应用的高效信令。

在自然灾害发生时，诸如物联网、广播类服务、低时延应用和生命线通信等新用例将需要基于网络切片（参考）的新网络架构。NFV 和 SDN 将是 5G 系统的一个重要方面——无论是从无线接入节点角度来看，还是从网络核心角度来看。

后面将对本章中讨论的理念进行更加详细的探讨。我们正在进行的转型将实现超规模扩张，这与网络运营商在数据中心领域的做法截然不同。我们认为这是自互联网产生以来网络领域发生的最大变化之一。

第 2 章

将现代电信网络从全 IP 网转变为网络云

里奇·本内特（Rich Bennett）和史蒂文·纽伦伯格（Steven Nurenberg）

本章为后续章节介绍的主题提供了背景知识，并进行了简要介绍。我们归纳了推动电信网络转型的主要因素以及现代全 IP 网络的特征，并简要描述了在全 IP 网络向网络云转型的过程中，电信网络如何发生演进。

2.1 引言

互联网的曙光始于国际电信联盟（ITU，International Telecommunications Union）等行业标准组织以及阿帕网（ARPANET）等政府研究项目，美国提出了基于松耦合网络层的设计方案。分层设计与 ARPANET 开放实用的方法相结合能够增强或扩展设计方案，且拥有诸多优势，主要包括不存在集中控制的分布式网络集成、针对多种应用的层重用、在不影响其他层性能情况下的增量增进式或替代技术、在制订标准的同时构建规模庞大的网络。

网络的快速发展和商业化是由传输控制协议（TCP，Transmission Control Protocol）/ 互联网协议（IP）网络堆栈在 Windows 和 UNIX 服务器上的广泛使用以及采用超文本传输协议（HTTP，Hyper Text Transfer Protocol）的 Web 浏览器和服务器迅猛发展引起的。这些事件融合在一起促进了万维网的诞生。在万维网中，分布式作者将信息孤岛链接在一起，并由连接到互联网的任何人进行无缝访问。公众电信网（PTN，Public Telecom Network）成为互联网流量的传输网络。模拟电话接入电路越来越多地与调制解调器一起使用以提供互联网数据服务，推动接入技术的重新设计或替代，以支持宽带数据服务。与互联网和 IP 应用相关的核心网络链路上的流量增长迅速。

最初，IP 用于支持诸如电子邮件、即时消息、文件传输、远程访问、文件共享、音频和视频流等许多应用类型，并在公共网络层上整合了多种专有协议实现方案。随着 HTTP 在公众网和专用网中的广泛使用，其应用远远超出检索超文本标记语言（HTML，Hyper Text Markup Language）的原始用途。如今的 HTTP 应用包括诸如文件传输、视频流分段、应用到应用程序编程接口，以及用于在专用网之间传输较低级别数据分组的隧道传输或中继等许多 IP 传输。移动网络正在发生类似演进，目前开始使用 4G 长期演进（LTE）无线网络来提供移动语音服务，IP 数据是标准传输，且用于包括语音电话在内的所有应用。IP 已成为通用网络流量标准，且现代电信网络正在向全 IP 网络演进。

2.2 向全 IP 网络的快速过渡

技术向全 IP 的演进正在推动电信网络的重大变革。移动计算设备的价格和性能以及充满活力的开放式软件生态系统的出现，导致人们对移动应用和数据访问需求呈现指数级增长。电信服务提供商已经进行了大量投资以满足移动应用需求，其中，诸如 4G LTE 等无线网络技术已经将 IP 用作基础设施要素。第三代合作伙伴计划（3GPP）标准使用 IP 多媒体子系统（IMS，IP Multimedia Subsystem）为现有电信服务和未来 IP 服务的集成提供了蓝图，并为 IP 服务平台提供了替代方案，这些标准已出现在相关行业。通过 IP 进行访问的公共计算、存储、内容交付云已经改变了业务和消费者用户的传输应用模式。业务应用通常利用公共云中的共享资源而不是私有分布式数据中心，且消费者越来越多地与公共云中的内容进行交互。如今，以"全新"方式部署的新型电信网络将以端到端的全 IP 方式单独进行设计、构建和运营。

2.3 网络云

传输重要性的日益下降以及满足不同 IP 服务需求的全 IP 网络平台的出现，为电信提供商提供了一个机会（在某些情况下甚至是极其重要的），通过采用新的服务提供框架来保持相关性。新框架的基本要素包括将硬件元素重构为在商用云计算基础设施上运行的软件功能；使接入网、核心网和边缘网与 IP 服务创建的流量模式保持一致；将网络和云技术集成到软件平台上，以支持服务的快速、高度自动化，部署和管理以及软件定义控制，从而可以根据服务需求和基础设施可用性的变化情况来优化基础设施和功能；提高软件集成度和 DevOps 运营模式的能力。我们称其为"网络云"。

与传统方法（特定服务需要利用率低的专用基础设施以确保高可用性）相比，网络云框架的优势包括服务提供的单位成本更低、交付速度更快、新服务的灵活性，以及网络运营自动化的机会。

2.4 现代 IP 网络

通常，现代 IP 网络采用高容量光纤传输、光交换、多路复用以及分组交换技术，如图 2.1 所示。这些网络组合起来可以构建局域网、区域网、国家网和国际网。过去，几乎所有电信公司都专注于服务类型和覆盖范围。采用更新的技术，可以由相同网络提供包含语音、视频、数据和移动在内的一系列服务，从而使网络具有更强的竞争力。

2.4.1 开放式系统互联参考模型

目前，使用的主要组网模型是开放式系统互联（OSI，Open System Interconnection）模型，它将网络功能分解为多层，如图 2.2 所示。这样就可以在不中断整个堆栈（层组合）的情况下实现技术增强和更改。它还支持使用不同组网技术的网络（网段）之间的互操作，它们使用其中一个层的公共接口进行连接即可。这种方法允许互联网及其下层数据网络快速地演进。每个不同的局域网（LAN）都可以演进，只要它们都使用通用的互联网协议建立连接。

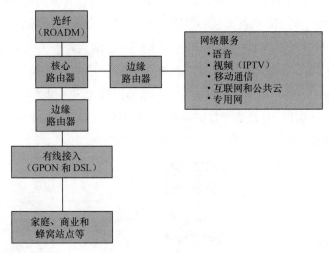

图2.1　现代IP网络

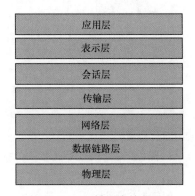

图2.2　OSI模型中的各层

2.4.2　规范和标准

无论电信网络如何进行组织，都需要制订一套标准来提供价值。在国际上，联合国（UN，United Nations）拥有一个名为国际电信联盟（ITU，International Telecommunication Union）的机构，该机构历史悠久，主要负责制订电信网络标准。随着新技术的诞生，其他技术小组或联盟不断创立，以促进特定方法的进步。在互联网领域，国际互联网工程任务组（IETF，Internet Engineering Task Force）负责相关标准制定；在移动网络领域，3GPP 负责制订相关标准。

为了描述公共网络转型的情境，本节描述了两大实例：传统"基于设备"的网络以及传统高级 SDN/NFV。这表明新型 SDN/NFV 网络不仅速度更快，还在先前的网络上增加了智能和程控功能，这使新型 SDN/NFV 网络与先前的网络截然不同。

2.5　全 IP 网络向网络云的转变

由于现代电信网络的每个部分都可以构建为全 IP，因而可以将其转换为网络云架构。网络的每个组成部分（客户端、访问、边缘、核心和服务平台）都需要单独的转型解决方案。这是因为，NFV 的优势和 SDN 控制程度因部件而异。但是它们存在诸多共同点——网络功能虚拟化基础设施（NFVI，Network Functions Virtualization Infrastructure）、SDN 控制框架、云编排、网络管理、安全问题、数据采集和分析，以及软件控制网络的新操作范式。如图 2.3 所示，传统路由器被网络架构所取代，且各种专用元件被运行在商用现货（COTS，Commercial Off the Shelf）服务器上的软件所取代，以实现数据平面、控制平面和管理平面。

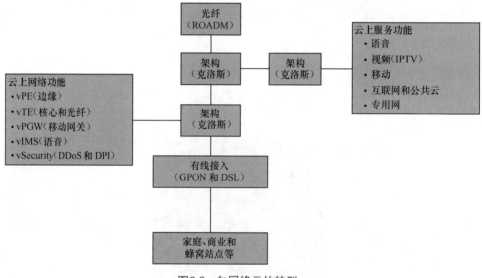

图2.3　向网络云的转型

2.5.1　网络功能虚拟化（NFV）概述

网络功能虚拟化（NFV）同样源自信息技术（IT）和网络。在过去十年里，IT 环境经历了多个发展阶段。最新发展阶段采用了虚拟化技术，它支持多种软件环境共享相同的计算和存储硬件。当将虚拟化技术应用于网络中的功能实体时，就出现了网络问题。

过去，网络功能采用专用设备创建，它将硬件和软件捆绑在一起以满足客户的需求。例如，交换机 / 路由器（OSI 模型第二层和第三层）、防火墙、会话边界控制器（用于语音和多媒体网络），以及针对移动网络信令的移动性管理实体（MME，Mobility Management Entity）。根据设备的不同，硬件包括基本服务器、安装特殊卡的服务器或使用专有特殊应用集成电路（ASIC，Application Specific Integrated Circuit）的用户定制设计元件。在大多数情况下，底层硬件可以通过抽象层与操作软件分离，且部署的硬件平台可以是 COTS 硬件。由于 COTS 硬件在诸多行业中得到了广泛使用，因而其单位成本非常低。但是，网络确实需要专用硬件，无论是针对诸如光纤或无线等特定物理接口，还是针对吞吐量（超过 10 Gbit/s）。在这些硬件中，功能分离可实现专用硬件利用率最小化。

NFV 利用 IT 环境（特别是云范式）将网络软件与硬件分离，并利用当前的现代服务器对于采用逻辑的大多数网络功能具有足够可扩展性这一事实。在欧洲电信标准化协会（ETSI，European Telecommunications Standards Institute）的支持下，当网络运营商为满足研究组（SG，Study Group）建立要求而相互合作时，与 NFV 相关的研究工作加速推进。ETSI NFV 行业规范组成立于 2012 年 11 月，并迅速聚集了全行业的运营商、供应商、芯片设计师、学术机构和其他标准化机构。它为 NFV、关键功能块及其交互和集成点设计了逻辑框架。将物理网络功能（PNF，Physical Network Function）转换为虚拟化网络功能（VNF，Virtualized Network Function）会引入诸多挑战，我们将在第 3 章对此进行更加详细的讨论。

2.5.2　NFV 基础设施

使用 NFV 方法，可以将传统网元分解为多个功能块。传统上，在使用设备构建的电信网络中，软件的使用方式主要有两种：网元提供商采购和 / 或开发软件部件以支持网元操作和管理，且服务提供商采购和 / 或开发所需软件部件将网元集成到业务和运营支持系统（OSS，Operation Support System）。但是，在 NFV 模型中，通过对集成到网络功能实体中的部件进行标准化和重用，有望提升效率。这样，集成功能、创建和运营服务的工作量较低，因为它们可以在公共 NFVI（NFV 基础设施）平台中得到支持。

软件在传统电信网络向网络云的转型过程中发挥着非常重要的作用。软件学科提供可扩展语言和可解决复杂问题的大规模协作流程利重用解决方案部件来自动执行任务，并在大量原始数据中查找信息和含义，将解决方案与当前硬件设计隔离开来，使解决方案能够独立于硬件进行开发，并从下降的商品计算基础设施的成本曲线中受益。

在新架构中，PNF 被运行在 NFVI 上的 VNF 所取代，而 NFVI 是网络云的核心。该平台的关键驱动因素是能够利用开源软件创建可共享资源并提供诸如持续集成 / 持续部署（CI/CD，Continuous Integration/Continuous Deployment）等现代实践应用的能力。OpenStack 环境是 NFVI 的不二选择。OpenStack 提供了在服务器上调度计算任务和管理环境的功能。此外，它提供了相当广泛的功能集。

2.5.3　软件定义网络（SDN）

虽然人们普遍认为网络领域的 SDN 是一种相对较新的现象，其根源在数据中心，但实际情况是电信网络使用这些技术已长达几十年。实例之一是使用该技术控制电路交换网络中的数据平面，通过控制器的控制平面来提供 800 号码服务（用于呼叫和反向计费的长途自动路由）。

在网络云中，通过应用这些成果和来自云数据中心的知识，可促进 SDN 的进一步发展，以创建分层分布式控制框架。具有全网连接视图的"主"（或全局）控制器负责控制与网络不同功能部分相关的辅助控制器。每台控制器也可以按比例进行复制。对于 IP/ 多协议标签交换（MPLS）网络架构，网络云使用混合方法来保持分布式控制平面和协议以实现响应，并使用集中式控制平面进行优化和复杂控制。

在 SDN 网络云中非常独特的问题之一是向模型驱动软件和网络配置转变。过去，这些任务是通过创建详细需求文档来完成的，网络工程师必须将这些文档转换为相关网元的特定供应商配置语言。任何新网络功能的引入都需要额外的时间来等待文档、测试配置以及在 OSS 中实现配置。新流程涉及使用另外一种下一代（YANG，Yet Another Next Generation）建模语言定义功能的问题。供应商中立的 YANG 模板创建便携且易于维护的所需网络功能的明确表示；在将模板与实际网络功能结合使用之前，可以采用仿真技术来验证其正确性。

在 AT&T 的 SDN 方法中，无论是通过经典的 PNF 形式，还是通过更加现代化的虚拟化网络功能（VNF）形式来实现，所有 SDN 可控网元都能进行类似处理。网络云 SDN 控制器包含诸多子系统，可以设计用于与开放网络自动化平台（ONAP，Open Network Automation Platform）协同运行。它将服务逻辑解释器（SLI，Service Logic Interpreter）和基于开放日光（ODL，Open Daylight）部件的实时控制器结合在一起。SLI 负责执行脚本，这些脚本定义对诸如服务请求和闭环控制事件等生命周期事件所采取的操作。可以将常用或复杂的 SLI 脚本封装为运行于 ODL 框架中的 Java 类，然后作为单个脚本操作进行重用。另一项功能是网络资源自治控制，可用于将网络资源与服务实例进行关联或将网络资源分配给服务实例。

适配器位于控制器的底部，可以与各种网元控制接口进行交互。这些交互既可以是传统网元管理系统（EMS，Element Management System）风格的"供应"，又可以是采用边界网关协议（BGP，Border Gateway Protocol）的实时网络事务。

没有策略职能的任何控制框架都是不完整的。可以基于从 NFVI 以及在其上运行的服务采集的事件来定义策略规则。事件可以触发执行点处的算法变化和 / 或 NFVI/SDN 网络云上的控制操作。例如，网络链路的高利用率可能会触发流量工程（TE，Traffic Engineering）的路由变化，或者无响应服务功能可能会触发服务功能的重启。

使用先进的高级 SDN 控制器功能，不仅可创建诸如互联网、虚拟专用网（VPN）、实时媒体服务等传统网络服务，还可以创建更为复杂的按需服务。

2.5.4　开放网络自动化平台

网络功能虚拟化的迁移改变了网络基础设施运行模式的许多方面，并对运营生命周期中的服务进行管理。服务的初始设计不再是垂直集成的优化基础设施，而是必须假设采用分布式云硬件基础设施，并从最符合服务设计需求的任何来源重用网络功能。必须采用诸如定义工作流之类的自动化方式，以及引用运行时信息源并调整基础设施资源使用的行为，来形式化描述初始安装、配置、呈现以及用于响应生命周期事件的变化。基础设施和服务功能必须公开支持监视、外部控制和策略规范的软件接口，而策略规范可以改变运行时的行为。短期流量工程（TE）和长期容量规划决策都必须考虑充分利用公共基础设施的广泛服务和应用场景。

传统的运营支持系统（OSS）和业务支撑系统（BSS）设计用于集成单片网元部件，并增加交付和支持客户服务运营所需的功能。该方法存在许多局限性：网元部件缺少某些生命周期操作的标准接口，且往往针对特定服务进行优化，或者在不同服务之间不容易实现共享。这增加了执行诸如初始交付、升级、例行维护和故障修复等生命周期操作的成本和时间，而且需要专用的基础设施和技能；设计、集成和部署基础设施所需的时间与培训大规模运营基础设施的员工限制了服务提供商交付新服务的灵活性；新型或新兴的服务量和增长的不确定性使投资难以合理化，交付时间过长又无形中增加了错失市场机会的风险。

上述 ETSI NFV 工作直接导致了 VNF 管理和编排（MANO，Management and Orchestration）规范的诞生。ONAP 通过为板载资源添加全面的服务设计平台扩展了 ETSI MANO，创建服务，定义生命周期操作；基于遥测、分析和策略驱动生命周期管理操作的闭环控制；用于加速和降低板载功能开销和消除 VNF 相关管理系统的模型驱动平台；支持 PNF。

一致的计划既包括如何使用 ONAP 功能来取代诸如故障关联、性能分析和元件管理等传统 OSS/BSS 系统，又包括如何逐步淘汰这些传统系统，该计划对于传统物理网络（PNF）和新型虚拟化网络功能（VNF）基础设施共存的过渡期至关重要。如果二者都没有明确的计划，则传统系统和设计就有可能与 ONAP 平台上的服务设计集成存在风险，从而削弱高度自动化操作的优势并增加维护成本。

2.5.5　网络安全

网络安全是一种多学科问题，始于诸如机密性和完整性等经典安全问题，并涉及可用性问题（确保服务和网络正常工作），且可以消除恶意企图来将其负面影响降至最低。使用网络云，需要在运营云环境中通过软件和网络的组合来理解安全性。例如，采用"深度防御"和"关注点分离"等安全技术，这是一种对 VNF 进行分类的实用方法，可阻止每一类型不会同时在同一台服务器上运行。出于这些原因，安全性是网络云的关键架构和设计因素之一。

网络安全体现在两个不同的方面——基础设施自身保护以及在服务中提供安全功能的能力。基础设施安全的基本结构是确保每一部件都通过单独评估，并在设计时充分考虑安全性。

对于网络云来说，架构部件包含诸如访问控制列表（ACL，Access Control List）和虚拟专用网（VPN）等功能实体，以限制和分离流量。服务器使用管理程序来运行操作系统，而管理程序可提供具有内存隔离的独立执行环境。在此基础上，运营网络可用于提供对管理端口的访问，并使用防火墙来提供控制和检查点。

安全架构的其他方面也在发挥作用。当希望避免出现安全问题时，良好的安全方法还提供了缓解、恢复和取证机制。基础设施的缓解方法包括过载控制和转移功能。过载控制（在网络出现问题时也非常有效）优先考虑功能，以便资源高效应用于控制平面和高优先级流量。转移功能通常使用 IP 报头的特定部分来识别备选网络流量，具有重定向分组以用于后续处理、速率限制以及消除的能力。

取证是安全的基础。记录活动的能力提供了分析历史事件以确定根本原因并开发预防和缓解方案的能力。它还通过充当行为检查的辅助点来发挥主动安全执行的作用，而行为检查则可以发现安全设计或实现方案中存在的故障或缺陷。

在安全流程中，两大关键组件是自动化和身份管理。自动化充分考虑到复杂序列的管理问题，并从配置中消除人为因素，而人为因素是典型的安全问题的来源，需要在 ACL 中输入错误 IP 地址来创建漏洞。身份管理确保人员和软件都有权查看、创建、删除或更改记录或设置。网络云采用集中式方法进行身份验证。这可以防止本地密码的另一个弱点，因为这些本地密码更易受到威胁。

2.5.6　企业客户终端设备

企业网络是企业用于将其人员、IT 和运营基础设施联系在一起的环境。针对办公室、仓库、工厂和卡车、汽车中的移动人员，以及在访问客户时，企业需要全面的通信解决方案。通常，它们使用一系列语音、视频、数据和移动服务。企业的所有运营地点都需要某种形式的称为客户端设备（CPE，Customer Premises Equipment）的本地设备。过去，CPE 采用与网络设备相同的方法，即实现形式为设备。如今，CPE 采用 NFV 经历相同的转型。它支持单台设备在需要时在软件控制下提供多种功能。

当使用 NFV 重新设计 CPE 时，采用的方法是支持功能实体在新虚拟化 CPE 内部或网络中的网络云上运行。对于 CPE 内的本地网络功能，需要通过创新来构建一种合适的执行环境。与多台服务器可用于增加或减少 VNF 实体的网络云不同，CPE 环境通常仅限于单个 CPU 芯片组。考虑到软件可移植性并充分利用开源生态系统，我们再次选择基于内核的虚拟机（KVM，Kernel-based Virtual Machine）作为管理程序，以支持多个 VNF 实体在各台虚拟机中共享 CPU。（这里涉及的安全性问题较少，因为 CPE 专门针对单个客户。）

CPE 最具挑战性的问题之一是管理。由于 CPE 位于客户广域网（WAN，Wide Area Network）服务端与本地网络之间的本地位置，因此，提供可操作网络连接功能非常重要。这是通过共享 WAN 服务来实现的，而 WAN 服务使用特殊虚拟局域网（VLAN，Virtual Local Area Network）或 IP 地址隔离流量。但是，在服务启动之前或故障后服务开展期间，WAN 连接可能不可用。解决方案是利用移动访问网络云并提供"回拨"功能。第二种连接考虑到远程"测试和开通"程序，且在 WAN 发生故障时，提供故障诊断和定位功能。

2.5.7　网络接入

"接入"用于描述从家庭和企业到中心办公室或入网点的网络基础设施建筑物的网络部分。这种网络的"最后一英里"是运营商无法回避的最昂贵投资，因为它提供地理跨服务区的连接，涉及安装称为"外部工厂"的媒体和设备。从历史视角看，大多数接入都是基于沿着外部道路架设的铜质双绞线实现的。现代网络将光纤作为"固定"或"有线"接入的首选介质，并采用称为千兆无源光网络（GPON，Gigabit Passive Optical Networking）的最新方法 [传统金属铜线或有线电视网络、同轴电缆仍然用于家庭或企业，除非进行重建，将"光纤到户"（FTTH，Fiber To The Home）作为实现方式]。随着移动（蜂窝）通信作为事实泛在通信方法的出现，许多人决定放弃传统有线服务并全面实现无线化。与固定网络一样，这些网络也经历了重大变化，最新的移动通信网络是基于全 IP 结构的 LTE 或 4G（第四代移动通信技术）。

接入网络旨在以尽可能经济的方式为每个客户提供可靠、高性能的网络连接。这是通过实现可共享基础设施数量最大化来完成的。对于 GPON，通过将多达 64 条服务连接组合到同一单根光纤上来实现共享。对于 LTE，它通过尽可能高效地共享无线频谱的复杂无线控制协议来实现。

借助网络云，通过利用分布式网络架构、计算和存储功能来托管与访问相关的网络控制和管理功能正在从根本上改变接入技术。由于接入数据平面所具有的独特功能，将继续使用靠近接入媒体的专用硬件，但即使在数据平面，也可以设想该硬件内的可编程性可作为提供灵活演进功能的载体。其他接入功能可以在提供管理和控制功能的网络云中运行，但通常必须位于网络云附近的位置，以便能够在必要时运行。

2.5.8　网络边缘

在分组网络中，边缘平台是交付网络连接服务的场所。在 SDN 和 NFV 出现之前，这一服务通过使用专门的网元来完成，这些网元在应用服务功能的同时，将客户访问形成的比特流转换并复用到局间中继线上。对于 IP 网络，这一功能是由路由器来完成的，路由器实现了提供商边缘（PE，Provider Edge）功能。路由器设计在一个包含有处理器卡、架构卡和线卡的机箱中，其中处理器卡用于提供控制和管理功能，架构卡是一种横跨机箱的互联卡，线卡可用于连接客户或网络其他部分（PE 通常连接到 P 核心路由器）。PE 可配置用于诸如互联网或专用网等所购买的服务类型。

采用网络云会发生 3 种转换。第一，可将物理连接转移到使用商用芯片构建的架构上，这些商用芯片可提供比专有和专用 PE 路由器更高的密度和更低的成本。第二，路由功能与控制、管理功能分离，全部转移到网络云软件上。第三，客户数据平面在作为软件运行的架构和软件交换之间被分开。最后一部分（软件交换）支持 PE 服务提供的各种方案。例如，我们可以在同一服务器内运行多个 PE 软件要素并提供相同服务，而不是部署针对互联网或专用网的专有 PE。如果逻辑资源受限或需要专门进行配置，则可以执行和使用额外的专用 PE 软件。

第 12 章将对网络边缘进行详细介绍。

2.5.9　网络核心

第 13 章更加详细地描述了 OSI 层模型中针对光纤（第一层）和数据分组（第二层和第三层）的核心网络。光纤层提供远程中心局之间的光纤互连，这需要电光转换、光放大、传输控制以及多个信号的多路复用 / 解复用。分组核心网充当将外围连接在一起的"骨干网"，它支持分组流量几乎在任何地方入网，并经济地将分组转发到预定目的地。

用于现代光纤通信的电光设备可分为两种基本类型：可重构光分插复用器（ROADM，Reconfigurable Optical Add/Drop Multiplexer）和光放大器（OA，Optical Amplifier）。前者通常放置在运营商中央办公室，以支持增加和取消流量（类似于高速公路的驶入驶出匝道）；后者负责增加光信号的强度，使其可以继续传输到目的地。

现代高容量光纤系统采用称为密集波分复用（DWDM，Dense Wavelength Division Multiplexing）技术，通过将多个独立高速率（当前速率为 100 Gbit/s 或 200 Gbit/s，但很快将达到 400 Gbit/s）光信号整合到同一光纤上，并为每个信号赋予唯一的波长。ROADM 通过提供在每个节点添加或删除特定波长的能力来增加此功能。这形成了支持大量位置在彼此之间发送光学波长而无须单独光纤光缆的光网络。

随着 SDN 的出现，光层正在以两种关键方式深入发展——功能分解以及与分组层相结合实现传输资源的全局优化。全局优化可采用 SDN 来完成。

集中式控制器跟踪所有波长入口点和出口点，并使用路由优化算法和任何每波长约束条件将其配置在各个网络构成部分上。约束条件的实例包括最大往返延迟和多波长分集（当两个或更多波长需要有不重合的独立路径时，不重合的独立路径使这些波长不可能同时失效）。

分组核心是网络核心的组成部分。分组核心将入口分组聚合到网络中不同点的公共链路上，网络核心的作用是从边缘获取分组流，并利用共享光传输层将其发送到指定目的地。由于服务提供商还提供诸如消费互联网、商业互联网与其他互联网公司（称为对等）的连接、私人商业网络（称为虚拟专用网）与云数据中心的连接等诸多 IP 服务，网络核心还需要执行批量分组传输的任务，尽可能以服务不可知的方式提供。考虑到需要支持的不同类型 IP 服务，MPLS（多协议标签交换）可用作分组传输的简化方法。MPLS 在每个数据分组前使用一个短报头，这支持任何一方的核心路由器以快速高效的方式来处理和转发数据分组。标签部分是这两台路由器的已知地址（它在本地具有极其重要的意义），它支持 MPLS 标签地址空间在每条链路上进行重用。报头的其他部分包含链路拥塞时使用的流量优先级 [也称为服务质量（QoS）] 信息。

为了对流量进行管理，流量工程（TE）技术从每台核心路由器到其他核心路由器创建一条或多条隧道。多条隧道用于支持不同端到端路径更加高效地利用核心服务器容量。入网数据分组被映射到匹配其目的地的隧道。中间核心路由器仅基于隧道映射来转发 MPLS 分组。在链路出现故障的情况下，两种机制皆可发挥作用。首先，每条链路都有一条到其相邻核心路由器的预定义备份重路由路径。其次，当可达性信息通过网络进行传播时，所有隧道都会重新确定其路径，阻止它们使用当前处于故障状态的链路。这种全局修复充分考虑到提高核心容量的更好的全局优化。采用 SDN，可以在 SDN 控制器中累积所有全局流量信息和链路状态，以实现更好的全局优化，它支持对网络进行深度调整。选择使用分布式和集中式控制混合的方法可以实现初始恢复速度和最大效率之间的最佳平衡。短期内，业界正在引入一种称为分段路由（SR，Segment Routing）的新方法。SR 支持简化网络，因为它可以对多种控制平面协议进行合并。本质上，分段路由通过支持每个分组携带路径路由信息来发挥作用。因此，在起始点，可以预先确定部分中间跳或全部中间跳。因此，SR 取代了对诸如基于流量工程扩展的资源预留协议（RSVP-TE，Resource Reservation Protocol for Traffic Engineering）等独立协议的需求，以执行用于标签分发的快速重路由（FRR，Fast Reroute）本地修复和标签分发协议（LDP，Label Distribution Protocol）。

网络核心的最后一个构成部分是路由反射器（RR，Route Reflector）。连接到核心的所有边缘设备都需要具备相互通信服务的可达性。这可通过采用边界网关协议（BGP）来完成。但是，如何让数百台边缘路由器之间相互交换控制平面信息呢？通过使用一种称为路由反射器的聚合和分发节点。网络中的每台边缘路由器都与一对路由反射器建立连接。在规模方面，可以针对不同服务区域或地理区域部署多对路由反射器。其中每台路由反射器都从其服务的边缘路由器处接收 BGP 消息，将消息复制并分发给其他边缘路由器。这可以减少边缘和核心路由器的工作量，从而实现控制和数据平面处理功能的扩展和分离。

2.5.10　业务平台

在 20 世纪，网络的基本功能是客户服务（两个客户位置之间的固定点对点电路），或通过交换机请求两个网络端点之间临时窄带语音连接的能力。对核心网之外业务平台的投资主要集中在 OSS、BSS 以及支持网络服务交付和计费的流程上。服务功能包括基于订阅业务模型的客户订购、计费和目录服务。运营功能包括列表、规划、安装、维护和诊断。传输和交换的客户服务是网络设计不可或缺的一部分，提升这种基本通用服务的可用性比增强需要投资以升级诸多终端的服务更具吸引力。

随着传输和计算技术的改进、单位成本的降低以及传输和终端设备能力的提升，增强型服务变得可行。电路被数据分组所取代；交换被会话建立所取代；基于 IP 协议的服务平台出现，它支持更简单、更快速的连接建立；一系列可编程终端设备陆续研发出来；传输中的数据安全性不断提高；不同服务和网络之间的互操作性加强；基于服务或客户的网络行为控制策略；多种类型的标准数据和媒体流；用于增强通信能力的丰富应用场景陆续出现。

随着技术演进和架构聚焦于 IP，客户自身需要的已不仅仅是电路和媒体会话，而且对于摆脱服务专用的设施孤岛，构建公共平台的需求变得迫切。下面描述了全 IP 网络中使用的一些常见平台功能：两种集成了公共部件的实例平台，以及一些客户服务实例。部件和功能包括目录、公钥加密、信令协议、网关、通信优化、策略规则和执行。平台实例包括 3GPP IMS 和内容分发网络（CDN，Content Delivery Network）。

虽然网络是服务，但查找终端的方法是为物理终端分配唯一编号，提供一定的端到端物理连接安全保证，让最终用户或设备查找并记录他们想要连接的唯一编号，并支持最终用户验证连接另一端的身份。随着 IP 和移动计算设备等技术逐渐成熟，考虑到扩展了端点和身份数量的各种服务，需要一种更好的方法。

查找和信任端点的两类主要支撑技术是目录和公钥加密。在现代 IP 网络服务中，目录在诸如将固定全局唯一标识符转换为当前 IP 地址、寻找将目的地为特定 IP 地址的数据分组移向目的地的下一跳、表示注册并可用于特定类型实时通信会话的当前设备等多个级别上使用。目录还包括与连接终端有关的丰富信息，这些信息有助于终端选择并确保连接安全。公钥加密依赖于密钥对，一个密钥是对外公开的（通过目录或其他共享机制实现），另一个密钥由连接端点安全存储。端点之间的通信链路一侧可以使用公钥来加密信息，而在另一侧使用私钥对信息进行解密。该技术与目录信任体系和用于保护设备私钥安全的硬件方法一起用于确保终端的身份信息安全，并保护在公共或不可信网络上传输的私有数据。例如，移动电话中的通用集成电路卡（UICC，Universal Integrated Circuit Card）包含用户识别模块（SIM，Subscriber Identification Module），它拥有用于识别和认证用户的密钥。

业务平台中的另一种能力是用于建立连接的标准协议，也称为信令或控制协议。信令协议通过时延资源分配（直到端点或用户之间达成协议才开始建立通信，进行资源分配），与最终用户或设备就如何启动会话设定期望，协商通信双方都能支持的特征，并调整通信服务算法，以便在不同网络条件下正常工作，从而实现快速连接建立和网络资源优化。信令协议的实例包括会话发起协议（SIP，Session Initiation Protocol），它在语义上类似于通过电话网络的传统呼叫方/被叫方交互，其中增加了丰富的会话描述符选项以支持诸多类型的实时媒体；可扩展消息处理现场协议（XMPP，eXtensible Messaging and Presence Protocol），它是一种用于短消息、存在指示和协调实时媒体连接建立的流消息协议；实时媒体控制协议（RTCP，Real Time Control Protocol），支持监控和反馈实时连接的性能。在实时连接中，数据分组丢失、可用带宽和抖动可能会发生变化，且服务可以通过调整网络的使用来处理这些变化并将最小化对用户体验的影响。

业务平台的常见功能实体之一是网关。这些网关用于在引入新服务时维持与传统服务的兼容性，并限制、增强和/或采集跨网络边界交换的信息。网关的一些典型实例包括电路交换电话网关，负责转换控制协议并在电路交换连接和面向 IP 分组的连接之间转码媒体；会话边界网关，负责执行与电路交换网关类似的功能，并限制暴露的内部端点；代理服务器，负责终止内部或外部会话，在两个会话实体之间转发信息，并限制、采集或增强正在转发的信息。

在全 IP 网络中，对更高级别的通信模式进行优化是业务平台的另一项功能。一些常见的优化包括将诸多媒体流混合或桥接成一个可以发送回所有源端的组合流（如混合会议中的所有实时音频会话，将最后 N 个活动视频会话帧转发给视频中的所有源端会议），缓存网络边缘附近频繁访问的文件以减少通过内容分发网络在广域网（WAN）上所需的容量，以及当页面由诸多小而独立的对象（这将需要更长的时间来实现远程组装，而每次会话建立都会因端到端协议交换而导致时延）构成时，在数据源附近构建完整的网页来加速感知应用性能。

为了支持网络云中的不同服务并以协作方式对实时事件做出反应，需要根据服务、特定客户和网络条件等来调整通过网络分发的算法。我们通常将这些能力称为策略，既包括定义策略规则的能力，又包括在分布式策略执行点（PEP，Policy Enforcement Point）执行这些规则的能力。

在交换信息前建立的通信环境可以极大地提高通信效率和增强通信效果。这种情形的早期实例是能够为进入企业的语音呼叫提供呼叫者识别功能，并支持基于呼叫者身份对将连接从公共网络用户转移到不同位置、代理和/或自动化应用这一过程进行控制。通信服务和平台继续扩展它们为移动接入网络支持的通信提供丰富环境的能力；移动手持和嵌入式设备中的传感器；用户分享其位置、活动等信息的意愿；数据采集和分析用于根据先前活动来推断场景；支持用户选择加入不同级别情境数据处理的服务提供商隐私策略和信息控制。

3GPP 规定的 IMS（IP 多媒体子系统）是平台中一起使用的上述组件的实例之一。IMS 架构是指作为服务应用、会话控制和管理、接入网以及终端设备或用户设备（UE，User Equipment）

的组件或层。这种分层方法集成了传统电信服务，并为移动电话上的未来 IP 多媒体服务提供了平台框架。IMS 使用会话发起协议（SIP，Session Initiation Protocol）来协商和建立连接；归属用户服务器（HSS，Home Subscriber Server）目录；使用存储在联网设备 HSS 和 UICC/SIM 中私钥的公钥加密、网络间的网关（用于适配介质，隔离介质，控制和维护平台安全性和完整性，如图 2.4 所示。

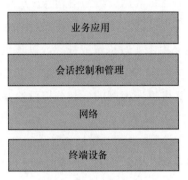

图2.4　IMS分层架构

目前已经出现了不依赖于完整 IMS 框架的服务和平台。会话控制和管理层并不总是必要的，并且该层组件的替代方案对于提供各种服务成本更廉价，也更复杂。诸如信令和身份等功能通常满足 Web 应用、社区和应用场景需求，并与其紧密集成。

内容分发网络（CDN）是用于优化许多客户在同一位置、同一时间所需内容交付的另一服务平台实例。CDN 采用诸如将内容请求映射到最近边缘位置的目录、适应网络可用性的流媒体协议、在不同条件下优化性能等组件和功能，如图 2.5 所示。

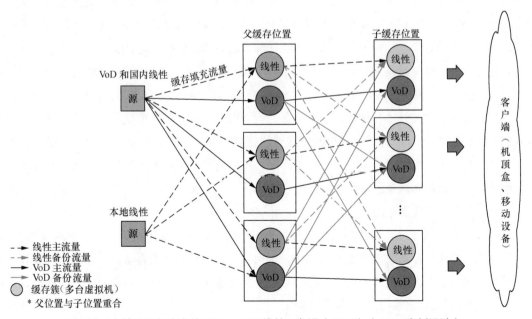

图2.5　支持IP视频分发的CDN：VoD/线性IP电视（IPTV）（AT&T实例设计）

商业客户服务的常见实例包括互联网接入、虚拟专用网、公共和私有语音 / 视频网络以及客户专用边缘配置，支持在其驻地、公共云数据中心和／或通过无线设备连接到虚拟专用网。

互联网接入方式包括铜线、光纤或无线接入点，以及能够确保更高级服务的各级托管互联网接入。这可能包括对带宽、延迟、抖动、分组丢失、可用性的保证，以及用于检测和防范安全威胁的监控。例如，当检测到分布式拒绝服务（DDoS，Distributed Denial of Service）攻击时，在攻击入口点调整路出规则，从而能够在将数据分组路由到客户终端之前丢弃数据分组。

MPLS 虚拟专用网服务支持客户设计和控制多位置安全网络，并建立用于不同类型流量的容量配额。例如，40% 的容量可能专用于实时语音或视频，以防止偶尔爆发的可延迟流量破坏实时媒体连接。

自定义语音／视频服务作为其虚拟专用网的一部分提供给商业客户和／或实现对来自公共电信网络的语音／视频服务的控制。

消费者服务包括通过铜缆、光纤或无线实现的传统电话服务，并在过去十年里通过宽带 IP 数据得到增强，这些数据支持多种 IP 应用，包括来自大型移动设备应用生态系统、IP 电视分发以及家庭和车辆监控系统的 IP 应用。各种 IP 应用支持通过包括网络客户订阅在内的多种商业模式来实现网络服务的计费。

2.5.11　网络数据与测量

在利用网元构建并专用于特定服务的传统 IP 网络中，通过从网元中采集数据和／或在满足服务要求所需的服务点处插入探测器，实现以相对静态的配置来执行数据和测量。

例如，可以采集实时媒体会话和每单位时间建立的会话数，当使用所有容量时尝试建立会话的次数，通过会话边界网关的分组丢失、抖动和延迟等数据。通过持续采集，这些数据可用于测量和改善 QoS，并预测何时需要额外的传输或交换容量。实时数据分析并不重要，因为基于收集的数据可能采取的行动涉及管理、规划和设计任务，这些任务会持续几天或几个月。

使用 SDN 和 NFV 迁移到网络云，既会为实现与传统 IP 网络中同水平的数据采集和测量带来挑战，又会为从测量执行的实时分析中获益创造新机会。挑战源于在灵活基础设施上实施服务，此类基础设施可同时支持多种服务，这些服务的组合可能会在短时间内发生变化。跨共享、动态变化组件的实时分析为跨多个服务和维度进行优化创造了机会。这些维度可能包括诸如服务性能、服务交付成本、基础设施投资时机、消除紧急维护的过剩能力之间的折中。另一个优势是与网元服务、网络和组件测量的紧耦合目前已经解耦合，且可以在 ONAP 平台内以通用方式一次性完成，从而降低了创建服务的成本、复杂性，并缩短了时间。

从所有资源必须通过软件控制且信息应近实时集中化以便于做出决策这一最普遍意义上讲，用于优化网络的实时控制取决于 SDN。例如，实时控制包括控制和配置隧道、分组流、负载均衡器、目录、映射到分组层的光波长等，并一直扩展到支持接口的客户服务和应用。这些接口支持客户推迟或预测需求以获取更优价格或性能。

为了便于实现科学的实时优化，网络数据采集和测量执行是网络云不可或缺的组成部分。

2.5.12　网络运营

从支持传统和 IP 网络到网络云运营的转变可能是我们面临的最大挑战和实现转型带来优势的关键。

网络运营方面的挑战包括增加新技术并在传统和云基础设施混合的场景中进行管理。需要新型软件工程和质量保证技术来支持新型或快速变化功能的持续交付和集成,我们通常将这一职能称为 DevOps。投资以取代现有技术基础设施和重构网络功能,以确保在自动化闭环控制平台中运行,这将需要在混合基础设施中运行多年。

运营的成功转型所带来的优势包括成本降低、周期时间缩短、使用支持新型或快速变化服务需求的网络云基础设施的灵活性增强、对非专用但在需要时与软件服务共享的基础设施利用率的提高。

为实现这些优势而改变的运营场景包括基础设施或服务的手动管理、配置和监控高度自动化。紧急维护被视为在正常、定期升级中可以解决的容量降低问题的替代。通过软件功能提供的广泛回归测试来确保新功能规划、测试和开启,都是常规和高度自动化的,从组织上讲,减少或消除对特定服务员工的需求,且可以在所有服务中共享通用技术技能。

要从更广泛的角度考虑,并在未来将任务自动化或优化为其他业务功能,创建包含变革、创新和不断创造新价值的文化,因而考虑其他类型变革是非常重要的。随着软件逐渐改变其他行业,一些实例表明,主要影响归因于软件思维或学科,这与当前电信提供商文化中可能存在的软件思维或学科截然不同。可以保持网络云平台提供商领导力的两大实例包括对有能力为开源软件平台组件做出贡献的个人进行授权;与其他社区成员合作,致力于开源平台的使用和持续改进。

第 **3** 章

网络功能虚拟化

约翰·梅达玛娜（John Medamana）和汤姆·西拉库萨（Tom Siracusa）

网络功能虚拟化（NFV）是由网络和操作系统（OS，Operating System）两个独立学科开发活动所构建的一组软件功能。早期，网络和计算机都非常昂贵。因此，共享联网计算机变得必不可少——虽然每个用户的成本显著降低，但当新用户加入网络时，网络价值与联网用户数的平方成正比（梅特卡夫定律）。随着计算机数量的增加，网络设计变得更加复杂，其中交换机和路由器可用于将来自源端的流量引导到目的端，网络技术促进了局域网和广域网中的数据流动。

这里提到的网络技术是指以太网（Spurgeon and Zimmerman, 2000）和 IP（Comer, 2014），它们支持创建多用户共享的网络。以太网交换机和 IP 路由器采用硬件和软件构建，以实现单层网络协议。但是，以太网和 IP 都未被设计成能够在用户（主机）或用户组之间提供足够的隔离功能。除非两个用户直接进行通信，否则，需要通过隔离来实现某个用户相对于其他用户的隐私和保护。以太网依赖于广播发现协议。IP 路由的寻址架构导致每个用户对同一网络上其他用户都是"可见"或"可达"的。NFV 支持在大量用户之间安全、高效地共享网络，同时在用户组之间提供高级隔离功能。

除了共享和隔离之外，NFV 还需要第三种属性，我们称其为功能解耦。用于实现以太网和 IP 的交换机和路由器是单片元件，旨在提供非常高的性能——高数据分组吞吐量和非常短的数据分组交换时间（数据分组处理、排队和传输时延的总和）。随着互联网的发展，交换机和路由器变得越来越复杂。它们使用复杂的定制特殊应用集成电路（ASIC，Application Specific Integrated Circuit）进行数据分组转发和专用操作系统，以实现各种网络协议和功能。NFV 要求将网络功能（转发、控制和管理平面）与单层网络硬件分离。此外，NFV 在软件中实现分组转发。硬件变为通用（如 x86 或商用芯片），且软件与硬件分离。在深入研究 NFV 之前，我们将对这些技术进行综述。

3.1 虚拟化

在本节中，我们将讨论与网络和计算环境相关的虚拟化，重点关注网络功能虚拟化，它既适用于网络虚拟化，又适用于计算虚拟化。

3.1.1 网络虚拟化

封闭式用户组（CUG，Closed User Group）支持一组相互隔离的用户与网络中其他用户进行通信。网络支持创建多个CUG。每个CUG正常工作时，就像整个网络都属于特定CUG一样，不会受到同一网络上可能存在的其他CUG的干扰。我们将支持此类CUG的技术称为网络虚拟化。每个CUG在其虚拟网络上运行，与同一物理网络上的其他虚拟网络共存。

以太网和IP网络设计用于支持多个用户进行通信并共享公共物理网络。但是，以太网和IP的原始定义中并不包含CUG概念。

以太网定义了共享媒体上的广播域概念。虚拟局域网（VLAN，Virtual Local Area Network）是一种广播域，可以对虚拟局域网进行分区，并将它与其他虚拟局域网和关联广播域区分开。要将网络划分为多个虚拟局域网，需要配置网络交换机或路由器。虚拟局域网允许网络管理员将主机组合成一个广播域或虚拟网络。虚拟局域网成员资格可以通过软件进行配置。在不存在虚拟局域网的情况下，对用户（主机）进行分组需要在物理上重新定位网络交换机并将站点连接到交换机的光缆。虚拟局域网通过对局域网进行虚拟化，可大大简化网络设计和网络部署（如图3.1所示）。

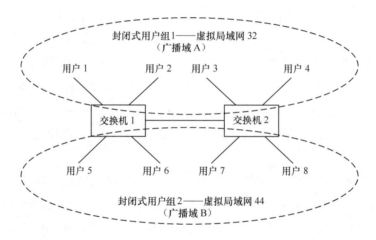

图3.1　使用虚拟局域网（VLAN）的简单以太网虚拟网络

虚拟专线业务（VPWS，Virtual Private Wire Service）和虚拟专用局域网服务（VPLS，Virtual Private LAN Service）（Rekhter，2007）是广泛用于校园或多位置广域网的第二层虚拟网服务（Anderson，2006）。VPWS定义了点对点服务，而VPLS定义了多点服务。以太网虚拟专用网（EVPN，Ethernet Virtual Private Network）（Sajassi，2015）是为以太网终端构建和提供CUG服务的最新标准。

IP路由定义了一组协议，这些协议计算数据分组所遵循的路径，以便跨多个网络从数据分组的源端传输到目的端。数据通过一系列路由器从其源端路由到目的端，且通常跨多个网络。IP路由协议支持路由器构建转发表，该表将目的端与下一跳地址关联起来。在基本IP路由协议中，所有源端和目的端通过路由协议都是相互可见的。

为了在IP网络上创建CUG，我们需要采用一种通常称为叠加网络的方法。叠加网络是一种在单层 IP 网络上实现的虚拟网络。存在两种用于创建叠加 IP 网络的常见技术：IP 隧道和虚拟路由转发（VRF，Virtual Route Forwarding）。

　　IP 隧道（Simpson，1995）用于连接两个相互之间没有路由路径的虚拟 IP 端点（如图 3.2 所示）。隧道采用跨公共中间 IP 传输网的路由协议。IP 隧道是端点和公共中间传输网之间的虚拟叠加网络连接（有时也称其为单层网络）。可以使用一组 IP 隧道在一组 IP 端点之间创建 CUG，我们称其为虚拟专用网（VPN）。

图3.2　使用IP隧道的虚拟网络连接

　　VRF 是一种能够在 IP 网络中创建多个路由表实例的技术 [Rosen, BGP/MPLS IP Virtual Private Networks（VPNs），RFCs 4364 and 2547, 2006]。路由表由 IP 网络中的每台路由器维护。在沿着分组路径的每一跳处执行路由表查找以确定分组的下一跳。在原始 IP 网络架构中，使用单路由表来定义路由逻辑，有时称其为全局路由表。VRF 定义了路由表的多个实例，其中每个实例都可以定义一个 CUG。这是一种非常高效的 VPN 创建方法（如图 3.3 所示）。

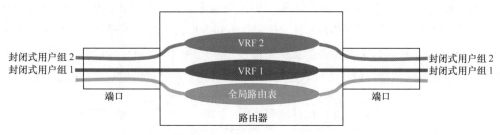

图3.3　使用VRF的IP网络虚拟化

3.1.2　计算虚拟化

　　操作系统软件的诸多创新为计算虚拟化铺平了道路（Rosenblum, 2004）。多任务和多线程是操作系统最早的两项创新，它们显著提高了计算机的效率。多任务处理的基本思想是软件应用程序包含多项可独立调度实体的任务。随着单一软件进程中的逻辑变得越来越复杂，操作系统（OS）开发人员在操作系统进程中创建了多项任务。多任务易让人产生并行任务并发执行的错觉。

　　操作系统的另一项创新是将系统划分为多个独立操作系统。人们创建了一个名为系统管理程序（Hypervisor）的新型监控软件层，用于支持多个操作系统作为独立任务运行。反过来，这些操作系统使用多任务、多线程在多个用户之间实现机器的高效共享。这样就可以创建多个虚拟系统或虚拟机（VM，Virtual Machine）。每台虚拟机都有自己独立的执行环境。

多处理是操作系统另一项重要创新。多处理支持多个处理器（CPU）使用多任务、多线程功能来实现单层网络进程的真正并发。多处理允许将两项或多项任务和线程分配给同时运行的不同处理器（CPU）。Silberschatz 等（2012）的著作是非常好的操作系统（OS）原理通用参考书。

3.1.3　网络功能虚拟化

如本章前面所述，网络功能在传统上是在专用供应商专有系统（硬件和软件）中实现的。我们将实现第三层或第三层组网功能的系统分别称为交换机或路由器。通常将实现其他组网功能的系统称为网络设备。典型的企业网络拥有诸多交换机、路由器和设备，有时在单个位置拥有多种此类系统。

通常情况下，网络和计算虚拟化技术支持在软件中实现网络功能，该软件在由服务器（基于 x86 硬件和 Linux 操作系统）构成的通用计算机网络上执行。虚拟机为各种网络功能的软件实现提供执行环境。每台虚拟机都有一个逻辑端口，其特性类似于交换机、路由器或设备上的物理端口。

逻辑端口可以像物理端口一样进行联网。操作系统能够实现虚拟路由器（vR，virtual Router）或虚拟交换机（vS，virtual Switch），以支持网络链路的建立，该网络链路可将逻辑端口与同一服务器上其他逻辑端口或物理端口连接起来。在逻辑端口处终止的网络连接是 3.1.1 节中描述的虚拟叠加连接，我们将采用这种方式实现的网络功能称为虚拟化网络功能（VNF，Virtualized Network Function）。

图 3.4 说明了在虚拟机上运行的用于实现网络连接（虚线）的 VNF，它可用于为给定源 - 目的地对承载分组流。VNF-1 和 VNF-2 表示在两台不同虚拟机上运行的网络应用软件。数据中心架构（用于以太网 /IP 转发）和服务器提供基础设施，采用商用现货（COTS）硬件构建。例如，VNF-1 可以是边缘路由器，VNF-2 可以是用于对业务流进行故障诊断的网络分析器。

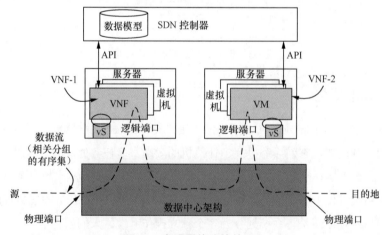

图3.4　实现网络连接的VNF

大多数网络功能可以由商用现货平台（如 x86 服务器）上运行的软件来实现。由于通用计算机在实现分组转发功能方面的效率较低，因而对于吞吐量需求量高的 VNF 来说，NFV 可能变得不切实际。总速率低于 10 Gbit/s 的网络功能通常可以轻松实现虚拟化。在编写本书时，总速率高于 50 Gbit/s 的 VNF 不适合进行虚拟化。但是，服务器技术和分组处理技术正在迅速发展。我们预计随着时间的推移，总速率的限制将会升至 50 Gbit/s。在大型服务提供商网络中，除核心路由器（又称 P 路由器）之外的所有 VNF 都可以进行虚拟化。

VNF 可以分为两大类：主机 VNF 和中间盒 VNF。主机 VNF 是数据分组流量的源点和汇聚点，发起或终止最终用户网络连接。主机 VNF 的实例如下。

（1）域名服务（DNS，Domain Name Service）。

（2）远程用户拨号认证系统（RADIUS，Remote Authentication Dial In User Service）。

（3）超文本传输协议（HTTP，Hyper Text Transfer Protocol）客户端。

顾名思义，中间盒 VNF 不会终止最终用户网络连接，它们位于网络连接的中间。数据分组进出网络，这些 VNF 很可能会对数据分组头进行修改。第二层交换或第三层路由是使用中间盒 VNF 实现的两种最常见功能。中间盒 VNF 的实例如下。

（1）用户边缘（CE，Customer Edge）路由器。

（2）提供商边缘（PE，Provider Edge）路由器。

（3）防火墙。

（4）安全网关。

（5）代理。

（6）网络地址转换（NAT，Network Address Translation）。

（7）负载均衡器。

（8）广域网（WAN）加速。

（9）服务架构演进（SAE，Service Architecture Evolution）网关。

（10）缓存 [内容分发网络（CDN）]。

3.1.4　网络功能虚拟化的优势

典型的服务提供商网络由大量专有硬件交换机、路由器和设备构成。创建和启动新型网络服务通常需要添加其他各种专有系统。除了所需资本支出之外，这些硬件设备消耗的空间和功率占据运营费用的绝大部分。能源成本的增加，设计、集成和操作基于硬件的复杂设备所需的专业技能匮乏，都进一步增加了挑战。同时，电器快速达到使用寿命，导致采购—设计—集成—部署周期性重复，收益甚微或不产生收益。此外，随着技术变革和服务创新加速，硬件生命周期变得越来越短，这可能会抑制新型创收网络服务的迅速推出，并对网络世界中的创新形成限制。

总而言之，所有这些问题都会限制创新并阻碍新型网络服务的迅速推出。NFV 技术使人们无须清退和重新部署基础设施、无须进行相关资本投资即可规划网络架构的变化。由于组网的本质是通过软件来提供的，因而可以构建低成本通用硬件结构并部署多个 VNF 来实现服务提供商网络架构中定义的所有网络功能。VNF 还提供了许多优势，如下。

（1）通过集成设备和利用 IT 行业的规模经济来减少独特的设备多样性并降低功耗。

（2）通过在架构上将网络功能（基于软件）与支持基础设施（基于硬件）分离来驱动独立扩展和创新。

（3）通过最大限度地缩短网络运营商的典型创新周期，加速产品上市进度。通过基于软件的部署，可以大大减轻涵盖硬件功能投资所需的规模经济，这种部署或多或少遵循可变成本模型，且流动性更高。

（4）通过在诸多服务和不同客户群之间共享资源来降低成本。运行多个版本网络功能的能力非常简单，因为功能是通过软件来实现的。虚拟化支持多租户，使针对不同应用、用户和租户使用单一平台。

（5）可以根据地理位置或客户集有针对性地引入服务，根据需要快速扩展或缩减服务。

（6）能够部署弹性支持各种网络功能需求的系统，并允许以灵活方式使公共资源池容量与当前需求组合相适应。

（7）支持各种生态系统并鼓励开放。NFV 为纯软件入门者、小型企业和学术界开放虚拟设备市场，从而鼓励创新，以更低的风险快速带来更多新型服务和新收入流。

（8）支持新类型网络服务。除了数据平面之外，NFV 还适用于控制平面和管理平面。这使最终用户和第三方使用当前仅为本地网络运营商预留的当前工具和功能来创建和管理虚拟网络。

（9）新型服务的更快测试。复杂服务的测试和认证是一项耗时的工作。通常，很难在实验室环境中测试应用领域。NFV 的多租户问题支持服务提供商能够在生产环境中测试新型服务和更新，而不会对客户流量构成威胁。

（10）可靠性更高。基于软件的系统更加富有弹性，且成本更低。由于需要部署专用冗余硬件和专有逻辑，因而基于硬件的可靠性成本更高。

为了实现这些优势，需要解决以下几个技术难题。

（1）实现高性能虚拟化网络功能，可在不同硬件供应商之间进行移植，并使用不同的虚拟机管理程序。

（2）在支持向完全虚拟化网络平台的高效迁移的同时，实现与基于定制硬件的网络平台的共存。同样，支持从现有业务支撑系统（BSS）和运营支撑系统（OSS）过渡到更加灵活的 DevOps 和编排方法。

（3）在确保攻击和错误配置安全性的同时，管理和编排诸多虚拟网络设备。

（4）确保适当的硬件和软件故障恢复能力。

（5）集成来自不同供应商的多台虚拟设备。服务提供商更愿意使用来自不同供应商的"混搭"硬件、不同供应商的虚拟机管理程序以及不同供应商的 VNF，而不会产生过高的整合成本。

3.2　网络功能虚拟化和软件定义网络

软件定义网络（SDN）是一种用于创建可编程、应用感知和开放智能网络的架构。架构的关键是数据转发与控制平面的分离，以及标准协议和抽象的建立。然而，SDN 也适用于支持更加开放的、以软件为中心的方法（用于为网络控制平面和数据平面开发新的抽象），以及通过 API 公开网络功能的能力。我们将在第 6 章中对 SDN 进行详细讨论。下面，我们分析 SDN 和 NFV 之间的关系。

SDN 可以充当 NFV 的引擎，因为控制平面和数据平面的分离使独立控制平面软件的虚拟化成为可能。NFV 还可以充当 SDN 的引擎，因为当在标准硬件上运行的软件中实现数据平面和 / 或控制平面时，其实现方案之间的分离大大简化。SDN 视图如图 3.5 所示。

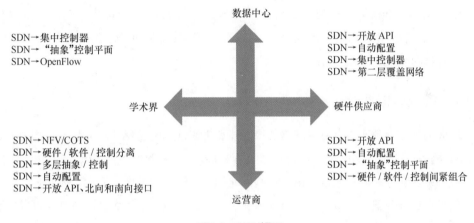

图3.5 SDN视图

SDN 是学术界基于所开展的工作于 2009 年提出的，重点是将控制平面与转发平面分开，以便于以太网交换机对转发决策进行集中化处理；目标是在转发规则方面提供更高的灵活性和适应性，同时简化转发设备，而无须复杂的分布式路由协议。OpenFlow（Foundation）作为一种新协议，用于支持中央控制器和转发设备之间的通信。

这些概念的最初应用是大型数据中心。复杂的编排技术应运而生，用于支持虚拟机的部署和移动性，主要支持 IT 应用。但是，数据中心网络缺乏支持此类环境的灵活性。如果将工作负载从一台服务器转移到另一台服务器上，则必须手动配置网络 VLAN/IP 寻址以支持其新位置中的工作负载。这通常意味着对路径中的所有交换机进行重新配置。为了在现有网络上解决这一问题，新的叠加技术出现，用于支持现有网络架构的顶层虚拟网络。这些技术包括 LISP（思科）、VMWare NSX（VMWare）、OpenStack Neutron（OpenStack）、TRILL（Transparent Interconnection of lots of Links，多链路透明互联），甚至多协议标签交换（MPLS）。

这将为硬件供应商打开大门，以开发可从内部完全支持这些叠加协议的新架构交换机。虽然新交换机确实提供了更高的网络灵活性，但它们往往是供应商专有的，且还与硬件、软件和控制紧密结合。尽管这可能满足单一企业数据中心的要求，但是对于需要支持来自诸多不同供应商网络功能的运营商基础设施而言，它并不是顽健的。SDN 与 NFV 在同一 COTS 硬件平台上结合使用是实现服务提供商端到端网络的关键。与硬件、软件功能和控制有关的决策选择需要独立且基于具有良好定义 API 的开源架构。

3.3 VNF 的分解

用于实现网络功能的软件要么是现有设备功能的一对一映射，要么是针对云计算设计的网络功能的某种组合。例如，针对云计算设计的功能可以进行组合或利用分布式数据服务来消除一组基于硬件的网络设备。

同时，它们使用软件逻辑和云计算特性来消除具有备用设备硬件要求的容错或一对一故障转移。开发云网络的许多机会都集中在使用网络功能虚拟化基础设施（NFVI，Network Functions Virtualization Infrastructure）——它与云计算基础设施非常类似——并开发支持诸多现有单片控制平面元素的新应用上，如路由反射器（RR）、DNS 服务器和动态主机控制协议（DHCP，Dynamic Host Control Protocol）服务器。

3.3.1 解耦虚拟功能

随着时间的推移，预计会有更多网络边缘功能和中间盒功能迁移到此类基础架构中。这些功能包括 SAE 网关、宽带网络网关、针对类似 IP-VPN 和以太网等服务的 IP 边缘路由器、安全功能以及负载均衡器和分配器。通常，由于这些网元不需要转发大量聚集流量，因而其工作负载可以跨多台服务器进行分配——每台服务器都增加了一部分功能。总体而言，与单片版本相比，这创建了可用性更高的弹性功能。一个重要问题是使用类似于云计算服务中采用的编排方法来对功能进行实例化和管理。这意味着存在可以被多次实例化且构成各种网络拓扑以动态满足服务提供商需求的功能目录。

虚拟化服务的关键设计原则之一是将当前支持在专有操作系统（OS）和自定义硬件上运行的复杂网络功能软件"移植"到虚拟机 Linux 操作系统上。相反，我们需要将网络功能分解为可在云架构上分发和扩展的细粒度虚拟功能（VF，Virtual Function）。这样可支持仅根据服务需求来实例化和定制基本功能，从而使服务交付更加灵活。它提供了大小调整和规模扩展的灵活性，以及根据给定服务需求来打包和部署虚拟功能的灵活性。网络云支持在需要时向用户附近部署时延敏感服务虚拟功能，它支持在公共云数据中心中对功能进行分组，以最大限度地缩短组件之间的时延。VF 的设计目标是模块化和可重用性，以便于选择同类最佳供应商。解耦用户数据和状态可提高虚拟化服务的可靠性，它还能提高可扩展性，因为数据层可以独立于网络功能进行扩展。

网络功能的分解应当遵循以下准则。

（1）如果功能具有显著不同的扩展特性（如信令与媒体功能、控制平面与数据平面功能等），则对功能进行分解。

（2）分解应能在实例化时定制网络功能的具体内容（如可能需要针对每个运营商互连实例来定制互通功能）。

（3）分解应当只支持对服务所需功能进行实例化（如果不需要转码，则不应进行实例化）。

在云服务平台中部署 NFV 为运营商提供了新机会，可以最大限度地降低成本并部署新的高级增值服务。NFV 实现方案应当是云原生的，而不仅仅是从专用供应商硬件到基于 x86 的 COTS

平台的软件的修改。原生云实现方案可确保存储和计算资源的高效共享。为了充分利用资源，NFV 需要既具有动态性又具有灵活性，以及可扩展性、互操作性、可重用性、分布式特性，并在虚拟功能（VF）发生故障时维持状态。

基于 SDN 和虚拟化驱动，NFV 功能分解（解离）是新型网络设计的关键支柱。NFV 分解的优势之一（将 NFV 分解成小型组件）是支持运营商实现高效的容量扩展和可重用性。特别是它支持运营商根据不同负载配置文件来扩展不同组件。确定用于定义已分解 NFV 系统特征和优势的另一个关键是它支持跨不同 VNF 的功能共享。

将大型应用分解为小型组件的理念可以追溯到面向服务的架构（SOA，Service Oriented Architecture）。我们还看到，它通过采用 Hadoop 和 Storm 等技术，有助于在几千台服务器上扩展大数据应用，主要优势是实现资源利用最大化，如云主机上的各个中央处理器（CPU）核心或内存。小型虚拟机实例可用于提高主机资源利用率。确定小型虚拟机容量要比确定大型虚拟机容量容易得多。此外，大型实例可能会导致主机未使用资源的分配效率更低，进而降低了云实现方案的工程经济性。

最后，分解可支持更高的弹性和可伸缩性。较小虚拟功能本身能够独立进行扩展。如果某种组件出现故障或容量不足，则可以轻松启动另一种组件而不会影响其他组件。服务编排器可以仅扩展需要处理特定工作负载的单个虚拟功能，而不是扩展整个 VNF。

网络功能分为三大类：数据平面、控制平面和管理平面。

1. 数据平面

我们将数据平面（有时称为转发平面）定义为由硬件、软件或两者共同实现的功能，它与端到端用户通信的分组处理息息相关。路由器中数据平面的作用是决定如何处理到达输入接口的数据分组。最常见的情形是，路由器维护一张用于查找输入数据分组目标地址并检索确定发送数据分组的恰当输出接口所需信息的表格。

当前的服务提供商网络需要支持的不仅仅是基础数据分组转发。大型服务提供商为不同服务及其支持的不同客户网络维护许多单独的路由域。许多服务提供商利用 MPLS 技术为其提供的不同服务——互联网服务、以太网服务和 IP-VPN 服务维护单独的转发平面。为实现这一目标，通过维护称为转发信息库（FIB，Forwarding Information Base）的不同路由表，在网络设备中实现称为 VRF 实例的单独的路由实例。

依据 MPLS 和 MPLS VPN 相关标准（如 RFC 4364），推出基于 MPLS 的 VPN 服务将具有如下基本安全特性。

（1）抑制。同一 VPN 上 CE 路由器之间发送的流量（和路由信息）始终处于这一特殊 VPN 内，不会出现溢出或"泄漏"现象。

（2）隔离。客户 VPN 不能以任何方式对另一个客户的 VPN 的内容或隐私产生实质性影响。

（3）可用性。除了 MPLS 和 MPLS VPN 的安全相关基本属性之外，服务提供商还可通过诸如访问控制列表（ACL）、路由过滤器等其他方法来仔细设计共享资源，以满足最高级别的可用性，并减少潜在拒绝服务活动来关闭不必要服务和其他基础设施强化技术。

（4）简化性。MPLS 网络支持在客户和服务提供商域中简化配置（因而有助于避免与安全相关的配置错误）。第一，对于客户来说，MPLS VPN 比传统第一层（如专用线路）、第二层（如帧中继或 ATM）点对点解决方案或第三层 [如互联网协议安全（IPSec，Internet Protocol Security）VPN] 更易于配置。第二，与基于 ACL 和独立的客户地址空间的其他 VPN 解决方案 [如第二层隧道协议（L2TP，Layer 2 Tunneling Protocol）] 不同，MPLS VPN 支持可扩展性更高的服务提供商架构。使用 ACL 或独立 IP 空间作为实现 VPN 分离主要方法的服务提供商网络管理起来非常困难。在这种情况下，添加的每个新站点或每条路由都可能需要对网络中的其他每台路由器进行更改，以确保安全性。这不是一种可扩展解决方案，并可能会导致配置错误的发生和潜在安全漏洞的出现。

最后，对数据平面施加额外要求以支持流量优先级，以便针对不同语音、视频和数据应用实现服务等级协议（SLA，Service Level Agreement）。这需要采用深度包检测（DPI，Deep Packet Inspection），以便应用可以确定转发决策和优先级来满足服务质量（QoS，Quality of Service）需求。类似地，可以在接口上采用速率限制按类或应用来控制容许流量。这会给中央处理器（CPU，Central Processing Unit）带来更大压力，因为需要在目标地址字段之外对数据分组进行分析。

基本分组转发充分利用网络输入 / 输出（I/O，Input/Output）和内存读 / 写操作。将分组移至基于服务器的体系结构时，服务器的 I/O 功能可能是转发吞吐量的限制因素。如果我们继续将路由器开发为需要支持所有这些功能的单片功能，那么将这些工作负载转移到基于服务器的架构可能会面临挑战。许多网络工作负载将需要高数据吞吐量，而在管理程序（其中，网络功能无法直接访问网络接口）覆盖网络上很难实现。叠加路由或交换可能会阻碍虚拟功能（VF）通过虚拟平台产生的吞吐量，这可以通过采用诸如单根输入 / 输出虚拟化（SR-IOV，Single-Root Input/Output Virtualization）（Intel）之类的技术来绕过这些覆盖网络，并直接将数据传递到网络接口卡（NIC，Network Interface Card）。

SR-IOV 是一种网络接口，支持不同虚拟机共享单一物理外设部件互连（PCI，Peripheral Component Interconnect）快速硬件接口。将虚拟功能分配给虚拟机实例支持网络流量绕过管理程序并直接在虚拟功能和虚拟机（VM）之间流动。这允许接近线速性能而无须为每台虚拟机提供单一专用物理网络接口卡。缺点是目前需要将这种 VNF 绑定到特定服务器，因而使在服务器之间转移该功能的能力变得更具挑战性。随着时间的推移，当叠加路由器和交换机利用可提供更高数据平面吞吐量的新型 API 时，可通过它们来实现更高吞吐量。一个实例是数据平面开发工具包（DPDK，Data Plane Development Kit）[1]，它提供了一组用于快速数据分组处理的库和驱动程序。

2. 控制平面

控制平面是由逻辑来表征的，它通常涉及网络功能之间的通信处理，且与端到端用户通信不直接相关，包括信令协议处理、会话管理或授权、认证和计费（AAA，Authentication Authorization Accounting）功能以及路由协议。预计这些功能具有较低的事务处理速率，且每项

---

[1] DPDK是一组用于快速数据分组处理的数据平面库和网络接口控制器驱动程序。

事务所需的处理复杂性相应增加，因而通常预期网络 I/O 不会像数据平面工作负载那样得到广泛使用。相反，CPU 资源和 / 或内存资源更容易成为瓶颈。

最常见的控制平面工作负载是诸如开放式最短路径优先（OSPF，Open Shortest Path First）、边界网关协议（BGP，Border Gateway Protocol）、标签分发协议（LDP，Label Distribution Protocol）等路由协议。路由协议能够为数据平面提供服务。IP 网络中的路由通常使用分布式控制平面，其中每台本地路由器负责基于从其他路由器或从诸如路由反射器（RR）等集中控制平面功能接收的控制平面数据来创建自己的转发表。AT&T 的核心网络基于 MPLS 技术，在更高层次上，MPLS 网络使用多协议 BGP 和标签交换的组合来区分和隔离虚拟专用网（VPN）之间的路由信息和流量。RR 用于将路由分配给边缘。存在着附加控制平面元素，即域名服务（DNS）、动态主机控制协议（DHCP）和针对 IP 语音（VoIP，Voice over Internet Protocol）的信令等。

当我们将控制平面功能迁移到云时，诸如 RR 和 DNS 服务器等现有独立控制平面元素是理想的首选方案，因为这些元素已被分解并负责执行独特的核心功能。用于 VPN 服务的提供商边缘（PE）路由器更复杂，因为其主要功能是数据分组处理，但 PE 路由器支持许多控制平面协议和工作负载。

目前，路由和转发引擎可以在不同核心上进行分解。但是，像 BGP 这样的控制平面协议仍然集成在 PE 实例中。它将随着时间的推移而发展，以便控制平面和数据平面可以进行完全分解。

3. 管理平面

管理平面涉及诸如编排、配置管理、故障和事件报告以及监视等功能。这些工作负载要求弹性高且往往是集中式的。通常，它们支持网络中的运营、管理和维护（OA&M，Operations Administration and Maintenance）功能。过去，管理平面工作负载的配置、故障和性能管理一直是供应商专有的，甚至简单网络管理协议（SNMP，Simple Network Management Protocol）（国际）也是一种开放标准，无法实现供应商之间的互操作。SNMP 是一种用于采集和组织受管 IP 设备相关信息的互联网标准协议。

展望未来，管理平面的目标是摆脱专有管理协议，转而采用开放式 API 的数据模型驱动架构。这将极大地改变在许多不同 VF 上完成服务交付和服务保证的方式。一个重大转变是远离命令行界面（CLI，Command Line Interface）代码以支持网络中网络功能（如路由器）的配置。利用 YANG（IETF）建模语言，业界正在寻求诸如以太网等关键服务的通用数据模型。

YANG 是一种用于定义服务结构的标准化建模语言。例如，以太网可以由端口和 VLAN 进行定义。端口可由接口类型、速度、标记与否等来表征。VLAN 包括速率、VLAN 标记、QoS 参数等，并将该标准模型推送给转发设备来实现。图 3.6 说明了如何在目录中设计和存储 YANG 模型。（AT&T 创建了一种 YANG 模型设计平台，以帮助服务设计人员为其服务构建 YANG 模型）然后，可以通过名为 NETCONF（IETF）的协议将模型推送给 VF。NETCONF 可定义为通过远程过程调用（RPC，Remote Procedure Call）安装、操作和删除网络设备的配置。

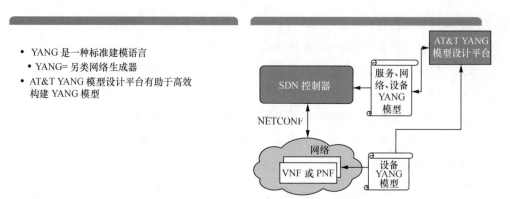

- YANG 是一种标准建模语言
- YANG= 另类网络生成器
- AT&T YANG 模型设计平台有助于高效构建 YANG 模型

VNF：虚拟网络功能 PNF：物理网络功能

图3.6   YANG和NETCONF

YANG 模型可扩展到许多软件模型，以获得网络功能的更多抽象层。如图 3.7 所示，我们可以使用 YANG 来定义设备层（如单转发设备）、网络层 [如跨城域网（MAN, Metropolitan Area Network）或广域网（WAN）的 VLAN]、服务层（诸如以太网 WAN 的端到端服务定义）和 API 层服务的数据模型。YANG 定义了可以公开的软件接口，以便为客户请求端到端服务。

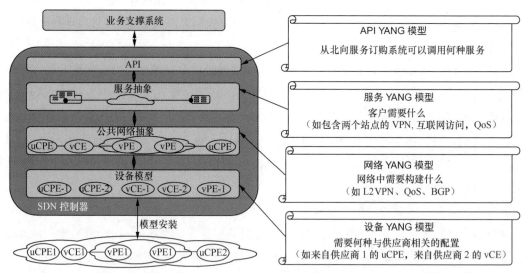

uCPE：来自供应商 1 和供应商 2 的通用 CPE；vCE：来自供应商 1 的虚拟 CE；VPE：来自供应商 1 的虚拟 PE

图3.7   YANG抽象层

在 VNF 实现方案中，可以发现如下两种额外工作负载类型，但程度较低：

（1）信号处理工作负载：定义为与数字信号处理相关的工作负载 [如云无线接入网（C-RAN, Cloud Radio Access Network）基带单元（BBU, Base Band Unit）（Jun Wu）中的快速傅立叶变换（FFT, Fast Fourier Transform）解码 / 编码]。这些负载通常具有 CPU 密集型和高时延敏感性。在先前的讨论中，我们倾向于将媒体转码表征为信号处理工作负载，尽管本规范给出了相关定义，转码似乎与涉及加密的数据平面工作负载存在着更多共同之处。与其他数据平面工作负载相比，预计 CPU 利用率会大大提高，但不会比通用分组转发更具时延敏感性。

（2）存储工作负载：定义为涉及磁盘存储的工作负载，在规范中细分为密集型和非密集型两种。

VNF 的分解过程非常复杂，对所有工程问题和可能折中的详细讨论已经超出本章范围。从高层次来看，这一过程涉及以下方面。

（1）按工作负载来识别和划分外部接口和协议。

（2）围绕这些接口和协议来分离 VNF 的功能。

（3）识别和隔离作为分解备选方案的任何存储或管理功能。

（4）由于分离工作负载以外的原因而识别用于分解的备选功能（如将前端处理与数据存储分离，以便更好地进行故障处理、部件重用、降低单一 VNF 的复杂性等）。

（5）确定备选分解功能之间的适当接口。

（6）考虑诸如效率权衡、故障域和故障处理、管理和编排复杂性等因素来评估分解每项功能的优势是否会超过潜在成本。

3.3.2　服务链

网络服务可能由源端、目的端和一组中间互连 VNF 构成，这些 VNF 用于处理从源端到目的端的数据流。我们通常称其为服务链（中央）。VNF 的这种链接可能产生于许多场景中，例如，基于网络服务 [该服务根据虚拟化网络功能转发图（VNF-FG，Virtualized Network Function Forwarding Graph）进行设计] 的链接、基于用户策略 / 服务的链接。

可以在服务链中定义若干种 VNF，服务链包括 3.1.3 节中定义的主机和中间盒 VNF。

中间盒可以改变数据流量。例如，防火墙可以丢弃数据分组，或者应用网关可以根据流量类型更改路径。NAT 功能可以对数据分组进行修改。因此，对于每个数据分组来说，服务链取代了用于实现互联功能的传统布线，但它不一定能支配所有 VF 上的端到端流量。

服务链不是一种新概念。多年来，我们一直将服务提供商网络中的功能联系在一起，现有架构面临的挑战是这些链是静态的，并由设备间安装的物理线缆来决定。当前的关键区别是这些链可以在软件中进行定义，并使用 NFVI 内的 SDN 功能来实现。它支持服务的按需部署，在这种部署场景中，需要实现多个功能实体之间互联以提供端到端服务。例如，考虑将安全服务引入企业 VPN 或将 VPN 扩展到云服务提供商。当前，存在着 AT&T Flexware 和 Netbond 服务支持的两项功能。

图 3.8 描绘了可以通过一系列物理功能来定义的服务链实例。

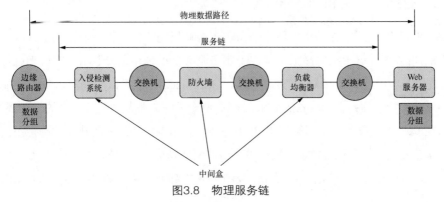

图3.8　物理服务链

当这些功能成为 NFVI 上的虚拟功能（VF）时，它们之间的连接可以在软件中进行定义，并由 SDN 基础设施进行控制。NFVI 上的服务链如图 3.9 所示，我们将在第 4 章中对其进行详细介绍。

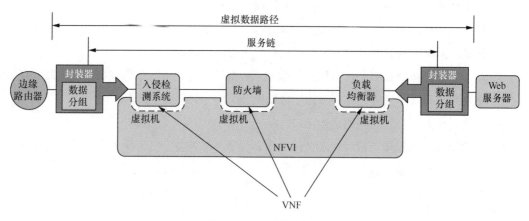

图3.9　NFVI上的服务链

服务链需要功能实体之间的连接，这些功能实体可以分布在不同网段和不同服务器上，甚至可以位于不同物理位置。为了在功能之间提供下一跳连接，需要用到叠加网络。传统的以太网、MPLS 和 IP 网络提供了服务提供商网络的基础单层网络，它可以基于静态配置和 IP 静态寻址构建。为了将两个或多个 VNF 连接在一起，我们需要使用可以实时定义的 VNF 虚拟地址，以及一种能够在单层网络顶部来引导或封装流量的方法。这有助于将网络服务与单层网络基础架构分离开来。传统上，叠加可以采用通用路由封装（GRE，Generic Routing Encapsulation）或加密 IPSec 隧道完成，但这些需要显式配置，一般通过 CLI 代码来实现。像 MPLS 这样的 VPN 技术提供了一种支持采用诸如 BGP 这样的路由协议进行隧道传输的方法，但即使这样，传统上仍需要对这些协议进行显式配置。在 SDN 环境中，这需要通过集中式 SDN 控制器进行实时实例化。MPLS 仍然是一种极富吸引力的叠加技术，因为它依赖于动态路由协议，该协议充分考虑到弹性架构的创建问题。VNF 可以成对进行部署，具有双主机或主—备配置。在这种配置中，我们可以采用快速恢复和分段路由（Segment Routing）技术。

3.3.3　叠加、单层和 vS/vR

图 3.10 重新引入了 3.1.3 节中的图来强调在支持单层网络的数据中心结构的顶部使用叠加网络（虚线）。为了支持这种按需虚拟网络，需要在服务器上使用 vS 或 vR，它位于虚拟机管理程序上，以提供与 VM 上运行的特定 VNF 连接。OpenStack 环境提供一些基本叠加功能，特别是单租户 VLAN 支持。这是在 OpenStack Neutron（OpenStack）规范中进行定义的。在撰写本书时，Neutron 缺乏诸如多租户第二层和第三层 IP 服务链等高级网络功能，还缺乏对确定不同流量流优选级所需 QoS 的支持。在服务提供商网络中，虽然网络功能是虚拟的，但仍可以是多租户，因为该功能可以支持多个虚拟客户网络。因此，叠加网络必须支持包含 VLAN 标记的以太网和第三层

VPN，以便在连接到公共和共享网络功能时也能保持网络分离状态。OpenContrail（Apache）可用作 Neutron 的补充，以支持这些更加高级的网络结构。OpenContrail 是一个 Apache 软件基金会项目，使用诸如 MPLS 等标准协议构建，并为高级网络虚拟化提供必要的部件。在 VMWare 云中，VMWare NSX（VMWare，VMWare NSX）可以提供叠加功能，并与虚拟机管理程序进行集成。NSX 将成为服务提供商或企业数据中心的共同选择，其中 VMWare 已用于管理计算和存储资源。

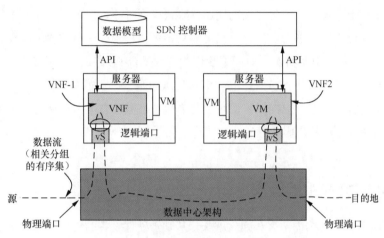

图3.10　叠加网络和单层网络

3.3.4　可重用性

VNF 应当是可重用的，且与位置无关。图 3.11 给出了网络解决方案，其中，VNF 可以部署在客户端（模型 A）支持单个站点的服务提供商网络中（模型 B），或集中部署于支持多个站点的服务提供商网络中（模型 C）。

考虑到企业客户的防火墙实例，该客户具有支持访客无线保真（Wi-Fi，Wireless Fidelity）的互联网连接或员工互联网访问。如果此操作是在分支机构完成的，则可能需要在站点或支持该互联网网关的网络中使用防火墙，并通过基于网络的更大规模防火墙来支持所有站点。在所有情况下，都需要在服务提供商网络上编排和管理防火墙。此功能需要存储在目录中，可以在适当的位置对目录进行实例化以满足客户要求。

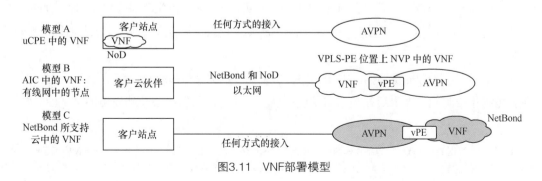

图3.11　VNF部署模型

3.3.5　多租户和单租户

许多现有网络功能在设计时都支持多租户。例如，支持 MPLS VPN 服务的 PE 路由器是多租户的，它在一个通用平台上可支持诸多企业客户。现有 PE 路由器拥有许多物理接口，通常是以太网接口，可通过对其进行虚拟化（如 VLAN）以支持诸多独立客户。现有硬件既支持数据平面功能，又支持控制平面功能。这些功能可以在独立处理器上执行，以支持扩展性和弹性，但它们是在通用硬件平台上实现的。当将这些功能迁移到云模型时，可以进行全面的重新设计。只要控制平面和数据平面位于同一平台上，它就仍可能具备多租户特征。不难想象，我们可以为每个客户打开一个单独的 PE 路由器实例，但如果我们拥有数千台 PE 路由器，那么控制平面难以扩展。如果控制平面和数据平面可进行分解，则我们可以考虑数据平面的单租户 PE 实例，这些实例与客户相关，且位于客户附近，但控制平面可以是多租户且可独立集中扩展的。更进一步，数据平面甚至可以采用跨多台单租户服务器的分布式进行部署。

3.4　NFV 的弹性和扩展性

VNF 支持网络服务的按需部署和弹性增长。从基于硬件设备的物理架构向基于软件和多供应商的潜在开源架构转变的模型提供了诸多优势（如第 3.1 节所述），同时也带来了新的挑战。为确保与当前运营商级网络环境保持一致，并提供服务连续性和可预测性，我们需要将更好的软件工程与利用动态按需基础设施的架构完美结合起来。在某些情况下，它还需要与 VNF 相关的逻辑。正如我们将在本节中讨论的，网络云平台和特定 VNF 都需要进行架构设计以实现高性能和可靠性。

弹性（Smith, 2011）是支持高服务可用性的 VNF 资产。VNF 是在运行 Linux 的服务器和适当的虚拟机管理程序上实现的复杂软件功能。在最简单的实现形式中，VNF 的可用性将低于或等于服务器可用性（我们将在第 5 章中对其进行详细讨论）。当服务器发生故障时，在该服务器上运行的所有软件任务都将失败并需要重新启动。服务器可能由于多种原因而发生故障。最常见的原因是硬件故障、操作系统故障、虚拟机管理程序故障以及因维护和升级而导致服务器宕机事件。服务器故障是偶发事件，可以使用指数分布进行建模。服务提供商数据中心的服务器平均可用性范围为 99.9% ～ 99.99%（一年中有 50 ～ 500 min 不可用）。这一变化范围是根据约为 50000 h 的服务器平均故障间隔时间（MTBF，Mean Time Between Failure）和故障情况下恢复时间的假设推断出来的 [2]。

通常情况下，服务提供商为大多数网络服务提供 99.99% ～ 99.999% 的可用性。主要挑战是提供在数据中心基础设施上运行的网络功能的高可用性，而数据中心基础设施的可用性非常低。

---

[2] MTBF和可用性数据的变化取决于包括物理和电气设计在内的诸多因素。在基于硬件的网络中，基础设施可靠性与服务可用性密切相关。本节的要点是解释以软件为中心的网络如何将COTS硬件使用和物理设计限制结合起来，并为服务提供高可用性。

这意味着 VNF 将需要在服务器发生故障时继续运行。理论上，可以通过在组织形式为高可用性集群的冗余服务器上运行 VF 来实现连续操作。VMWare 和 KVM 都具有将一组服务器组织为高可用性集群的能力。

为了加深对弹性的理解，我们对照 3.1.3 节对 VNF 的分类方法，即把 VNF 分为主机 VNF 和中间盒 VNF 两类。

（1）主机 VNF 是数据分组流量的源点和汇聚点。承载最终用户会话的传输层连接将在主机 VNF 上终止。DNS 和 RADIUS 是 IP 网络中主机 VNF 的两大实例。

（2）中间盒 VNF 类似于网络连接或数据流中的管道。进入中间盒 VNF 的数据分组几乎总是退出以便将数据分组发送到最终目的地。通过中间盒 VNF 传输的数据分组可能会发生诸如报头转换等变化。通常，代理会对 HTTP 报头字段进行修改以确保理想的效果，如使移动设备上的网页显示更具可读性。边缘路由器通过修改生存时间（TTL，Time To Live）或添加 / 删除封装头部字段是 VNF 修改头部字段的另外一些实例。中间盒 VNF 至少拥有两种接口：其中一个使用两种接口的实例是将可信网络（如专用网络）连接到不可信网络（如互联网）；另一个实例是将客户网络连接到核心网络。中间盒 VNF 始终位于可通过 VNF 访问的两个（或多个）网络之间。因此，通过中间盒 VNF 来路由分组是此类 VNF 的基本属性。有关中间盒 VNF 的实例，请参见 3.1.3 节。

主机 VNF 的弹性设计非常简单。通常，设计人员可以依托单层网络云平台（服务器群集和云软件）通过在服务器发生故障时将 VNF 重新定位到另一台服务器来提供高可用性。VMWare 的分布式资源调度器和 KVM 的实时迁移是主机 VNF 用于实现高可用性的云平台功能实例。

中间盒 VNF 的弹性设计是一种难度更高的问题。通常，中间盒 VNF 能够实现有状态功能。VNF 需要维护以下一种或多种功能所需的状态。

（1）路由。
- 静态路由、默认路由、BGP 路由和 OSPF 路由。
- DHCP 资源预留。

（2）服务质量（QoS）。
- 流量整形器（如用于执行 SLA 的漏桶和峰值速率整形器）。

（3）统计。
- 用于跟踪基于使用情况的计费或 OAM 功能的计数器。

（4）连接状态。
- 防火墙或网络地址转换（NAT，Network Address Translation）的数据流状态 [用户数据报协议（UDP，User Datagram Protocol）或 TCP 流]。
- IPSec 会话（凭证、会话密钥）。
- 用于 WAN 加速的压缩状态（块级压缩）。

3.4.1　多路径和分布式 VNF 设计

中间盒 VNF 必须支持在源端和目标端之间存在的多条网络路径上转发分组，我们将这种并行路径称为等成本路径。VNF 需要对用于在多条等成本路径上路由分组的控制信息进行管理。

云通过支持在服务器集群中分配 VF 来实现弹性和可扩展性，以便单个 VF 实例发生故障时不会中断为最终用户提供服务。管理某些组网状态需要对单个 VNF 进行实例化，因而可能不易支持在 VNF 多个实例中拆分和分发 VNF 功能。峰值速率整形是此类约束条件的一个很好的实例。我们考虑需要具备峰值速率整形功能的端到端数据流。数据流可分为两支或多支负载均衡子流，这两支子流由两条不同路径上的两个 VNF 实例进行处理（如图 3.12 所示）。必须将速率计算逻辑（如漏桶算法）和分组处理操作（缓存、转发、丢弃等）在两个或多个 VNF 上进行实时分解，以便为累积流提供端到端速率控制。两个 VNF 必须通信并协调速率控制统计和操作。与此类协调行为相关的时延将会导致累积速率控制不够准确。

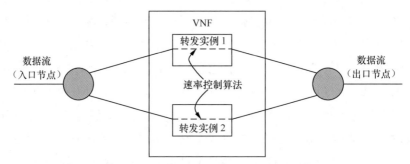

图3.12　跨两个转发VNF实例的精确速率控制协调执行问题

存在与将 VNF 拆分为多个实例的难度相关的其他实例。如本节前面所述，网络流通常使用多条等成本路径，可能需要对流动路径上多个节点处的计数器和统计进行组合以满足 OAM 需求。由于存在同步和不连续性问题，OAM 所需的准确计算可能是非常困难的。例如，可以将两条路径的间隔统计时间加在一起，来计算在给定 1 h 内数据流传输的分组总数。多项计数任务之间的时间同步将是不准确的。另一个实例是 TCP 会话 [NAT、防火墙（FW，Firewall）和代理] 和点对点实体的管理状态。如果会话管理在多个 VNF 上进行分割，则必须跨实例来复制状态信息。如果某个实例失败，则端到端会话将会失败。实际上，这可能导致弹性大大降低。

尽管存在上述复杂性，操作多个并行实例仍是实现中间盒 VNF 高可用性的唯一方法。在大多数情况下，将使用 VNF 的单转发实例在单条路径上维持单个数据流。中间盒 VNF 将需要使用 VNF 中的应用特定逻辑来解决与分发数据流（通常跨多个转发实例）相关的复杂性问题。VNF 设计不能简单依赖基于云软件的集群管理来实现 VM 移动。虚拟提供商边缘（vPE，virtual Provider Edge）路由器实例较好地说明了这一点。vPE 是一种复杂中间盒 VNF。正如 3.1 节所描述的，vPE 可广泛用于为诸多不同服务提供 CUG 功能，实现 VRF 功能。企业 VPN 服务、移动核心和 VoIP 服务所需的路由功能高度依赖 vPE。

3.4.2　与 VNF 弹性设计相关的 vPE 实例

vPE 是一种复合 VNF，它由至少两类被集成到协调系统中的多个 VNF 实例构成。可以将 vPE 转发和控制平面功能划分为两类截然不同的 VNF。单个 vPE 实例将由多个转发平面 VNF 和至少两个控制平面 VNF 构成。转发平面 VNF 实例通过在多台虚拟机（VM）之间分配客户接口和流量来实现可扩展性。这种设计通过属于整个业务流的小子集在独立转发 VNF 实例上实现，从而支持向外扩展。当更多客户被添加到 vPE 时，我们可以添加新的转发 VNF 实例以适应客户数量增长。通过在服务器发生故障时缩小"爆炸半径"[3]也可以提供更好的弹性。为了实现这一点，需要将各种转发 VNF 实例分配给城域集群的多台服务器。客户可以使用单宿主或多宿主访问链路连接入网。大多数客户使用单宿主访问，因为访问通常是客户网络总成本的主要因素。为了高可用性而购买第二条访问链路的成本是很高的，对正常运行时间要求高的大型场所来说，客户只能选择双宿访问模式。

图 3.13 给出 3 种用于在多个转发 VNF 实例上分配转发平面功能的不同设计方案。

对于拥有双宿主访问链路的客户来说，使用多个转发 VNF 实例非常简单。每条访问链路将连接到转发 VNF 的独立实例，将在客户路由器和每个 VNF 实例之间建立 BGP 会话，从而支持负载均衡设计。如果转发 VNF 实例 1 失败，则流量将以无中断方式迁移到转发 VNF 实例 2 上，如图 3.13（a）所示。

对于仅拥有连通网络的单条访问链路客户来说，使用多个转发实例更加困难。存在两种设计方案，如图 3.13（b）和图 3.13（c）所示。第一种方案是一种针对两个转发 VNF 实例的主—备设计。网络云数据中心结构将终止接入线路并管理两条连接，每条连接对应两个转发 VNF 实例中的一个。CE 路由器与转发 VNF 实例 1 之间只存在 1 路 BGP 会话。如果转发 VNF 实例 1 失败，则流量将会停止。需要建立新的 BGP 会话来转发 VNF 实例 2，且在短暂中断后恢复流量。第二种方案是负载均衡设计，其中，CE 路由器将在单接入链路上使用 VLAN，并为两个转发 VNF 实例维护两路独立 BGP 会话，如图 3.13（c）所示。该方案支持负载均衡设计，允许在两个转发 VNF 实例中的任何一个发生故障时实现流量无中断故障恢复。此方案要求客户实现能够利用云中负载均衡流量转发的新设计。主—备转发器 VNF 实例设计也存在缺点。第一，服务行为与单宿主设计中的服务行为并不完全相同。第二，使用静态路由的客户将无法利用主—备设计方案。第三，主—备设计方案的成本更高，因为它需要为备用转发 VNF 实例预留 vPE 容量。

由于需要对路由规模进行控制，因而 vPE 实例的控制平面要保持相对集中。控制平面 VNF 需要具有 1∶1 冗余备份，以避免在导致整个控制平面失效的单台服务器发生故障时，整台 vPE 无法正常工作。主—备设计是解决此类问题的一种方法。主—备控制平面 VNF 实例需要部署在城域集群内地理位置分散的服务器上。这将要求主—备同步逻辑在主、备控制平面 VNF 之间的

---

[3]　爆炸半径是一种非正式术语，用于描述故障事件的影响程度。网络设计试图使爆炸半径较小，以便故障事件影响尽可能少的用户。

低时延城域连接上工作。由于传统路由器软件设计采用了存在于背板上的主、备用部件，因而预期时延非常低（<100 μs）。通常，城域距离链路的时延变化范围为 1～5 ms。因此，需要重新设计控制平面冗余软件逻辑，以应对增加的时延。

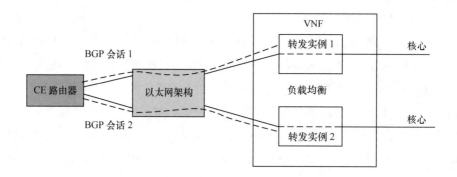

（a）每条链路包含 2 路 BGP 会话的双宿主客户站点

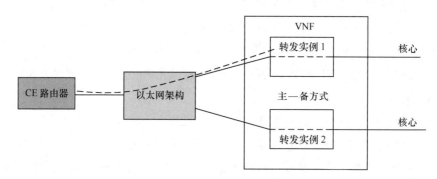

（b）网络中包含 1 路 BGP 会话的单宿主客户站点

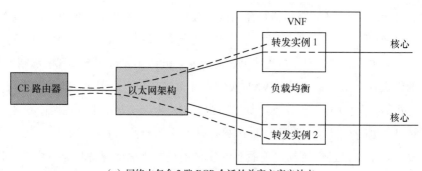

（c）网络中包含 2 路 BGP 会话的单宿主客户站点

图3.13　分布式转发VNF实例

　　配置管理自动化以及 vPE 的激活、停用和移动将与 VNF 相关。即使采用与 VNF 相关的逻辑，转发平面 VNF 实例的移动也会导致服务不连续（中断）。解决方案之一是在多宿主设计中为中间盒 VNF 提供连续（不间断）的转发能力，其中，单个客户端点与两个不同转发 VNF 实例建立连接。3.4.1 节中描述的服务质量管理功能（速率整形）问题迫使人们采用两个转发 VNF 实例的主—

备设计方案，而不是负载均衡设计方案。这是由于每个 vPE 转发 VNF 实例与最终客户之间存在着 BGP 会话。转发 VNF 实例的移动将会造成 BGP 会话重置，从而导致短时间中断。我们能做的最佳工作就是对 BGP 定时器进行管理，将中断持续时间维持在 10 s。如果电路故障时间非常短，则将 BGP 定时器设置过低会导致不必要的 BGP 重置[4]。

总之，中间盒 VNF 设计非常复杂，需要与 VNF 有关的逻辑，以使设计具有弹性。当将网络虚拟化与在传统云运行的 Web 服务进行比较时，这一点经常会被忽略。Web 服务使用主机 VNF，因而完全可以依赖云平台功能来实现弹性。

3.5　NFV 经济学理论

传统网络遵循近似固定成本模型。网络设计利用对应每项功能的专用硬件，在每个位置独立进行扩展。可以通过在已部署机架中添加插件来逐步增加容量，且由于通过部署新机架来提高容量所需时间可能较长，因而存在部署机架容量超出需求的趋势。另外，NFV 支持可变成本模型，该模型已在针对 IT 工作负载的云架构中得到广泛支持。

多年来，服务提供商一直在积极将 IT 应用迁移到云中。这项工作的规模是世界上最大的工程之一，复杂性极高。将 IT 应用迁移到云基础设施包括重构这些应用以确保其在云上原生运行。

丢弃传统基础设施并转向自动化云可以大大节省成本。此外，云提供的灵活性可以实现资源的纵向和横向扩展，而链服务和使用顽健 API 则有助于提高灵活性。迁移到云架构符合以下高级目标。

（1）通过优化云占用空间来提高 IT 资产的利用率。

（2）通过资产虚拟化将计算核心减少 50% 以上，利用开源技术和共享基础架构，并能超额预订 CPU 容量，从而降低总体拥有成本（TCO，Total Cost of Ownership）。

（3）通过创建硬件和软件独立性来提高灵活性并提升 IT 团队响应业务需求的能力。

（4）针对这些迁移应用的软件和工具标准化可降低应用团队的成本和一致性。

提供最佳投资回报率（ROI，Return On Investment）的 IT 应用被认为是迁移到云的最佳备选方案。基于当前位置、系统需求以及迁移到标准操作环境（如 Linux）所需的变化，可以对每种应用进行分析以理解其需求。

基于以下 3 个主要原因，至少在最初阶段无法将某些应用迁移到云端。

（1）高 I/O、Oracle 实时应用集群（RAC，Real Application Clusters）或 Veritas Clustering 的数据库要求（需要启用功能）。

（2）来自不提供虚拟化方案的供应商软件需求（需要供应商进行修改）。

（3）低时延性能的组网需求（需要启用功能）。

---

[4]　通过在主、备转发VNF实例上镜像TCP/BGP状态，可以真正实现无中断操作。但是，这将使VNF设计变得更加复杂。此外，TCP状态镜像过程的成本也是非常高的。

在上面列出的每种情形中，专用硬件配置将继续用于这些应用。随着硬件和软件解决方案的改进，更多应用将被迁移到云上。不难看出，这种演进可应用于网络功能。与 IT 应用一样，可以迁移到云端的功能类型也在不断发展。随着平台不断成熟，可以实现更高的数据平面，供应商不断发展其软件方法来匹配分布式云模型，这将是一次旷日持久的旅行。

基础设施管理自动化对于成功部署开源云解决方案至关重要，因为云解决方案有望在提供关键业务服务的同时降低运营成本。要评估将网络功能迁移到网络云的可行性，我们需要独立考察硬件成本、软件成本和运营成本。

3.5.1　硬件成本

转向商用硬件应当能够大大降低设备的总体成本。节省成本的基本原理表现在两方面。首先，将去除与网络功能物理实现方案中使用的自定义特殊应用集成电路（ASIC）相关的成本。随时可用的商用硅芯片组可用于商用服务器硬件并支持诸多不同 VNF（第 12 章将对此进行更加详细的介绍）。其次，硬件的容量管理在诸多 VNF 或工作负载上完成一次，它支持人们超额预订硬件并获得共享平台提供的规模经济效益。

3.5.2　软件成本

软件成本需要包括实际 VNF 软件的成本加上每项功能的经常性许可费用。大多数 VNF 供应商都希望通过更高的软件和许可成本来弥补其收益损失（归功于取代定制硬件的商品硬件）。转向软件也推动了供应商之间的竞争，并允许新进入者加入竞争行列。这种竞争将会降低软件成本。最后，这种向软件的转变导致了关注不同功能领域的新型开源社区纷纷建立。

3.5.3　运营成本

在网络运营方面，向云架构的转型可能具有最高的成本效益。目前，可以通过集中式软件来完成服务交付和保证。这在管理运营流程方面创造了更高的灵活性，且缩短了引入新服务的上市时间。它还可以在全球范围内或针对特定位置提供服务，而无须运输和部署新硬件。这降低了大规模部署新服务的风险，因为一旦新服务部署完成，关闭服务的成本是微不足道的，因为部署的硬件可以重新调整用于其他服务。

图 3.14 回答了在云上部署哪些 VNF 的问题。从较高层次来看，需要较高的数据平面支持且在网络中看到低转网率的核心网元可能最初保存在专用硬件平台上。虚拟化这些网元几乎没有任何价值，且在 x86 服务器平台上很难满足高数据平面要求。对更接近边缘的网元进行虚拟化并为客户提供特定服务功能具有重要价值。这些网元通常是设备。例如，提供安全服务的防火墙或提供公共数据元素缓存和预定位服务的 WAN 加速设备。诸如路由反射器（RR）、DNS 这样的控制平面元素也是很好的备选网元，因为它们可以进行集中化且数据平面要求不是非常高。诸如 PE 路由器等边缘路由功能也可能被虚拟化。

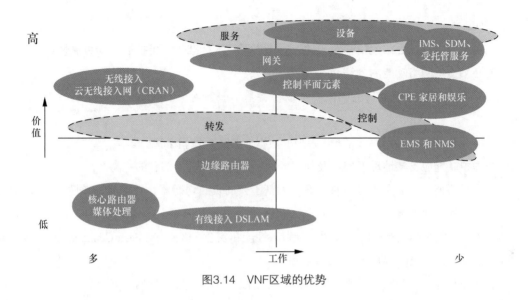

图3.14　VNF区域的优势

3.6　NFV 最佳实践

网络云将提供一组基本功能，可供在服务提供商网络上运行的虚拟功能（VF）使用。网络云将提供并支持主机、主机操作系统、OpenStack、基于内核的虚拟机（KVM）管理程序和虚拟交换机（vSwitch）/ 虚拟路由器（vRouter）。它还将提供一种环境，允许每台虚拟机（VM）在一台物理服务器上与其他虚拟机隔离开来，仅在自己的分区上运行。第 7 章描述的 AT&T 开放式网络自动化平台（ONAP）框架提供了服务编排以及虚拟功能实例化和配置功能，它在实例化和使用时提供配置管理，从虚拟功能处采集故障、性能、应用关键性能指标（KPI, Key Performance Indicator）并查看数据，根据采集的数据和供应商提供的工程规则来决定执行虚拟功能的自动恢复或自动扩展，将触发新虚拟功能的动态实例化，以便根据需要与服务编排器一起进行自动恢复或自动扩展。该网络主要基于互联网协议第 6 版（IPv6, Internet Protocol version 6），但能够与基于互联网协议第 4 版（IPv4, Internet Protocol version 4）的部件进行交互。

网络云支持各种具有不同性能要求的虚拟功能。所支持的虚拟功能响应时间特征可以划分为以下几类。

（1）实时是以毫秒 / 微秒为单位进行测量所需要支持的响应能力，如会话发起协议（SIP, Session Initiation Protocol）查询和响应的低时间阈值。

（2）近实时是以秒为单位进行测量得出的响应。

（3）非实时是以分钟、小时或天为单位进行测量得出的响应。

为了确保 VNF 能够进行高效互操作，且由于 VNF 可以来自多个供应商，因而 AT&T 编制了 VNF 设计的如下最佳实践。

（1）虚拟功能必须与云平台细节无关（如硬件、主机操作系统、虚拟机管理程序），且必须在共享标准云上运行，并承认云平台将继续快速发展的范式以及平台单层网络部件将会定期发生改变的事实。

（2）虚拟功能设计必须使用基于云的范式来实现技术标准化、可扩展性和可靠性。

（3）必须支持网络功能的分解。

（4）必须支持重用虚拟功能的能力，以便将基于服务需求的虚拟功能进行链接以快速创建服务。

（5）持久状态和最终用户（订户/客户）数据应与处理逻辑分离开。

（6）虚拟功能应支持地理弹性以及使用本地和地理冗余进行部署的能力。

（7）应尽可能支持通用平台解决方案（如基于云的负载均衡器、数据库、弹性解决方案等），而非供应商专有解决方案。

（8）虚拟功能必须支持故障、配置、计费、性能和安全（FCAPS，Fault Configuration Accounting Performance and Security）功能的标准化机制。

（9）虚拟功能设计应当满足服务的弹性、可用性和性能（如实时响应）要求。

（10）向基于云的设计过渡应当对最终用户透明。

（11）虚拟功能必须能够通过 ONAP 功能进行实例化和控制。虚拟功能或其部件不应直接与 OpenStack 架构进行交互。

（12）必须支持开放和标准 API，应在所有可能情况下实现幂等接口。

（13）虚拟功能应在不修改标准客户操作系统映像的情况下运行，应当有条件支持供应商提供的客户操作系统映像。

致谢

笔者要感谢 Chris Chase 对本章内容的贡献。

第 **4** 章

网络功能虚拟化基础设施

格雷格·施蒂格勒（Greg Stiegler）和约翰·德卡斯特拉（John Decastra）

4.1 网络功能虚拟化基础设施（NFVI）

使用网络功能虚拟化（NFV）来设计和实现电信网络需要用到分布式云基础设施，而各种虚拟化网络功能（VNF）是在分布式云基础设施上运行的。第 3 章描述了 VNF 的设计和运行约束条件，VNF 过去是由专有专用硬件执行的虚拟化任务，它将网络功能从专用硬件设备中移出，并将其移入软件中，支持过去需要硬件设备的特定功能在标准服务器上运行。

本章将探讨运行 VNF 所需的分布式云基础设施，特别是能够运行网络工作负载的基础设施，实现端到端网络功能。我们通常将此类基础设施称为网络功能虚拟化基础设施（NFVI）。NFV 旨在提供规模经济，因而 NVFI 基于广泛可用且单位成本低的标准化计算部件。对于服务提供商来说，这一点是至关重要的，因为它可以将基础设施管理成本降至最低。

将 NFVI 与现有功能进行集成，使企业能够以前所未有的速度将新产品和服务推向市场。与传统孤立的企业相比，这种额外的敏捷性和灵活性是一种巨大的竞争优势。这种新范式的实例之一是软件定义产品，如 AT&T 的网络随需应变（NOD，Network On Demand）解决方案。如果客户以前不得不打电话来请求变更，那么采用 NOD 方案将为用户赋予可以根据需要变更服务的灵活性。

早期的云实现方案是完全不同的，主要是为了满足不同客户需求而设计的。构建、管理和维护多个云平台和解决方案既昂贵又烦琐，因而公认的行业趋势是将多个云平台整合到单个公共云平台中，由该平台来满足内部和外部客户的所有计算需求。这就出现了一个问题——是否可以通过调整同一平台来执行 NFVI 所需的功能？

这就是 AT&T 创建 AT&T 集成云（AIC，AT&T Integrated Cloud）所采用的方法，AIC 是一种能够执行网络工作负载并具有统一管理平面的云。作为 AT&T 的全球分布式云平台，AIC 包含一个集成代码库，用于支持企业和网络工作负载。AIC 部署在几十个地理位置分散的位置，每个位置被称为"AIC 站点"。在每个站点内（通常位于同一个城市中）存在一个或多个"AIC 区"。AIC 区是用于描述 AIC 硬件集合区域的术语。在 AIC 站点内，该集合作为一个单元进行管理。

每个区域的核心是一组为应用虚拟机（VM）、虚拟网络和虚拟存储的托管租户创建共享基础设施平台的硬件，用于提供运营商级企业和网络工作负载。这些区域可能拥有不同的参考模型或云产品。例如，数据中心、移动性模型和紧凑型模型。

（1）数据中心——用于自动执行典型的手动数据中心操作。

（2）移动性模型——类似于数据中心，但支持侧重于与移动性相关的网络功能。

（3）紧凑型模型——为各种市场领域的客户提供网络功能，通常是中心局或客户所在地附近的其他位置。

AIC 区和参考模型基于本地控制平面（LCP，Local Control Plane）和分布式控制平面（DCP，Distributed Control Plane）构建。每个 LCP 都是 AIC 站点的本地站点。LCP 内有一组控制服务器、虚拟机和控制应用，包括 OpenStack[虚拟基础设施管理器（VIM，Virtual Infrastructure Manager）]、ONAP（编排器）等，以及诸如服务器、交换机和存储器等托管部件。LCP 与托管部件之间没有接近性要求。例如，两台位于同一机架内并连接到相同叶子交换机的计算服务器可以由不同 LCP 进行管理。LCP 提供多种功能，主要包括：

（1）API 管理。

（2）编排。

（3）图像管理。

（4）自动化。

（5）认证。

DCP 是用于控制或为多个 AIC 位置提供服务的编排管理服务器集合。冗余 DCP 托管 AIC 的集中式部件，这些部件与后台系统进行集成以实现信息技术（IT）提供。DCP 提供各种功能，包括但不限于以下几种。

（1）监控。

（2）自动化。

（3）服务编排。

（4）LCP 资源管理。

使用上述 AIC 作为参考，本章解释了如何利用 NFVI 来构建一个通用分布式云平台，该平台负责企业工作负载、运营商级网络工作负载、VNF 和 VNF 性能配置文件。

4.2 NFVI 的构成

NFVI 是一种拥有诸多本地站点的分布式数据中心。在较高级别上，NFVI 是一组用于托管和连接虚拟功能的物理和虚拟资源。除了基础设施的物理部件外，还存在两类关键 NFVI 部件——NFV 编排器和 VIM。NFVI 的框架如图 4.1 所示。

4.2.1 物理部件

随着技术的不断发展和新虚拟技术的出现，任何网络基础设施仍然依赖于其物理资源。从这一点看，NFVI 没有什么不同，因为它依赖于物理部件来提供功能。为简单起见，我们将部件分为三大类——计算、网络和存储。

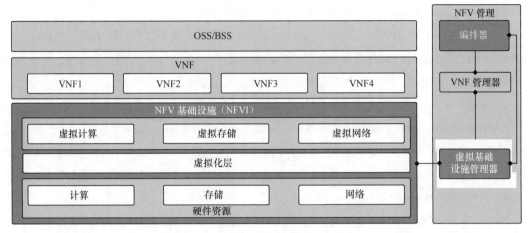

图4.1　NFVI的框架

1. 计算：服务器、计算机处理单元、图形处理单元、网络接口控制器、I/O

计算部件为网络内其他程序或设备提供相关功能。最常见的计算资源是服务器。服务器可以提供各种功能，通常称为"服务"，如在多个客户端之间共享数据或资源，或者为客户端执行计算。单台服务器可以为多个客户端提供服务，且单个客户端可以使用多台服务器。客户端进程可以在同一设备上运行，也可以通过网络连接到不同设备的服务器上。典型的服务器是数据库服务器、文件服务器、邮件服务器、打印服务器、Web 服务器、游戏服务器和应用服务器。计算机处理单元（CPU，Computer Processing Unit）和图形处理单元（GPU，Graphics Processing Unit）是支持服务器处理数据并跨网络移动数据的两种主要部件。CPU 是计算机内的电子电路，它通过执行指令所规定的基本算术、逻辑和控制操作来实施计算机程序指令。GPU 类似于 CPU，但它是设计用于快速操作和改变存储器的专用电子电路，用于加速创建输出到显示器帧缓冲区中的图像。GPU 适用于嵌入式系统、移动电话、个人计算机（PC，Personal Computer）、工作站和游戏控制台。现代 GPU 在计算机图形处理和图像处理方面效率非常高，且它们所拥有的高度并行结构使其在算法方面比通用 CPU 更为高效，因为在 GPU 中，大数据块可以实现并行处理。CPU 和 GPU 协同工作以提供服务器背后的强大功能，该服务器在称为输入 / 输出（I/O）的过程中与另一种部件或另一个人进行通信。人们用于与计算机或服务器通信的常见 I/O 设备是键盘、鼠标、显示屏或打印机。用于计算机之间通信的常见 I/O 设备是调制解调器和网络接口控制器（NIC，Network Interface Controller）。

2. 网络

网络硬件（也称为网络设备或计算机网络设备）是计算机网络上设备之间进行通信和交互所需的物理设备。具体而言，它们在计算机网络中调解数据。网络硬件和配置存在着诸多变种和类型。这里，我们将重点关注 NIC、控制平面和路由器。

NIC 是一种计算机硬件部件，它采用线缆或无线方式将计算机连接到计算机网络。控制平面是承载信令流量网络的一部分，主要负责提供路由功能。控制数据分组源自路由器，或者是将路由器作为目的地。控制平面的功能包括系统配置和管理。路由器是一种在计算机网络之间转发数据分组的网络设备。路由器在互联网上执行流量定向功能。一般情况下，数据分组通过构成因特网工作的网络从一台路由器转发到另一台路由器，直至数据分组到达其目的节点。当数据分组进入其中一条线路时，路由器会读取数据分组中的地址信息以确定最终目的地。然后，使用其路由表或路由策略中的信息，路由器将数据分组定向到其行程中的下一个网络。

3. 存储

全闪存阵列是一种固态存储磁盘系统，它包含多台闪存驱动器，闪存驱动器可以在称为"块"的存储器单元中进行擦除和重新编程。闪存阵列的优势是可以将数据以高于传统磁盘驱动器的速率传输到固态单元，以及从固态单元以高于传统磁盘驱动器的速率传输数据，因为它们不必在每次需要时启动额外的硬盘驱动器。

块存储是一种通常用于存储区域网络（SAN，Storage Area Network）环境的数据存储，其中数据存储在卷（也称为块）中。每个卷充当单个硬盘驱动器的角色，由存储管理员进行配置。由于可将卷视为独立硬盘，因而块存储可以较好地存储诸如文件系统和数据库等各种应用。虽然块存储设备往往比文件存储更加复杂和昂贵，但它们也更灵活且可提供更好的性能。

对象存储（也称为基于对象的存储）是一个通用术语，用于描述一种称为对象的离散存储单元的寻址和操作方法。与文件类似，对象包含数据——但与文件不同，对象不是按层次结构进行组织的。每个对象都存在于被称为存储池的平面地址空间中的同一级别，且一个对象不能配置在另一个对象内。文件和对象都具有与其包含的数据相关联的元数据，但对象的特征在于其扩展的元数据。为每个对象分配一个唯一标识符，该标识符支持服务器或最终用户检索对象，而无须知道数据的物理位置。

4.2.2 虚拟基础设施管理器

VIM 是 NFVI 最重要、最有影响力的构成部分之一。VIM 负责管理基于 NFV 解决方案的虚拟化基础设施。VIM 操作包括以下内容。

（1）它保存了虚拟资源到物理资源的分配清单。这支持 VIM 编排 NFVI 资源的分配、升级、发布和改造并优化其使用。

（2）它通过组织虚拟链路、网络、子网和端口来支持对 VNF 转发图的管理。VIM 还负责管理安全组策略以确保访问控制。

（3）它管理 NFVI 硬件资源（计算、存储和网络）库和软件资源（虚拟机管理程序）库，以及优化这些资源使用的功能和特征发现。

VIM 还执行其他功能——如通过通知采集性能和故障信息，管理软件映像（添加、删除、更新、查询和复制）。总之，VIM 是 NFV 世界中硬件和软件之间的管理黏合剂。

4.2.3 VIM 解决方案

在选择 VIM 时，市场提供 3 种类型解决方案——商业方案、商业开源方案和纯开源方案。

每种方案都有自身的优缺点，应根据企业或服务提供商的预期结果进行审查。

1. 商业方案

供应商会针对 VIM 需求提供专有解决方案。这些专有解决方案可帮助客户将现有 IT 基础设施转变为私有云，然而是以失去满足其需求的定制环境能力为代价的。当前，商业 VIM 领域最知名的供应商是 VMware 及其产品 vSphere。

2. 商业开源方案

商业开源方案是一种基于诸如 Apache CloudStack 或 OpenStack 等开源平台的平台，但依赖于第三方为企业 / 专有版本或扩展版本提供有偿软件使用权。软件的专有性通常意味着供应商处于受控状态。作为用户，您可能被置于无法访问公共文档（例如，针对漏洞或源码的透明性）的境地，且在提供源代码时，它可能无法提供测试框架来验证生产就绪状态。当前，商业开源领域中的知名供应商是红帽（Red Hat）、VMware 和甲骨文（Oracle）。

3. 纯开源方案

纯开源 VIM 解决方案满足三大定义特征——无须许可证成本、充满活力的开放式基金会社区以及可从赞助方下载的可访问源码。供应商可以提供不包含许可证成本的优质软件，并获得支持安排和专业服务协助以产生利润，而不是仅仅针对软件本身收费。通过一个庞大的纯开源社区，你可以创建一个论坛，让不同公司的个人来分享知识，相互交流创意，并在更多人中间广泛传播。这样可以快速地引入功能、维护代码以及修复漏洞。此外，根据实现规模，使用纯开源方案，每个人都将升级、变化或新理念综合起来，使公司可以直接从中受益。当前的 OpenStack 实例如图 4.2 所示。

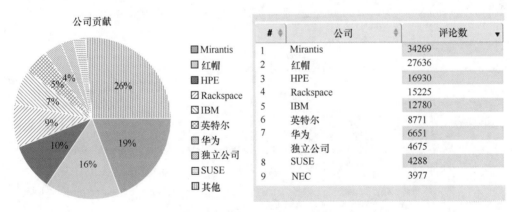

图4.2　当前的OpenStack实例

做出如此重要的决定并不简单，需要进行多次内部讨论才能确定选择哪种解决方案。许多人选择采用纯开源方式来避免受控于供应商，同时还在全球范围内提供弹性云平台。识别这一目标状态平台将支持用户从长期使用专有解决方案转向基于开源软件的环境。对于 NFVI 平台的核心，AT&T 选择 OpenStack 作为构建和自动化 AIC 的事实标准。OpenStack 是世界上最知名的纯开源解决方案之一，拥有来自 170 个国家的 500 多家公司和 30000 多名个人会员的支持，迄今已有超过 2000 万行代码。

使用开源产品来降低成本，同时支持客户内部工具创建，这意味着需要与经验丰富的第三方建立新型合作伙伴关系。可信第三方需要作为开源代码的集成商为行业提供服务，并执行所需的更改。例如，一些组织为开源社区贡献了部署自动化功能，该功能支持将 OpenStack 节点配置在跨多个网段的多个机架上。这一功能为大规模 OpenStack 部署提供了更高的灵活性和可扩展性。诸如此类操作功能是任何新技术成熟的关键。包含 Neutron 在内的其他功能，由其他 OpenStack 服务管理的接口设备 [虚拟网络接口卡（vNIC，virtual Network Interface Card）] 之间提供网络即服务的项目，正在为运营成熟的 OpenStack 做出贡献。

通常，在 AIC 生产平台中使用的 OpenStack "项目"如下。

（1）Heat——为多种复合云应用提供编排服务。

（2）Horizon——为 OpenStack 服务提供基于 Web 的模块化用户界面（UI，User Interface）。

（3）Ceilometer——为分析和计费系统提供单点联系。

（4）Nova——按需提供 VM。

（5）Glance——为虚拟磁盘映像提供目录和存储库。

（6）Neutron——在 OpenStack 服务管理的接口设备之间提供网络连接即服务（CaaS，Connectivity as a Service）。

（7）Swift——提供支持对象存储的可扩展存储系统。

（8）Cinder——为访客 VM 提供持久性块存储。

（9）Fuel——简化并加速大规模部署、测试和维护 OpenStack 各种配置的过程。

（10）Murano——一组用于满足应用和基础设施需求的软件堆栈标准集。

（11）Keystone——为所有 OpenStack 服务提供认证和授权（如图 4.3 所示）。

图4.3　AIC中当前使用的OpenStack部件

4.2.4　VIM 部件

VIM 负责控制和管理 NFVI 计算、存储和网络资源，通常位于某个运营商的基础设施域内。

这些功能块有助于实现虚拟网络功能的标准化，以提高软件定义网络元素的互操作性。

企业对 VIM 的利用可以使组织拥有一种开放、灵活和模块化架构，为企业可扩展目标提供服务，以更低成本满足爆炸性的需求，同时提高功能交付的速度并提供更高的灵活性。提供商使用 VIM，可以快速对平台进行修改，并通过数字门户将服务的实时管理扩展到客户（如专用互联网按需带宽调整）。这一点可通过虚拟化实践来实现。

1. 虚拟化

在计算中，虚拟化是指创建某物虚拟（而非实际）版本的行为，包括虚拟计算机硬件平台、操作系统、存储设备和计算机网络资源。

虚拟化通过减少对物理硬件部件的需求来降低成本，提高运营效率。基础设施虚拟化可以提高硬件使用效率，从而减少硬件的数量，降低相关维护成本，并减少功耗和冷却需求。虚拟化基础设施也是创建 VNF 以及构建容错和弹性应用的关键步骤。

2. 虚拟机

虚拟化最重要的应用之一是将 VM（虚拟机）用于硬件辅助虚拟化。VM 是给定的计算机系统的仿真。VM 基于计算机体系结构和真实或假想计算机的功能进行操作，且其实现方案可能涉及专用硬件、软件或软硬件组合。此外，VM 向最终用户隐藏了服务器资源，包括每台物理服务器、处理器和操作系统的数量及身份标识。服务器管理员可以使用软件应用将一台物理服务器划分为多个独立虚拟环境，从而通过减少计算核心数来提高资产利用率。

充分利用硬件辅助虚拟化中的 VM 使从专用网络设备过渡到开放式"白盒"商用硬件成为可能，这些硬件可以在 AIC 内进行虚拟化和控制。它还支持将网络功能从相同的专用"黑匣子"设备解放到独立软件部件中，并对 AIC 内虚拟化网络功能的整个生命周期进行管理，而这些虚拟化网络功能通常与本地和 DCP（分布式控制平面）软件控制器配合起来使用。

这是虚拟化的主要方法，因为它在诸如主机处理器等硬件部件的协助下实现高效和完全虚拟化，从而模拟整个硬件环境。每个 VM 访客都在其代理硬件的虚拟仿真平台上运行，这允许访客操作系统在无须进行任何改变或修改的情况下支持该操作。此外，它还支持管理员创建使用不同操作系统的访客，访客不了解主机操作系统。未经修改的客户操作系统使用与主机服务器相同的指令集完全独立地执行任务。但是，它确实需要来自主机的真实计算资源——因而它使用管理程序来管理指令并将指令指向底层 CPU。

3. 容器

操作系统级虚拟化是一种服务器虚拟化技术，其中，操作系统的内核支持多个而不是一个独立用户空间实例的存在。通常，我们将这些实例称为容器或虚拟化引擎。在这种方法中，操作系统的内核在硬件节点上运行，这些硬件节点安装有若干台独立访客虚拟机。我们将独立访客称为容器。从最终用户的角度来看，这些容器给出了真实服务器的外观。

采用基于容器的虚拟化，不会产生与每位访客运行操作系统相关的开销。这种方法还可以提高性能，因为只有一种操作系统负责硬件调用。但是，基于容器的虚拟化的缺点是每位访客必须使用与主机相同的操作系统。

通常，企业环境避免使用基于容器的虚拟化，更倾向于使用虚拟机管理程序以及拥有诸多操作系统的选项。然而，基于容器的虚拟环境是托管提供商的理想选择，这些托管提供商需要一种高效且安全的方式来为系统客户提供操作系统。

容器用作完整堆栈替代品的愿景是在 OpenStack 中使用 Heat 模板进行定义的。这使开发人员可以将其应用置于容器中——使用同一配置进行测试、运行和部署。此外，在裸机上部署容器并使用 OpenStack 控制环境将支持服务提供商采用与云资产相同的方式来对容器进行处理。

4. 管理程序

管理程序是一种支持多个操作系统共享单台硬件主机的程序。每种操作系统似乎都拥有主机的处理器、内存和其他资源。但是，管理程序实际上用于控制主机处理器和资源，依次为每种操作系统分配所需的资源，并确保访客操作系统（VM）不会相互干扰。

对于开放式 AIC，首选的虚拟机管理程序是运行于 VM（虚拟机）上的 KVM，可以将其视为业界领先的开源虚拟机管理程序，尤其对于 OpenStack 用户来说。

5. 存储虚拟化

SAN（存储区域网络）是专用高速网络（或子网），它将共享存储设备池连接到多台服务器上，并将共享存储设备池提供给多台服务器。SAN 主要用于增强诸如磁盘阵列、磁带库和光学点播机等存储设备访问服务器的能力，以便设备在操作系统中显示为本地连接设备。通常，SAN 拥有自己的存储设备网络，而其他设备无法通过局域网（LAN，Local Area Network）来访问存储设备网络。

存储虚拟化是将来自多台网络存储设备的物理存储资源集中到由中央控制台管理的单台存储设备。存储虚拟化通过隐藏 SAN 的实际复杂性来协助存储管理员更加轻松地在更短时间内完成备份、归档和恢复任务。

许多服务提供商还将部署 Ceph，这是一种开源软件解决方案，可提供分布式对象存储和基于文件的存储。在统一解决方案下，Ceph 提供对象存储和块存储功能。

下面列出了 NFVI 存储虚拟化为服务提供商和最终用户提供的一些优势。

（1）数据迁移。

从实际存储中抽象出主机或服务器的主要优点之一是能够在维护并发 I/O 访问的同时具备数据迁移能力。主机仅知道逻辑磁盘 [被映射的逻辑单元号（LUN，Logical Unit Number）]，因而对元数据映射的任何更改对主机都是透明的。这意味着可以将实际数据移动或复制到另一个物理位置，而不会影响任何客户端的操作。数据复制或移动完成后，可以简单更新元数据以指向新位置，从而释放旧位置的物理存储空间。

（2）提高利用率。

通过池化、迁移和精简配置服务，可以提高资源利用率。这使用户避免过度购买和过度配置存储解决方案。换言之，通过利用此类共享存储池，我们可以轻松快速地按需分配资源，以避免对存储容量形成限制，这通常会影响到应用性能。

（3）更少的管理点。

采用存储虚拟化，即使多台独立存储设备分散于网络中，看起来也像是一台单片存储设备，可以进行集中管理。通过采用 VIM 解决方案 OpenStack，Swift 和 Cinder 项目有助于满足存储虚拟化需求。OpenStack 目标存储项目称为 Swift，它可提供云存储软件，以便可以使用简单 API 来存储和检索大量数据。它专为可扩展性而构建，并针对整个数据集的持久性、可用性和并发性进行优化。Swift 非常适合存储无限增长的非结构化数据。Cinder 是 OpenStack 的块存储服务。简言之，Cinder 可以实现块存储设备管理的虚拟化，并为最终用户提供自助服务 API，以请求和使用这些资源，而无须了解其存储的实际部署位置或存储设备类型。

4.2.5　编排器

网络功能虚拟化编排用于协调构建云服务和应用所需的资源和网络，该过程需要用到各种虚拟化软件和行业标准硬件。通常，云服务提供商使用 NFV 编排和云软件而非专用硬件网络来实现服务或 VNF 的快速部署。

资源编排非常重要，它能够确保存在足够的计算、存储和网络资源来提供网络服务。为了实现这一目标，NFV 编排器可以与 VIM 或直接与 NFVI 资源协同工作，具体取决于需求。它独立于任何特定 VIM，能够协调、授权、发布和使用 NFVI 资源，还提供了共享 NFVI 资源的 VNF 实例治理功能。

通常，由 NFV 协调器执行的一些功能如下。

（1）服务协调和实例化：编排软件必须与底层 NFV 平台通信来对服务进行实例化，这意味着它能够在平台上创建服务的虚拟实例。

（2）服务链：允许服务进行克隆和复用来实现单个客户或许多客户的可扩展性。

（3）扩展服务：当增加更多服务时，可以发现和管理足够的资源来提供服务。

（4）服务监控：跟踪平台和资源的性能，以确保资源充足，从而提供良好的服务。

在诸多服务提供商网络中，开放式网络自动化平台（ONAP）充当网络云服务的 OpenStack 编排解决方案。ONAP 通过将部件的动态策略执行功能与工作负载整形、放置、执行和管理结合起来，提高网络资源的利用率。这些功能嵌入 ONAP 平台中，并充分利用了网络云。在结合使用时，这些功能可为生态系统中原生运行的工作负载提供独特的运行和管理功能。

4.3　构建 NFVI 解决方案

为了充分实现 NFVI 和内部云网络的低成本和高灵活性，必须进行基本的运营变更，且应该采用一系列新型战略理念来成功构建和部署 NFVI 解决方案。

4.3.1　运营变更

1.敏捷

敏捷软件开发描述了一套软件开发原则。在这些原则下，需求和解决方案通过自组织跨职能团队的协作得以形成，有助于自适应规划、渐进式开发、早期交付和持续改进，并鼓励对变化做出快速、灵活的响应。这些原则支持诸多软件开发方法的定义和持续演变。敏捷的协作特性可以确保在相对较短时间内得到巨大回报。通过自定义扩展和自动化来消除 OpenStack 的运行差距在很大程度上是因为使用了敏捷结构，这已被公开声明。

2. DevOps

DevOps 是促进软件在其生命周期内具有卓越表现的一系列指导原则。消除软件交付规则之间的障碍来提供无缝转换，进而加快产品上市时间，提高产品质量。

DevOps（开发和运营的简化版）是一种文化、运动或实践，强调软件开发人员和其他 IT 专业人员的协作、沟通，同时实现软件交付和基础设施变更过程的自动化。DevOps 的使用支持运营团队、开发人员、质量保证和管理团队之间的跨职能协作，同时在范围界定过程的早期优先考虑运营需求。它还构建了一种环境，能够快速、频繁、可靠地构建、测试和发布软件，通过提供满足新功能需求的运营能力来确保以最低成本提供充足的运营支持。

3. 持续集成 / 持续交付

持续集成 / 持续交付（CI/CD，Continuous Integration/Continuous Delivery）是两种软件工程实践的融合，旨在实现软件构建、测试和发布的自动化。它们共同形成了一个更为敏捷的服务提供商。

持续集成旨在提供快速反馈，以便当代码库中引入缺陷时，可以尽快识别并进行纠正。使用持续集成可以立即测试软件迭代更改并将其添加到更大的代码库中。如果更改出现诸如存储使用失控等问题，那么可以将这些问题进行隔离并快速消除其影响。如果持续集成使用得当，则可提供各种优势，如对软件状态的持续反馈。由于持续集成可在开发早期检测到缺陷，因而缺陷通常更小、更简单，且更易于消除。

持续交付是持续集成概念的扩展。持续集成与每个版本的开发周期的构建 / 测试部分有关，而持续交付则侧重于该点后承诺更改时所发生的事情。对于持续交付来说，可以将通过自动化测试的提交结果看作是发布的有效候选版本。

持续集成 / 持续交付支持服务提供商管理其交付并了解其庞大的网络云平台的时间表。持续集成 / 持续交付支持数百名开发人员提取代码、修改代码以及重新检查代码。在执行此操作时，可以自动执行与人工审核和批准有关的额外控制，并同步自动集成、部署和测试。这使服务提供商能够快速移动以满足持续变化的空间需求，并不断提高其可交付产品的质量。

4.3.2　创新与集成

在选择 NFVI 方案（尤其是开源方案）时，关键是需要知道您购买的服务无法"开箱即用"。每个企业或服务提供商都有独特的需求，简而言之，现有方案无法解决所有问题。这就是在构建 NFVI 时强调创新和集成重要性的原因。利用敏捷性、DevOps 和持续集成 / 持续交付原则，每个企业都可以创建内部扩展，将现有企业基础设施与 VIM 和 NFVI 联系起来。

1. 设计

与早期手动设计相比，网络云基础设施设计工具可以实现区域设计自动化，将该阶段所需时间缩短一半以上。某些工具支持基于模板的硬件分配、机架安排、自动命名、自动 IP 地址分配和自动布线指令等。

2. 构建

一旦自动化设计完成，网络云服务提供商就需要有效且高效地实现 OpenStack 虚拟化，支持控制平面动态特性，并减小其物理占用空间，这导致了虚拟本地控制平面（vLCP, virtual Local Control Plane）的产生。使用 vLCP，我们可以在完全虚拟化的云上完成构建和自动化任务，这样 OpenStack 控制平面将在虚拟机（VM）内部运行。它支持操作员能够按需轻松移动、快照、回滚、重新部署或升级 AIC 区域。

3. 管理

一旦建成，需要对 AIC 区域进行大规模管理。通过将"第 2 天"操作设计为 Fuel 和自动化框架，可以快速支持从微小的设置更改到部署新插件以及在 100 多个 AIC 区域中启用新功能的各种能力。

4. 集成

为了将 OpenStack 环境完全有效地转换为网络云环境，需要填补一些空白。VNF 自动化系统用于构建运营商级网络功能并与 OpenStack Neutron API 进行集成，还需要在广域网（WAN, Wide Area Network）中实现和管理高端通信服务并将其与现有系统进行集成，同时在网络云生态系统中实现 VNF 生命周期的完全自动化。该 VNF 自动化系统是通过 ONAP 创建的（参见第 7 章）。ONAP 提供设计和执行时的框架，该框架紧密集成了网络云中的所有系统。将 ONAP 与 AIC 分离，以创建分层软件方法。ONAP 为 AIC 提供 VNF 自动化的全生命周期，以及支持和管理广域网。

5. 运营

服务提供商进行区域大规模部署时需要一种管理框架。这是由 OpenStack 资源管理器（ORM, OpenStack Resource Manager）提供的。ORM 框架是 DCP 上的服务集合，充当提供两项关键功能的单个入口点。这两项关键功能如下。

（1）资源创建网关，为新映像定义、性能配置文件和用户账户提供 API，然后将这些 API 分发到必需的 AIC 区域。

（2）区域发现服务，用于返回最适合在请求时支持租户需求的区域。

针对 ORM 的恰当比喻是在线酒店预订系统。通过输入选择标准，该服务分析几千家酒店的实时信息，并最终提供房间推荐。ORM 基本上为某 AIC 提供相同的值。ORM 也非常重要，因为它可用于向所有 AIC 区域快速推送更新并管理 AIC 上运行的工作负载分布。OpenStack 资源管理器架构如图 4.4 所示。

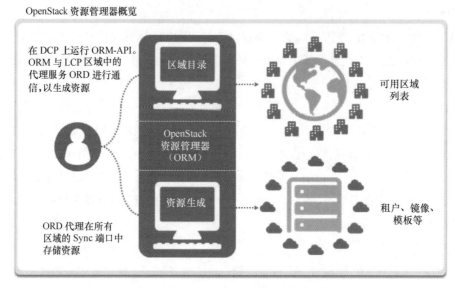

图4.4　OpenStack资源管理器架构

4.4　NFVI 部署

本节主要探讨云区域的部署策略和方法。从商业角度来看，每个区域的位置通常取决于客户需求和内部使用两大因素。从技术角度来看，每个区域都依据尽可能靠近客户这一原则来确定位置，从而最大限度地缩短时延。此外，电信运营商还需要用于提供弹性和容错的运营商级解决方案。

4.4.1　会议区需求

区域间架构有助于数据流从一个站点传输到另一个站点。区域间架构是指诸如网络信令／控制、传输连接以及发生在云站点之间的流量转发等功能，通常要跨越一定距离。这样就可以支持跨站点和区域扩展，而不是在单一位置进行扩展。横向扩展可显著降低成本并提高可用性。

为了满足运营商级网络的可靠性需求，AIC 基础设施管理（IM）域负责管理所有区域间网络。无论位置或连接状态如何，基础设施管理（IM）将所有节点、LCP 系统和应用、虚拟机管理程序和软件定义网络本地代理连接在一起，形成单一管理平面，采用统一的安全解决方案，并具有访问其他网络的能力。

第 5 章讨论了实现可用性目标的各种架构。

4.4.2　容错

许多企业都需要"云原生"VNF、运营支撑系统（OSS）和业务支撑系统（BSS）。"云原生"是一个专业术语，用于描述专门针对云的系统和应用设计。这些应用可以实现云环境带来的众多优势，包括提高服务可靠性、简化 IT 管理以及与服务交付相关的战略优势。事实上，"云原生"应用是企业为全球客户提供服务，以业界领先的成本结构运营并轻松提供客户体验能力的强大驱动力。

理解"云原生"应用的关键在于它们是为了预测故障而构建的。这一概念引入了对容错的要求。

　　容错是支持系统在某些部分出现故障时仍能够继续其预定进程的功能。在应用或基础设施出现故障时，容错策略和网络设计通过跨站点共享工作负载来最大限度地降低故障的影响，进而提高可靠性，如图 4.5 所示。容错策略离不开两大关键元素——基础设施弹性和"应用弹性"。这两大元素是任何 AIC 容错组件（FTBB，Fault Tolerant Building Block）的特征。

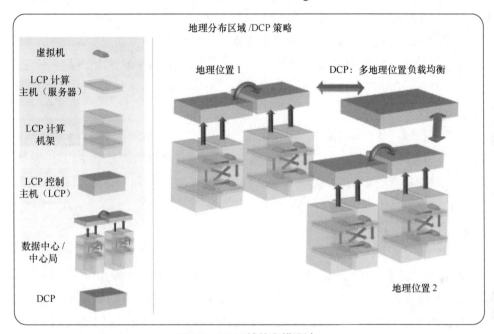

图4.5　AIC区域的容错设计

4.4.3　基础设施弹性

　　如前所述，云区域的地理分布对于提供不间断访问网络所需的弹性至关重要。这在很大程度上是为了将物理基础设施部署在靠近客户的位置，以确保最佳网络体验和最小时延。

　　除了 NFVI 区域的地理位置外，网络设计和物理基础设施本身在创建弹性基础设施方面发挥着非常重要的作用。首先是使用容错硬件，即从服务器到交换机的冗余网络布线、服务器多个 NIC 卡的双电源配置，以及服务器中独立冗余磁盘阵列（RAID，Redundant Array of Independent Disks）内部驱动器配置。RAID 是一种将多个驱动器虚拟配对在一起的方法，用于提高性能和冗余度或两者兼而有之。

　　进行跨区域"双主机"VNF 配置至关重要，跨区域进行三主机 VNF 配置性能更佳。双主机配置使用基础设施中内置的数据复制机制来提高弹性。将数据写入数据存储器并自动复制到另外两个地理位置，以便它可以同步动态存储于两个区域中，且单个区域的故障切换将存在最小时延。

　　服务提供商还能以容错方式部署核心基础设施软件。例如，如果服务器或软件构件发生故障，则诸如 Nova、Cinder、Swift、Keystone 和 Neutron 等 OpenStack 部件将部署在不同服务器上。此外，诸如网络负载均衡器和连续监控—高可用（CM-HA，Continuous Monitoring-High Available）系统等其他软件可监控关键虚拟机（VM），并当硬件出现故障时，在其他硬件上重新进行实例化。

4.4.4　应用弹性

NFVI 可以被多个应用和 VNF 使用。这些应用和 VNF 无须采购自己的专用基础设施。一旦基础设施以弹性方式构建完成，应用就能以支持无障碍性能和弹性的方式创建。下面是在创建容错 NFVI 应用程序时需要考虑的一些应用弹性实践。

（1）服务分解。将服务构建为松散耦合的虚拟功能集，每项虚拟功能实现最终服务的明确定义部分。可以在独立于其他虚拟功能的前提下对每项虚拟功能进行部署和管理。

（2）状态管理。明确考虑如何对状态进行管理，尤其是如何对那些非无状态虚拟功能的状态进行外部化。

（3）监视和控制。基于云的应用可以使用纵向和横向扩展作为处理故障、长期和短期负载变化，减少平台升级影响的基础技术。拥有监视和控制服务虚拟功能的能力是实现这一愿景的关键。

（4）容错功能。租户使用诸如实时迁移、克隆和快照等容错功能来提高其特定应用的弹性。

4.5　将 NFVI 用于 VNF

正如本章开头所述，NFVI 代表形成平台的资产，该平台用于支持 NFV 和托管 VNF。VNF 为企业提供不同类型的服务。因此，一个 VNF 的配置可能不符合另一个 VNF 的要求。通常，我们将这些配置称为性能配置文件。对于性能配置文件所属的服务提供者或企业来说，其架构和命名协议的细节是唯一的。

4.5.1　VNF 性能配置文件

引入 VNF 性能配置文件旨在提供运营商级功能，如基于网络功能的不同吞吐量配置文件的存储密集型、高 I/O、图形密集型功能。这是通过采用"加速数据路径"方法来完成的，如 SR-IOV、数据平面开发工具包（DPDK，Data Plane Development Kit）和 CPU 固定等技术，这些方法可以增强组网。

（1）SR-IOV 支持多台虚拟机（VM）共享相同的高速外设部件互连（PCIe，Peripheral Component Interconnect express）设备，并以虚拟形式向 VM 呈现网络接口卡（NIC）。此性能配置文件支持网络流量绕过虚拟机管理程序和虚拟交换机，从而实现低时延并缩短数据分组处理时间。

（2）DPDK 是一种快速数据分组处理框架，它通过对网络接口访问进行抽象来执行，我们将其称为环境抽象层（EAL，Environment Abstraction Layer）。DPDK 提供了一种访问网络接口卡的标准方法，它能实现诸如硬件加速等网卡功能的最大化。DPDK 提高数据分组处理性能的另一种方法是从中断处理向轮询处理转换，这使处理器操作更加简化，方法是在每次数据分组掉线时不中断处理器操作。在不使用轮询的情况下，网络接口卡向 CPU 发送中断请求（IRQ，Interrupt Request）以请求处理时间。CPU 停止当前正在执行的操作，并支持中断处理程序基于 IRQ 优先级来对中断进行处理。

（3）CPU 固定也称为处理器关联，它支持由特定 CPU 负责的数据分组处理，可以通过优化硬件和软件，并将关注重点放在数据分组处理上，来克服使用通用硬件面临的困难。这包括通过使用 CPU 固定和实施更优的内存管理解决方案分配专用 CPU 内核来处理数据分组。在正常的处理过程中，不使用 CPU 固定，因为数据分组处理在 CPU 之间移动。将工作负载从一片 CPU 移动到另一片 CPU 的处理成本很高，在这个过程中，CPU 缓存必须填充数据，这会导致效率降低。CPU 固定还减轻了中断处理的默认设置，在这种情况下，Kernel 2.6 之前的 CPU0 用于处理 Linux 所有中断。在 Kernel 2.6 之后，可以随机分配中断，这可能会导致共享资源之间的争用，以及缓存失效率提高。CPU 固定的主要优势是提高了处理效率，因为数据流量由同一 CPU 处理。

服务提供商可以在 VNF 性能配置文件（Flavor 系列）中对通用 VNF 以及上述优化方法进行分类，见表 4.1。Flavor 系列分类通常基于 VNF 的特定参数（RAM、磁盘、临时磁盘和交换磁盘）和可选参数（带宽、处理器）要求。

表4.1　Flavor系列实例

Flavor 系列		描述
通用	GV	支持 Kernel vRouter 的通用主机
网络优化	NV	支持 Kernel vRouter 的网络优化主机
	NS	支持访客虚拟机 SR-IOV 数据流的网络优化主机
	ND	支持 DPDK vRouter 的网络优化主机

4.5.2　可扩展性

在 VNF 可扩展性方面，存在两种主要场景——水平或垂直（也称为横向或纵向）。横向扩展通常是指向网络添加更多区域来分配处理能力，从而能够处理更大的负载。纵向扩展是指每个区域拥有更高的功率来处理更大的负载。横向扩展或纵向扩展都难以有效和高效地实现，但通常纵向扩展是成本效益更高的方法。在横向和纵向扩展之间实现平衡是成本效率的关键组成部分，因为横向和纵向扩展都不是线性的。硬件成本存在一个最佳的选择范围，添加额外通用硬件的成本比获得功能更强的硬件更可取。当采用横向扩展时，网络中的节点越多，所需的控制节点就越多，因而在功率和数量之间找到平衡是成本效率的关键驱动因素之一。

纵向扩展涉及使用功能更加强大的硬件和附加硬件，并对硬件进行优化。

使用功能更加强大的硬件非常简单，可以添加更多的内存器、CPU 内核、网络接口卡和存储器。在多大程度上添加额外硬件受到多个因素限制——机器空间的物理限制、电源要求、热处理以及限制某个系统可执行操作的其他因素。如果每一个系统都装载了最大 CPU、内存、网络接口卡和存储器，则使用通用硬件的成本效益也会降低。

对硬件的纵向扩展可以通过简单添加更多资源或优化已存在的资源来完成。优化资源的方法之一是使用"加速数据路径"进行数据分组处理。

要向虚拟化运营商网络添加其他处理区域以向外扩展，这保证了扩展性几乎是无限的，因为从技术上讲，添加额外的计算节点是所需要的。虽然这听起来很简单，但有一些限制，包括节点的管理等。

对 VNF 进行横向扩展并提供弹性能够以无状态或有状态方式完成。有状态 VNF 跟踪并记录它们当前正在处理的数据流量。然后，它会在额外 VNF 实例化的情况下传输这些数据流，无论是因为故障，还是因为需要额外数据处理。另外，无状态 VNF 假定在需要额外处理或弹性时对服务进行初始化是可接受的。

对 VNF 进行扩展时需要考虑的另一个重要因素是使用微服务。微服务将应用解构为一系列较小的可独立部署单元。当单独部署解决方案的独立部分时，它们也可以单独进行扩展。这允许解决方案运行某项服务的多个实例，同时仅运行另一项服务的单个实例，这对于满足需求激增的灵活性和弹性至关重要。

VNF 管理需要支持持续调整以优化利用率和改变数据流量。VNF 可以按需进行实例化，也可以利用池中资源，具体取决于弹性和目标恢复的需求。当 VNF 处于正常运行状态时，基于池的 VNF 可以提供更快的恢复速度和更高的弹性。但是，即使 VNF 不被使用，也会消耗资源。按需 VNF 会在需要时进行实例化，且在不需要时，会被丢弃，这意味着 VNF 仅在需要时消耗资源。

4.5.3 VNF 管理

在本地或全球范围内部署云时，高效且划算是非常重要的。我们需要一种同质方法。

限制配置的差异对于采用同质方法非常重要。但是，当现有性能配置文件（Flavor 系列）无法满足客户需求时，必须做出让步，这是建立战略治理机制的另一种重要功能。例如，管理异常，允许按需更新现有 Flavor 系列，并支持临时 Flavor 系列异常。当所需功能成为标准 Flavor 系列的一部分时，将会消除该异常并强制执行标准 Flavor 系列。

4.6 小结

向网络云迁移的核心是部署 NFVI。对于电信运营商而言，利用任何内部和外部商业应用的 IT 基础设施虚拟化经验可能有助于避免创建为特定商业目标而构建的分支云产品。NFVI 依赖于物理部件来提供 VNF 操作平台。NFVI 的 3 种主要物理部件是计算、网络和存储。除了 NFVI 的物理部件之外，完整的 NFVI 解决方案还需要一台 NFV 编排器和一系列 VIM。对开源方案感兴趣的服务提供商可以使用 ONAP 作为 NFVI 的 NFV 编排部件。许多网络云采用 OpenStack 作为 VIM 的基础技术，而 OpenStack 是一种开源云解决方案。

需要确立基本运营变革和新型战略理念，以成功构建和部署 NFVI 解决方案，从而降低成本并提高灵活性。实施敏捷开发原则和 DevOps 方法，重视软件开发人员和其他 IT 专业人员之间的协作来实现软件交付流程和基础设施变更的自动化，这有助于紧跟快速变化的技术。

NFVI 解决方案部署策略应提供用于确保网络访问不间断所需的弹性。NFVI 部署要求将物理基础设施部署在靠近客户的位置，从而确保以最低时延实现最佳网络体验。VNF 还部署了跨区域的三主机配置，以提供增强的弹性。

近实时的网络性能预期要求 NFVI 解决方案包括可提供运营商级性能的可扩展方案。因此，某些服务提供商已经定义了被称为 Flavor 系列的标准 NFVI 配置，以便为 VNF 提供增强性能。Flavor 系列实例包括 SR-IOV、DPDK 以及 CPU 固定技术，以提供运营商级网络所需的吞吐量。

第5章
构建高可用性网络云

凯瑟琳·迈耶 − 赫尔斯特恩（Kathleen Meier−Hellstern）、二村健一（Kenichi Futamura）、卡罗琳·约翰逊（Carolyn Johnson）和保罗·里泽（Paul Reeser）

受需要确保国家关键通信基础设施可靠性的驱动，电信行业长期以来一直坚持高可用性设计，有时称为营商级可用性或松散量化为"5个9"可用性（Lancaster，1986年）。必须通过有线、无线、寻呼、电缆、卫星、IP语音（VoIP）和7号信令系统服务提供商向美国联邦通信委员会（FCC，Federal Communications Commission）报告重大服务中断事件（Healy，2016）。通信提供商还必须报告影响增强型9-1-1设施和机场通信中断的相关信息，这些信息符合FCC标准规范中的阈值。人们已经开发出用于维护网络连续性的详细最佳实践，且交换、传输和网络基础设施可设计用于满足这些非常严格的要求。人们已经通过使用定制硬件、容错软件设计和广泛测试实现了高可用性，并确保生产软件尽可能没有缺陷（Giloth，1987）。高可靠性设计的典型例子可追溯到诸如4ESS（KE Martersteck，1981）和5ESS（Martersteck和Spencer，1985）等数字交换系统，且网络设计以生存性为核心目标（Wu，1992；Krishnan，1994；Choudhury，2004；Klincewicz，2013；Ramesh Govindan，2016）。

随着行业逐渐向IP和IP语音技术发展，交换机和路由器继续采用专用硬件和软件开展设计，从而能够继续满足运营级可用性要求（Johnson，2004）。网络功能虚拟化（NFV）的引入，以及在基于云的平台上部署网络功能，对基于硬件的传统高可用性解决方案产生了破坏性影响。使用NFV，单个硬件元件的故障可能对服务可用性影响很小甚至没有影响，因为VNF可以在备用云硬件上快速（甚至自动）重启，通常只需几秒或几分钟。NFV正在从促使传统供应商弹性需求的定义、测量、监控和管理方式这些方面发生重大变化（Rackspace，2015）。传统单一环境中一些有意义的需求不再适用，而其他需求需要重新定义或重新进行规范化。一旦定义了基于NFV的合理弹性需求，就必须更改测量和监视体系结构以适应基于云的新型交付平台。

NFV的设计挑战是使用商业云技术来创建"5个9"（99.999%）运营商级应用，该技术设计用于在"3个9"（99.9%）可用性范围内运行（Amazon Web Services，2013；Hoff，2015；Butler，2016；泰勒，2016）。在本章中，我们开发出一种综合性多层视图，它可演示如何在这种环境中实现运营商级可用性。我们将网络云基础设施和虚拟功能（VF）应用架构都考虑在内。如图5.1所示，网络云基础设施包括物理基础设施（服务器、网络、存储和物理设备）以及虚拟化基础设施 [虚拟机管理程序和虚拟机（VM）]。我们讨论了不同基础设施之间的可用性权衡、计划停机时间和地理冗余的影响，然后定义了高可用性虚拟功能设计的关键属性。要实现"5个9"

（99.999%）运营商级可用性，虚拟功能设计人员必须使用弹性设计模式，包括冗余硬件的空间冗余、冗余数据结构的信息冗余以及冗余计算的时间冗余。最后，针对不同类型的虚拟功能，我们描述了高可用性设计原理，说明了如何实现高可用性。

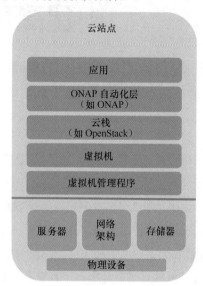

图5.1　网络云层次结构

为便于讨论，清楚可用性、可靠性和弹性的区别就显得尤为重要。

可用性定义为实体在时域内正常运行的概率，其中，实体可以是硬件或软件元素、云站点、功能实体、应用虚拟功能（VF）等。控制平面（供应）和业务数据平面（虚拟功能可达性）都需要考虑可用性问题。以分钟/年为单位的停机时间计算公式为525600×（1-可用性）。可用性和停机既可以是计划外的（因硬件故障、软件故障等而导致），又可以是有计划的（因维护、升级等原因而导致的停机）。

可靠性定义为假设实体在时刻0运行正常且在时刻t仍然运行正常的时间相关条件概率。平均故障间隔时间（MTBF，Mean Time Between Failure）通常用作可靠性的简单替代量。

弹性是指应用软件从某些类型故障中恢复，且从客户角度来看具备实现可用性目标功能的能力。本章涉及的可靠性和弹性项目旨在聚焦有益于并支持应用可用性的领域。

除了时域指标外，基于事务的指标对于提供完整的可靠性情况至关重要。服务可靠性（Tortorella，2005a,b）提供了一种通过定义和测量事务缺陷（如事务丢弃、会话丢失、时延过长、超时等）来表征用户感知系统行为的框架。事务缺陷分为3类：可访问性（我可以启动我的事务吗？）、连续性（我可以完成事务吗？）和完成性（我的事务是否能够及时完成？）。通常根据事务的百万缺陷率（DPM，Defects Per Million）来跟踪和报告事务缺陷。虽然对于理解整体情况至关重要，但本章并未涉及基于事务的服务可靠性指标（以及性能指标），也没有涉及可执行性指标、性能和可靠性的联合分析（Wirth，1988）或诸如"爆炸半径"（给定故障的影响范围）等突出强调弹性虚拟功能（VF）设计需求的概念（Miller，2015）。

在弹性工程中还有许多其他需要考虑的因素，本章未对其进行深入研究（Lyu，1996；Musa，

1999）。它们都属于软件可靠性工程这一更为广泛的主题，包含诸如软件稳定性测试、故障注入测试、测量和故障检测等。

本章描述的一些关键原则如下。

（1）单站点可用性有望在"3 个 9"（99.9%）～"4 个 9"（99.99%）范围内变化。

（2）单站点中的 VF 可用性不能超过站点可用性。

（3）通过多站点 VF 设计来实现高可用性。

（4）计划停机时间会进一步影响可用性，并增强对多站点设计的需求。

（5）高可用性需要成熟的容错软件。

（6）精确故障检测和快速故障切换对于实现高可用性至关重要。

5.1　网络云基础设施可用性

5.1.1　单站点可用性

在单个网络云站点（如图 5.1 所示）中，必须平衡多个基础设施层，以便采用有效的成本配置文件来实现目标可用性。图 5.2 给出了单站点 VF 可用性的关键贡献要素。与音频 / 视频（A/V，Audio/Video）设备上的"拨号"键类似，每一层都可以进行调整，以实现整体可用性配置文件。一些典型的可用性目标级别及其相应的停机时间既可由垂直线来表示，又可由表 5.1 来表示。作为一阶近似，可以通过添加所有部件的停机时间，然后将总和转换为基于时间的可用性来估计可用性。图 5.2 给出的变化范围是不同基础设施层的典型变化范围。

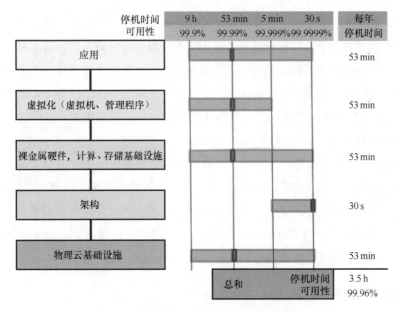

图5.2　单站点VF可用性的关键贡献要素

表5.1　从可用性到停机时间的转换

可用性 [a]	停机时间 / 年
99.9%	9 h
99.99%	53 min
99.999%	5 min
99.9999%	30 s
a. 基准是 525600 min/ 年	

　　物理云基础设施功能包括物理设备的物理属性，如发电机、电池、加热和冷却。在物理设备中设计支持关键功能的传统第 4 级（Tier 4）数据中心（DC，Data Center）时，通常采用完全冗余方法，以实现高可用性（ADC, 2006）。相比之下，商业云通过使用更少冗余来实现更低的成本。图 5.2 中的可用性变化范围大致说明了这一点。当运营商对网络进行虚拟化时，需要决定应该如何可靠地设计物理云基础设施层。一方面，将物理云基础设施层可用性提升至 99.999% 或 99.9999%，产生的整体效益非常有限，且实际上成本可能相当昂贵。另一方面，物理云基础设施层低可用性可能会主导站点的可用性配置文件。虽然低可用性工程设计的成本可能较低，但是需要在相邻站点设计更大容量来同化频繁发生的故障，这可能会抵消节省的成本。此外，低可用性还会对事务可靠性和时延产生负面影响。鉴于站点中安装的商业硬件和软件的可用性，物理基础设施可用性的权衡方法可以提供良好的成本 / 性能折中。

　　在架构层中，由于传输层的多样性（承载网络原理），广域网（WAN）接入通常具有高可用性（Wu, 1992；Krishnan, 1994；Klincewicz, 2013）。类似地，在站点内设计完全冗余的局域网（LAN）结构是标准且具有成本效益的，从而实现了高可用性。因此，架构层通常不是导致停机的重要因素。

　　计算 / 存储基础设施层取决于虚拟功能在基础设施中利用弹性的设计方案和能力，可能是单站点停机的重要因素。由于云基础设施通常使用商业计算和存储设备，因而其可用性往往低于专用网络硬件。提高站内可用性的云功能包括服务器热备；具有反关联性规则的多个可用区域，用于在主机和机架之间分配虚拟功能以防止共享硬件发生故障（Amazon, 2016）；多个控制平面；双存储或诸如 Ceph 等高可用性分布式存储系统（Ceph, 2016）。假设虚拟功能的设计目标是能够充分利用基础设施弹性功能，则计算 / 存储基础设施层可用性在单个站点上的变化范围大。最后，图 5.2 中的顶部两层说明了虚拟化的影响，这是应用层和虚拟化层之间的交互。许多虚拟功能无法承受虚拟机管理程序中的短暂故障或"小问题"。因此，即使虚拟机管理程序看起来高度可用（如小故障持续时间很短），短暂的故障也可能会导致虚拟功能出现故障。考虑到虚拟功能的故障检测和恢复时间，虚拟化层通常具有 99.9% ～ 99.99% 的可用性，尽管未来的改进方法可能会使其更高。类似地，应用层的可用性变化范围广就很好地说明了这一点。

5.1.2　成本权衡的可用性（瓶颈分析）

　　图 5.3 说明了瓶颈分析的概念。在该实例中，当其他层的可用性达到 99.99%（或更高）时，

物理云基础设施层的可用性只有 99.9%。通过将该层（瓶颈）的可用性提升到 99.99%，可以将站点可用性从 99.87% 提高到 99.96%（每年停机时间从 11.5 h 缩短到 3.5 h）——这是一项极大的改进。另外，如果物理云基础设施层的可用性达到 99.999%，那么将其可用性提高到 99.9999% 将对站点可用性产生极其小的影响。

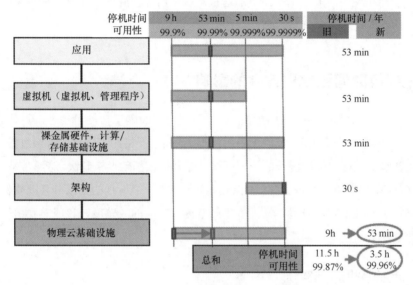

图5.3　瓶颈分析

一个更加有趣的问题是将物理云基础设施层的可用性从 99.99% 提高到 99.999% 是否有用。在这一过程中，答案取决于实现这一改进的具体成本。以低成本实现站点高可用性可归结为考虑每层成本和可用性之间的权衡，并相应调整"拨号"。例如，站点的电源配置可能会对可用性和成本产生巨大影响。图 5.4 给出了为站点提供电源的说明性成本曲线，变化范围从纯电网到第 4 级或更高（ADC, 2006）。根据所使用的电源配置 [如不间断电源（UPS, Uninterruptible Power Supply）、冗余发电机和备用电池等]，成本将会发生变化。将每种电源配置的可用性 / 成本比与其他层的可用性 / 成本比进行比较，将有助于确定以最低成本实现最大影响效果的位置。

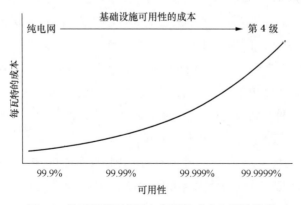

图5.4　基础设施可用性与每瓦特成本之间的关系

通过对这些不同的层进行平衡，可以实现某个站点可用性（如99.99%）的成本最小化。但某些虚拟功能可能需要更高的可用性（如99.999%），这可能会导致单个站点成本过高。特别是随着商业计算和存储以及虚拟化软件的引入，单个站点的可用性通常不会高于99.99%。这与其他文献给出的结果一致（Butler, 2016；Amazon Web Services, 2013；Hoff, 2015；Taylor, 2016）。考虑到与虚拟功能相关的故障，单个站点的虚拟功能可用性会降低。在这种情形中，这些功能需要利用跨多个站点的地理冗余来实现高可用性。

5.2　计划停机时间和地理冗余的影响

在上一节中，我们讨论了不存在计划停机时间假设下的虚拟功能可用性。这代表了NFV之前的状态，其中，物理网元可设计用于"无中断升级"或具有严格约束条件的升级过程。相比之下，网络云环境可在设计过程中使用漫长的计划停机时间来执行基础设施升级，这通常是由云环境 [主机操作系统（OS）、计算和 I/O 虚拟化、OpenStack 编排等] 中运行的大部分开源软件的现实驱动的。网络云环境仍然处于起步阶段，缺乏多年严格测试所需的成熟度，该成熟度用于确保代码稳定性和向后兼容性。

5.2.1　计划停机影响实例

作为基于地理冗余的计划停机时间的说明性设计实例，图5.5和图5.6描述了计划停机时间对虚拟功能可用性的影响。每个图中包含3条曲线，表示每个站点每年的计划停机总时间为0（无中断）、1周或2周。该实例假定计划维护会占用整个站点。x轴表示单站点云可用性，y轴表示虚拟功能最大可用性（不包括虚拟功能应用停机时间）。图5.5假设虚拟功能在两个站点之间进行复制，每个站点配置有所需虚拟功能总容量的100%（总计200%）。因此，对于虚拟功能来说，2个站点中必须至少有1个站点可供虚拟功能使用（即拥有足够容量来满足虚拟功能需求而不会降低性能）。相比之下，图5.6假设虚拟功能在4个站点间进行复制，每个站点配置有所需虚拟功能总容量的50%（总计200%）。因此，4个站点中必须至少有2个站点可供虚拟功能使用。

正如图5.5和图5.6的虚线所示，我们假设虚拟功能的可用性为99.999%。由图5.5可知，如果每个站点每年的计划停机时间为2周（底部曲线），那么单个站点的可用性必须至少为99.99%（标记为1），这样虚拟功能才有可能实现99.999%的可用性。如果每个站点每年的计划停机时间为1周（中间曲线），那么单个站点可用性为99.97%（标记为2），这样虚拟功能才有可能实现99.999%的可用性；如果每个站点没有计划停机时间（顶部曲线），那么只有单个站点的可用性超过99.7%，虚拟功能才有可能实现99.999%的可用性。

在图5.6（4个站点的场景）中，当单个站点的可用性仅超过99.6%（标记为3）时，如果每个站点每年的计划停机时间为2周，则可以实现99.999%的虚拟功能可用性。如果每个站点每年的计划停机时间为1周（点划线），则所需的单站点可用性可进一步降低至99.4%；如果每个站点每年的计划停机时间为 0（无中断升级，粗实线），则单个站点的可用性达到 98.7%。因此，将相同容量在 4 个站点进行部署可以大大提高虚拟功能在云环境中（可靠性为 99.9%）计划升级的弹性。

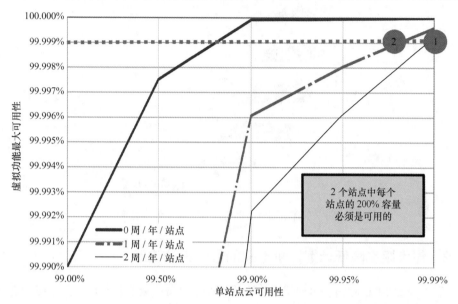

图5.5　假设存在2个站点，虚拟功能最大可用性与云站点可用性之间的关系

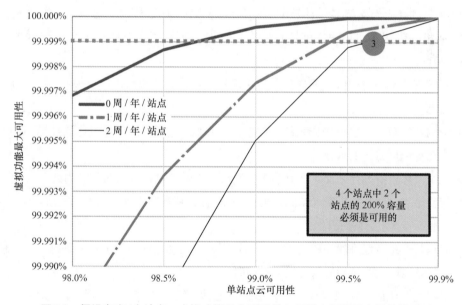

图5.6　假设存在4个站点，虚拟功能最大可用性与云站点可用性之间的关系

如上所述，必须预留额外容量，以确保拥有足够的虚拟功能容量来容忍同步计划和计划外站点中断。事实上，随着 $N+2$ 部署方案中冗余站点数量的增加，所需的预配置总容量为 $\dfrac{N}{N-2}$（当 $N \geqslant 3$ 时）。即在 3 个站点的场景中，所需的总容量为 $\dfrac{3}{3-2} \times 100\% = 300\%$；在 4 个站点的场景中，所需的总容量为 $\dfrac{4}{4-2} \times 100\% = 200\%$；在 5 个站点的场景中，所需的总容量为 $\dfrac{5}{5-2} \times 100\% = 167\%$。如图 5.7 所示，就预留容量而言，"最佳配置站点数"为 4 ～ 6 个（考虑到时延限制条件）。

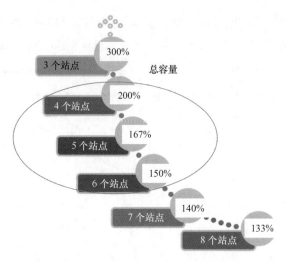

图5.7　容量预留空间与地理冗余之间的权衡

5.2.2　最大限度降低计划停机影响的最佳设计实践

如上所述，计划停机时间会对虚拟功能可用性产生显著影响。基于这一点，应考虑几种常识性"最佳实践"，如下。

（1）每个站点应当支持多个计算节点集群（通常称为可用区），它们位于不同机架中，且由不同交换机提供服务。租户在使用这些可用区时，可通过反关联功能来实现本地站点冗余（Amazon, 2016）。

（2）基础设施应在可用区之间提供 L2/L3 连接，以便租户应用可以交换心跳、事务 / 会话状态数据等信息。

（3）影响计算节点（主机操作系统、访客操作系统、计算 / 网络虚拟化软件等）的维护版本升级应每次在一个可用区上执行。

（4）在生产环境中执行之前，所有升级和回滚过程都应进行全面的系统测试。

（5）应将站点分配给升级组（A、B、C……），且计划升级应以滚动方式完成，这样 A 站点、B 站点、C 站点等就不会同时升级。

（6）允许某个站点组升级完成和下一个站点组升级启动之间存在最短间隔时间，以便为有状态租户应用在站点间来回移动流量提供足够的时间。

（7）目标是升级应该对租户透明（无中断）。如果可能，应将主要升级分解为可在非高峰维护时段执行的任务。主要升级的频率（有状态应用程序必须将流量进行重定向，尽量避开正在升级的站点）应当是非常罕见的。

（8）网络云应使用基于 DNS 的路由来促进流量重定向（如使用完全限定域名而不是静态 IP 地址进行路由）。

本节研究了计划停机时间与地理冗余之间的相互关系，重点突出了实现 99.999% 运营商级可用性的方案设计时需要考虑的因素。几个关键结论归纳如下。

（1）虚拟功能（VF）可用性对站点的计划内和计划外停机时间都非常敏感。

（2）即使不存在计划停机时间，也需要至少 $N+1$ 冗余才能实现 99.999% 的网络可用性和 99.9% 的站点可用性。

（3）可能需要至少 $N+2$ 冗余来额外满足冗长的计划停机时间需求。

（4）必须（预留）额外容量，以确保足够的虚拟功能容量容忍计划内和计划外站点中断事件的同时发生。

（5）将相同数量的容量扩展至更多站点可以极大提高虚拟功能在可用性为 99.9% 的云环境中进行冗长计划升级的弹性。

（6）需要升级周期框架以确保同一虚拟功能（VF）不会同时用于两个站点的升级。

总而言之，虚拟功能应用应当针对网络云环境进行设计。它们应支持使用多个可用区的本地冗余、不同可用区中虚拟机（VM）之间的 L2 / L3 连接以及本地故障自动切换。某些应用应至少支持 $N+2$ 站点地理冗余，并在地理冗余站点之间自动进行地理故障切换和流量编排移动。

5.3 虚拟功能软件设计

在任何软件开始设计之前，都应该清楚地了解关键性能指标（KPI，Key Performance Indicator）或需求。典型的可用性范围从单站点虚拟功能的 99.9% 到具有本地和地理站点冗余的虚拟功能的 99.999%（甚至更高）。本节重点介绍每年停机时间不超过几分钟的高可用性软件设计。必须对软件故障频率和停机时间进行认真管理，以实现高可用性。

图 5.8 给出了基于软件的高可用性虚拟功能服务成熟度曲线。

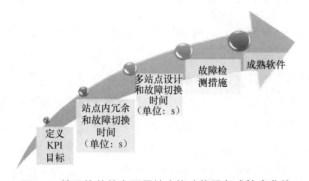

图5.8　基于软件的高可用性虚拟功能服务成熟度曲线

5.2 节给出了网络云的虚拟功能架构。这些计算中隐含的一个假设是，本地和地理冗余的故障切换具有高成功执行概率且可以非常快速地完成（如在几秒内）。另一个隐含的假设是，故障检测概率非常高（无提示故障是非常罕见的事件），且软件必须足够成熟以至于故障非常罕见（如每年少于 1 次）。这些设计考虑因素是软件成熟度的一部分。成熟软件具备四大特征：故障率低、故障检测准确度高、故障切换到冗余部件的速度快、恢复速度快。除了这些特征之外，还有诸多软件技术和容错设计模式可用于实现弹性软件。大多数复制设计都基于复制技术与成熟软件可靠性工程相结合的变体（Lyu, 1996）。这些技术适用于虚拟应用和物理应用。

为了合理布局本节内容，图 5.9 给出了一些定义。虚拟化服务（如 IP 语音应用）可以包括诸如信令网关、呼叫处理应用和位置数据库等诸多虚拟功能。每个虚拟功能可能包含若干个模块，这些模块又可能由一台或多台虚拟机构成。

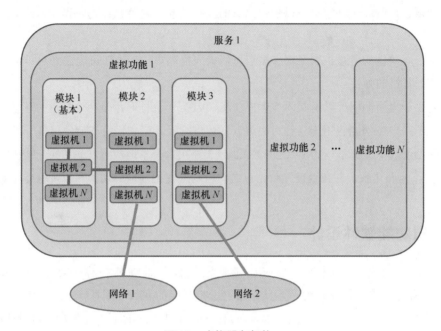

图5.9 虚拟服务架构

5.3.1 容错虚拟机（VM）设计

采用容错设计原理，针对虚拟功能中的虚拟机，存在以下 3 类复制技术。

1. 虚拟机热复制

将负载提供给所有副本，或者将主副本的状态信息频繁传给备份副本。主副本和备份副本执行所有指令，但只有主副本生成的输出可供用户虚拟机应用使用。虚拟机应用记录备份副本的输出消息。如果主副本发生故障，则某个备份副本可以轻松恢复服务。需要一种用于指定备份副本的控制方案来确保稳定性。当每个副本发生故障时，应在另一台主机上创建等效副本（虚拟机实例）并更新其状态。采用此项技术得到的可用性可能非常高，但它是以高资源消耗为代价。这种副本设计方法通常预留用于对停机时间和事务缺陷容忍度较低的应用。

2. 虚拟机暖复制

通过频繁检查主副本指向情况并在每个检查点之间缓存输入参数来获取状态信息；通过将状态信息传给备份副本来执行复制。备份副本不执行指令，但保存从主副本获取的最新状态。在主副本发生故障的情况下，启动备份副本并将其更新到当前状态，从而在当前执行周期中使一些信息丢失以及限制停机时间。从该技术获得的可用性要低于从热复制技术获取的可用性，但由于备份副本不执行指令，因而资源消耗成本降低。

3. 虚拟机被动复制

虚拟机实例的状态信息定期存储在备份副本中。如果该实例发生故障，则会调试另一个虚拟机实例，并恢复上次保存的状态。可以将备份副本配置为共享多个虚拟机实例的状态（或将其配置专用于特定应用的状态），也可以基于分配给每个虚拟机实例的优先级来执行虚拟机重启过程。这种方法消耗的资源最少，但提供的可用性低于前两种方法。

5.3.2　低软件故障率和精确故障检测

本节描述了一些实现低故障率和精确故障检测的技术，其中的诸多技术可以采用第 7 章中描述的 ONAP 功能来实现。

1. 来自外部服务的虚拟功能保护

虚拟功能需要保护自身免受虚拟功能所用北向和南向服务的影响。这意味着如果需要维护服务可用性和性能，虚拟功能需要确保输入请求可以在虚拟功能的多个实例之间进行分配（负载均衡），还需要实施限流机制来限制恶意或错误请求者带来的负面影响，以确保不对虚拟功能服务构成威胁。南向虚拟功能交互需要利用诸如多组线程池之类的机制来确保隔离效果。虚拟功能还需要在其模块中构建这些功能。虚拟功能软件应确保将任何持久状态数据 [如状态表、Java 消息服务（JMS）队列等] 复制到冗余数据存储器，以实现在主存储器 / 队列发生故障时的服务连续性。虚拟功能软件应使用冗余连接池连接到任何数据源，这些数据源可以在资源池之间以自动或脚本方式进行切换，以确保与数据源建立的连接具备高可用性。

2. 虚拟功能错误处理

当我们将虚拟功能从传统紧耦合硬件或软件配置迁移到云环境中时，可能会出现新的错误情形，包括（但不限于）虚拟功能实例之间的网络传输错误、实例不可用、局域网（LAN）时延和软件错误。虚拟功能需要识别此类错误情况，并根据情况重发请求以成功完成所请求的服务，而不是向客户端返回错误情况。

3. 虚拟功能软件故障检测

如果虚拟功能组件实例发生故障，则应在几秒（甚至数毫秒）内检测到该故障，并应提供一种用于启动该实例自动恢复的机制。在云计算中，这通常涉及虚拟机的重建和 / 或故障实例的重建。如果无法进行自动恢复，则应建立通知机制以创建故障警报。可以利用 ONAP 来使用功能实体，从而监控故障并对故障做出反应，且可能提供故障恢复功能。需要注意的是，在任何一种情况下，都应确保其他实例可以吸收和处理故障实例的流量，直到有新实例可用为止。

4. 虚拟功能故障检测和告警

虚拟功能应具有检测实例故障和 / 或不健康状态，并生成警报以采取纠正措施的能力。这些故障应当既包括功能故障，又包括资源耗尽（如线程、队列限制或内存结构），这可能会导致灾难性故障。为了最大限度地减少无提示故障，外部探测器也是实现精确故障检测的基本要素。

5. 虚拟功能快速恢复

虚拟功能实例应具有从所有故障类型中快速恢复的能力。恢复实例的创建应当在几分钟或几秒范围内完成，且不应影响或依赖于其他虚拟功能。例如，作为集群配置一部分的故障实例不应在发生故障或恢复期间对集群构成影响。自动恢复应该是推动虚拟功能快速恢复的理想行为，且可以通过采用诸如 ONAP 闭环分析和控制来实现。

6. 虚拟功能软件的稳定性

虚拟功能软件应当能够支持配置参数更改，从而最大限度地减少重启服务的需求。鉴于软件可能会发生故障（正如底层基础设施那样），应该测试虚拟功能软件的稳定性，尤其要关注弹性和故障切换。如果在特定版本的虚拟功能软件中发现问题，则能够快速且易于恢复到早期版本，从而确保在升级期间也可以实现稳定性。此外，通过提供多版本虚拟功能软件共存的能力也可以实现稳定性，它无须实现所有虚拟功能实例的同时迁移，这与根据业务需要进行滚动升级形成鲜明对比。

5.3.3 软件弹性工程

软件弹性工程是一种历史悠久的学科，拥有著名的评估部署软件成熟度的方法（Lyu, 1996；Musa, 1999）。用于提高软件整体弹性的技术包括软件开发最佳实践、软件架构评审、测试方法以及稳定性预测方法和工具。通常，测试方法仅限于特征功能，在此过程中可能会发现故障并充当其他故障预测的数据源（Hoeflin, 2005；Zhang, 2009）。标准化组织（IEEE Computer Society, 2010）已经对故障进行了明确分类，尽管在实践中，当发现缺陷并需要对其进行审查时，故障分类通常由应用测试人员提供。除了基于测试的故障分析之外，将故障引入软件是云技术中采用的另一种技术。奈飞（Netflix）公司在云应用中引入了混沌猴（Chaos Monkey）故障插入工具（Bennett and Tseitlin, 2012），并使其他用户能够以开源形式使用。这种工具对于确保检测到故障并快速恢复系统非常有用。

保持高可用性、可靠性和弹性取决于连续的测量和改进周期。ONAP 的理想定位是使用 ONAP 数据采集、分析和事件（DCAE，Data Collection，Analytics and Events）模块以及第 7 章中描述的相关微服务来协助解决这一问题。DCAE 提供了从诸多源头采集数据的机会，且这些数据可以采用高级分析和可视化技术进行关联和分析。微服务对 DCAE 指标进行处理，并主动检测异常、故障和容量消耗。微服务可以是闭环的一部分，用于自动解决问题，如重启虚拟机、重启发生故障的 VNF 或启动新的 VNF。如果无法自动解决问题，则控制回路应通过发送单据或报警来通知网络运营商，以便运营商可以进行干预并最终解决问题。DCAE 中的集中式存储库还可使用诸如 RCloud（RCloud, 2016）等高级可视化功能实体来提供丰富的数据挖掘和分析机会，这些功能实体可作为微服务提供给用户。

5.4　整合：虚拟功能分类和实例

本节通过对不同类型的虚拟功能和可预期的可用性进行分类，将之前介绍的内容联系在一起。我们可以将虚拟功能划分为以下几类。

（1）无站点故障切换，无本地冗余。通常，这些虚拟功能与传输和网络功能相关，其中，最终用户在单个站点上通过物理设备来终止其访问。实例包括接入路由器和线路终端设备。此类应用必须保持状态且具有非常苛刻的同步要求。在预虚拟化网络中，通常使用专用高可用硬件来实现这些应用的高可用性。在虚拟化的早期阶段，这些虚拟功能仍无本地冗余。

（2）无站点故障切换，本地冗余。这些虚拟功能通常也与传输功能和网络访问功能相关，其中最终用户在单个站点上通过物理设备来终止其访问。但是，此类应用能够实现站点内数据的复制和同步，且支持本地冗余。

（3）具备站点故障切换的有状态功能。大多数第 4～7 层关键服务虚拟功能都属于这一类。实例是与 IP 语音控制平面或移动性控制平面相关的虚拟功能。虽然这些虚拟功能为最终用户提供服务，但用户不会在这些站点上通过物理设备来终止访问。虚拟功能是有状态的，维护与呼叫状态和客户配置文件相关的信息。同步要求并非特别苛刻，这些虚拟功能的服务提供商具有构建地理冗余和局部冗余的传统。这些应用采用虚拟功能层的公认技术来实现高可用性，以确保快速切换故障。随着网络云在处理网络应用方面的能力逐渐成熟，将有机会使用云编排和 ONAP 功能而不是自定义虚拟功能能力来满足某些弹性需求。

（4）具备站点故障切换的无状态功能。这些功能是云环境中的"理想"虚拟功能。由于这些应用是无状态的，因而在多个站点中对其进行部署并在站点间动态分配负载相对比较简单。它还支持无缝故障恢复，因为可以通过使其中某个故障实例停止服务并重新分配负载来完成此类虚拟功能的实例之一是分布式域名系统（DNS）。

表 5.2 归纳了虚拟功能的分类方法。这些类型代表了当前的虚拟功能类型。随着网络云和虚拟化应用的逐渐成熟，虚拟功能架构将向云优化实现方案迁移。这将使成本更为优化、可用性更高的虚拟功能出现。

表5.2　虚拟功能分类方法

虚拟功能类型	可用性解决方案的特征	典型的预期可用性变化范围
无站点故障切换，无本地冗余	• 受限于站点内单个可用区的可用性，受物理基础设施、计算和存储可用性限制的可用性； • 可能需要改进基础设施的可用性以实现目标可用性	< 99.9%
无站点故障切换，本地冗余	• 充分利用本地冗余； • 受物理基础设施以及站点内计算 / 存储冗余和复制程度限制的可用性； • 可以利用站点内双控制平面和多个可用区	99.9% ～ 99.99%

续表

虚拟功能类型	可用性解决方案的特征	典型的预期可用性变化范围
具备站点故障切换的有状态功能	• 设计使用地理冗余运行的虚拟功能； • 用于维护站点内和站点间多个实例状态的数据复制解决方案； • 通常由虚拟功能解决（不依赖于云或 ONAP 功能）的故障检测和故障切换问题	99.99% ～ 99.999%
具备站点故障切换的无状态功能	• 虚拟功能可以轻松分布于多个站点上； • 负载均衡器和协议级重试可用于降低站点故障的影响； • 即使在基础设施可用性较低时，也可以实现极高的可用性	＞ 99.999%

5.4.1 实例：状态网络访问服务

我们考虑有状态功能的实例，该功能可能是第 2/3 层接入或传输服务的典型功能，如交换式以太网或托管互联网服务。这些服务可以包括通过城域网连接到提供商边缘路由器（PER，Provider Edge Router）的客户端设备（CPE）。实现第 2/3 层服务的常用方法是将客户端设备归属到特定提供商边缘路由器端口。这些服务属于"无本地冗余的站点故障切换"（可用性变化为99.9% ～ 99.99%）类型。但是，通常可以通过将冗余 PER 设备部署在加固的（99.999%）网络数据中心（DC）中实现更高的弹性水平（99.99% ～ 99.999%）。

现在，我们假设在虚拟化云环境中实现相同的服务，其中，单个网络云站点提供 99.9% ～99.99% 的可用性。如图 5.10 所示，要达到与此类服务灰度云环境相当的弹性级别，需要用自动编排功能，在商用云设备发生故障后能够实现无缝应用故障切换。但是，即使站点内故障切换迅速，服务可用性仍然受到单个云站点本身可用性的限制。因此，为了实现与这些有状态访问服务的灰度云服务相当的弹性水平，通常采用具有动态重新复位功能的多站点设计方案（如图 5.11所示）。

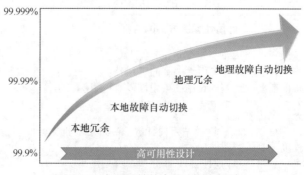

图5.10　高可用性的有状态服务设计

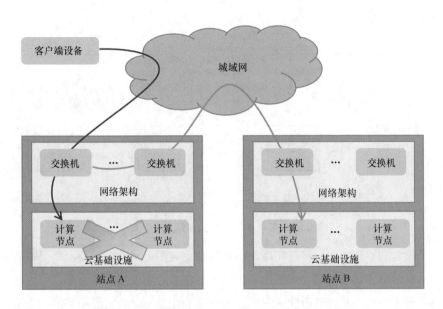

图5.11　具有动态重新复位功能的多站点设计方案

5.4.2　实例：第 4 层状态控制功能

我们考虑第 4 层虚拟功能的情形，这些功能可为实时应用提供控制功能。在当前高速移动的通信网络中，基于 SIP 的解决方案提供长期演进语音（VoLTE，Voice over Long-Term Evolution）、IP 消息和视频会议等实时服务。3GPP 标准组织规定了 IP 多媒体子系统（IMS），标准包括功能、接口和协议等（3GPP, 2016）。其中，IMS 的关键功能之一是呼叫会话控制功能（CSCF，Call Session Control Function），它为其处理的整个会话持续时间提供呼叫控制。CSCF 监视本地注册用户的所有信令消息，决定如何处理 SIP 消息，包括路由到应用服务器和网络路由服务器。此外，CSCF 还执行服务提供商指定的策略。

在基于 IMS 的服务中，提供高可用性以及维护呼叫状态至关重要，以最大限度地减少故障期间的服务中断。这些相同的需求同样适用于虚拟 IMS 解决方案。对于虚拟 CSCF 的情况，需要本地冗余和地理冗余以确保高可靠性。解决方案可能包括通过跨所有活动虚拟机的负载共享实现的本地冗余（如图 5.12 所示）。此外，故障检测和恢复时间应低于 1 s。

准确的呼叫状态对于正确的会话处理至关重要。因此，冗余解决方案必须确保能够对跨本地 VM 实例和跨站点呼叫状态进行维护。可以采用各种实现方案来达到具有最小时延的呼叫状态副本，且可以采用一种控制方案来确定主呼叫状态。

最后，可以采用 SIP 和 Diameter 等第 4 层协议来监控和检测故障，并将会话重定向到拥有最小中断概率的恰当虚拟机实例。如果在预期时间间隔内未接收到消息，则在短时间内会发送一条或多条重试消息。通常，可以在 1 s 内确定故障，并在几秒内切换到备用实例。

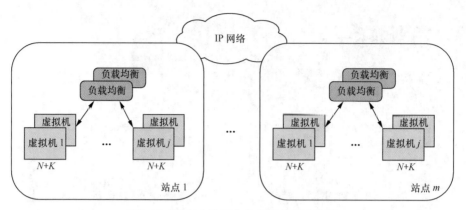

图5.12　具有本地冗余的多站点设计实例

基于体系架构和实现方案，可以实现 99.999% 或更高的可用性。相反，如果故障率太高，成功检测故障并从故障中恢复的能力太低，或者故障后恢复时间过长，则会导致可用性非常低，且可能无法满足所需的整体服务可用性。图 5.13 说明了可用性对这些关键参数的灵敏度。

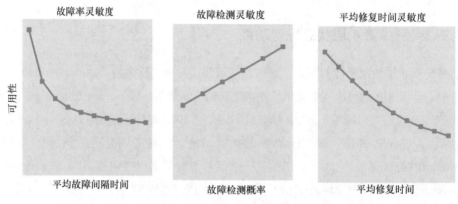

图5.13　可用性对关键参数的灵敏度

站点内和站点间所需冗余级别的设计决策高度依赖于故障参数的组合。可靠性分析是用于推动最佳解决方案的设计过程的重要组成部分。在图 5.12 所示的虚拟呼叫会话控制功能（vCSCF，virtual Call Session Control Function）实例中，可能存在用于构成整个解决方案的多个子部件，且 vCSCF 必须与其他 IMS 组件实现互操作。冗余与低故障率、高故障检测率和快速恢复时间相结合，对于实现高可用性至关重要。复杂性需要严谨的可靠性设计和测试验证，以确保在经济高效的解决方案中实现所需目标。

5.4.3　实例：具有多站点设计的无状态网络功能

最后，我们考虑具有地理冗余和快速故障切换的无状态服务，如域名系统解析器（vDNS-R，Domain Name System Resolver）。DNS 是一种无状态应用，可将用户友好的域名或统一资源定位符（URL，Uniform Resource Locator）转换为查找 / 识别计算机服务和设备所需的数字式 IP 地址。这是一种非常适用于虚拟化的服务实例。该服务可以使用商用硬件上的本地冗余虚拟机在多个地理冗余站点处进行托管（如图 5.14 所示）。此类服务属于"具备站点故障切换的无状态功能"类型（可用性高于 99.999%）。

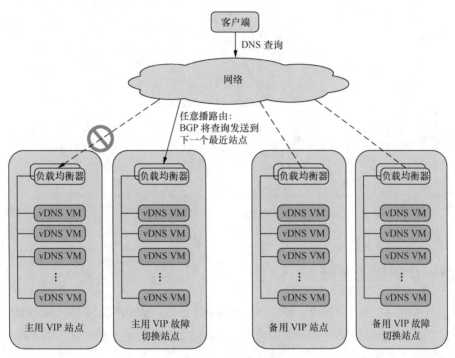

图5.14　vDNS架构和冗余

　　vDNS 服务可以通过诸多弹性功能实现非常高的可用性。首先，客户端使用主用和备用虚拟 IP（VIP，Virtual IP）地址来访问 vDNS 服务器，这些地址通常由互联网服务提供商（ISP，Internet Service Provider）提供并存储在客户端。如果主用 VIP 在短时间间隔（小于 1 min）内进行多次（大于 5 次）重试后无法响应 DNS 查询，则客户端会尝试连接并向备用 vDNS VIP 发送查询消息。然后，每个 VIP 都与通过任意播路由访问的主站点和故障切换站点相关联（Metz，2002）。这种重定向非常快，将查询重定向到故障切换站点只需不到 1 s。除了这些地理优势冗余功能外，每个站点还通过分布在站点内多台服务器上的多台虚拟机之间的负载均衡器来提供本地冗余。因此，如果虚拟机或服务器发生故障，则查询消息会很快转移到其他仍在运行的虚拟机或服务器上。

　　作为多个站点中的无状态网络功能，vDNS-R 能够充分利用这些弹性功能的组合。图 5.15 说明了这些功能对使用百万缺陷率（DPM）表示的总体可用性（基于时间）或服务可靠性（基于事务）的影响。通过采用这些弹性技术，vDNS-R 服务能够实现极高的可靠性。

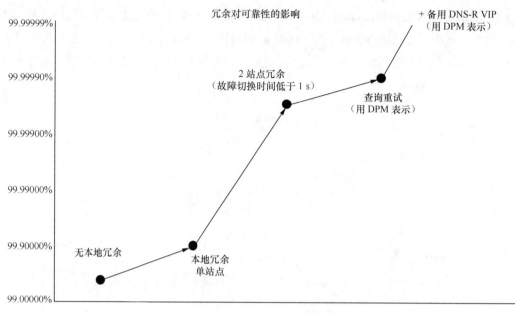

图5.15　弹性功能及其对可靠性的影响

5.5　进一步研究的领域

从本章所引用的实例可以看出，可靠性分析的基本原理和数学理论并未随着虚拟化解决方案的引入而发生变化。但是，必须克服新的挑战，以确保实现虚拟解决方案所需的可靠性。在本节中，我们给出一些需要进一步探索的主题。

（1）敏捷开发的软件稳定性。敏捷软件开发过程的周期较短且采用持续集成和部署方法。这使得使用包含严格且冗长测试的传统软件可靠性技术来评估软件稳定性变得非常困难。奈飞（Netflix）公司开发出一种称为混沌猴（Chaos Monkey）的工具，这是一种针对运营云开发的软件工具，用于测试亚马逊网站服务（AWS，Amazon Web Services）的弹性和可恢复性（Tseitlin,2012）。电信应用可能非常复杂，且拥有多种故障模式。将混沌猴模式测试和更为传统的稳定性测试优势结合使用的方法是非常有价值的。

（2）降低计划中断的影响。虚拟功能需要能够适应长期计划中断，添加额外的复制作为防范计划中断的成本非常高。使用开放式网络自动化平台（ONAP），我们可以使用自动化将虚拟功能迁移到不易受到计划中断影响的位置。设计可靠、高效的迁移技术值得进一步研究的。

（3）精确的故障识别。NFV架构的多层分布式特征意味着准确、及时的故障检测可能是一项挑战。如果没有准确、及时的故障检测，则无法实现高可用性。了解需要采集哪些类型的指标以及如何处理和关联指标来检测和隔离故障是至关重要的，存在应用高级分析技术（如机器学习）来改进故障检测的诸多机会。

（4）自动故障恢复。使用商用硬件和软件时，故障的发生变得更加频繁。因此，必须通过使用自动故障检测和恢复来更加高效地对其进行处理。自动检测和恢复程序意味着高虚拟功能可用性的重要机会。

（5）软件顽健性。对网络云基础架构中的短期故障和波动不敏感的应用设计可以极大提高服务的可用性。

致谢

笔者要对云和服务实现团队表示感谢，他们了解可靠性设计的重要意义，并确保可靠性建议切实可行。没有他们的协作配合，这项技术工作是不可能完成的。

第 6 章
软件定义网络

布赖恩·弗里曼（Brian Freeman）和阮汉（Han Nguyen）

软件定义网络（SDN）的架构已多次成功应用于从传统电路交换（CS，Circuit Switching）到当前 IP/MPLS 服务的 AT&T 多代网络服务中（见第 1 章）。针对网络功能虚拟化（NFV），AT&T 的 SDN 设计和实现方案建立在此前的开发经验之上，其总体目标是设计和实现用于近实时服务管理和网络管理的可编程网络控制平台，这是本章讨论的主题。

6.1　SDN 功能概述

AT&T 全球网络为全球商业和消费者客户提供 AT&T 的所有网络连接服务和应用服务。由于网络规模非常大（特别是在网元数量方面），全球地理覆盖范围广，且可用性 / 可靠性要求非常高，因此，SDN 控制架构基于集中式和分布式控制混合设计，如图 6.1 所示。对于较小规模网络，采用更为简单的框架即可满足需求。

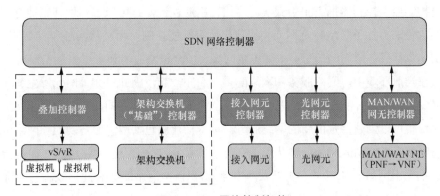

图6.1　SDN网络控制架构

分布式控制由一组分布式本地控制器提供，这些控制器负责本地各自域中各个网元的流量转发（包括故障检测和恢复）操作。集中式控制由全球 SDN 控制器提供，用于端到端服务管理和网络资源优化。

网络控制

网络控制负责对在底层网络资源上实现的网络连接服务进行管理、部署、操作和协调，它包括 VNF 和物理网络功能（PNF）。网络控制包括如下内容。

（1）建立和管理网络连接。

（2）维护网络范围的资源清单。

（3）运行网络范围的数据采集和分析流程。

（4）使用网络范围的策略集来运行策略引擎。

（5）处理网络范围内出现的异常。

在本章的其他部分，除非明确指出，否则使用以下简短术语。

（1）网络服务：是指网络连接服务，包括提供第 0 ～ 3 层通信或密切相关功能的各种服务。

（2）网络控制器：是指用于实现网络控制的平台。

6.2　网络控制的实现

本节重点介绍用于实现网络控制的平台，并支持控制平面与数据平面的分离，以及抽象层的创建，这样就能将网络服务和由物理网元结构生成的网络设计结构分开。该设计既适用于为网络工具以及服务实例化和管理的网络控制提供可编程平台的控制器，又适用于为资源和流量管理提供可编程平台的控制器。该平台还提供增强型网络管理接口，用于支持来自网络服务和底层网元的实时数据与转发平面的实时控制结合。该平台的关键属性是近实时配置、实时流设置、通过服务和网络脚本逻辑的可编程性、差异化竞争的可扩展性、标准接口和多供应商支持。

在当前环境中，自动化配置重点关注非实时配置管理。流量实时重定向由每个供应商的控制平面负责执行，该平面通常与数据平面进行集成。未来的发展方向是将控制平面与数据平面分离并创建实时控制器，控制器拥有集中式实时网络范围的视图，它可以选择性补充拥有节点视图的本地控制器。最初目标不是从特定网元中提取出所有智能控制，而是从实时和 / 或多层网络视角提取功能实体执行任务所需的信息——如重定向流、安全策略应用和多层流量工程。

同样，在当前环境中，网络服务和网络配置交织在一起，因此，如果网元发生变化，则网络服务配置会受到影响。控制器设计的基本原则是创建能够成为独立构建块的模块化功能，它们基于特定构建块集可以创建特定的新的网络服务。基本构建块包括网络服务功能和网络资源。网络服务控制与网络资源控制分离使能够从用于实现网络服务的特定类型网络资源（如基于 MPLS 的以太网）中抽象出网络服务定义（如以太网服务）。目前，网络服务和网络设计与实际供应商特定实现方案［如针对 MPLS 以太网设计的瞻博（Juniper）MX960 路由器］分离。

最后，由于网络接入服务功能与网络流服务功能交织在一起，因而每种流服务都需要指定接入服务，从而使网络配置变得非常具体。新模型支持接入服务特征（如宽带、蜂窝、T1 服务）与流服务特征（如以太网、第三层虚拟专用网、互联网）分离，支持接入服务非常快速地连接到不同的流服务。可以对接入服务和流服务动态地进行混合和匹配。这种实现方案的主要优势表现在：

（1）能够将网元实例化以及新网络服务更快推向市场；

（2）能够按需将网络功能、性能和功能与客户需求进行匹配；

（3）在保持网络和运营效率的同时，能够为每个客户分配网络切片。

由于虚拟化是网络服务按需实例化的关键，因而该控制器与基础架构控制密切配合，这样就能通过实例化为虚拟应用提供一种虚拟化环境（计算、存储和数据中心网络）。

6.3　网络功能交付的全新范式

网络控制采用技术将正式信息模型转换为可编程逻辑模块，从而提高功能开发速度。正式的信息模型将支持网络服务定义和网络设计（与供应商实现方案相关）的分离。这样就能支持供应商设备在不影响网络设计抽象层或网络服务抽象层的情况下进行更改。网络抽象层的物理表现形式可以是交换机，也可以是路由器或光复用器，且不会影响到网络服务层。通过使用网络中的虚拟路由器 / 交换机，对 NFV 的控制将支持用于软件验证的新过程。

图 6.2 中的当前运行模式（PMO，Present Mode of Operation）遵循瀑布式开发过程，其中每项功能由不同组织进行处理。从各个组织的角度来看，前 5 个步骤用于创建设计规范文档，基本上是将前一个组织的需求转换为当前组织的术语和需求。这种方法需要对不同文档进行多次结对测试，然后执行组范围内的审查，且在该过程中可能会产生诸多误解。开发、测试、部署、操作准备测试（ORT，Operational Readiness Testing）阶段的执行步骤也是连续执行的，以达到服务就绪状态。沿着这些"执行"步骤中的每一步，对文档的说明以及对所开发服务的澄清或更改是迭代进行的，直到服务准备就绪。

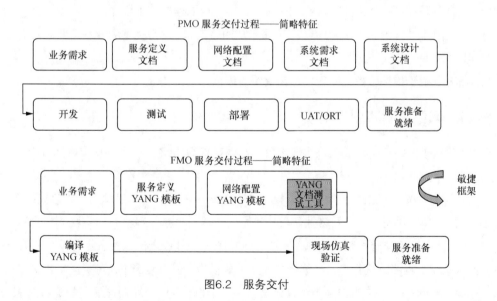

图6.2　服务交付

未来运行模式（FMO，Future Mode of Operation）引入一种新范式，通过可编程服务定义来简化和缩短流程，从而减少了针对文档说明创建的文档数量。总的来说，业务需求由需求文档进行汇总，且设计组织使用编程语言来定义网络服务和 / 或网络模板。这些模板由控制器进行编译，然后可以立即通过现场仿真测试环境进行验证。此方法的迭代执行可以使用敏捷开发过程来更快地达到服务准备就绪状态。设计人员必须基于业务需求将其技能从文档编写转向服务编程。

6.4 网络控制器架构

本节介绍构建 SDN 控制器所需的平台、环境和架构。这是通过对信息或数据模型驱动的方法进行修正，以适应网络服务和资源配置管理，从而大大提高服务或功能创建的灵活性以及网络开发的灵活性。网络服务建模、网络特征实现设计和网元设备语义支持用于特征交付的代码生成，而不是任何新特征或功能的自定义编码。此外，最初应用于针对呼叫处理网络 [网络控制点（NCP）] 的可编程服务逻辑的设计原则，同样可用于在脚本或模板中确定指定的流逻辑。这些脚本或模板逻辑可以灵活进行修改而无须进行编码。可编程服务或网络流逻辑与参数规范的模型驱动方法相结合，可以使功能开发时间以分钟或小时计（而不是用周或月来衡量）。该控制器共包含七大主要部分。

（1）编译器功能：编译模型用于在配置网络资源时创建服务逻辑。

（2）服务控制解释器功能：用于为实例化服务解释客户或 API 请求。

（3）网络资源自治控制器：用于解释实时网络映射，并在创建服务控制解释器所请求的服务过程中提供所需的网络资源。

（4）适配器：支持多供应商、多接口配置和数据采集功能。

（5）API 处理程序：用于管理通过 API 对控制器进行编程的应用程序。

（6）数据采集、分析和事件（DCAE）：用于从网络资源处采集数据和事件，并对其进行分析，以创建实时网络映射。

（7）策略：用于指导服务或网元实例化决策的规范。

6.4.1 网络控制器软件组成

图 6.3 提供了网络控制器的主要组成部分（功能模块 ONAP 将在第 7 章中进行讨论）。

1. 编译器

网络控制器接受一组信息或数据抽象模型——YANG 建模语言作为输入，该建模语言定义了服务抽象层（如以太网服务）、网络抽象层（如光以太网）、与供应商相关的设备定义（如讯远光以太网），以及网络控制器将要管理的有向图（DG，Directed Graph）（配置组件的步骤）。这些将由供应商或系统工程团队进行定义。编译器采用抽象模型和网络逻辑 [在可扩展标记语言（XML，Extensible Markup Language）文件中进行定义]，并创建在事件处理期间使用的运行时服务逻辑有向图。总的来说，通过网络服务订或通过网络事件来配置网元指令的实际次序和时间将由这些 YANG 模型集来定义。

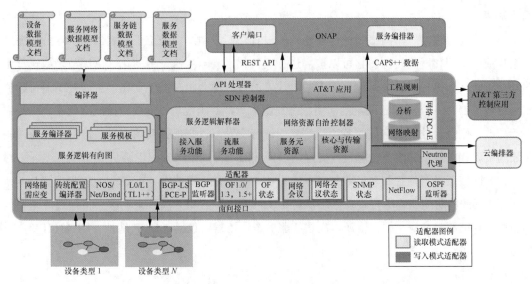

图6.3 网络控制器的主要组成部分

2. 服务逻辑解释器

服务逻辑解释器（SLI，Service Logic Interpreter）是一种事件驱动组件，用于为新网络服务、连接或功能处理来自外部系统的请求。服务逻辑解释器将服务请求解释为特定网络资源请求，可以基于网络资源自治控制器对这些请求进行优化。服务请求将来自主服务编排器（MSO，Master Service Orchestrator）和其他服务控制功能（如运行时的闭环）。将在设计时通过 YANG 模块来提供网络服务、网络或供应商特定设备的系统工程定义。

（1）SLI 实现了平台灵活性的一个关键方面。SLI 读取有向图（如有向图定义软件节点 / 对象的执行次序），这是满足输入网络服务请求的网络实现逻辑软件。通过以灵活的有向图或脚本形式在网络映射上实现网络服务，可以快速创建和测试对网络实现方案的修正，而无须对引擎进行任何更改。当平台添加了新的适配器或新的基础协议时，引擎可能需要增加新功能，但通常只有当新组合使用功能时，有向图才需要改变。有向图在网络和服务模型上运行，以采集所有数据项，基于与资源控制功能的交互来选择资源，并将数据集传送给适配器用于改变网络状态。模型和有向图的组合生成一组网络服务创建工具，可以大大缩短新网络服务或功能的商用周期。

（2）解释器与编译器协同工作。编译器获取模型（如 YANG 模型）和网络逻辑（在 XML 文件中进行定义），并创建在事件处理过程中使用的运行时服务逻辑有向图。

（3）正式信息模型将支持区分网络服务定义与来自供应商相关实现方案的网络抽象定义。特别是包含 3 种不同组件的抽象层允许在服务、网络和设备定义之间进行规范和灵活映射。

3. 网络资源自治控制器

网络资源自治控制器负责分配（和释放）以及优化用于在网络中提供网络服务或功能的资源。它根据来自服务设计和创建（SDC，Service Design and Creation）的实时服务请求或来自 DCAE 功能的网络资源优化操作来分配或重新分配（PNF 或 VNF）用于支持客户网络服务实例所需的网络资源。

（1）当前，这是一个网络服务订单驱动的过程，假设网络资源位于固定位置。这种新型解决方案集成了虚拟化网络资源，它可以按需进行实例化，且当流量发生变化、出现故障或选择更优的商业策略（如选择一天内电价更便宜的时段）时，资源会相应发生变化。资源控制器持续监视和分析通过 DCAE 从适配器采集的网络状态遥测信息，并确定是否需要更改网络状态。如果需要进行更改，则资源控制器将与服务控制解释器进行交互，以实现预期状态更改。网络资源控制功能还与资源相关策略和清单功能进行交互，以便按照工程规则来分配资源。

（2）网络资源自治控制功能将管理核心分组、光传输 [广域网（WAN）、城域网（MAN）和接入网] 资源的功能和应用与管理网络服务资源的功能和应用分离开来。核心传输资源主要是诸如路由器和链路带宽等"硬"资源，而边缘服务资源还需要包括诸如 IP 地址、VLAN ID 等"软"资源。

4. 适配器

适配器通过明确定义的协议与网络设备（如网元）和 VNF 进行交互。适配器层包含与供应商和协议相关实现问题的复杂性，用于更改并读取网络设备的状态。

供应商可能拥有自己的专有控制器（在图 6.3 中表示为设备类型 N 内的虚线框）或网元管理系统（EMS，Element Management System），它们与其网络设备通过接口相连，因而需要与其控制器或 EMS 相连的合适的供应商适配器。

（1）通过"写入模式"适配器来更改网络状态。这可以通过模板或脚本化 CLI 更改来使用传统配置、具有 YANG 更改功能的事务 NETCONF 协议或通过诸如 BGP、BGP-Flow-Spec 或 OpenFlow 等协议进行流更改来完成。

（2）读取网络状态由"读取模式"适配器来实现。这充分考虑到通过诸如 SNMP、NETCONF、OpenFlow、BGP-Link-State、OSPF 链路状态等协议来采集数据。控制器使用通过这些方式采集的数据来对自主控制回路中的应用进行处理，这样会导致通过"写入模式"适配器来改变网络状态。DCAE 功能通过轮询或自动流式传输或基于触发事件按需定期采集数据。

5. API 处理器

网络控制器公开可供服务提供商和客户使用的可编程 API，以支持对网络接入和流服务的控制，以及服务、核心和传输资源的使用。服务设计和创建（SDC）功能将是服务提供商、客户创建和请求服务的接口。网络控制器公开的 API 是网络服务和网络的抽象，因而客户或更高级别应用不需要知道网络实现的细节。根据网络资源和请求的状态，可以实时生成不同的网络实现方案。同样，存在两个独立抽象层、网络服务，然后是网络。每个都是单独进行定义的，以实现当某层发生变化时不会影响另一层的定义。

6. 策略

策略是指导决策的原则或一组规则，通常由客户、网络设计人员或工程师进行定义。策略负责管理正在实例化的服务或网元的资源分配和配置，以便满足服务级别协议（SLA）。策略还规定了在资源过载或故障情况下需要采取的措施。我们将在第 7 章中对其进行详细讨论。

7. 数据采集、分析和事件（DCAE）

网络控制器是一个自优化平台。它使用适配器采集的遥测信息，并确定是否应当更改网络状态，来对服务性能和网络资源利用率进行优化。网络控制器的自优化能力通过网络控制器中存在的本地 DCAE 功能来实现，该功能封装了分析所需的大数据存储和分析功能。

DCAE 功能提供活动与可用清单（A&AI，Active and Available Inventory）功能的参考信息。DCAE 和策略的组合提供给环境、服务或网络流的编排。DCAE、策略、编排和 SDN 控制之间的这一控制回路持续运行，以维护最佳条件下的网络服务和资源。我们将在第 7 章中对其进行更加详细的解释。

6.4.2　软件验证

网络控制器提供的网络控制类型的优势是能够使用网络中的虚拟路由器和交换机将流量划分为"分段"环境或安全区域。在这些环境或区域中，可以对新功能或新软件（如新 NFV）进行安全测试，而不会影响到当前的生产或测试环境。这样就能以受控方式在目标环境中引入、评估和验证新功能或新软件，而无须专用分段基础结构。

6.4.3　高可用性和地理多样性

网络控制器实例的物理位置将会选择在共置服务器的高可用性集群中，每个集群都有一个指定的主节点。为支持地理多样性，通常会将网络控制器实例部署在不同的数据中心。通过数据分片，可将流量转向特定网络控制器集群。碎片会将状态复制到两个或更多个主节点中，这样当碎片所在的主节点发生故障时，将会选择一个新的主节点。分片集群成员将拥有用于检测主节点故障并选择新主节点的协议。

6.4.4　与应用服务控制器的关系

支持主服务编排器调用网络控制器的相同协议也支持应用服务控制器发出请求。例如，VoIP 应用服务控制器可以调用网络控制器来请求用于支持 VoIP 服务的 L3 配置中的变化。

6.4.5　网络控制器之间的联合

可能需要相似类型网络控制器之间的对等交互。两个客户、区域等之间的传输流可能会涉及两个独立的网络控制器集群，具体取决于数据分片的结果。流量一侧的网络控制器可以将请求传送到另一侧的对等网络控制器，从而动态地改变两个域之间的流量。例如，客户可以运行自己的网络控制器，同时可以看到园区和 WAN 网络，并向 AT&T 网络控制器发送请求，以便在客户控制器的指导下更改 WAN 上的流量。

6.4.6　抽象建模

AT&T 的服务组合包括网络连接服务。在功能方面，这些服务包括 L0 ～ L3、L4 服务解决方案；在地理位置方面，这些服务可能跨越数据中心局域网、城域网和广域网，以及复杂的"L4+"的服务（如 VoIP）。为了满足此类产品组合的服务和网络管理要求，SDN 架构中的信息建模方法基于一种新型 3 层抽象设计，而不是通常用于多供应商网络管理的传统单层抽象设计。

（1）网络服务抽象模型描述了呈现给客户应用的网络服务——它独立于为给定客户服务实例实现网络服务而选择的特定网络协议架构和技术解决方案。各种服务模型可以进行级联（"链接在一起"），来为各种服务创建更为丰富的端到端链。通过服务链图来规范合法服务链。

（2）网络服务实现抽象模型描述了用于实现给定网络服务的网络协议架构和技术设计解决方案——它独立于实现方案中使用的供应商特定平台。

（3）网络设备抽象模型描述了给定网络设备支持的一组功能网络构建块功能——它独立于设备供应商的硬件和软件实现方案。

6.4.7　AT&T 网络域特定语言

AT&T 网络域特定语言（ANDSL，AT&T Network Domain-Specific Language）用于指定服务和网络模型处理时的执行逻辑。ANDSL 定义了一组函数或节点的可执行路径，也称为有向图（DG）。沿路径的节点执行函数以获取、更新或释放数据并基于可用数据来执行网络或运营支持系统（OSS）中的功能。数据是服务和网络模型中定义的"叶子"。存在于路径上的函数将随着时间的推移而发生变化，包含如下内容。

（1）*Allocate*——用于从本地或远程清单中分配资源、识别所请求资源的输入值以及对分配哪些资源或分配多少资源的决策产生影响的参数是 *Allocate* 节点的一部分（且来自基于网络和服务数据模型构建的场景存储器）。*Allocate* 函数返回的数据将使用网络数据模型中定义的名称存储在场景存储器和持久性存储器中。

（2）*Set*——用于指定或计算非清单资源的值，但可以基于其他变量或适用的工程规则得到的计算值或算法来确定。

（3）*Block*——用于指示一组节点应当全部成功或全部失败，且如果某个节点发生故障，则将网络状态回滚到执行 *Block* 语句之前的状态。

（4）*Configure*——用于指示应当在某设备上发生的状态变化。*Configure* 函数将指示要使用哪台适配器来执行配置，以及针对请求行为所采取的操作。适配器将基于网络数据模型从场景存储器中提取恰当的数据，并对网络状态进行更改。适配器将使用设备数据模型将网络配置数据映射到供应商特定设备模型上。

（5）*Switch*——条件语句，用于支持有向图中的决策，它由不同逻辑进行处理，具体取决于服务或网络数据模型变量。

（6）*SendMessage*——使用服务模型定义的输出（或错误）来对事件做出响应。

（7）*Test*——用于对网络执行指令和 / 或进行测试。它类似于 *Configure* 函数，但不是一种永久性状态变化。在调用 *Configure* 节点之后，可以使用 *Test* 节点来测试配置是否成功。

（8）*UserDefined*——一种重要的属性是支持服务和网络设计人员创建新节点。该节点支持设计人员将新节点定义为 Java 类，并在拥有节点优化实现方案的引擎之前传递属性。随着时间的推移，更多 *UserDefined* 节点将被拉入 SLI 引擎中以提高效率

```
<service-logic module="vpn" rpc="attach-site">
    <block atomic="false">
        <allocate type="route-target-any" saveAs="$resource-route-target-any" />
        <allocate type="route-target-hub" saveAs="$resource-route-target-hub" />
        <allocate type="route-target-spoke" saveAs="$resource-route-target-spoke" />
        <allocate type="vrf-id" saveAs="$resource-vrf-id" />
        <allocate type="route-distinguisher" saveAs="$resource-route-distinguisher" />
        <allocate type="import-route-target" site-type="$site-type"
                saveAs="$resource-import-route-target" />
        <allocate type="export-route-target" site-type="$site-type"
                saveAs="$resource-export-route-target" />
    </block>
    <block atomic="true">
        <configure adaptor="PE" deviceid="$reserve-equipment-clli" />;
    </block>
</service-logic module="vpn" rpc="attach-site">
```

直接在 XML（可扩展标记语言）中创建有向图是烦琐且容易出错的。人们已经开发了一种基于 Node-RED 的名为 DGBuilder 的图形工具，它可以通过拖放图形环境来创建有向图，从而可以快速创建和编辑有向图。目前，已经开发了以图形或 XML 格式验证、上载和下载有向图的操作，以支持创建有向图的服务。

6.5　YANG 服务模型实例

服务模型通常描述服务的高级数据项以及支持服务实例化和生命周期管理的业务功能。因此，服务模型中的主要数据项是构成北向接口（NBI，North-Bound Interface）的远程过程调用（RPC），以及这些 RPC 的输入和输出数据项。典型的服务将具有创建、更新和删除 RPC 方法，并将相应的"客户可订购"数据作为输入。虽然服务模型只是获取所请求服务的抽象视图，但其他模型将在网络和设备层对资源进行分配、计算或设计，以实现所请求的服务。

服务模型 RPC 还对生命周期管理接口进行修改和删除等处理。但是，网络服务模型无法专门分配或释放资源。网络模型提供了用于解决资源分配或释放问题，以及网络状态应当何时发生变化的映射。这是非常重要的，因为特定 RPC 消息可能只会对数据库清单产生影响，而不会对

网络状态产生影响，或者它可能会同时对二者产生影响。

在下面针对简单 VPN 服务定义的服务模型实例中，存在一种针对"create-vpn"的 RPC，用于分配"vpn"标识符。它没有在实例中显示，但是会存在一种独立的 RPC 来实际"连接"到该 VPN 预先存在的访问连接。由于存在两种访问连接，因而需要多次调用（用于"连接"RPC）来创建 VPN。对于"createvpn"请求，输入是 custID、vpnName 和拓扑，输出只是一个将在后续消息中使用的 vpnId。

当网络模型应用工程规则、分配资源和驱动业务流程 RPC 集（创建、更新、删除）需要的所有输入都得到满足时，服务模型即可完成。

通常，服务模型与网络和设备无关，但包含一些来自于客户的最小数据网络信息集，因为所有客户订购的参数／方案必须在服务模型层进行输入。

服务数据模型最重要的问题之一是，它将用于自动生成表述性状态传递（REST，Representational State Transfer）向 OSS/ONAP 的各类系统北向发送的 REST API，这些系统将 RPC 请求发送到网络控制器。将新参数添加到 YANG 模型并通过编译器将其添加到系统中，能够使其在 NBI 上即加即用，可用于处理事件的逻辑并将如下代码添加至持久性存储器中。

```
module vpn-network {
    namespace "urn:opendaylight:vpn";
     prefix vpn;
     import ietf-inet-types {prefix inet;}
     revision "2014-06-03" {
      description "Example VPN Service Module";
      }


     rpc create-vpn {
      description "Create VPN request";
      input {
       leaf custId{
           type uint32;
       }
      leaf vpnName {
           type string;
      }
      leaf topology {
           type string; // hub&spoke; any-to-any -> could do as ENUM
      }
```

```
  }
  output {
    leaf vpnId {
      type uint32;
    }
  }
}
```

6.6 YANG 网络模型实例

网络模型使用与供应商无关的网络实现方案所需的资源和属性，以增加来自服务请求的数据。它包含确定实现方案所需的资源、资源之间的关系以及它们用于影响网络资源分配的分组方法。例如，在 VPN 情形中，每个 PE 只需分配一次 VRF，因为该 PE 上的所有访问连接可以共享同一 VRF 定义。同样，任意点到任意点 VPN 的路由目标都不需要具备唯一性，但对中心辐射型 VPN 来说，路由目标相对于路由器和转发器必须是唯一的。

网络模型不需要具有 RPC 定义，但需要在服务模型和应用于 RPC 的网络模型之间建立映射。YANG 标准没有定义这种映射，因而人们采用了各种机制。在 AT&T 网络控制器中，使用 YANG 扩展来将容器（将 YANG 模型中的要素进行分组）映射到服务模型 RPC，或者使用定义该映射的独立配置文件。

在下面的实例中，我们拥有一种 "vpn" 容器，适用于服务模型中的 "create-vpn" RPC。在完整的网络模型中，存在另一种 "vpn-pe" 容器，它从服务模型中的 "attach-to-vpn" RPC 消息映射到 RPC。

网络模型的初衷是——特别是网络模型中的容器（如网络功能运行所需的虚拟计算和存储环境）——一旦所有 "叶子" 分配完毕（对于需要分配的每种资源和由此形成的容器来说，以隐秘的方式完成所有工程规则），则可以更改网络状态。在网络控制器中，网络数据模型中 "叶子" 的填充过程是由有向图（DG）逻辑执行的。该逻辑使用网络数据模型中的数据项作为 "场景" 数据存储 Blob 字段，该字段需要填充到正在处理的 RPC 事件消息中。

网络 YANG 模型的优点或作用之一是对数据项进行定义，该数据项将被存储在客户服务的数据仓库中。类库和辅助函数可以基于 YANG 模型自动生成，但从开发周期的角度来看，最重要的问题是 YANG 模型将用于自动生成场景结构和持久性存储结构。

```
module vpn-network {

namespace "urn:opendaylight:vpn";

prefix vpn;

import ietf-inet-types {prefix inet;}
```

```
revision "2014-06-03" {
  description "Example VPN Network Module";
}
container vpn {
    leaf resource-vpn-id {
      type uint32; // <allocate type="vpn-id" saveAs="$vpn-id" />
    }
    leaf cust-id{
      type uint32;
    }
    leaf vpn-name {
      type string;
    }
    leaf topology {
      type string; // hub&spoke; any-to-any -> could do as ENUM
    }
}
container vpn-pe {
    leaf ref-resource-vpn-id {
  type uint32;
    }
    list pe {
  key "equipment-clli";
        leaf equipment-clli {
          type string;
        }
        leaf network-type{
          type string;
        }
        leaf resource-route-target-any {
      type uint32;
          //when topology is any-to-any;
    }
        leaf resource-route-target-hub {
```

```
    type uint32;
        //when topology is hub-and-spoke;
    }
    leaf resource-route-target-spoke {
        type uint32;
        //when topology is hub-and-spoke;
    }
    list vrf {
key "resource-vrf-id";
    leaf resource-vrf-id {
        type uint32;


    leaf resource-route-distinguisher {
        type uint32;
    }
    leaf resource-import-route-target {
type uint32;
}
leaf resource-export-route-target {
    type uint32;
}
list site {
    key "site-id";
    leaf site-id {
        type uint32;
    }
    leaf site-interface {
        type string;
    }
    leaf site-l3-routing {
        type string;
    }
    } //list-site
} //list-vrf
```

```
        } // list-pe
    } // vpn-pe container
} // module vpn-network
```

6.7　网络控制器和编排用例实例：客户请求 VPN 服务

图 6.4（以及相关描述）给出了一种端到端用例，它描述了当客户请求 5 节点 VPN 服务时会出现何种情况。

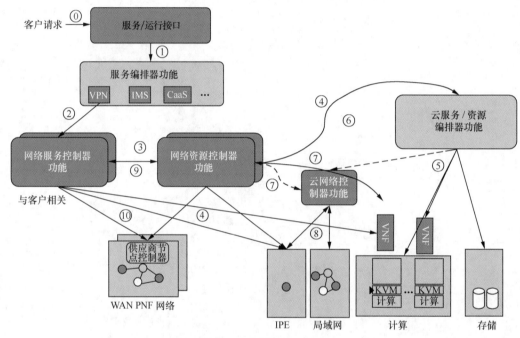

图6.4　客户请求VPN服务

（1）业务支撑系统（BSS）为客户 X 的 5 个 VPN 站点向主编排和管理功能（OMF，Orchestration and Management Function）服务编排提交请求。

（2）OMF 为客户 X 向支持 VPN 的服务控制器（SC，Service Controller）请求 5 个 VPN 站点。

（3）如果网络资源准备就绪，则 VPN 服务控制器（VPN-SC）向网络控制器（NC）发送请求。

（4）网络控制器（NC）配置支持服务的 PNF/VNF。

① 对于 PNF，直接到 WAN PNF 网络中完成配置。

② 对于 VNF，转到基础设施编排和控制（IO&C，Infrastructure Orchestration and Control）来为 VNF 应用创建容器（计算、存储）。

③ 网络控制器使用具体位置与策略向 IO&C 请求 VNF。

④ IO&C 基于 VNF 容器策略来分配计算和存储资源，并加载 / 启动 VNF。

⑤ IO&C 通知网络控制器 VNF 已经安装完毕。

⑥ 网络控制器对 VNF 进行配置，并通知 IO&C 为 VNF 配置 IPE/LAN/OVS。

⑦ IO&C 对智能外围设备（IPE，Intelligent Peripheral Equipment）/LAN/ 开放式虚拟交换机（OVS，Open Virtual Switch）进行配置。

（5）网络控制器通知服务控制器已完成网络配置图。

（6）服务控制器将为 WAN PNF、IPE 和 VNF 配置 VPN 服务（如 VRF）。

6.8　SDN 控制的一些用例实例

6.8.1　带宽时间规划

带宽时间规划的思路是在非高峰需求期间，能够以较低价格提供网络中端点之间的高带宽电路，且在网络需要空闲容量的情况下可能具备特殊条件。在出现 SDN 之前的环境中，实现此类功能以及满足历史流量分析和实时控制操作需求存在一定的问题。SDN 控制器可以"监听"来自网络的遥测信息，并建立跨节点、跨链路的使用历史。SDN 控制器还可以使用 NetConf 或路径计算单元协议（PCEP，Path Computation Element Protocol）信令，通过 MPLS TE 隧道划分或虚拟化网络，来为特殊功能分配路径和带宽。将控制器的这两项功能结合起来并提供带宽时间规划服务变得相对容易。该服务可为两个端点之间的虚拟连接接受"命令"，包含时间、日期、持续时间窗口和速度。如果未来某个时段存在可用容量，则控制器可以接受、调度和存储请求。在确定时隙出现时，SDN 控制器可以跨网络创建虚拟隧道，记录开始时间，并监视整个网络状况。如果在间隔结束时没有发生任何异常，则可以删除虚拟连接并基于使用情况向客户收取费用。如果发生异常，可以根据所购买的服务级别，实时移除虚电路，并将备用容量用于解除网络容量限制。此类服务的提供存在诸多变体，从"按需"服务到过剩容量的重复调度。

6.8.2　流量重定向

流量重定向是用于指定数据分组 N 元组匹配标准和操作行为的一般功能。基本方法是基于策略的目标路由分发的简单理念，通过路由反射器将不同策略发送给网络中的不同源节点。通过改变匹配条件和动作行为可以实现多种服务。

如果匹配标准是源路由器子集的目标 IP 地址，且操作是分组丢失，则该服务可用于分布式拒绝服务（DDoS）保护。如果使用相同的匹配标准但操作行为是设置备用下一跳，则结果可能是 URL 阻止和流量清理。SDN 控制器可以通过多种类型的适配器为匹配操作创建和分发策略：NETCONF 或 CLI、BGP，甚至 OpenFlow。特定的适配器不是必要的，因为 SDN 控制器可以对数据进行管理，将所请求的服务转换为网络和设备配置或信令变化，并在操作过程中监视服务。

6.9　开源 SDN 控制器选择

业界存在多种开源 SDN 控制器，从研究实验到增强型可扩展生产控制器。在为服务提供商选择 SDN 控制器时，应当重点考虑 3 类控制器。它们拥有一些共同的功能，其中任何一类都可能是可接受的选择。但是，基于全局控制、本地控制或嵌入式设备控制的特定需求，特定开源 SDN 控制器可能是正确的选择。

（1）在 AT&T 中，OpenDaylight 用作全局控制器。它具有成熟服务提供商所需的灵活控制器的大部分属性。它还支持多种适配器，因而可以通过公认和新兴的协议（BGP、PCEP、NETCONF 和 OpenFlow）来配置和控制大量物理和虚拟设备。OpenDaylight 的建模功能是任何开源 SDN 控制器中最强大的。基于 YANG 模型的 Java 对象动态绑定使其创建新服务变得更加容易，且非常适用于 NETCONF 设备（采用 YANG 模型）的配置阶段。

（2）在 AT&T 中，OpenContrail 用作本地控制器。由于控制器在计算节点上管理虚拟路由器（vRouter）的独特方法，因而它提供了大规模数据中心可扩展解决方案，用于处理叠加网。它没有与 OpenDaylight 一样好的建模功能，但非常适合叠加网中的服务链。

（3）AT&T 并非直接使用 ONOS，而是定位为最适合商用硅开关控制的嵌入式控制器。在这种模式下，SDN 控制器需要专注于开关控制接口，并通过网络意图等高级抽象来高效管理基于 OpenFlow 的协议。

6.10　进一步研究的主题

在本节中，我们确定并描述了一些需要进一步探讨的主题。

（1）具有遥测滞后的网络闭环控制，从大规模网络中采集的遥测数据存在着可度量的滞后，尚需对大量数据进行分析以确定当前状态以及新状态是否更优。在采集滞后和分析滞后之间，集中式闭环控制可能具有挑战性，且通常在集中式算法已经做出反应后将其置于优化空间中。研究这一问题并确定是否存在更好的算法来管理这两类滞后并提出更加优化的集中式控制回路范式将会是一件非常有趣的事情。

（2）从模型到执行类软件技术。当前，用于定义服务和网络数据结构的 YANG 模型可直接编译为 Java 代码以生成 REST API。研究能够直接在 YANG 模型上运行并省略代码生成步骤的 API 引擎是一件非常有趣的事情。基于模型对 REST RPC 和 RESTCONF GET/PUT/POST/DELETE 操作与 HTTP 服务器进行动态绑定将是另一个从功能开发周期中节省时间和资源的机会。

致谢

笔者要感谢 Margaret Chiosi 对本章内容的贡献。

第 7 章

网络操作系统：VNF 自动化平台

克里斯·赖斯（Chris Rice）和安德烈·富希（Andre Fuetsch）

正如第 2 章所述，网络云充分利用新网络中的云技术、软件控制和网络虚拟化等功能。旨在提供一种新型网络云，同时通过实现大量运营自动化来降低资本和运营支出。

最初，AT&T 开发出一种称为增强型控制、编排、管理和策略（ECOMP，Enhanced Control, Orchestration, Management and Policy）的内部网络操作系统。该平台为网络云环境的设计、创建和生命周期管理提供了独立于产品/服务的功能，它适用于运营商级的实时工作负载，由 8 个软件子系统组成，涵盖两大主要架构框架：用于对平台进行设计、定义和编程的设计时环境；用于执行在设计阶段使用闭环策略驱动的自动化编程逻辑的执行时环境。

2016 年，AT&T 决定通过 Linux 基金会开源 ECOMP，它们相信整个生态系统的受益程度在任何时候都会远超 AT&T 实现专有 ECOMP 平台所带来的任何优势。此外，为了扩展网络云范围，需要在开源中使用诸如 ECOMP 等，从而在其他服务提供商踏上移动网络云的道路时为其助力。Linux 基金会也开展了称为 Open-O 的类似工作，其成员包括中国移动、华为、中国电信、英特尔等。在 Linux 基金会的支持下，ECOMP 和 Open-O 的主要合作伙伴互相配合，协调开源网络自动化领域的工作。这两个项目相互配合，积极为行业提供支持，在 Linux 基金会内创建开放式网络自动化平台（ONAP）。在本书中，ONAP 将用于指代这一软件定义的开源网络自动化平台。

ONAP 等虚拟化网络功能（VNF）自动化软件平台对于服务提供商实现网络云愿景至关重要，通过快速启用新服务支持云消费者和企业服务生态系统的生成，减少资本和运营支出，提高运营效率，进而满足为客户提高网络价值的需求。ONAP 还通过允许客户以近实时方式重新配置其网络、服务和容量来提供增强型客户体验。虽然 ONAP 不直接支持传统物理元素，但它与传统运营支撑系统（OSS）配合使用，以提供跨虚拟和物理元素的无缝客户体验。

考虑到可视化建模和设计，ONAP 通过服务设计和创建（SDC）模块来实现网络敏捷性、弹性并缩短上市时间、增加公司收入和提高网络可扩展性。ONAP 利用架构中每层元数据驱动的重复设计模式，为安全性、可靠性/弹性提供策略驱动的运营管理框架（OMF，Operational Management Framework）。它通过闭环自动化方法来降低资本支出（CapEx，Capital Expenditure），该方法在需要时提供动态容量和连续故障管理，通过 OMF 和应用程序提供的服务、网络、云交付和生命周期管理的实时自动化来提高运营效率。

ONAP 通过将用于组件和工作负载形成、配置、执行和管理的动态策略实施功能组合起来，来提高网络资源的利用率。这些功能内置于 ONAP 中，并能高效利用网络云。在组合使用时，这些功能可以为在生态系统中本地运行的工作负载提供独特的运行和管理功能。随着网络云互操作性标准的发展，它们还将许多这些功能扩展到第三方云生态系统。

多种工作负载是 ONAP 实现方案支持的核心功能。服务设计和创建功能以及策略方案消除了许多通过传统 OSS 执行的手动和长时间运行的流程（如将中断修复大部分转移到计划和构建功能处）。ONAP 通过采用安全 RESTful 应用程序编程接口（API）对 ONAP 服务、事件和数据进行访问控制，来提供外部应用 [OSS / 业务支撑系统（BSS）、客户应用程序和第三方集成]。

7.1 ONAP：逻辑技术架构

为了充分理解 ONAP 逻辑技术架构定义及其归属功能的驱动因素，考虑软件定义网络（SDN）云和网络功能虚拟化（NFV）工作的初始驱动因素是非常有益的。

当网络云研究工作启动之时，人们正在采用云技术，并重点关注信息技术（IT）或企业应用。云技术可动态提供各种应用的工作负载管理功能。云功能主要包括：

（1）商用硬件上的虚拟机（VM）实时实例化；

（2）为 VM 动态分配应用和工作负载；

（3）将应用和相关功能动态移动到不同地理位置的数据中心内和跨越数据中心服务器的不同 VM 上；

（4）动态资源控制机制对于应用来说是可用的（CPU、内存和存储）。

同时，人们围绕以专用设备的形式来实现网络功能虚拟化开展了大量工作：专用硬件和软件（如路由器、防火墙和交换机等）。NFV 专注于将网络设备转变为软件应用。

由 AT&T 主导的广义网络云战略基于 NFV、SDN 和云技术的融合。随着虚拟化网络功能（VNF）以云应用形式运行，网络云充分利用云的上述动态功能来对网络基础架构和服务进行定义、实例化和管理。该战略形成了 ONAP 的定义、架构以及它能提供的能力和功能。该策略还形成了将多种云融合到单一企业云中的云基础架构，它能够与 ONAP 控制的虚拟功能和第三方云进行动态互操作。

在这一新型网络云中，动态云功能可用于应用程序（VNF），从而将云的优势应用于虚拟网元。例如，VNF（如路由器、交换机、防火墙）可以在商用硬件上运行，从一个数据中心动态移动到另一个数据中心（在物理接入约束限制条件内），并对诸如 CPU、内存和存储器等资源进行动态控制。

对 ONAP 架构和 OMF 进行定义是为了实现网络云的服务 / 战略目标，以及对 VNF 和服务的高度动态环境进行管理时面临的全新技术挑战，即诸如网络和服务提供、服务实例化和网元部署等功能都是实时动态发生的软件生态系统。

ONAP 支持新型网络云服务的快速启用。运营支出（OpEx，Operating Expenditure）和资本支出的降低是通过其元数据驱动的服务设计和创建平台及其实时 OMF（一种可提供管理功能实时、策略驱动自动化的框架）来实现的。元数据驱动的服务设计和创建功能支持服务以最少的 IT 开发工作量进行定义，从而有助于降低资本支出。实时 OMF 提供了网络管理功能的关键自动化，支持以自动化方式来检测和纠正问题，从而有助于降低运营支出。

在传统的电信环境中，服务提供商面临的挑战之一是许多网络管理系统（NMS，Network Management System）和网元管理系统（EMS，Element Management System）需要独特的专有接口，这些都会导致集成、启动和运营成本的显著增加，以及该领域的标准化工作进展缓慢。

随着服务提供商行业向新型网络云环境过渡，人们开始有计划地在开源社区中继续贡献和使用代码。这种方法有助于实现包含增量完善的敏捷和迭代标准。在由 ONAP 控制的网络云生态系统中，目标是通过标准化进程快速加载供应商 VNF，然后通过独立于供应商的控制器和标准管理、安全性和应用程序接口来运行这些资源。配置和管理是由模型驱动的，并将在新标准可用时采用这些标准。因此，网络云应当支持开放云标准 [如 OpenStack 和云应用拓扑编排规范（TOSCA，Topology Orchestration Specification for Cloud Applications）等]，并支持云和网络虚拟化行业的倡议和协议 [如 NETCONF、YANG、OpenConfig、网络功能虚拟化开放平台（OPNFV，Open Platform for Network Function Virtualization）等]。随着标准化工作的深入，ONAP 将酌情接纳这些标准。

7.1.1　开放式网络自动化平台

ONAP 为设计、创建和生命周期管理提供独立于产品和服务的功能。ONAP 必须满足诸多要求，以支持这种新型网络云愿景。在诸多要求中，有些要求是支持如下基本原则的关键。

（1）架构将由元数据和策略驱动，以确保功能使用和交付方式灵活多样。

（2）架构应支持采购一流组件。

（3）常用功能一次"开发"，多次"使用"。

（4）核心功能应当支持多种服务。

（5）当需求增加或减少时，架构应支持弹性扩展。

这些功能通过两种主要架构框架来提供：（1）设计时框架，用于对平台进行设计、定义和编程（统一启用）；（2）运行时执行框架，用于执行在设计时框架中编程的逻辑（统一交付和生命周期管理）。图 7.1 所示为 ONAP 框架。

设计时框架是一种集成开发环境，包含用于定义 / 描述网络和服务资产的工具、技术和存储库。设计时框架为重用提供了便利条件，可将资源和服务描述为模型，从而提高效率，尤其是当可供重用的模型越来越多时。资产包括网络云资源、服务和产品的模型。模型包括用于控制行为和过程执行的各种流程规范和策略（如规则集）。ONAP 使用流程规范自动对基于网络云的资源、服务、产品和 ONAP 组件本身的实例化、交付和生命周期管理问题进行排序。设计时框架支持在服务的整个生命周期中开发新功能、增强现有功能和提升运营效率。SDC、策略以及数据采集、分析和事件（DCAE）软件开发工具包（SDK，Software Development Kit）支持操作、安全性、第三方（如供应商）和其他专家持续定义／优化新型采集、分析和策略（包括纠正／补救措施的"配方"），可以使用 ONAP 设计框架门户来访问它们，将某些流程规范（也称为"配方"）和策略在地理上分发到多个使用点，以优化性能，实现网络云环境中自主行为的最大化。

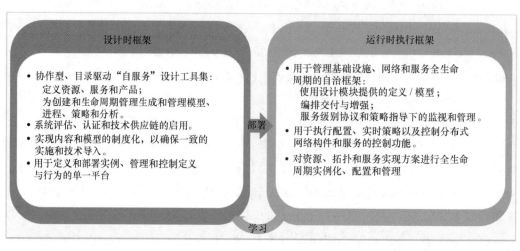

图7.1　ONAP框架

图 7.2 展示了 ONAP 软件的高级视图——它由 8 个独特且不同的子系统构成。这些子系统使用微服务来执行其角色。该平台还提供构建特定行为所需的公共功能（如数据采集、控制回路、元数据配方创建、策略／配方分发等）。要创建服务或运营能力，有必要使用 ONAP 设计框架门户来开发与服务／运行有关的采集、分析和策略（包括纠正／补救措施的"配方"）。

设计时框架的三大主要组成部分是 SDC、策略制订和分析应用程序设计。SDC 是一种包含工具、技术和存储库在内的集成开发环境，用于定义／模拟／认证网络云资产及其相关进程和策略。每种资产可归纳为 4 类资产组之一：资源、服务、产品或报价。策略制订与策略有关，它们是必须提供、维护和／或实施的条件、要求、约束、属性或需求。在较低级别，策略涉及机器可读规则，该规则支持基于触发器或请求采取动作。策略通常会考虑有效的特定条件（当满足条件时触发特定策略，以及选择符合条件的受评估策略的具体结果）。同时，定义数据采集、关键性能指标（KPI）、事件和服务警报的分析也可被定义为设计时框架的一部分。

设计和生成环境通过公共服务和实用程序支持众多不同用户。使用设计工具集、产品和服务设计人员加载／扩展／退出资源、服务、产品和报价。运营、工程师、客户体验经理和安全专家创建工作流、策略和方法，以实现闭环自动化和管理弹性可扩展。

运行时执行框架执行由设计和创建环境分发的规则和策略。它支持在诸如主服务编排器（MSO）、网络和应用控制器、DCAE、A&AI 和安全框架等各种 ONAP 模块之间分发策略实施方法和模板。这些组件方便地使用支持日志记录、访问控制和数据管理的公共服务。

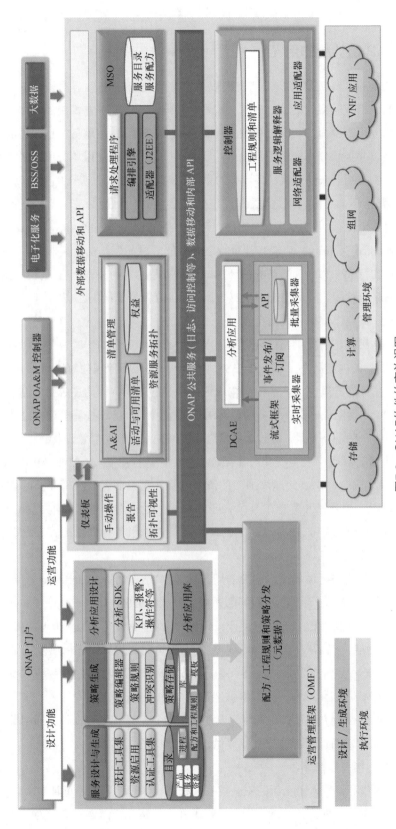

图7.2 ONAP软件的高效视图

7.1.2　ONAP 组件的作用

业务流程是指通过工作流组件执行的流程规范定义的功能。MSO 自动执行按需创建、修改或删除网络所需的 一组或一系列活动、任务、规则和策略，提供了非常高级的工作流编排，以及基础设施、网络和应用范围内的端到端视图。控制器是指与云和网络服务密切相关的应用，可执行配置、实时策略，并控制分布式组件和服务的状态。ONAP 不是使用单一单片机控制层，而是选择使用 3 种不同的控制器来管理执行环境中的资源，该执行环境与其分配的诸如云计算资源（基础设施控制器，通常位于云层内）、网络配置（网络控制器）和应用（应用控制器）等受控域相对应。

DCAE 及其他 ONAP 组件提供故障、配置、计费、性能和安全（FCAPS，Fault Configuration Accounting Performance Security）功能。针对特定服务的"成品"是由特定服务和产品的平台功能创建的。DCAE 支持业务和运营活动的闭环控制以及更高级别的关联，它是支持分析和事件的生态系统组件。它采集性能、使用情况和配置数据；提供分析计算；协助排除故障；发布事件、数据和分析（如发布到策略、编排和数据存储）。

A&AI 是 ONAP 组件，可提供网络云资源、服务、产品和服务的实时视图，以及它们相互之间的关系。A&AI 提供的视图涉及由 ONAP、BSS、OSS 和网络应用管理的数据，以形成"从上到下"的视图，从市场报价到客户购买的产品，到构成这些产品的服务，再到生成用于创造产品的原料所需的资源。A&AI 不仅生成产品、服务和资源的注册表，还维护这些清单项目之间关系的最新视图。为了实现网络云的动态愿景，A&AI 将对这些多维关系进行实时管理。

当控制器在网络云环境中发生变化时，A&AI 会实时进行更新。A&AI 是由元数据驱动的，支持通过 SDC 目录定义来动态、快速添加新的清单项目类型，而无须经历漫长的开发周期。该平台包括实时仪表板、控制器和管理工具，它通过 ONAP 的运营、管理和维护（OA&M）实例来监控和管理所有 ONAP 组件，支持设计工具集加载 ONAP 组件并创建配方，允许策略框架来对 ONAP 自动化进行定义。

ONAP 基于用户角色来提供单一、连续的用户体验（UX，User Experience），并允许在单一生态系统中对角色变化情况进行配置。这种用户体验通常由 ONAP 门户进行管理。ONAP 门户通过基于角色的通用菜单或仪表板来提供对设计、分析和运营控制 / 管理功能的访问。门户网站架构提供基于 Web 的功能，包括应用加载和管理、集中式访问管理、仪表板以及托管应用程序小部件。该门户提供了一种软件开发工具包（SDK），它通过充分利用内置功能（服务 /API/UI 控件）、工具和技术来驱动多个开发团队遵守一致的用户界面（UI）开发规定。

ONAP 门户为所有 ONAP 组件提供通用运营服务，包括活动记录、报告、通用数据层、访问控制、弹性和软件生命周期管理。这些服务提供访问管理和安全实施、数据备份、修复和恢复。它们支持标准化 VNF 接口和指南。

网络云的虚拟操作环境引入了全新的安全挑战和机遇。ONAP 通过在每种 ONAP 组件中嵌入访问控制来提供增强型安全性，并通过分析和策略组件进行扩展，而这些是专为安全隐患检测和缓解而设计的。

7.1.3　欧洲电信标准化协会：NFV 管理和编排以及 ONAP 协调

欧洲电信标准化协会（ETSI）开发了支持 NFV 管理和编排（MANO）的参考架构和规范。ETSI-NFV 架构的主要组件是编排器、VNF 管理器和虚拟化基础设施（VI，Virtualized Infrastructure）管理器。

ONAP 通过包含控制器、数据采集和分析、门户和策略组件扩展了 ETSI MANO 的应用范围。策略在控制和管理各种 VNF 及管理框架的行为方面发挥着重要作用。ONAP 还大大扩展了 ETSI MANO 资源描述的范围，包括用于虚拟环境（基础设施和 VNF）生命周期管理的完整元数据。

ONAP 设计框架用于创建资源 / 服务 / 产品 / 报价定义（与 MANO 一致）、工程规则以及各种操作、策略和流程的配方。元数据驱动的通用 VNF 管理器（ONAP）支持新 VNF 类型的快速启用，这样做不需要经历漫长的开发和集成周期，且对各种 VNF 之间的交叉依赖性进行高效管理是关键。一旦加载了 VNF，就便于设计时框架快速整合到未来的服务中。

正如 NFV MANO 架构方案中所描述的那样，可将 ONAP 视为功能齐全、增强型通用 VNF 管理器，如图 7.3 所示。

此外，ONAP 还包含 MANO 参考架构中 EMS 支持的传统 FCAPS 功能。这对于跨基础设施和 VNF 实现分析驱动的闭环自动化、分析交叉依赖性以及尽快响应问题的根本原因至关重要。要成功实施 ONAP，Ve-Vnfm-vnf 接口（以及 Nf-Vi）至关重要。Ve-Vnfm-vnf 接口有望成为 ETSI 定义的标准接口。ONAP 的方法是记录此类接口的详细规范，以便从各种 VNF 中以标准格式采集丰富的实时数据，并快速与 ONAP 进行集成，而无须长时间的定制开发工作。

7.2　主服务编排器

通常，可将编排视为工作流或进程的定义和执行，以管理任务的完成进度。图形化设计和修改工作流进程的能力是编排过程与过程代码集的标准编译之间的关键区别。编排提供了一种"模板"方法，它充分考虑了适应性，缩短了上市时间，并提供了定义和修改的便捷性，而无须开发人员参与。因此，它是架构灵活性的主要驱动力。通过与策略进行互操作，该组合为灵活进程的定义提供了基础，该流程可由商业和技术策略指导，并由流程设计人员驱动。

整个 ONAP 架构中存在编排，且不应局限于术语"工作流"所隐含的约束条件，因为它通常意味着某种程度的人为干预。在绝大多数情况下，自动化网络云中的编排不会涉及人为干预 / 决策 / 指导。编排中的人为干预通常在设计过程中预先执行，尽管可能存在诸如异常或后果处理等需要干预或替代操作的过程。

为了支持大量编排请求，编排器作为可重用服务被公开。采用这种方法，架构的任何组件都可以请求执行流程"配方"。编排服务能够使用流程"配方"并对其执行直至完成。服务模型维护所有编排活动的一致性和可重用性，并确保工作流执行环境的一致方法、结构和版本控制。

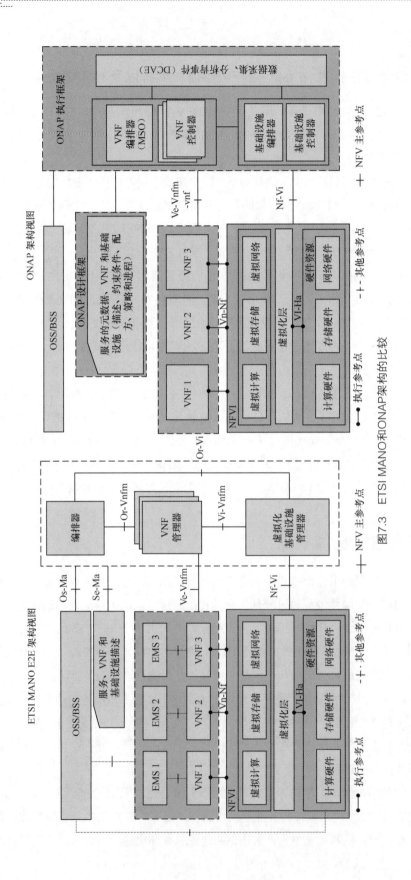

图7.3　ETSI MANO和ONAP架构的比较

编排服务公开了一组通用 API，以提高 ONAP 组件交互的一致性。为了保持整个平台的一致性，编排流程通过标准和定义明确的 API 与其他平台组件或外部系统进行交互。

MSO 的主要功能是实现端到端服务实例配置活动的自动化。MSO 负责实例化 / 发布以及 VNF 的迁移 / 重定位，以支持端到端服务的实例化、运营和管理。

MSO 执行定义明确的过程以实现其目标，且通常由接收其他 ONAP 组件或 BSS 层中订单生命周期管理生成的"服务请求"来触发。编排"配方"是从 ONAP 的 SDC 组件处获得的，其中所有服务设计都被创建并公开 / 分发以供消费之用。

控制器（基础设施、网络和应用）参与服务实例化，且是持续服务管理的主要参与者，如控制回路动作、服务迁移 / 扩展、服务配置和服务管理活动。每个控制器实例都支持某种形式的编排，以管理其范围内的操作。

图 7.4 说明了在两个主要领域使用编排：MSO 中包含的服务编排和基础设施、应用和网络控制器中包含的服务控制。它描述了网络云中采用编排、网络服务和网络基础设施的两大主要域。虽然域的目标和范围各不相同，但它们都遵循一致的模型来定义和执行编排活动。

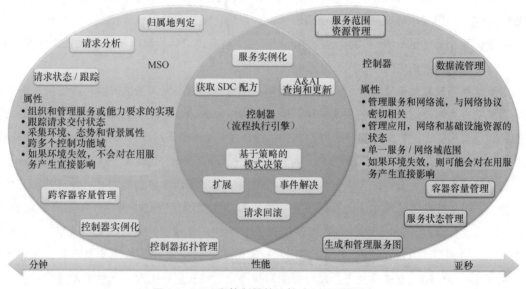

图7.4　MSO和控制器的比较（ONAP视图）

根据网络问题涉及的范围，MSO 可以委托（或由控制器来承担）上面明确的一些活动。MSO 的职责是对编排进行顶层管理，并为在底层控制器中进行的编排提供便利。它还在控制器之间编组数据，使其具有"流程步骤"和所有"成分"，以完成各自配方的执行。对于新服务来说，这可能会涉及现有控制器的服务配置和识别的确定问题，这些控制器满足服务请求参数且具有所需容量。如果现有控制器（基础设施、网络或应用）不存在或不具备足够容量，则 MSO 将获得用于对新控制器进行实例化的配方。在该控制器下，可以配置所请求的服务。

SDC 是 ONAP 的模块，它定义了编排流程。这些流程将从一个可能包括诸如归属地判定，基础设施、网络和应用控制器选择，策略和 A&AI 查询等常见功能的模板开始，以获取指导流程所需的信息。无论该请求是客户订单还是现有服务的服务调整 / 配置更新，MSO 都不提供任何基于流程的功能及所请求活动的配方。

MSO 将查询 A&AI 以获取与现有网络和应用控制器有关的信息来支持服务请求。A&AI 将提供能够支持服务请求的备用控制器地址。然后，MSO 可以询问控制器以验证其持续的可用容量。在后续运营中使用的服务请求完成时，MSO 和控制器将参考信息报告给 A&AI。

7.3 服务设计和创建（SDC）环境

7.3.1 元数据驱动的设计时和运行时执行

通常，可将元数据描述为"关于数据的数据"，它是用于处理抽象和方法的关键架构概念。元数据表示包含产品、服务和资源在内的虚拟化元素的结构和运营问题，如在正式定义的模型空间内的逻辑对象所表达的那样。这些对象的属性及其相互关系体现了与实际的建模元素相对应的语义。建模过程抽象出共同特征和内部行为，以便提升架构一致性和运营效率。设计人员能够以一致的方式来使用和扩展底层元素的逻辑表示，并由运行时执行框架统一使用。可以使用工具来持续维护模型空间中的元素与实际元素之间的对应关系，该工具能够解析依赖关系，处理异常，并能根据与建模元素相关的元数据来推断所需的动作。

虚拟化网络架构的主要优势之一是显著缩短从服务概念到市场部署的时间。基于特定服务实施的需求将成为实现这一目标的主要障碍。因此，网络服务运营商必须通过由服务相关元数据填充的公共（与服务无关）操作支持模型驱动的执行环境，来管理其网络云和按需服务。与此同时，这些支持系统将通过使用元数据驱动的、基于事件的控制回路来提供高水平的服务管理自动化。

通过提供仅修改元数据而无须对代码进行任何改动来支持新服务的能力，这种方法拥有另一种优势：降低支持系统的成本。此外，所有被提供服务的通用运营支持模型，加上高度自动化，降低了运营支持成本（OpEx）。ONAP 通过在 SDC 中集中创建规则、分析定义和策略，在其网络云中实现元数据驱动方法。所有 ONAP 应用和控制器都将从 SDC 中提取用于管理其行为的元数据。实现元数据驱动的方法需要在开发过程中对整个企业范式进行更改。它要求就整个业务（如产品开发）的整体元数据模型达成预先协议，并且要求软件开发人员为 ONAP、BSS、OSS 和网络云编写代码。该协议是一项行为合约，它支持详细的业务分析和软件构建并行运行。软件开发团队专注于在运行时自动化的通用操作框架内构建独立于服务的软件，而业务团队可以通过定义元数据模型来为执行环境提供支持，从而专注于满足业务需求的独特特征。元数据模型的内容本身是设计时和运行时执行框架之间的黏合剂，结果是与服务有关的元数据模型可驱动运行时执行所需的公共服务独立软件。

元数据模型通过设计环境进行管理，该环境可通过第三方资源加载、服务创建、验证和分发来指导诸多设计人员。SDC 元数据模型的模块化特性提供了可在未来服务中重用的模式目录。这提供了丰富的正向工程方法，可以将资源功能快速扩展到可管理服务和可销售产品，进一步实现缩短上市时间的优势。

SDC 是支持元数据模型设计的 ONAP 组件，存在诸多不同元数据模型，用于满足不同业务和技术领域的需求。SDC 集成了支持多种类型数据输入的各种工具 [如 YANG、HEAT、TOSCA、YAML（YAML 不是一种标记语言）、业务流程建模与标注（BPMN，Business Process Modeling Notation）/ 业务流程执行语言（BPEL，Business Process Execution Language）等]。它自动形成此元数据格式以驱动端到端的运行时执行。SDC 为资源、服务、产品和服务开发生命周期中的元数据模型设计、测试、认证、版本控制和分发提供了一种密切协作的环境。

在 SDC 中，资源元数据是在网络云基础设施和配置数据属性的描述中创建的，用于支持该网络云上的服务实现。之后，资源元数据描述成为构建块池，它们可以在开发服务中进行组合，组合得到的服务模型最终形成产品。

除了对象本身的描述之外，使用 SDC 中的元数据模型为对象的管理需求建模几乎可以应用于所有商业和操作功能。例如，通过定义一组相关资源的运行时会话管理的规则，以及由特定类型资源提供的服务签名，元数据可用于描述从资源属性到关系表的映射。这些规则构成可用于控制软件功能基础行为的策略定义。另一个实例是将工作流程步骤描述为元数据中的进程，ONAP 业务流程可以使用该进程来满足客户服务请求。

网络云策略是一类元数据，最终的数目将会非常大，并支持多种用途。集中创建和管理策略，以便所有简单和复杂的策略操作可以轻松实现可视化并得到理解，且在使用前进行正确的验证。一旦通过验证并纠正任何冲突，就可以精确地将策略分配到许多使用点 / 执行点。策略所采取的决策和行动是分布式的，但仍然是 ONAP 策略组件的一部分。采用这种方式，组件在需要时可以使用这些策略，从而实现对中央策略引擎 / 策略决定点（PDP，Policy Decision Point）或策略分发的实时请求的最小化。这可以提高可扩展性并降低时延。

SDC 与策略制订密切相关。策略由诸多用户组（如服务设计人员、安全人员和操作人员等）创建。可采用各种技术来验证新创建的策略，协助识别和解决与先前已有策略的潜在冲突。接着，将通过验证的策略存储在存储库中。然后，采用两种方式来分发策略：（1）与服务相关的策略最初与配方（通过 SDC 创建）同步进行分发，如用于服务实例化；（2）其他策略（如一些安全性和运营策略）与特定服务无关，因而可以独立进行分发。在任何情况下，策略都可以按需随时进行更新。

SDC 使用一套"工具集"来设计、认证和分发标准化模型，包括模型内部和模型之间的关系。从自下而上的角度来看，SDC 为诸如构建块之类的板载资源提供工具，并使其可用于企业范围内的组合。从自上而下的角度来看，SDC 支持产品经理使用 SDC 目录中的现有服务 / 资源来生成新产品，或从内部 / 外部开发人员那里获得新的资源功能。ONAP 中的 SDC 设计工具集如图 7.5 所示。

SDC 设计工具集包括用于网络云资产加载、迭代建模和验证的门户和后端工具。设计工具集包括一组基本模型模板。每个项目可以使用其他参数、参数值范围和验证规则对模型模板进行深度配置和扩展。设计工具集图形用户界面（GUI，Graphical User Interface）（作为下拉菜单或基于

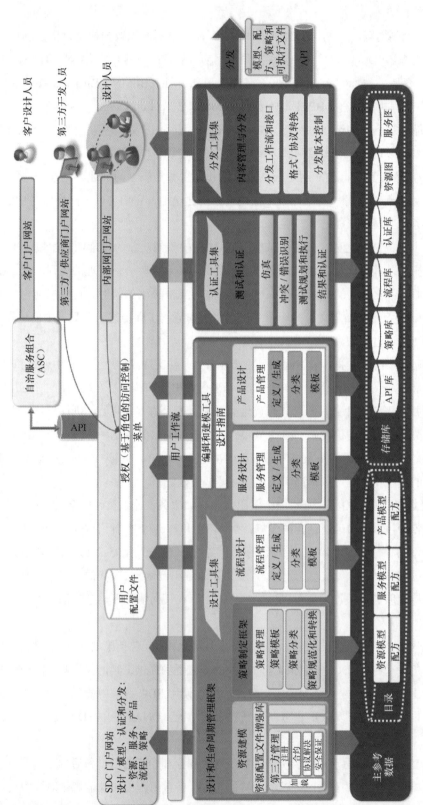

图7.5　ONAP中的SDC设计工具集

规则的验证）使用配置的特定项目模板来对设计进行验证。这样可以确保模型包含基于模型类型和项目需求在内的必要信息和有效值。

SDC 提供对建模工具的访问功能，这些工具可用于创建将由各种网络云组件使用的可执行流程定义。可以使用标准流程建模工具（如 BPMN 工具）来创建流程。创建的流程存储在流程存储库中，且目录中的资产模型可以引用这些流程。

主参考目录中的模型可以由分发工具集转换为任何行业标准或所需的专有格式。在 MSO 收到执行此操作的请求之前，建模过程不会导致运行时环境中的任何实例化。

SDC 将与第三方供应商集成，基于软件资产的加载、配置、分析和编目以及作为设计工具集一部分的权益和许可模型的需求来利用其管理功能模型。

7.3.2　SDC 数据存储库

SDC 数据存储库用于维护设计工件并向设计人员、测试人员和分销商公开内容。SDC 数据存储库包括如下内容。

（1）主参考目录是设计模型的数据存储，包括资源、服务和产品，各资产项之间的关系，以及它们对流程和策略存储库的引用。

（2）流程存储库是已设计流程的数据存储。

（3）策略存储库是已设计策略的数据存储。

（4）资源图是包含资源可执行文件的数据存储。

（5）服务图是包含服务可执行文件的数据存储。

（6）认证库是测试工件的数据存储。

7.3.3　认证工具集

SDC 为认证工具集提供了自动化仿真和测试工具的扩展使用，以及对共享虚拟化测试沙箱的访问。模型驱动的测试方法可以降低总体部署成本和复杂性，缩短周期时间。该工具集提供如下功能。

（1）支持基于测试而非专用实验室环境需求来重用和重新分配硬件资源。

（2）在需要时，使用生产和测试组件组合以及标准化和自动化运营框架来支持各种规模的测试环境实例化。

（3）通过部署仿真 / 建模行为、冲突和错误识别、测试规划和执行以及结果 / 认证，从设计开始就提供自动化测试工具的扩展使用。

7.3.4　分发工具集

模型以独立于内部技术的格式存储，为用户选择使用数据执行引擎提供了更高的灵活性。在模型驱动的基于软件的体系结构中，控制模型数据和软件可执行文件的分发至关重要。该工具集提供了一种灵活可审计的机制，用于在需要时进行格式化和转换，并将模型分发给各种网络云组件。

通过验证的模型从设计时环境分发给运行时存储库。运行时分发组件支持两种访问模式：（1）可以在需要之前使用模型，将模型发送给组件；（2）运行时组件可以实时访问模型，该分发过程是智能的，因而每个功能实体可以自动接收或访问仅与其需求和范围相匹配的特定模型组件。

7.4 软件定义控制器

7.4.1 应用、网络和基础设施控制器编排

如前所述，编排是通过各种组件（主要是 MSO、应用、网络和基础设施控制器）在整个 ONAP 架构中执行的。每种组件都将执行以下一项或多项编排。

（1）服务交付或对现有服务的更改。

（2）服务扩展、优化或迁移。

（3）控制器实例化。

（4）容量管理。

无论编排的重点是什么，所有配方都将包括使用配置信息、标识符和 IP 地址来更新 A&AI 的需求。

7.4.2 基础设施控制器编排

与 MSO 一样，控制器将从 SDC 获取其编排流程和有效载荷（模板／模型）。对于服务实例化来说，MSO 对整体端到端职责进行维护，以确保请求完成。作为端到端职责的一部分，MSO 将选择适当的控制器（基础设施、网络和应用）来执行请求。由于服务请求通常包括一种或多种资源，因而 MSO 将请求合适的控制器来获取用于在所请求控制器范围内实例化资源的配方。在服务配置确定后，MSO 可以根据正在进行实例化的服务的广度以及是否可以使用所请求服务的现有实例来请求在一个或多个位置创建虚拟机（VM）。如果需要新的 VM 资源，MSO 会将请求发送给位于特定网络云位置的基础设施控制器。接收到请求后，基础设施控制器可以从 SDC 获取其资源配方。然后，基础设施控制器将开始对请求进行编排。对于基础设施控制器，这通常涉及执行 OpenStack 请求以创建 VM 和将虚拟功能（VF）软件加载到新的 VM 容器中。资源配方将定义 VM 的规模，包括计算、存储和内存。如果资源级配方需要多台 VM，则 MSO 将重复该过程，请求每台基础设施控制器启动一台或多台 VM 并加载适当的 VF 同样由基础设施控制器的资源配方来驱动。当基础设施控制器完成请求时，它将虚拟资源标识符（VRID，Virtual Resource Identifier）和访问信息传回 MSO，并提供给网络和应用控制器。在此过程中，MSO 将标识符信息写入 A&AI，以便进行清单跟踪。

7.4.3 网络控制器编排

网络控制器的构建和操作方式与应用和基础设施控制器相同。新服务请求将与用于实例化该

服务的整体配方相关联。MSO 将从 A&AI 获取兼容的网络控制器信息，并反过来请求执行 LAN 或 WAN 连接和配置。这可以通过请求网络控制器从 SDC 获得其资源配方来完成。MSO 负责请求组件之间的（虚拟）网络连接，并确保所选网络控制器成功完成网络配置工作流程。服务可能具有 LAN、WAN 和访问要求，每条要求都将包含在配方中，并进行配置以满足每个级别的实例的特定客户或服务的要求。在请求 MSO 对服务进行实例化之前，可能需要在传统供应系统中提供物理接入。

7.4.4　应用控制器编排

MSO 还将请求应用控制器从 SDC 处获取服务配方的应用相关组件，并执行编排工作流程。MSO 继续负责确保应用控制器成功完成配方定义的资源配置过程。与基础设施和网络控制器一样，无论是专注于实例化、配置，还是专注于扩展，所有工作流程都将从 SDC 获取或源自 SDC。此外，工作流程还会将其活动报告给 A&AI 和 MSO。

需要注意的是，并非所有网络或服务行为的变化都是编排的结果。例如，应用 VF 可以通过更改与控制器活动关联的规则或策略来改变网络行为。这些策略变化可以引起服务行为的动态变化。

7.5　门户网站、报告、GUI 和仪表板功能

SDN 和虚拟化网络功能（VNF）正在改变网络和服务的设计和使用方式。想象一下，它们能够对设计、测试和部署虚拟化服务按需进行访问，并拥有实时配置、管理和治理虚拟化服务的能力。ONAP 软件是实现这一愿景的 VNF 自动化平台，且 ONAP 门户是用于管理这些虚拟化网络和服务的访问渠道。

ONAP 门户为 ONAP 内所有应用提供基于 Web 的统一界面，可以将门户视为一种各类 ONAP 应用"插入"的控制面板或框架，它对门户用户是透明的。

如图 7.6 所示，ONAP 门户为诸多不同的社区提供服务：那些治理、管理和配置网络的人；那些运营和监控网络的人，甚至是通过网络使用门户网站进行自助服务的最终用户。它为 ONAP 应用用户提供了统一的界面，同时它将这些应用的开发人员解放出来，使其不必担心其他应用。由于存在诸多不同类型的用户，且他们具有不同的需求、特权和职责，因而门户网站会根据使用者身份进行自我调整，只展示允许特定用户访问的功能和应用。

实际上，ONAP 门户网站不仅仅是一种框架或控制面板，它还是一种软件工具包。使用该工具包，人们可以轻松创建 ONAP 应用。采用行业标准的开源软件——Java、通用关系数据库、现代 JavaScript 框架——这是大多数开发人员所理解的全部工具和语言。人们支持以一致的数字体验来开发基于 Web 的应用。

如图 7.7 所示，该门户网站及其软件开发工具包负责提供任何基于 Web 的 ONAP 应用所需的许多功能，从而减轻应用程序开发人员创建这些功能时的负担。这些功能包括单点登录认证、基

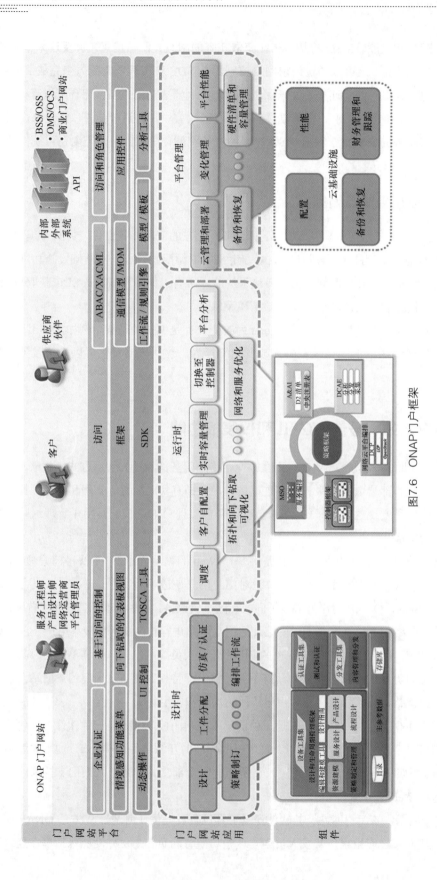

图7.6　ONAP门户框架

于角色的授权、安全功能、所需的日志和审计、仪表板功能。对于新构建的应用，该工具包提供了许多开发人员可能希望用于构建其应用的潜在功能，如分析和报告引擎、可视化和映射工具 [图形信息系统（GIS，Graphical Information System）]、工作流和规则引擎、网络仿真、聊天 / 视频聊天 / 屏幕共享等。当然，并不是每种应用都需要工具包中的每个组件，但这些软件组件在许多应用中都是非常有益的，它们已在创建 Web 应用中得到强化，已实现了现代化，并集成到 ONAP门户工具包中供开发人员使用。

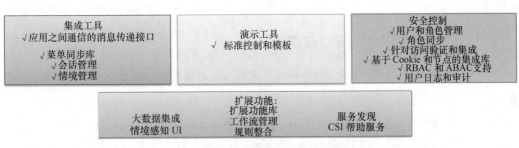

图7.7　ONAP门户软件开发工具包

我们创建 ONAP 门户的目标之一是使应用加载流程（通过门户网站来访问应用）尽可能顺畅轻松。现有成熟应用（甚至是所需的第三方应用）可以作为插件快速集成到控制面板中。随着时间的推移，可以根据业务需求来提升应用与门户的集成级别。

虽然 ONAP 门户可用作控制面板，但插入门户的 ONAP 应用本身并非由门户托管。这使应用开发人员可以独立、自由地工作，消除开发瓶颈，同时为门户用户提供无缝体验。

总而言之，ONAP 门户克服了需要开发、加载的应用和功能面临的高增长挑战。它使用一种灵活的架构，提供各种信息、工具、应用程序和仪表板。通过采用单一机制以及瘦客户端、设备无关、基于浏览器的 Web 门户系统，授权用户可以在网络云上配置、管理和治理虚拟化网络和服务功能。虽然这是一项挑战，但它既是 ONAP 门户架构获得成功的标准，又是大规模应用、功能和用户体验标准化的机会。

7.6　数据采集、分析和事件

在虚拟化网络云愿景中，各功能层的虚拟化功能有望以高度动态的方式进行实例化，这要求具备提供对来自虚拟化资源（如 ONAP 应用）的可操作事件以及来自客户、合作伙伴和其他服务提供商的请求进行实时响应的能力。为了设计、规划这些动态服务并为其提供计费和安全保障，ONAP 框架内的 DCAE 从虚拟基础设施（VI）处采集关键性能、使用情况、遥测数据和事件。通过这种做法，它可以计算各种分析结果，并根据观察到的任何异常或重大事件来采取适当的行动。这些事件包括导致资源扩展、配置更改、其他活动的应用事件以及需要修复的故障和性能降级事件。采集的数据和计算出的分析数据被存储，以保证持久性，并由其他应用程序用于商业和运营（如计费和票务）。更为重要的是，DCAE 必须实时执行这些功能。此组件预期的关键设计模式之一是实现如下功能：

"采集数据→分析和关联→检测异常→发布行动需求"

该模式将采用各种形式并在多个层（如基础设施层、网络层和服务层）上实现。一次性采集的数据可供多个应用（网络运营商、供应商、合作伙伴和其他人）消费和使用。支持各种运营和业务功能的应用是 DCAE 提供的数据和事件的主要消费者。DCAE 是一种开放的分析框架，允许网络运营商扩展和增强其功能，改变行为和修改规模，支持各种虚拟化网络功能随着时间的推移而不断演进。

7.6.1 DCAE 的四大主要组成部分

（1）分析框架——一种数据开发和处理平台，具有微服务目录——独立的、支持策略的基本分析功能，该功能支持结构化和非结构化数据处理。

（2）采集框架——一组支持虚拟化网络、设备和基础设施数据的流式批量采集器。

（3）数据分发总线——支持 DCAE 和 ONAP 内的不同组件发布和订阅数据，以及从下行网络边缘移动数据进行处理。

（4）持久性存储框架——一种用于短期消费和长期消费的数据存储平台。

除了这四大组成部分之外，DCAE 还有一台编排器和一组控制器，用于管理数据总线和微服务，并解释不同的服务设计和工作流程。

DCAE 通常称为"开放式 DCAE"，它采用的是开源思想。如图 7.8 所示，它促进了数据市场以及一系列基于微服务的采集器和分析功能的发展。采用这种方法，可以创建一种安全的生态系统。在这一生态系统中，开发人员、第三方提供商、数据科学家和工程师都可以为该平台做贡献。该平台还支持 3 个位置的分析、采集、策略启用、计算和存储：边缘、中心站点（站点处存在区域性云分区）以及网络核心（批处理模式处理启用的地方）。可以对计算、数据分发和存储资源进行优化，以实现理想的规模、性能、可靠性和成本效率。

开放式 DCAE 支持新一代智能服务。通过从网络云边缘获取数据，可以安全有效地分析数据，以识别和消除潜在安全威胁。通过从支持虚拟防火墙和路由器的虚拟机（VM）获取数据，可以应用机器学习和高级分析方法来执行闭环自动化（自动识别和排除故障）。这些操作可能包括将流量转移到新虚拟机或在非高峰时段重启这些机器。

开放式 DCAE 开发存在如下一些关键技术挑战。

（1）处理和管理异构大规模数据的可扩展性和移动问题，这些数据既包括结构化数据，又包括非结构化数据；既包括消息，又包括事件和文件。

（2）微服务的开发、认证和自动加载。通常情况下，这些功能可通过不同环境、团队、语言和样式进行开发，这意味着自动化加载和认证必须保持一致。

（3）通过在网络边缘、中央和 / 或核心合成采集器和分析微服务来优化和编排服务，以实现效率、成本效益、安全性和可靠性。

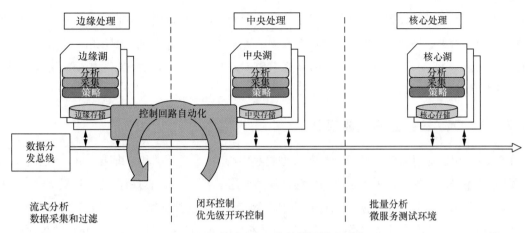

图7.8 开放式DCAE和控制回路自动化

7.6.2 DCAE 的平台方法

为实现 DCAE 的目标，采用平台方法是非常必要的。这里，平台概念是 DCAE 功能的参考指标，这些功能有助于定义如何在 DCAE 中采集、移动、存储和分析数据。然后，这些功能可用作实现多种应用的基础，而这些应用可满足不同社区的需求。图 7.9 给出了 DCAE 平台的功能架构，它可在 ONAP/DCAE 环境中支持分析应用。

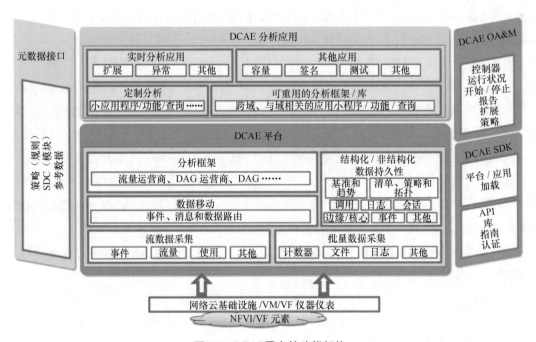

图7.9 DCAE平台的功能架构

如图 7.9 所示，DCAE 平台需要一种拥有已得到充分验证的功能和工具包的开发环境，这些功能和工具包支持平台组件和应用的开发和加载。DCAE 平台和应用依赖于底层云基础设施提供的强大工具以及该基础设施中存在的各种虚拟和物理元素，以实现对基础设施资源进行弹性管理所需的采集、处理、移动和分析。此外，它依赖于与关键 ONAP 组件的顽健接口，这些接口用于管理托管元素（A&AI）、规则（策略）和模板（SDC）的参考信息，而这些参数信息可管理托管元素的行为和 ONAP 响应。

7.6.3　DCAE 平台的组成部分

DCAE 平台由通用采集框架、数据移动、边缘和中心湖、分析框架和分析应用组成，描述如下。

（1）通用采集框架——采集层提供采集云基础设施中可用工具信息所需的各种采集器。数据采集范围包括云基础设施中的所有物理和虚拟元素（计算、存储和网络）。数据采集包括监视托管环境运行状况所需的事件数据类型、计算资源弹性管理所需的关键性能和容量指标的数据类型、检测网络和服务条件等所需的细粒度数据类型（如流量、会话和调用记录）。这种数据采集既支持实时流式传输，又支持批量数据采集方法。

（2）数据移动——该部分有利于实现各种发布者和感兴趣的订阅者之间的消息和数据移动。作为 DCAE 中的关键，数据移动也是支持数据在各种 ONAP 组件之间移动的组件。

（3）边缘和中心湖——DCAE 需要支持各种应用和用例，从具有严格时延要求的实时应用，到需要处理一系列非结构化和结构化数据的其他分析应用。DCAE 存储湖需要支持所有这些需求，且必须采用在新存储技术可用时组合使用的方式实现。这将通过 API 来封装数据访问并实现特定技术实现方案的应用知识最小化来完成。虽然 DCAE 边缘层存储有详细数据用于详细分析和故障排除，但应用应通过确保仅向核心数据湖传播所需数据（缩减、转换、聚合等）用于其他分析目的来优化宝贵带宽和存储资源的使用。

（4）分析框架——分析框架是一种支持实时应用开发的环境（如分析、异常检测、容量监控、拥塞监控、警报关联等）以及其他非实时应用（如分析、转发合成 / 聚合 / 转换数据到大数据存储和应用），旨在构建支持来自各开发人员灵活地引入应用程序的环境。该框架应支持处理实时数据流以及通过传统批处理方法采集数据的能力。该框架应当支持开发人员对处理来自多个流和源的数据的应用程序进行组合使用。分析应用程序由各种企业开发，而它们都是在 DCAE 框架内运行的，并由 DCAE 控制器进行管理。这些应用程序是由广泛社区开发的微服务，并遵守 ONAP 框架标准。

（5）分析应用——下面提供了一些应用类型实例，它们可在 DCAE 上构建并依赖于 DCAE 来及时收集详细数据和事件：

① 分析——这些分析将是处理所采集数据并得到有用指标或分析结果以供其他应用或操作使用的最常见应用。分析既包括计算使用率、利用率、时延等非常简单的分析（来自于单一数据源），又包括基于采集的不同的源数据来检测特定条件等非常复杂的分析。分析既可以是用于调整资源的能力指标，又可以是指向需要响应的异常情况的性能指标。

② 故障 / 事件关联——这是一种关键应用，用于处理由托管资源或检测特定条件的其他应用发布的事件和阈值。基于所定义的规则、策略、已知签名以及与网络或服务行为有关的其他知识，

该应用将确定各种条件的根本原因，并通知感兴趣的应用和操作。

③ 性能监视和可视化——此类应用为网络和服务条件操作通知提供了一个窗口。通知可能包括基于感兴趣操作的各种维度的中断和受影响的服务或客户。它们提供了视觉辅助工具，既包括地理仪表板、虚拟信息模型浏览器、向下钻取工具，又包括特定服务或客户影响。

④ 容量规划——此类应用为规划人员和工程师提供了基于观测需求来调整预测结果，以及与计划相关的各级容量增量的能力。例如，云基础设施级别（技术工厂、机架、集群等）；网络级（带宽、电路等）；服务或客户级。

⑤ 测试和故障排除——此类应用为操作提供了测试和故障排除特定条件的工具。它们既包括用于测试目的的简单运行状况检查，又包括用于故障排除目的的复杂服务仿真。在这两种情况下，DCAE 都具备采集所做运行状况检查和测试结果的能力。这些检查和测试可以按计划或按需持续进行。

⑥ 其他——上述应用并非十分详尽，DCAE 的开放式架构将适用于对各种来源和提供商提供的不同应用功能进行集成。

7.7　策略引擎

ONAP 负责虚拟化网络功能（VNF）设计、创建、部署和生命周期管理，其目标之一是以灵活、动态、元数据和策略驱动的方式实现让用户动态控制 ONAP 的行为而无须对系统软件进行更改。ONAP 的策略组件支持用户对策略进行表达、解释和评估，然后将其传递给其他 ONAP 组件或网元来执行。

ONAP 策略获取服务提供商的网络运营、安全和管理情报，包括与服务提供商如何管理网络和服务相关的专业领域知识。ONAP 的目标之一是通过控制回路实现基于网络的服务（包括故障、性能和服务管理）生命周期自动化。控制回路定义了如何自动（闭环控制）或通过手动解决方案来检测、隔离和消除 VM、VNF 和服务缺陷。例如，控制回路策略可以规定某台 VM 是否已关闭或没有响应（它正在显示的签名），然后需要重新启动虚拟机（所需的响应）。在 ONAP 中，将用于定义控制回路的签名和响应指定为策略，这些策略可获取与将要启用的自动化相关的运行域知识。

策略监督 ONAP 行为的各个方面，主要包括如下内容。

（1）服务设计——例如，关于将 VNF 配置在何处的约束条件。

（2）VNF 变化管理——例如，应如何跨越 VNF 调度软件部署以及应执行哪些运行状况检查来对验证变化。

（3）ONAP 的行为管理——例如，ONAP 应何时采集数据、如何采集数据，以及 ONAP 应将这些数据保存多长时间。

图 7.10 为 ONAP 策略框架，包括如下模块。

（1）策略创建：支持服务设计人员和网络运营商通过用户界面和 API 来指定策略。

（2）策略评估：被动（响应查询）或主动（评估策略并触发操作）评估 / 执行适用的策略。

（3）策略决定分发：在与其他 ONAP 组件相邻的分布式策略元素中分发要执行的策略决定。

（4）策略验证：对策略进行验证，旨在通过设计将不良策略引入 ONAP 的风险降至最低。

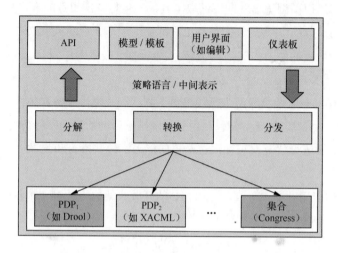

图7.10　ONAP策略框架

业界存在诸多策略引擎技术，涉及不同类型的策略。例如，可扩展访问控制标记语言（XACML）支持访问控制，而 Drools 支持业务策略的构建、维护和实施。鉴于 ONAP 策略需求的多样性，ONAP 策略框架使用多种策略引擎。但是，支持各种策略引擎需要将这些策略分解，并从公共策略创建层分发到不同策略引擎，进而在整个过程中提供对策略引擎特定语言的翻译。

ONAP 的高级自动化有助于提高运营效率，使对网络和服务条件的响应更快、更连续。然而，伴随自动化而来的是风险增大。因此，策略框架使用一系列技术来确保"安全策略"——最大限度地降低与引入策略相关的风险，该策略用于管理 ONAP 所支持的自动化。在现场部署之前，ONAP 使用高级分析来验证各个策略和策略组合。其他机制支持策略能够以受控方式安全地引入系统，且可以淘汰过期策略。在运行时，"护栏"限制了不适合的策略的潜在影响。例如，"护栏"可以防止过多 VNF 一次性停用，这将影响网络承载流量的能力。

策略框架授权运营商和设计人员对 ONAP 的行为进行控制。但是，ONAP 策略中获取的领域知识通常在许多网络运营商和工程师之间进行分发，这使知识的整理成为一项挑战性任务。通过协助服务提供商自动学习策略，机器学习技术得到了重视。在控制回路的情况下，机器学习支持签名和响应的自动获取。

该策略平台在实现闭环自动化和生命周期管理的网络云愿景中发挥着重要作用。策略平台的主要目标是使用现场可配置的策略 / 规则来控制 / 影响 / 修改整个网络云环境（NFV 基础设施、VNF、ONAP 等）的行为，而不需要经历漫长的开发周期。从概念上讲，"策略"是一种用于约束和 / 或影响功能和系统行为的智能方法。策略支持通过抽象对复杂机制进行更加简单的管理 /控制，将高级目标、系列技术、体系结构以及支持性方法 / 模式结合使用，策略建立在易于更新的条件规则上，这些条件规则以各种方式实现，这样可以按需快速更改策略和由此导致的行为。

策略可用于控制、影响和确保符合目标。

从特定网络云策略意义上说，可以在更高级别上定义"策略"以创建必须提供、维护和实施的条件、要求、约束或需求。策略也可以在较低级别或"功能"级上定义"策略"，如机器可读规则或软件条件/结论，它支持基于触发器或与当时所选特定条件相关的请求来采取动作。这包括 XACML 策略和 Drool 策略等。较低级别的策略也可以体现在诸如 YANG、TOSCA 等模型中。

7.7.1　策略制订

ONAP 策略平台的应用范围非常广，支持基础设施、产品/服务、运营自动化和安全相关策略规则。这些策略规则是由多个利益相关方（网络/服务设计人员、运营、安全性和客户等）定义的。此外，应采集各种来源（SDC、策略编辑和客户输入等）的输入并使其合理化。因此，可采用集中化的策略创建环境来验证策略规则，识别并消除重叠和冲突，并在需要时派生策略。这种策略创建框架应作为通用资产进行普遍可访问、开发和管理，并提供编辑工具以支持用户轻松制订或更改策略规则。性能/故障/闭环行为数据的离线分析用于识别新签名以及改进现有签名和闭环操作的机会。策略转换/派生功能用于从更高级别的策略中获取更低级别的策略。冲突检测用于在分发之前检测和解决可能导致冲突的策略。一旦通过验证且没有冲突发生，可将策略配置在适当的存储库中。

7.7.2　策略分发

在完成初始策略制订或对现有策略的修改之后，策略分发框架在需要策略之前将其（如从存储库）发送到使用点。这一分发过程是智能且精确的，因而每种分布式策略支持的功能仅自动接收符合其需求的特定策略。通知或事件可用于将策略的链接/URL 传送给需要的策略组件。因此，组件可以根据需要利用这些链接来获取特定策略或策略组，在某些情况下，组件还可以发布用于表示需要新策略的事件，从而引发包含更新的链接/URL 的响应。此外，在某些情况下，可以向组件提供策略，以表明它们应该订阅一种或多种策略。这样，它们会在这些策略可用时自动收到其更新信息。

7.7.3　策略决定和执行

运行时策略决定和执行功能是一种分布式系统，它在大多数情况下可以应用于各种 ONAP 模块（可能存在一些例外）。例如，与数据采集及其采集频率相关的策略规则是由 DCAE 数据采集功能来执行的。DCAE 分析应用来执行分析策略规则、反常/异常情况识别以及发布此类情况的事件信号检测。相关补救或其他动作（如深度诊断）的策略规则由控制回路（MSO、控制器和 DCAE 等）中的合适参与者强制执行。

通常情况下，策略决定/执行功能通过策略分发提前接收策略。正如 7.7.2 节所述，在某些情况下，可以实时查询特定运行时策略引擎以获取策略/指导。其他统一机制、方法和属性有助于管理复杂性，并确保不会低效地添加策略。可以在策略制订时定义属性值，实例包括策略范围属性。另外需要注意的是，策略对象和属性需要包含在适当的治理流程中，以确保为业务实现正确的预期结果。与策略相关的 API 可以提供执行如下操作的能力。

（1）从组件中获取（读取）策略，即按需获取（读取）策略。

（2）将一种或多种策略设置（写入）到组件中，即立即推送 / 更新。

（3）将一组策略分发给与这些策略范围匹配的多个组件，以便这些实体能够立即使用（强制）或以后使用（按需，如在确定的时间内）。

图 7.11（a）展示了策略创建框架，底部给出了策略存储库和分发框架，图 7.11（b）给出了策略使用框架（如在控制回路中或在 VNF 中）。如图 7.11 所示，策略创建与 SDC 密切相关。当进行完全集成时，策略要么与产品和服务结合起来创建（针对与这些产品和服务相关的策略范围），要么针对与这些策略正交的范围（与特定产品和服务无关）单独创建策略。正交策略可以包括用于运营、安全性和基础结构优化等各种策略。

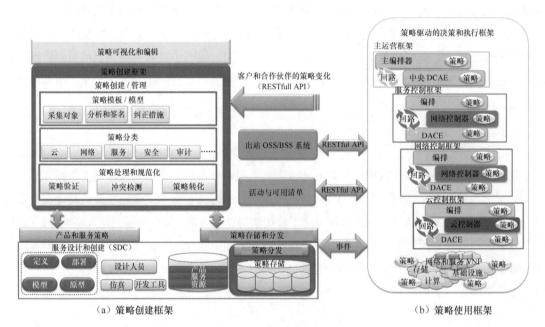

（a）策略创建框架　　　　　　　　　　（b）策略使用框架

图7.11　ONAP策略架构框架

需要注意的是，图 7.11 所示的架构是一种逻辑架构，且可以采用各种方式来实现。全部或部分功能可以作为独立的虚拟化元素实现，也可以在其他（非策略）功能中实现。

7.7.4　策略统一和组织

在可扩展、多用途策略框架中，可以采用许多类型的策略，使用诸多实用的维度来组织策略，以便促进框架在网络云中工作。一种称为策略范围的灵活组织原则上将支持一组属性来指定（所需程度 / 精度，以及使用任何理想维度集）策略和策略支持的功能 / 组件的精确范围。策略范围的有用组织维度包括如下内容。

（1）策略类型（如分类学）。

（2）策略所有权 / 管理域。

（3）地理区域或位置。

（4）技术类型和 / 或特性。

（5）策略语言、版本等。

（6）安全级或其他与安全相关值 / 指示符 / 限值器。

（7）特别定义的分组。

（8）可能有用的任何其他维度 / 属性（如通过操作）。

需要注意的是，可为每个维度定义属性。然后，通过设置这些属性值，可以使用策略范围来指定如下内容的精确策略范围。

（1）策略事件或请求 / 触发器，用于支持每个事件 / 请求自我指示其范围。例如，可以通过适当的功能来检查路由 / 传递的细节。

（2）策略决定 / 执行职能或其他策略职能，用于支持每种策略功能自我指示其决策、执行或其他能力的范围。

（3）任何类型的 VF，用于自动添加到适当的策略框架和分发机制实例中。

（4）最为重要的是，有助于管理和分配单个策略。

7.7.5 策略技术

网络云中的策略将采用各种技术，其实例见表 7.1。例如，这些技术将通过转换功能来实现可能的最佳解决方案，它充分利用有益技术，同时仍能提供单一、有效的策略系统。

表7.1 ONAP策略技术实例

技术	描述	（初始）范围
策略应用	将插件（以某种方式）应用到策略平台，以提供所需的功能	附加功能，如用于冲突检测
XACML++	XACML 3.0，扩展用于 XACML 传统访问控制重点之外的用途	（1）总体 / 核心策略； （2）非 DS 技术处理的策略
OpenStack Congress	OpenStack 策略即服务	检测 OpenStack 资源的策略违规情况
OpenStack Heat	OpenStack 云编排	资源编排策略，代理
OpenStack GBP	针对 OpenStack 托管资源的基于组的策略（GBP，Group-Based Policy）	Neutron（网络）和 Nova（计算）、Swift（存储）等
OpenDaylight GBP	针对受 SDN 控制的网络资源 GBP	服务功能链（SFC，Service Function Chaining）
ASTRA	策略支持的防火墙控制等	安全策略、防火墙等，代理

续表

技术	描述	（初始）范围
IAM/IDAM	身份和访问管理（IAM，Identity and Access Management）	安全策略、身份 / 访问、代理
YANG/TOSCA	建模方法、SDN 和更高层次	SDN 控制的重要部分
Drool	业务规则管理系统	基于属性 / 模型的规则评估

7.7.6　策略使用

在运行时，这些组件将使用先前分发到策略支持组件的策略来控制或影响其功能和行为，包括所采取的任何行动。在许多情况下，这些策略将用于做出决策，而决策往往取决于当前的情况。

这种方法的一个主要实例是由 DCAE 驱动的反馈 / 控制回路模式。可以定义诸多特定的控制回路，在特定的控制回路中，每个参与者（如编排器、控制器、DCAE、VF）将接收到用于确定它应如何作为该控制回路的一部分的策略。该回路的所有策略将预先同时创建，以确保适当的协调闭环操作。DCAE 可以接收用于数据采集（如采集何种数据、如何采集数据，以及数据采集频率）、数据分析（如要执行的分析类型和深度），以及签名和事件发布（如查找何种分析结果以及在检测到这些分析结果后将要发布事件的细节）的特定策略。在从 DCAE 接收到触发事件后，控制回路的其他组件（如编排器、控制器等）可以接收用于确定所要采取动作的特定策略。每个控制回路参与者还可以接收用于确定其订阅的特定事件的策略。

7.8　活动与可用清单（A&AI）系统

A&AI 是用于提供网络云资源、服务、产品和客户信息虚拟网络服务实时视图的 ONAP 组件。图 7.12 提供了 A&AI 的功能视图。A&AI 提供的视图涉及由多个 ONAP、BSS、OSS 和网络应用管理的数据，用来形成"从上到下"的视图，从客户购买的产品到用于构成产品的服务和资源。A&AI 不仅能形成产品、服务和资源的注册表，还维护这些清单项目在其生命周期中关系的最新视图。为了实现动态、可替代的网络云愿景，A&AI 将对这些多维关系进行实时管理。

A&AI 通过在网络云发生变化时持续更新来维护实时清单和拓扑数据。它使用图形数据技术来存储清单项目之间的关系。然后，可以使用图遍历来标识清单项目之间的关系链。在实时服务交付、问题根本原因分析、影响分析、容量管理、软件许可管理以及实现许多其他所需功能的过程中，归位逻辑使用 A&AI 数据视图。

清单和拓扑数据分组包括资源、服务、产品和客户订阅，以及它们之间的拓扑关系。A&AI 获得的关系包括"自上而下"关系，如当产品由服务构成、服务由资源构成时 SDC 中定义的关系。它还包括"并排"关系，如用于形成服务链的虚拟化功能端到端连接。A&AI 还跟踪每台控制器的控制范围，并由 MSO 和配置功能进行查询，以确定要调用哪台控制器来执行给定操作。

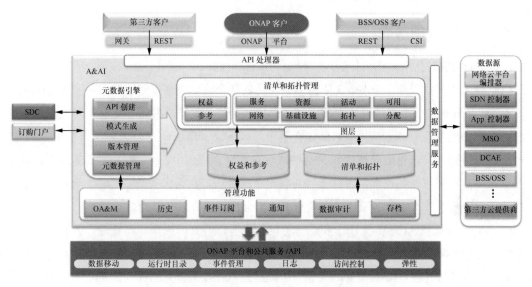

图7.12　ONAP中的A&AI功能视图

A&AI 是元数据驱动的，它支持通过 SDC 目录定义来动态、快速地添加新的清单项目类型，从而减少了对冗长开发周期的需求。

7.8.1　A&AI 关键需求

下面列出了 A&AI 的关键需求。

（1）准确及时地提供资源、服务和产品清单及其与客户订阅的关系视图。

（2）提供拓扑和图形。

（3）维护与其他关键实体（如位置）以及传统清单的关系。

（4）维护 ONAP 中的活动、可用和分配清单状态。

（5）支持在没有软件开发周期的情况下引入新类型的资源、服务和产品（由元数据驱动）。

（6）内部和外部客户可轻松访问和使用。

（7）向客户端提供用于公开无变化的服务和模型的功能性 API。

（8）提供高度可用且可靠的功能和 API，能够作为通用云工作负载运行，可以将其任意配置在能够支持这些工作负载的网络云基础设施中。

（9）随着 ONAP 规模扩大和网络云基础设施升级而逐步扩展。

（10）能够满足客户需求，响应时间快，吞吐量高。

（11）随着时间的推移，支持供应商产品和技术置换。例如，迁移到用于数据存储的新技术或迁移到 MSO 或控制器的新供应商。

（12）支持动态配置功能，以确定将哪些工作负载分配给特定 ONAP 组件（控制器或 VNF），以得到最佳性能和利用率。

（13）确定用于满足任何特定请求的控制器。

7.8.2 A&AI 的功能

A&AI 的功能包括清单和拓扑管理、控制、报告和通知。

（1）清单和拓扑管理——A&AI 使用中央注册表联合清单来创建网络云清单和拓扑的全局视图。A&AI 从分布在整个基础设施中的各种清单主机处接收更新，并保存足够长时间以维护全局视图。当交易发生在网络云中时，A&AI 会基于每项活动（用于确定与 A&AI 清单相关的内容）的可配置元数据定义，将资产属性和关系持久保存到联合视图中。A&AI 提供标准 API，以支持不同客户对清单和拓扑的查询，可以支持对特定资产或资产集合的查询。A&AI 全局关系视图对于在此环境中跨分布式主数据源形成详细清单的聚合视图是非常必要的。

（2）控制——A&AI 还要执行许多控制功能。鉴于 ONAP 的模型驱动特性，各种目录项的元数据模型可根据需要动态存储、更新、应用和版本化，而无须关闭系统进行维护。鉴于 A&AI 的分布式特性以及与其他 ONAP 组件的关系，定期运行审计以确保 A&AI 与清单主机（如控制器和 MSO）同步。适配器支持 A&AI 与传统系统以及第三方云提供商进行互操作。

（3）报告和通知——与其他 ONAP 应用一致，A&AI 生成预制和临时报告，然后与 ONAP 仪表板进行集成，发布其他 ONAP 组件可订阅的通知，并执行与可配置框架约束条件一致的日志记录。

7.9 控制回路系统：协同工作

鉴于本节中描述的网络云愿景，网元和服务将由客户和提供商在一个高度动态的过程中完成实例化，并对可操作事件进行实时响应。为了设计、策划、规划、计费和保证这些动态服务，有以下 3 种关键需求。

（1）一种支持所有服务规范的顽健设计框架——对构成服务的资源和关系进行建模，指定用于指导服务行为的策略规则，指定服务弹性管理所需的应用、分析和闭环事件。

（2）一种编排和控制框架（MSO 和控制器），该框架是由配方 / 策略驱动的，用于在需要时提供服务的自动实例化，并以弹性方式来对服务需求进行管理。

（3）一种分析框架，该框架基于指定设计、分析和策略来密切监视服务生命周期中的服务行为，支持基于控制框架需求进行响应，处理各种复杂情况，既包括需要修复的情况，又包括需要扩展资源以弹性适应需求变化的情况。

下面描述了旨在满足这些主要需求的 ONAP 框架。这些框架有助于实现自动化，其关键模式如下。

"设计→创建→采集→分析→检测→发布→响应"

人们将这种自动化模式称为闭环自动化，因为它提供了必要的自动化来主动响应网络和服务条件，而无须人为干预。图 7.13 描述了闭环自动化的高级原理以及采用自动化的服务生命周期内的各个阶段。

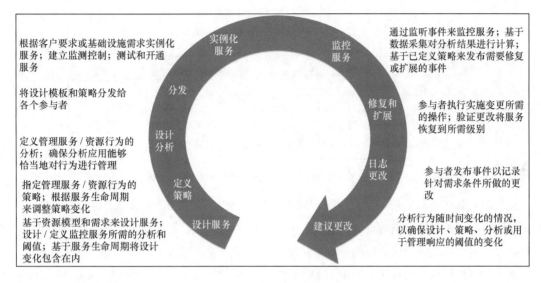

图7.13 ONAP闭环自动化

上面生命周期的各个阶段是由下面各节中描述的设计、编排和控制及分析框架支持的。

7.9.1 设计框架

在设计阶段，服务设计人员和操作用户必须为实例化、控制、数据采集和分析功能创建必要的配方、模板和规则，还必须为需要响应的各种服务条件、在编排响应中的参与者和角色定义策略及执行点（包括与闭环自动化相关的策略和执行点）。这种前期设计确保对逻辑/规则/元数据进行编码，以描述和管理闭环行为。然后，将元数据（配方、模板和策略）分发给适当的编排引擎、控制器和 DCAE 组件。

7.9.2 编排和控制框架

闭环自动化包括服务实例化或交付过程。编排和控制框架提供网络中适当位置处资源所需的配置自动化（初始和后续变化），以确保服务的平稳运行。为了在服务的生命周期管理阶段实现闭环自动化，实例化阶段必须确保激活清单、监视和控制功能，包括与参与 VF 和整体服务运行状况相关的闭环控制类型。

图 7.14 展示了 ONAP 内网络云上的服务实例化高级用例。当请求进入 ONAP（①）时，无论是客户请求、订单，还是触发网络构建的内部操作，编排框架将首先分解请求，并获取必要的配方以供执行。

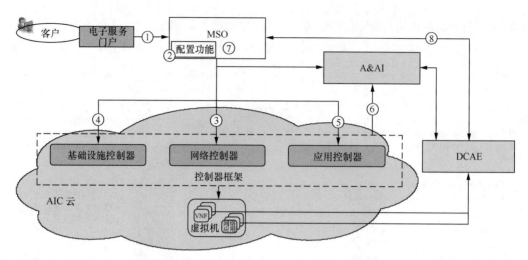

图7.14　ONAP内网络云上的服务实例化高级用例

　　配方的初始步骤包括使用请求中指定的约束条件归位和配置任务（②）。而归位和配置是一种包含编排、清单和负责基础设施、网络和应用的控制器的微服务，目标是支持算法使用实时网络数据并确定可用基础设施容量的最高效使用方法。微服务是策略驱动的。策略类型的实例可以包括地理服务器区域、服务区域/监管限制条件、应用时延、网络资源和带宽、基础设施和VNF容量，以及成本和额定参数。

　　当推荐了位置并完成资源分配时，编排会触发各种控制器（③），以创建内部数据中心和WAN网络[L2 VLAN 或 L3 虚拟专用网（VPN）]，启动虚拟机（④），加载相应的 VNF 软件映像，并将其连接到指定的数据平面和控制平面网络。编排还可以指示控制器进一步配置 VF，以获得额外的第 3 层、第 4 层及高层功能（⑤）。

　　当控制器在网络中进行更改时，将发布来自控制器和网络本身的自治事件以更新活动清单（⑥）。编排（MSO）通过触发测试和开通任务（⑦）来完成实例化过程，它包括用于采集服务相关事件的 ONAP 功能（⑧）和触发适当闭环自动化功能的策略驱动分析。类似编排/控制器配方和模板以及策略定义也是任何闭环自动化必不可少的构成要素，因为编排和控制器将是 ONAP 组件，它们将执行源自闭环自动化策略的建议操作。

7.9.3　分析框架

　　分析框架确保对服务的持续监控，用于检测需要修复的异常情况以及服务需求变化，以便扩展资源（扩展或收缩）到适当的水平。一旦编排和控制框架完成服务实例化，DCAE 分析框架就开始通过采集各种数据并监听来自 VF 及其代理的事件来监控服务。分析框架处理、分析数据，根据需要存储数据以进行深度分析（如建立基线，执行趋势预测，查找签名），并将信息提供给应用控制器。框架中的应用基于分析结果来查找特定条件或签名。当检测到条件时，应用即可发布相应事件。后续步骤将取决于与条件相关的特定策略。在最简单的情形中，编排框架将继续执行必要的更改（根据条件来定义策略和设计）以缓解不断恶化的条件。在更加复杂的情形中，负责该事件的参与者将执行复杂的策略规则（在设计时进行定义）以确定响应。在其他情形中，当条件无法唯一标识特定响应时，负责的参与者将执行一系列附加步骤（在设计时由配方进行定义，如运行测试、查询历史）来进一步分析该条件。这种检测结果可能进一步导致发布具有确定响应的更加具体的条件。这里提到的条件可以是与需要修复的虚拟化功能的运行状况（如软件挂起、服务表溢出等）相关的条件。这些条件可能与需要修复（如重路由流量）的整体服务（不是特定 VF，如网络拥塞）有关。条件还可能与容量条件（如基于服务需求变化和拥塞）有关，从而产生适当扩大（或缩小）服务的闭环响应。在检测到异常情况但无法识别特定响应的情况下，该条件将在操作门户中表示，以进行其他操作分析。

分析框架包括分析服务生命周期历史的应用，以识别用于管理使用、阈值、事件、策略有效性等的模式，并支持服务设计、策略或分析中的更改实现所需的反馈。这样就完成了服务生命周期，并提供了一种迭代方式，来支持服务的持续演进，实现更好的利用率、更好的体验和更高的自动化水平。

7.10　传统 BSS 与 ONAP 的交互

网络云服务 / 产品将近乎实时地设计、创建、部署和管理，而不需要软件开发周期。ONAP 是提供网络云的服务创建和运营管理的框架，该软件自动化平台可显著减少开发、部署、运营和淘汰产品以及服务和网元所需的时间和成本。聚焦于销售、订购和计费等功能的 BSS 将在新的网络云架构中与 ONAP 进行交互，因此需要转向这种新的范式。

虽然 BSS 存在于当今的网络中，但为了与 ONAP 协同工作并实现集成，它们需要得到增强。这些增强功能需要假设 BSS 必须支持现有产品（可能采用新格式），并加快网络云中新产品和服务的上市速度。

支持动态网络云环境的 BSS 转型主要考虑如下内容。

（1）构建块——从单片系统到平台构建块架构的 BSS 迁移，支持在产品销售、订购和计费方面实现上游用户体验（UX）变化。

（2）目录驱动——BSS 将成为目录驱动，以支持灵活、快速上市并降低技术开发成本。

（3）改进的数据存储库——支持准确性并改进对动态变化数据（如客户订阅数据）的访问。

（4）实时 API——BSS 平台必须通过实时 API 来公开功能，以提高灵活性并缩短周期时间。

（5）新的数据和网络使用事件——将对需要了解网络事件（如计费）的 BSS 重新进行调整，以支持来自 DCAE 和 A&AI 的新信息。

（6）公开 BSS 功能——直接向我们的客户提供 BSS 功能，以简化流程并支持新的分发通道。

BSS 范围

图 7.15 给出了网络云环境中的 BSS 范围，包括客户管理、销售和营销、订单生命周期管理、使用和事件管理、计费、客户财务等。

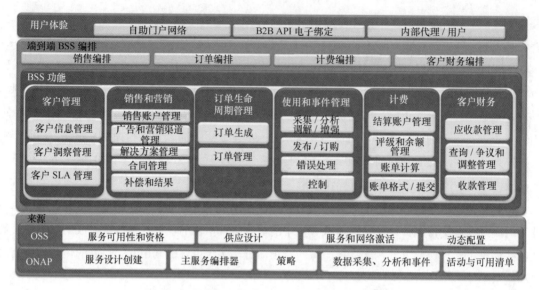

图7.15　网络云环境中的BSS范围（ONAP视图）

BSS 的范围包括以下领域。

（1）客户管理。关注客户信息、客户保持、客户洞察、管理客户服务级别协议以及建立客户忠诚度。新虚拟化服务客户信息的新合并关键数据存储是客户配置文件、客户订阅以及客户交互历史。

（2）销售和营销。提供吸引客户使用服务提供商提供的产品和服务所需的所有功能，构建满足客户特定需求和提供特定服务的合同的解决方案。销售和营销将合同转交给实现方案和解决方案的计费系统，以订购服务提供。

（3）订单生命周期管理。提供支持客户订单端到端处理所需的功能。订单可用于新服务，或者用于现有服务的转移、更改或取消。订购体验将改变在网络云上构建的服务，因为客户将近乎实时地进行配置。

（4）使用和事件管理。侧重于网络云使用和事件的端到端管理，包括从传统垂直导向架构转换为基于分解功能的架构。这将有助于采集、调解、分发、控制和错误处理，其范围包括实时评级和余额管理、离线计费、配置事件、客户通知等所需的使用和事件。

（5）计费。侧重于提供管理计费账户、计算费用、执行评级以及格式化和提交账单所需的功能。计费将逐渐变得更加实时，并分解为通过可配置、可重用 API 单独访问的模块。

（6）客户财务。管理客户的财务活动，包括应收账款管理功能、信用和收款功能、期刊和报告功能，以及账单查询功能（包括账单纠纷和任何由此产生的调整）。与计费中的情形一样，客户财务将在网络云下逐渐演变，以展示更多跨平台可重用的基于 API 的组件。

（7）用户体验（UX）。为内部和外部用户提供单一的展示平台，每个用户都可以根据角色来接收自定义视图。用户体验分为外部客户、销售代理、服务中心代理和其他内部用户的自助视图。

（8）端到端 BSS 编排。这些功能识别和管理用于支持客户请求和域间交互所需的业务级流程和事件。它们触发跨域活动并管理状态，为客户服务提供工具来对端到端请求以及启用 / 激活请求期间的客户关系进行全面管理。

第 8 章
网络数据与优化

马津·吉尔伯特（Mazin Gilbert）和马克·奥斯汀（Mark Austin）

对于当前的大型网络来说，采集和分析网络事件数据可能是一项极其艰巨的任务。例如，2016 年，每天通过 AT&T 网络的数据超过 118 PB。如果将每一字节视为一个事件，则这意味着每秒大约需要处理、分析和执行 1.4 万亿个事件。这种规模表明需要一种用于事件处理的大数据框架。本章介绍数据采集和分析的一些概念。

8.1 网络数据和分析层

拥有从"端到端"数据流中的各点采集和分析数据的能力是诊断和优化网络的基础。虽然 SDN 实现了控制平面和数据平面分离，但添加设备层以便能够采集此类数据更为重要，如图 8.1 所示。

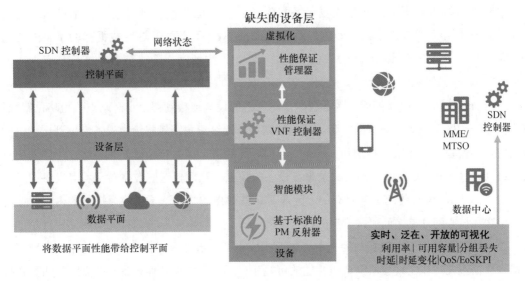

图8.1　SDN/NFV中大数据和高级分析的设备层

需要注意的是，这种"数据工具层"可以从模块（端点）、虚拟化网络功能（VNF）以及管理 VNF 的控制平面处采集数据。然而，除了在网络云中采集的其他数据之外，重要的是要记住表征完整端到端体验所需的"数据堆栈"，见表8.1。

表8.1 包含传统网络数据采集和网络云数据采集实例的每个数据堆栈层的唯一数据贡献

数据采集层	对端到端视图的唯一数据贡献	传统数据采集实例	其他网络云数据采集实例
应用数据	应用视角： 访问所有网络（无线、有线、多运营商等）的统计数据	网站日志	
互联网云数据	互联网视角： 互联网站点日志，可访问性	DNS 和 CDN 日志等	
核心网数据	核心网视角： 每种网络功能实体的核心网络性能指标，如时延、拥塞、信令	深度包检测数据、计费 / 呼叫详细记录	VNF 控制统计数据
无线接入数据	无线视角： 用户 / 设备 / 应用性能、无线特性与位置	与无线接入网（RAN，Radio Access Network）供应商相关的采集数据	
设备数据	用户视角： 跨多个无线接入网络（如 Wi-Fi、蜂窝网络）采集数据； 获取与设备相关的性能（应用、重置）； 采集无服务和其他网络接入问题	设备诊断采集软件	

设备数据非常重要，因为从客户角度来看，它们可以提供最佳整体体验视图。例如，这些独一无二的数据包含了诸多设备性能，可以表示设备何时上网、何时离线、在哪个网络上，还获取与设备有关的属性，如"重置""电池""内存""软件配置"等问题。采集此类数据需要在设备上安装软件，并与诸如 Android API 或 iOS 开发库等公用或专用 API。

（1）无线接入数据分组包括大量设备报告的数据，这些数据既有设备和无线网络的交互数据，又有对应无线接入节点（RAN，Radio Access Node）数据。这些数据有助于将网络优化和性能问题（如覆盖范围大 / 小、干扰状况好 / 坏、无线拥塞、无线节点和核心节点之间的拥塞）表征为无线链路和节点本身。此外，设备在与其位置相关的网络测量报告（NMR，Network Measurement Report）中提供无线网络数据——从诸如设备连接到哪个小区站点的粗略位置数据，到来自多个小区站点到达数据的时延，这些数据可以通过三角测量将给定设备定位到更精确的位置区域。当设备从一个小区移动到另一个小区时，无论呼叫或数据会话是否就绪，小区变化更新（CCU，Cell Change Update）都会记录来自设备的数据，从而使这些数据对于所有设备的可视化很有用。由于 RAN 在传统上是专有的，因而对这些数据的访问基于供应商提供的内容，或者可以在无线和核心网连接之间"探测"的内容。

（2）核心网数据分组包括与距离中心更近的核心网络节点内所有节点 / 功能相关的数据。利用这些数据不仅可以实现核心网节点性能的可视化，还可以实现其他设备和端点间呼叫和数据交互的可视化。交互数据支持对社交图的理解，以及诸如所访问网站或应用程序隐含的兴趣。在核心网中采集的一些最常见数据是呼叫 / 数据详细记录，主要记录用于计费目的，且每台设备还拥有呼叫性能数据（如呼叫阻止、呼叫丢弃），以及时间戳和小区—站点位置。其他诸如吞吐量、每台设备每个端点的时延等会话数据是另一种常见数据源。在网络云中，这些传统数据源由 VNF 性能和控制分析数据进行补充。

（3）互联网云数据分组包括核心网数据与互联网的交互。传统意义上，这些数据是从诸如域名服务器（DNS）查找和 / 或内容分发网络（CDN）等外部服务器中采集的，这些数据可以让你实现给定域访问量的可视化，以及该域对来自 CDN 的内容卷的可访问性。就内容过滤或整形的完成程度而言，可以使用诸如开放 DNS 等设备来采集每个用户每个端点的可视化数据。

最后，获取应用数据是非常重要的，因为应用数据可以为给定应用程序提供完全可视化——来自哪些网络的哪些设备从何地来访问给定应用。一个简单的例子是网络日志。

8.2　大数据

大数据是一种试图对海量数据进行定义的术语，此类数据规模非常大，采用传统方法根本无法对其进行分析或处理。然而，随着计算机和应用变得越来越强大，确切需要多大的数据集来挑战传统处理是一个不断变化的目标。除了仅考虑将数据的体量作为定义大数据的特征之外，Gartner 公司的 Doug Laney 还通过引入数量、种类和速度（"3V"）提供大数据的更多属性。从那时起，"3V" 逐渐被扩展到 "5V" 或 "7V"，将可变性、有效性 / 准确性、可见性 / 可视化和价值等其他特性纳入其中。这些属性描述了处理大数据时面临的一系列挑战，我们将在后面进行描述。

8.2.1　关于大数据的 "7V" 特征

（1）数量。如前所述，大数据最基本的要素是它的大小或数量。许多企业面临的挑战是它们需要存储或处理的数据量是压倒性的。据估计，2015 年世界数据总量为 7.9 泽字节（$1 ZB = 10^{21}$ Byte）。如今，许多企业存储数十（或更高）PB 数据的情况并不少见。以低成本方式存储和处理这些数据促使新方法的出现。

（2）速度。速度可能比数量更加令人生畏，它是指数据体量的增长速度，我们称其为大数据的速度。实际上，数据增长如此之快，以至于世界上 90% 的数据都是在过去两年中产生的。此外，虽然当前全球有 7.9 泽字节数据，但到 2020 年底，数字数据总量预计将增长到 44 泽字节，平均每人每秒产生 1.7 MB 数据量。对于企业而言，数据变得如此之大，以至于通常要么限制其存储时限，要么仅存储汇总后的旧数据。近年来，Hadoop 生态系统中的新型近实时数据处理技术提供了实时或微批处理数据的能力，以提取数据的最重要特征，从而降低了原始数据的存储需求。在企业中，一些文献已经提到，数据的增长速度还意味着在公司中只拥有一支数据洞察团队是不切实际的，且数据分析和处理需要进行分布式设计以适应不断变化的数据和最新生成的数据。

（3）种类。数据也可拥有不同的类型。一些数据是结构化的，如拥有以预定格式从发送已知数据元素集的 IoT 设备产生的已知格式；一些数据是非结构化的，内容可能来自于推特种子、社交媒体、短信数据等。大数据分析通常将两种类型的数据结合起来，以获得对正在分析的内容的全面理解。例如，为了更好地解决客户问题，客户服务大数据应用可以利用包含账号、名称、使用期限、产品类型信息在内的结构化数据；包含"客户问题描述的逐字记录"、任何"产品生成的错误日志文件"以及任何以前的客户服务"聊天记录"等非结构化数据。但是，我们通常使用机器学习（ML，Machine Learning）和自然语言处理（NLP，Natural Language Processing）来处理非结构化数据，以提取结构化特征。通过对这些特征的进一步处理，可以获得洞见。

（4）可变性。原始数据和衍生数据通常具有可变性，它会随着时间的变化而变化。对于大数据应用来说，这可能是一项挑战，因为它需要根据不断变化的数据进行调整。例如，用于电影的"推荐引擎"需要在用户品位改变或新电影出现时适应和更新其推荐结果。此外，针对数据分析触发的一些动作可以使用先前计算的批处理数据以及实时数据。因此，重要的是任何大数据架构都有利于批处理和实时处理的实施，用于实现此目标的这种架构方法被称为"Lambda 架构"，我们将在第 8.2.3 节中进行详细描述。

（5）有效性 / 准确性。大多数人都听过"无用数据输入等于无用数据输出"，管理数据质量或有效性 / 准确性是大数据面临的最大挑战之一。例如，有多少数据拥有"缺失值"、数据格式是否相同（如是否某些电话号码包含国家代码、区号和电话号码，而其他电话号码只有区号和电话号码）、数据是否具有预期格式（如电话号码是否至少有 10 位数字；名字是否既包含姓，又包含名）。任何大数据处理系统都需要有流程和细节，以便进行检查和解决（如果可能）或至少对任何数据质量问题进行标记。

（6）可见性 / 可视化。一般来说，理解大数据集的一些基本属性和摘要非常困难，且拥有通过图表、图形和热图等方法实现数据可视化的能力非常有用。然而，对大数据集进行可视化和操作是一项挑战，而 AT&T 的纳米立方（nano-cube）等新工具正是为了解决这一问题而发明的，该工具支持在通用浏览器中对数十亿个数据点进行可视化和汇总。

（7）价值。驱动前面"6V"的诸多基本决策的属性就是数据的价值。例如，存储最近 2 年、5 年或 10 年给定数据集的价值增量是多少？2 年后累计存储的数据是否可以获得相同的价值？决定是否保留或丢弃任何数据的挑战在于评估它对当前已知应用产生的价值，并将其与未来可能实现的应用的价值进行对比。

8.2.2　数据质量

20 世纪 90 年代初期以来，国际标准化组织已将数据质量列为重要主题之一。虽然需要何种级别严苛要求的数据质量最终取决于应用，但很多与数据质量有关的指南已被编写。表 8.2 汇总了围绕数据质量需要考虑的一些属性。

表8.2　大数据系统的重要数据质量属性

可用性	适用性	可靠性	相关性	表示 / 质量
可访问性——你能获取数据吗	文档——你理解数据是如何进行采集吗	精确性——数据是否足够准确，满足预期应用需求	适用性——能否访问足够的数据，且对预期应用（如指标、预测和分类）有益	可读性——数据内容是否清晰可读
及时性——是否满足所需的时间	可信度——数据是否经证实是安全的	完整性——数据值是否遵循标准化数据模型 / 类型		
授权——是否有权将数据用于预期目标	元数据——是否定义了数据字段	完备性——数据是否存在缺失值		
		可审计性——是否针对这些方面定期检查数据		

虽然表 8.2 中的属性并不全面，但在大数据项目的所有阶段中解决这些问题并了解如何处理这些属性以确保实现有用的操作是非常重要的。

8.2.3　数据管理：Lambda 架构和策略

如前所述，必须为大数据系统确定各种数据管理和策略问题，如采集何种类型的数据、数据保留的时间长短、数据是否进行了汇总或匿名化处理以及是批量处理和访问数据，还是实时处理和访问数据。正如图 8.2 中 Lambda 架构一样，许多大数据系统利用了数据的批处理和实时处理。

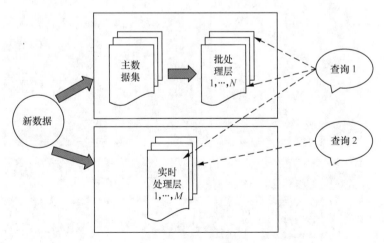

图8.2　Lambda架构

在许多情况下，数据价值之外的其他因素（如策略和道德规范）能够决定是否采集、利用、保留或共享某些数据。例如，美国联邦贸易委员会（FTC，Federal Trade Commission）就互联网公司（如谷歌和 Facebook）的消费者隐私设置数据采集和使用策略。2016 年 11 月，美国联邦通信委员会（FCC）制定了互联网服务提供商（ISP）管理数据采集和使用的规则，但这些规则基于 ISP 是唯一能够开发其客户的高度详细全面的配置文件这一前提，而实际情况并非如此。例如，用户要对 WebMD.com 进行一次访问，需要与 24 个第三方网站建立连接，然后再访问另外 4 个网站，共计连接了 119 个第三方网站。由于这些第三方网站中的许多网站都与广告相关，因而数据在数据交换中自动进行共享，并形成客户的全面视图。在"隐私策略"这一概念中，对各种隐私策略和问题进行了深度描述。

8.2.4 Hadoop 生态系统

Hadoop 生态系统主要用于处理海量数据，最终涉及"7V"的诸多方面。Hadoop 源于谷歌。2003 年 10 月，谷歌发表了题为《谷歌文件系统》的论文，该论文描述了如何使用通用现成硬件来高效存储大量数据。该论文发表后，谷歌又接着发表了另一篇题为《MapReduce：超大集群的简单数据处理》的文章，该论文说明了如何使用多台服务器以并行方式处理大量数据。从这些背景论文中，开源 Apache Nutch 项目诞生，并最终被当时在雅虎工作的道·卡廷（Doug Cutting）命名为"Hadoop"。从那时起，Hadoop 生态系统已发展成为许多开源组件，涵盖 Hadoop 分布式文件系统（HDFS，Hadoop Distributed File System），数据采集，资源管理，用于分析、批处理、实时、搜索、机器学习（ML）的数据处理方法，数据库存储方法以及协调和工作流管理方法，Hadoop 生态系统及其组件如图 8.3 所示。

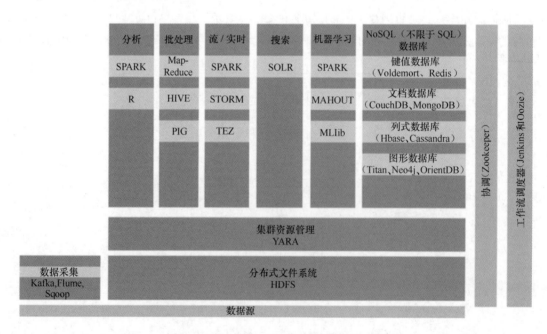

图8.3 Hadoop生态系统及其组件

Apache 软件基金会负责 Hadoop 生态系统组件的更新。Hortonworks、Cloudera 和 Map-R 存在着几种流行的 Hadoop 生态系统支持发行版。下面描述了这些组件及其重要性。

1. 存储（HDFS）

2003 年，HDFS 取得了重大突破，因为它支持使用商用硬件通过在多个节点之间分配数据存储来实现对海量数据的存储、访问和处理。具体来说，HDFS 通过在不同节点上存储 3 份或更多数据副本来实现其容错性能，其中数据到节点的映射包含在 NameNode 中，而 NameNode 本身就是冗余的。然而，HDFS 的权衡之一是它利用一次写入、多次读取的范式，如果对一个数据点进行了更改，则需要重写整个文件。根据 2016 年的一些研究报告，雅虎拥有世界上最大的 Hadoop 集群，该集群包含 35000 台 Hadoop 服务器，托管在 16 个国家，共存储 600 PB 数据，每月完成近 3400 万次作业。

2. 数据采集（Kafka、Flume、Sqoop）

在使用数据之前，必须从数据源中采集数据，这些数据源既可以是结构化的，又可以是非结构化的，且处理需求可以是批处理、微批处理或实时处理，如 8.2.1 节所述。Hadoop 生态系统拥有各种数据采集方法，如 Flume、Sqoop 和 Kafka。对于从结构化关系数据库（如 Teradata、Oracle、MySQL、SAP 等）中提取批处理数据，Sqoop 特别有用。Flume 擅长从多个数据源（可能是非结构化的）中提取数据，典型用途之一是采集流日志数据。最初由 LinkedIn 开发的 Kafka，其功能与 Flume 类似。然而，它也是一种通用的发布 - 订阅模型消息系统，它可以从多个数据源采集数据，同时拥有多个数据消费者。Dezyre 对 Sqoop 和 Flume 进行了很好的比较，并在表 8.3 中进行了重新归纳。

表8.3　Sqoop和Flume的比较

特征	Sqoop	Flume
根本区别	设计用于从关系数据库中采集数据	设计用于将流日志采集到 Hadoop（如 JMS 或脱机目录）
数据流	适用于具有 Java 数据库连接（JDBC，Java Database Connectivity）的任何关系数据库	适用于来自多个数据源的流式日志文件数据源
加载类型	非事件驱动	事件驱动
目标	HDFS、HBase 和 HIVE	从多个数据源到 HDFS
应用场景	并行数据传输，有助于缓解对外部系统的过载，并以编程方式提供数据交互	灵活的数据采集工具、高吞吐量、低时延、容错、线性可扩展

虽然 Kafka 并非专为 Hadoop 设计，但它可以在不影响性能的情况下被某些程序使用，用于添加多个数据使用者。Kafka 实现了这种可扩展性，因为它不跟踪哪些消费者使用了这些消息，只会在已定义时间段内存储消息，且消费者有责任对消息进行跟踪。

3. YARN（另类资源管理器）

当 Hadoop 的初始版本推出时，它只支持批处理，且单个 NameNode 负责对整个集群进行管理，以实现作业调度和资源管理。后来，YARN 引入了一种更加灵活的方法，它将资源管理和作业调度分离开来，以支持不同应用单独针对来自全局资源管理器的资源进行协商。因此，YARN 支持多个不同用户应用在多租户平台上运行，这样用户不再局限于 I/O 密集型、高时延的 MapReduce

框架，且支持近实时处理的备用处理框架在同一数据湖中使用。

4. 存储：非关系数据库，NoSQL（不限于 SQL）

除了 HDFS 之外，Hadoop 生态系统还定义了几种非关系型不限于结构化查询语言（SQL）（NoSQL）存储方法。表 8.4 给出了 Hadoop 中 NoSQL 数据库的比较。

表8.4　Hadoop中NoSQL数据库的比较

NoSQL 数据库类型	功能	应用	缺点
键值数据库（BerkleyDB、MemcacheDB、Redis、DynamoDB）	每个值都可由唯一的键来检索； 用于快速检索的内存存储	需要快速查找的应用（如移动、游戏、在线）	无法更新值的子集； 随着数据集的增长，密钥分配可能变得极具挑战性
文档数据库（MongoDB、CouchDB、Apache Solr、弹性搜索）	值是一种结构化文档； 可以在不预先定义模式的情况下实现分层数据结构； 支持对结构化文档的查询； 常用的搜索方法	可以管理具有不同数据结构的大型对象； 电子商务和客户配置文件中的大型产品目录	不存在标准的查询语法； 加入查询面临严峻挑战
列式数据库（Cassandra、BigTable、HBase、面向 Apache Accumulo 图的 Neo4J、OrientDB、Apache Giraph、AllegroGraph 关系型 MySql、PostgreSQL、MariaDB、Oracle、SQL Server）	值是一组列； 列可以拥有多个带时间戳的版本； 可以在运行时生成； 模型图形为节点和边； 图形计算速度非常快； 由固定模式构成的传统关系数据库管理系统（RDBMS）结构	适用于存储具有不同时间戳的日志文件的多个副本； 适用于有效的分析； 呼叫/发短信/社交网络等应用； 传统应用程序（CRM、理财等）	无法加入查询； 大图缩放通常是一项挑战； 可扩展性（水平方向受限）； 嵌套数据效率低； 非结构化数据面临着挑战

正如人们预想的那样，使用何种特定数据库存储解决方案取决于个人需求。

5. 搜索（SOLR）

基于 Lucene 复制的搜索（SOLR，Searching on Lucene Replication）是一种用于在 HDFS 中搜索数据的开源平台。在通过 XML、JavaScript 对象简谱（JSON，JavaScript Object Notation）、字符分隔值（CSV，Comma Separated Values）或二进制文件"索引"数据之后，可以跨表格、文本、地理位置或传感器数据进行搜索。SOLR 具有以下属性。

（1）全文检索。

（2）HTML 管理界面。

（3）监测统计。

（4）线性可扩展。

（5）可配置的 XML 配置。

通常在利用任何批处理/实时/分析功能之后，Hadoop 生态系统可以正常工作，以处理/整合数据。SOLR 用于对数据进行索引并将其用于消费。SOLR 还可以通过支持范围查询用作键值存储。

6. 批处理（MapReduce、HIVE、PIG）

如前所述，Hadoop 起源于采用 MapReduce 来对大型数据集进行批处理。MapReduce 支持通过执行"分而治之"技术来对数据进行并行处理，方法是在映射阶段将数据跨多台服务器分割为键/值对，对数据进行合并、组合和排序，然后使用归约来并行处理数据。为了说明 MapReduce 的工作原理，请参考图 8.4。该图执行"如何计算文档中给定单词的使用次数"这一简单任务。首先，将文档中的数据跨两台服务器分为两份文档，单词分开并单独进行计算；其次，对单词进行组合和分类；最后，在归约阶段对记录进行求和。

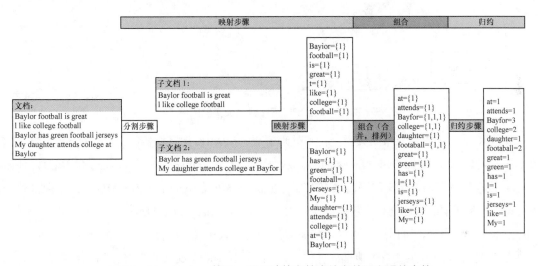

图8.4　MapReduce简图，用于计算文档中给定单词出现的次数

然而，由于开销成本较高，因而 MapReduce 在机器学习中有些"失宠"，且 YARN 支持诸如 SPARK 这样的替代处理方法与 MapReduce 共存。为了克服将计算任务分解为映射和归约函数面临的一些挑战，许多程序员使用编程语言 PIG Latin（通常简称为 PIG）。PIG 支持用 Java、Python 等编写的用户定义函数，然后将其转换为 MapReduce 作业。

HIVE 是另一种流行的批处理方法，它支持使用 HIVEQL（与 MySQL 类似）来查询和汇总存储在 HDFS 和 NoSQL 数据库中的数据。

7. 使用 STORM 和 SPARK 进行实时和微批处理

STORM 是一种实时分布式处理系统，它允许处理诸如来自推特种子的无界数据元组序列，将其转换成一组新数据元组或事件触发器。STORM 定义了一种由如下内容构成的拓扑框架。

（1）Stream——元组的无界序列。

（2）Spout——流的来源（如从推特种子中读取 API）。

（3）Bolt——将流作为输入并生成新流作为输出的过程（如函数、过滤器、聚合和加入）。

通常，这些框架元素的拓扑数据处理过程如图 8.5 所示。

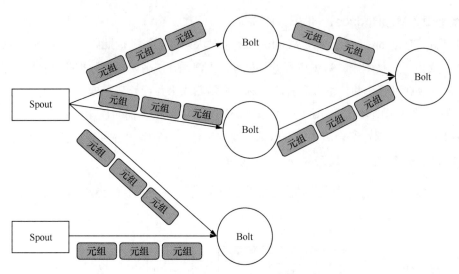

图8.5　STORM拓扑数据流实例图解

SPARK 是一种内存分布式数据分析和处理平台。SPARK 拥有机器学习（MLlib）、结构化查询语言（SQL，Structured Query Language）、数据框架（DataFrame）、图形（GraphX）和流媒体库。SPARK 传输支持在用户定义间隔内从 HDFS、Flume、Kafka、Twitter 和 ZeroMQ 中采集微批处理，并将其输入到所谓的弹性分布式数据集（RDD，Resilient Distributed Dataset）中。RDD 是不可改变的分布式对象集合，可以通过将内存状态存储为对象来实现并行操作，且这一状态可以跨作业进行共享。因此，这天生支持加速批处理作业，从而使 MapReduce 作业基本上可以在内存中完成。众所周知，SPARK 本身的批量作业速度可提高 10 ～ 100 倍。

8. 协调和工作流管理

与任何系统一样，Hadoop 生态系统需要管理和协调解决方案。对于具有数百台服务器的分布式系统来说尤其如此，Zookeeper 是 Hadoop 生态系统中协调服务的解决方案之一。Zookeeper 是一个集中式存储库，分布式应用可以依托配置和提取数据用于协调处理。例如，对于联网的大量计算机，在计算机一次尝试执行多项操作的情况下可能会出现竞态条件，或者当两台或多台计算机同时尝试访问相同数据时可能会发生死锁现象。Zookeeper 充当协调器的角色，可以对操作进行序列化以避免竞态条件的出现，并提供同步处理以避免死锁。

除了 Zookeeper 之外，Oozie 和 Jenkins 是开源工作流管理器的两个实例，它们有助于跟踪端到端数据处理流的进度和状态。例如，需要定期更新的给定数据结果是需要运行的诸多不同进程的结果并不罕见。图 8.6 提供了一个使用有向无环图的工作流实例，它描述了数据流，从使用 Kafka 采集数据开始，接着是 PIG 作业，然后是 MapReduce 作业、SPARK 作业、HIVE 作业并行处理，最后将三者进行归纳。

工作流管理器的任务是确保成功完成工作流的所有部分，并在流程的任何阶段失败时发出警报或采取行动。工作流管理器还有其他多种选择，可以考虑使用 Azkaban、Airflow、Luigi、Cascading 等。

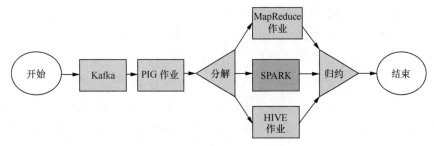

图8.6　托管工作流实例

8.2.5　分析和机器学习（ML）

我们将机器学习定义为可以从数据中学习以预测未来状态或条件的计算机程序（或软件代理）。传统意义上，与自然语言处理（NLP）一样，机器学习被认为是人工智能（AI，Artificial Intelligence）的子领域。我们将人工智能系统定义为机器学习系统的更高级形式，该系统能够随时间和场景执行并持续优化其动作。实现机器学习和人工智能之间关系的一个类比是象棋游戏。机器学习相当于在游戏中预测下一个最佳动作，这是一种瞬间发生的变化。人工智能等同于制订赢得比赛的策略。这通常涉及制订和优化一系列最佳步骤。该策略是动态的，且每次变化后都会进行更新。

机器学习和人工智能的基础是由许多先驱者创立的，包括阿兰•图灵（Alan Turing）、克劳德•香农（Claude Shannon）、亚瑟•塞缪尔（Arthur Samuel）、弗兰克•罗森布莱特（Frank Rosenblatt）等。"图灵测试"是由阿兰•图灵在 1950 年所发明的机器智能测试。它计算出机器可以欺骗人类相信它是人类的时间长度或交互次数。在贝尔实验室，克劳德•香农通过创建一种名为"忒修斯"的记忆鼠标来推进人工智能领域的发展，以便穿越迷宫。鼠标能够学习制订从源到目的地的最佳路径。来自 IBM 的亚瑟•塞缪尔为跳棋游戏编写了一种程序，该程序开发了获胜策略和动作。弗兰克•罗森布莱特被认为是神经网络之父，它试图模拟人类大脑的运作模式。这些先驱者和其他人提出的理论、实践实验已经形成了诸如深度学习（DL，Deep Learning）这样的新领域，而深度学习正在进入工业应用和服务的智能自动化领域。

在过去的 30 年里，机器学习技术已经显示出优于包括物体检测、语音识别和自然语言处理在内的应用。在语音识别中，机器学习模型（称为深度学习）可用于估计依赖于场景的语言单元（如音素和单词）的后验概率。这些概率应用于隐马尔可夫模型以发现最佳单位序列。在大量和海量数据上训练这些机器学习模型有助于使语音识别系统演讲者独立于恶劣环境和条件，且对恶劣环境和条件具有顽健性。机器学习的一种形式（被称为人工神经网络）已被用于估计可产生合成语音的声道模型的发音参数。其他类型的机器学习模型（被称为卷积神经网络）已被用于在图像中发现物体（如角色、汽车、衣服、鞋子），使企业能够执行定向广告。机器学习也被用于预测网络故障。这种主动的行为会节省成本并改善客户体验。这些机器学习应用的成功演示持续引起学术界和工业界的兴趣，这是实现智能自动化系统的先驱。

1. 描述性、反应性、预测性与规范性分析的对比

分析有不同的形式，其复杂性各不相同。描述性分析是最简单的分析形式，涉及汇总数据以生成报告，这在商业应用中得到了非常普遍的使用。报告可以采用表格或更为复杂的可视化方法的形式。描述性分析提供了关键性能指标（KPI）的有用聚合来对系统或服务进行监控。

反应性分析也是商业应用中的一种常用方法，包括基于处理数据和事件发出警报；事后对情况做出反应。例如，当系统因安全威胁或硬件故障而关闭时，入侵者盗窃后发出警报。虽然反应性分析有助于解释事件发生的事情，但它无法避免事故或故障。基于规则或统计的传统方法（如聚类）可用于反应性分析。

预测性分析是一种更为复杂的分析形式，涉及根据历史数据或观察结果来预测系统的事件或未来状态。预测性分析可以是无监督、监督或半监督学习，将在下一节中进行解释。本质上，预测性分析的算法要么是线性的，如那些采用回归方法的算法；要么是基于机器学习方法的非线性算法，如神经网络、支持向量机。采用预测性分析的应用实例包括根据用户的历史交互来估计投资组合的未来价值以及用户观点、情绪或留存收益率。

规范性分析更接近于人工智能，其目标是确定优化所采取的步骤或行动序列。规范性分析可能是数据驱动的，且可能涉及高级机器学习模型以执行最佳结果的优化。

规范性分析的本质还要求系统持续保持动态，并在场景发生变化时重新检查其决策顺序。规范性分析的实例之一可应用于自动驾驶车辆，其中系统将需要不断优化其决策（转弯、信号等）。与 SDN 和 5G 相关的另一个实例是，当流量快速变化时，优化跨所有网络节点和终端设备的数据路由。

2. 监督与无监督学习

预测性和规范性分析既可以是监督的，又可以是无监督的。监督学习意味着训练过程可以访问正确目标或预期输出，而无监督学习只能访问观测结果或历史数据。

通常，聚类通常用于无监督学习，其目标是基于给定属性集将数据分成"相似"组。实例之一是聚集人物图像，这可能会导致具有相似面孔、身份、背景和衣服等的群体形成。

回归和分类是监督学习中常用的方法。回归可以对连续数据进行预测分析，而分类则可以将数据预测分析分为离散或有限组。通常，监督学习的性能比无监督学习更好，尽管它需要对数据进行广泛标记以识别"真实"状态。监督学习通常用于语音识别，虽然它需要以手动方式来转录音频文件。

半监督技术是监督学习和无监督学习之间的权衡。它涉及标记用于创建初始模型的数据子集；应用该模型来标记新数据集，然后将其包括在训练监督模型中。该过程一直持续到所有数据都用于训练为止。

在网络云中，监督、半监督和无监督学习与闭环自动化密切相关，这一点我们将在后面进行描述。这些方法还与 5G 和用于流量优化的下一代访问相关。

3. 深度学习

机器学习研究的基本前提（深度学习）是可以训练大量具有神经元深层的非线性处理单元来

学习任何数据或模式的转换。这深深吸引着网络搜索、语言翻译和聊天机器人等领域的从业者。转换和处理任意数据的前提对需要节省运营成本或推动新收入增长的业务应用产生很大影响。

深度学习基于感知机模型，如图 8.7 所示，最初由明斯基（Minsky）和派珀特（Papert）于 1969 年提出。感知机是一种非线性计算单元，能够学习划分简单模式。它既可以接受二进制值，又可以接受连续值。

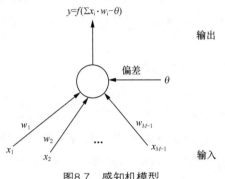

图8.7　感知机模型

单台感知机由一组参数表示，包括权重、w 和偏差。它能够通过形成半平面决策区域将简单模式分为两类。然而，单台感知机无法分离需要更复杂决策边界的输入模式。例如，单台感知机无法解决异或（XOR，eXclusive OR）问题。为了克服这一限制条件，可以引入隐藏层神经元，如图 8.8 所示。3 层网络包括一组 M 输入功能、两个隐藏层和一个包含 N 个节点的输出层，能够解决任何复杂问题。不同的应用可能需要调整隐藏层的数量和各个神经元的数量以获得预期的精度水平。

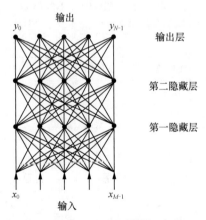

图8.8　用于事件预测的基础深度学习器

多层感知机是具有神经元的前馈网络，这些神经元在相邻层之间完全互连，但是在一个层内是分开的。可以使用反向传播算法来训练与跨所有层的弧相关的权重，因而这些网络对于分类问题非常具有吸引力。通过扩展所用的神经元和层数，可以对诸如在语音、语言和视频处理中使用的非常复杂的信号进行分类。对于诸如图像等多维信号，已经普遍采用了更加先进的深度学习器

（称为卷积网络）。这些网络支持每层的多个维度。

深度学习的关键进展之一归因于鲁姆哈特（Rumelhart）等发现的反向传播算法。该算法实现了多层感知机的监督训练。它本质上是一种梯度搜索技术，可以实现预期输出与网络生成输出之间的成本函数最小化。目的是通过调整神经元之间的权重来确定给定问题的函数关系。在为权重和内部阈值选择一些初始值后，可以将输入/输出模式重复呈现给网络，并在每次呈现时，从底层开始计算所有神经元的状态并向上移动，直到输出层中的神经元状态确定为止。在这一级别上，通过计算网络输出和预期输出之间的差值来估计误差。然后，通过将错误从顶层向后传播到第一层来调整网络变量。

4. 机器学习的开源分布式处理工具包

当前，存在各种各样的开源工具包，它们试图在一把伞下提供所有类型的机器学习（监督学习、无监督学习和深度学习等）。最初，使用 MapReduce 制作的工具包之一是 Mahout，而 SPARK 现在拥有 MLlib，且一些诸如 H2O 和 Deeplearning4j 等较新的工具包也开始在其库中加入深度学习方法。这些工具包并非包罗万象，毫无疑问，它们将会有进一步的发展空间。

表 8.5 提供了本书撰写时这些工具包各种功能的摘要视图。

表8.5　机器学习工具包比较

特性 / 属性	分布式机器学习工具包			
	Mahout	MLlib	H2O	Deeplearning4j
支持的语言	Java	Java、Python、Scala	Java、Python、R、Scala	Java、Scala、Clojure
框架 / 库	环境 / 框架	库 /API	环境 / 语言	框架
关联平台	MapReduce、SPARK、Flink	SPARK、H2O	SPARK、Mapreduce、H2O	SPARK、Hadoop
是否支持 GPU				是
当前版本	0.12.2	2.0.1	3.11.0.3652	
是否拥有图形用户界面			是	
监督学习				
广义线性建模（GLM，Generalized Linear Modeling）、线性 / 逻辑		是	是	
梯度提升机（GBM，Gradient Boosting Machine）		是	是	
分布式随机森林	是	是	是	
支持向量机（SVM，Support Vector Machine）		是		
朴素贝叶斯	是（SPARK）	是	是	
集成（堆叠）	是	是	是	
无监督学习				

续表

特性 / 属性	分布式机器学习工具包			
	Mahout	MLlib	H2O	Deeplearning4j
广义低秩模型（GLRM，Generalized Low Rank Model）		是	是	
K 均值聚类		是	是	
流式 K 均值			是	
谱聚类				
主成分分析（PCA，Principal Components Analysis）	是（SPARK）	是	是	
QR 分解	是（SPARK）			
奇异值分解	是（SPARK）	是		
卡方	是（SPARK）			
其他算法				
协同过滤算法	是（SPARK）	是（ALS）		
主题建模		是		是
深度学习		是	是	是

　　根据某个人的应用，他 / 她可能更喜欢不同的深度学习工具包。然而，更新、更活跃的社区当前正处于 SPARK 和深度学习领域。

8.3　当大数据遇上网络云

　　网络云通过将网络功能作为软件运行于商用云基础设施上，以对网络进行虚拟化，而大数据是一门关于如何采集和分析数据以改进自动化、提取情报和信息的科学。网络云和大数据的结合使我们能够开发出一种具有弹性、自我修复和自我学习特征的网络，还使我们能够通过处理和作用于数据依托控制回路服务来快速做出决策。本节介绍一种采集、提取、存储和分析数据的平台方法，以支持叮在网络云中可靠安全运行的虚拟化服务。

　　为网络云设计数据平台需要遵循 5 条关键设计原则。

　　（1）在平台组件内以及与诸如策略引擎或控制器等外部组件连接时，支持定义良好的 API。

　　（2）创建可重用的平台资源（如数据采集器和分析功能）作为即插即用组件。这些组件称为微服务（MS，Micro-Service），是独立的、模型驱动的和支持策略的应用。

　　（3）支持自动配置和激活 / 停用资源，以优化性能并最大限度地降低成本。

　　（4）动态编排模型驱动的服务设计。

　　（5）采用标准化数据模型来实现服务链。

图 8.9 给出了一种支持网络云的大数据平台高级架构。基本上，数据平台包含以下 4 项基本功能。

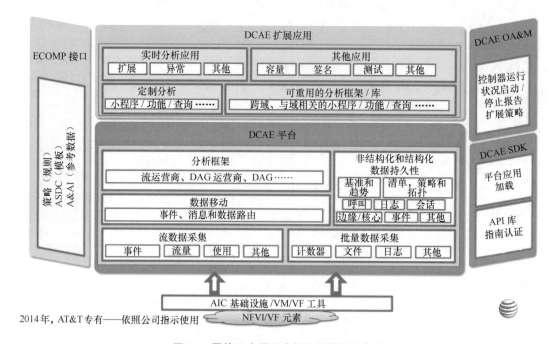

图8.9 网络云中用于分析应用的平台方法

（1）分析框架——一种数据开发和处理平台，它拥有可支持结构化和非结构化数据处理的微服务目录。

（2）采集框架——一组支持虚拟化网络、设备和基础设施数据的流式和批量采集器。

（3）数据分发总线——这是平台的血流。它使平台内外的组件能够发布和订阅数据，以及从下游网络边缘移动数据进行处理。

（4）持久性存储和计算框架——用于短期和长期消费的多层数据存储平台，以及用于支持流式和批量分析的分布式计算环境。

除了这 4 类功能之外，该平台还需要一种控制器系统来实现诸多微服务和平台资源操作和服务配置的自动化。

8.3.1　数据采集、分析和事件

图 8.10 给出了数据采集、分析和事件（DCAE）的高级概念视图——这是 ONAP 中的一种大数据平台（参见第 7 章）。DCAE（通常被称为"开放式 DCAE"）采用开源理念。它培育了数据市场以及采集器和分析功能的微服务。采用这种方法，我们可以创建一种安全的生态系统。在该系统中，开发人员、第三方提供商、数据科学家和工程师可以为该平台做出贡献。该平台还支持分析、采集、策略引擎，以及网络的边缘（遍布全国的本地云区域）、中央（有限大规模区域性云区域）、核心（支持批量模式处理的核心数据湖）计算和存储。鉴于这种分布式设计，我们可

以优化计算、数据分配和存储资源,以实现理想的规模、性能、可靠性和成本效率。

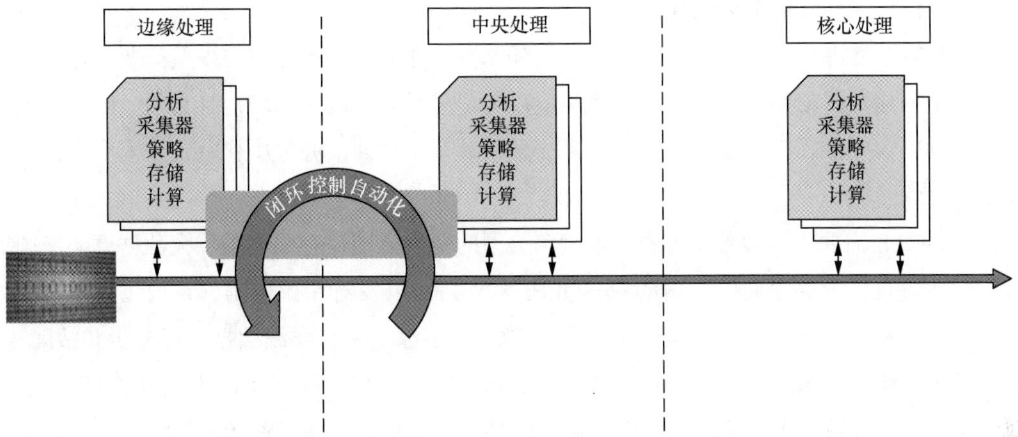

图8.10 数据采集、分析和事件的高级概念视图

开放式 DCAE 支持智能服务自动动态地进行实例化或更新。通过从网络边缘采集数据,我们可以执行从数据聚合到高级学习和预测分析的原始和复杂数据处理。例如,通过从支持虚拟防火墙和路由器的虚拟机采集性能和应用数据,我们可以在边缘运行高级分析来执行闭环自动化。这可能涉及自动识别网络攻击并采取终止行动。这些操作可能包括将流量转移到新虚拟机、停用 IP地址或重新启动这些计算机(参见第 9 章)。

在网络云中,虚拟化功能有望以非常动态的方式实现实例化,这需要能够提供对从虚拟化资源到应用和服务的可操作事件的实时响应。大数据平台有望采集关键性能、遥测和事件,以计算各种分析结果,并根据观察到的异常或重大事件采取适当行动进行响应。这些重要事件有时也称为签名,它们支持应用能够动态执行资源扩展、配置更改、流量优化以及故障检测和性能恶化。开放式 DCAE 可以采集和分析数据,以便在集中位置支持网络边缘的此类控制系统。

8.3.2 DCAE 功能

1. 通用采集框架

采集框架支持用于采集数据的虚拟化工具。数据采集的范围将包括云基础设施中的所有物理和虚拟元素(计算、存储和网络)以及管理控制功能。采集数据将包括监控托管环境运行状况所需的事件数据类型、资源弹性管理所需的用于计算关键性能和容量指标的数据类型、检测网络和服务状况所需的细粒度数据类型(如流量、会话和通话记录等)。采集框架将支持数据采集的实时流式传输以及批处理方法。

2. 数据移动

数据移动有助于消息和数据在各种发布者和感兴趣订阅者之间移动。在网络云中,存在两种类型的数据。一种是诸如消息和事件等频繁且短暂爆发的数据,另一种是基于文件和批处理的数据。开放式 DCAE 采用两种技术:一种是基于 KAFKA 的开源消息路由,另一种是用于支持文件传输的数据路由器。这两种技术支持数据在 DCAE 内部从边缘传输和移动到中心,并支持跨整个网络云平台的事件移动，以支持变更管理和闭环自动化等服务。

3. 边缘湖、中心湖和核心湖

DCAE 需要支持各种应用和用例，包括具有严格时延要求的实时应用以及需要处理一系列非结构化和结构化数据的其他分析应用。DCAE 存储湖需要支持这些需求，且必须考虑在新型存储技术可用时以合并方式来实现。这是通过 API 来封装数据访问，并最小化特定技术实现方案的应用知识来完成的。

鉴于 DCAE 需要支持的数据体量、速度和类型的要求范围，存储将利用大数据框架必须提供的技术，如对包括内存存储库在内的 NoSQL 技术支持，以及对原始数据、结构化数据、非结构化数据和半结构化数据的支持。虽然可能会在 DCAE 边缘层保存详细数据进行分析和故障排除，但是应用应当通过确保仅将所需数据（简化、转换、聚合等数据）传播到其他分析的核心数据湖，以对带宽和存储资源使用情况进行优化。开放式 DCAE 由控制器进行配置，这样可以根据需要在不同 AIC 云区域对软件定义存储进行实例化。

4. 分析框架

分析框架（AF，Analytics Framework）是一种开放式生态系统，它能够加载由分析开发人员、数据科学家、VNF 分析解决方案工程师和业务分析师开发的微服务。这一概念对于推动网络云中广泛采用分析、解决故障排除、服务质量管理和 DevOps 至关重要。

开放式生态系统需要支持全方位的分析功能：

（1）描述性分析（正在发生的事情）；

（2）诊断性分析（发生的原因）；

（3）预测性分析（可能发生的事情）；

（4）规范性分析（我应该怎么做）；

（5）探索性分析（我能从数据中学到什么以及如何使用数据来为企业创造价值）。

分析框架提供对生产数据源的访问，并实现微服务的自动测试和认证。该框架包括：

（1）API，这些接口用于：

① 向 SDC 公开分析微服务和 / 或应用目录；

② 支持那些微服务和 / 或应用的发布和动态实例化；

③ 支持与基础 DCAE 分析框架的接口（运行时、基于服务、可插拔）；

④ 支持 DCAE 数据目录的发布和维护。

（2）运行 DCAE 分析平台，用于在 Hadoop 上构建、测试和部署批量和实时流数据解决方案。此外，还将涉及如下关键引擎：

① 一组初始核心微服务，用于快速助推开发人员使用该框架；

② 适用于常见功能（如从 DCAE RDBMS 读取记录）的适配器或模块 [或 Cask 数据应用平台（CDAP，Cask Data Application Platform）中的流程（CDAP16）] ；

③ 定义支持编排所必需的最小接口（也称为 API）集参数的标准；

④ 规范开发人员必须满足哪些要求才能将其微服务（分析应用）加载到运行时平台上。

（3）DCAE 目录。

DCAE 目录中的元数据将使 DCAE 分析框架用户能够快速发现数据元素 / 指标 / 数据集，并支持他们与其他分析用户共同定义和共享数据集。该功能还可以提供支持 DCAE 分析框架微服务编排所必需的元数据。

该解决方案旨在简化实时应用的开发和部署（如闭环分析、异常检测、容量监控、拥塞监控和警报关联等）以及其他非实时应用（如分析，将合成或聚合或转换后的数据转发给大数据存储和其他类型应用，以监控网络、VNF 和服务运行状况），以支持网络中部署的 VNF 和服务。此外，该解决方案旨在构建生态系统，以便从各种提供商敏捷引入应用来缩短将软件从开发转移到测试和生产所需的时间。分析应用有望由各类企业开发，但它们都在 DCAE 分析框架中运行，并由 DCAE 控制器进行管理（参见第 7 章）。

8.3.3　微服务设计范式

微服务是一种软件架构风格，其中大型应用由具有独立生命周期的小型松耦合服务构成。这一术语在公共领域已经得到诸如马丁·福勒（Martin Fowler）等思想领袖的普及。他关于微服务架构的最早论著表明，这种服务设计的目标是使用一系列服务来构建系统，使用公共核心功能，以及强大的公共 API 来实现这些优势。

（1）易于部署新功能——通常只是对新的微服务进行实例化。

（2）易于维护——服务通常可以独立升级，而不会影响到其他服务。

（3）轻松停用——容易拆除服务（假设没有其他订户存在）。

（4）语言不可知——服务可以采用最适合服务和程序员的语言编写。

我们为微服务和 10 条原则定义了 4 种架构风格，如图 8.11 所示。

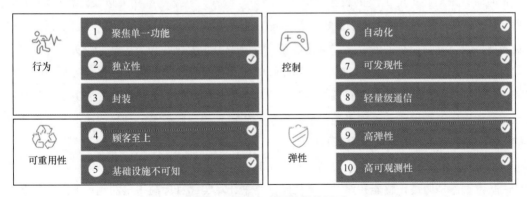

图8.11　微服务应用遵循的原则

（1）聚焦单一功能：微服务架构的风格由可提供单一功能的分离独立服务来构成应用。这允许应用的某些部分随着时间推移而改变和演进，而不会影响应用的其他部分。

（2）独立性：该原则适用于微服务交付的所有方面，微服务必须独立地进行开发、测试、部署、配置、升级、扩展、监控和管理。

（3）封装：微服务必须隐藏实现细节。这使微服务消费者免受他们所消费的服务内部或下游的变化。

（4）顾客至上：顾客至上可让消费者尽可能简单地成功使用该服务。

（5）基础设施不可知：微服务必须具有便携性和弹性。跨主机、数据中心或云来移动服务应该不是问题。在可能的情况下，它们不应该过分依赖静态地址或端口。

（6）自动化：自动化适用于微服务的所有方面。自动化意味着采用 DevOps 以及持续集成 /持续交付（CI / CD）流程。

（7）可发现性：由于微服务是自动部署的，且基础设施不可知，因而需要动态可发现。消费者必须能够查询服务注册表以查找可用实例，然后相应地进行路由。

（8）轻量级通信：微服务必须遵循哑管道、智能终端方法进行通信协议的设计。核心要求是在协议或代理中不实现业务逻辑，且所有域逻辑仍保留在服务端点实现方案本身内部。

（9）高弹性：将应用构建为紧密的服务集，它需要拥有容忍并完美处理各种故障的能力。

（10）高可观测性：提供对请求路径如何进行处理和跨服务流动的洞察和理解。由于大型应用由许多分布式服务构成，因而需要跨所有服务采集、聚合、分析日志和指标。

可以使用不同的范式来测量这些微服务原则。典型实例之一是金属评级（铂、金、银和铜），这些评级反映了微服务与上述原则的匹配百分比。

在分析框架内，我们使用术语"微服务"来描述可重用的开放式分析解决方案，该方案可提供有用输出并提供输入 API 来控制常见数据、计算和控制参数。前面描述的 DCAE 分析和采集框架包括支持对分析和采集器微服务进行管理和运行状况检查的控制器。

8.3.4　控制回路自动化

智能服务采集相关用于提供服务的资源（用户、设备、网络和应用）以及运行环境的信息。然后，它根据这一信息和领域知识做出决策，其中包括为其用户调整服务，并实现服务的个性化。智能服务接收与其性能有关的反馈并进行学习，可以采用 3 个属性来表征智能服务，即预测个性化、自适应和动态（PAD，Personalized，Adaptive and Dynamic）。预测个性化服务是一种预测用户需求、主动采取智能行动并推荐及时且有价值的个性化信息的服务。自适应服务从其所有用户的过去行为中学习并调整其行为来提供良好的服务质量。动态服务是一种鲁棒服务，可以通过可能的服务中断来求得生存和自修复或自组织。

在本节中，我们将说明如何以控制回路系统的形式描述智能服务。这些系统已广泛用于系统设计。基本理念是通过传感器并通过反馈控制回路来计算实际目标与得出的测量值之间的误差信号，以达到误差为零的期望状态。一个实例是家用恒温器，它连续控制加热 / 冷却系统以维持预期室温。这种系统的基本组件如图 8.12 所示，包括用于测量当前温度的数据采集、用于计算预期读数和实际读数之间变化情况的数据分析、用于推荐下一波最佳操作的策略，以及用于执行行动的控制器。该动作可能包括加热开 / 关、冷却开 / 关或什么也不做。

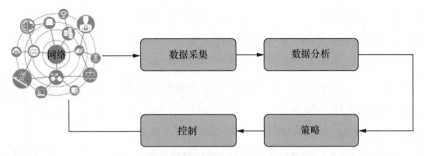

图8.12 控制回路自动化系统的基本组件

在网络管理中，控制回路系统在节省运营成本方面发挥着至关重要的作用。控制回路自动化可分为开环或闭环系统。开环系统从底层云基础设施采集遥测和诊断信息（如系统日志、简单网络管理协议、故障和网络性能管理事件），执行一组分析行动，并为操作团队提供报告或警报。闭环系统持续监视系统的故障、性能、安全性等相关问题，并根据检测到的异常情况来计算一组签名。然后，策略引擎会对这些签名进行解释，并建议采取适当纠正措施来修复系统。系统修复完成后，监控应用会检查状态，以查看系统是否会进行响应，以解决检测到的问题。目标是实现零停机或最短中断时间。

ONAP 中的控制回路系统实现方案如图 8.13 所示。控制回路自动化管理平台（CLAMP，Control Loop Automation Management Platform）包括 3 种基本组件：（1）门户网站，它本质上是一种 Web 浏览器，支持控制回路模板的身份验证、构建、配置、认证、测试、治理批准和分发；（2）工作流引擎，它支持将设计模板转换为可执行数据模型，工作流引擎通过一组定义明确的 ONAP 指定的 API 与 ONAP 进行通信；（3）监控仪表板，它可以实现与控制回路性能、状态更新和故障诊断相关的遥测数据采集。

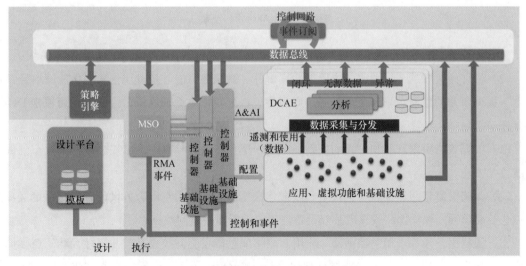

图8.13 ONAP中的控制回路系统实现方案

1. 闭环建模和模板设计

在设计阶段，从目录中检索网络功能虚拟化（NFV）和 ONAP 平台元素的模型，并创建服务链。这有助于在软件生命周期不同阶段以可验证方式快速进行服务组合。旨在创建一种提供现成模板（如虚拟机重启、虚拟机迁移、虚拟机重构、虚拟机转移等）的目录，而这些模板可以通过模型驱动的方法来定制不同的服务。

2. CLAMP 系统架构

CLAMP 架构使用所有相关 ONAP 组件来实现闭环操作。一旦应用设计开发完毕，并将其分发给 ONAP，就会执行如下操作（如图 8.14 所示）：

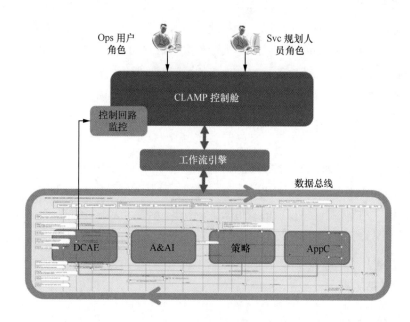

图8.14　CLAMP执行引擎

（1）DCAE 本地（位于网络边缘）从相关虚拟功能采集数据，并将数据发布到数据总线中。

（2）将订阅数据的分析微服务应用于计算事件。微服务可能涉及发现信号变化的简单异常检测器。根据所需的性能水平和可用资源，微服务可以配置在本地或区域云中心，也可以由 DCAE 链接在一起。

（3）根据策略引擎获取和中断的规则，DCAE 平台在遇到异常时输出签名并将其发布到数据总线。

（4）策略引擎订阅该签名并建议下一波最佳操作。该操作通常由服务设计者进行预定义，且可以包括简单通知操作团队或重启某些设备。建议的操作将发回数据总线。

（5）根据服务设计，相关控制器（应用、网络或基础设施）接收操作并执行行动。在虚拟功能重启的情况下，服务控制器将通过标准化协议（如 OpenStack）进行通信并完成操作。它还将向数据总线发布反馈信息，以描述该行动是否成功。在发生故障的情况下，可以根据服务设计自动或手动执行后续恢复过程。如果自动化最终失败，则会向相应运营中心发出票证以进行手动操控。

如前所述，CLAMP 支持模型驱动的方法，其中，服务设计被封装为数据模型并分发给 ONAP。这使闭环服务的快速开发和可扩展性成为可能。

8.3.5 闭环自动化的机器学习

虽然有很多关于机器学习技术应用于多模式和多媒体的相关资料，但对于机器学习和人工智能在软件定义网络中的应用的研究极少。我们发现的一些关键应用包括：

（1）自优化网络（SON，Self-Optimizing Network）；

（2）网络安全和威胁分析；

（3）故障管理；

（4）改善客户体验；

（5）流量优化。

这些应用的共同点是：机器学习和人工智能通过利用闭环自动化范式，有助于提供更多自动化。机器学习通常不执行在无监督学习模型中采用的反应性分析，而基于时变信号有助于提前预测异常或事件。同样，人工智能不采用硬连线策略或规则来指导系统采取下一步最佳行动，而是基于数据、背景、先前的模式和结果使该建议更加智能化。此外，随着系统持续迭代并采集更多数据，机器学习和人工智能可以从成功和失败中学习，并相应调整其模型以实现误差最小化。机器学习和人工智能有助于将系统从静态变为动态，从被动变为主动，如图 8.15 所示。

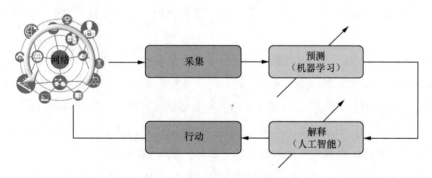

图8.15　用于控制回路自动化的机器学习和人工智能

下面是使用机器学习来预测闭环系统中网络故障的初步实验，旨在尽可能准确地预测网络故障，也就是说，我们对预测在事件发生前网络故障 T 个时间实例的发生情况非常感兴趣。使用大约 50 个可提供网络性能 KPI 的信号。故障可转换为 CPU 过载和系统关闭（见表 8.6）。

表8.6　提前预测 T 次网络故障

预测事件发生前的 T 个时间实例，T 的取值如下	精度
10	81.1%
9	83.3%
8	83.8%

续表

预测事件发生前的 T 个时间实例，T 的取值如下	精度
7	85.5%
6	87.3%
5	92.7%
4	93.8%
3	94.2%
2	94.9%
1	95.2%
	98.0%

注：该数据的每个时间实例都是 5 min。

8.3.6 深度学习和软件定义网络

在网络云中，可以应用深度学习来对网络数据进行分类，以识别安全威胁或检测虚拟功能的性能恶化。例如，可以从支持虚拟防火墙的虚拟机获取内存和 CPU 信号，以监控防火墙的运行状况检测结果。可以训练一组深度学习者在一段时间内预测该防火墙的运行状况。然后，可以通过自动重启防火墙，将流量迁移到另一个防火墙，或发布用于手动干预的票证来消除检测到的故障。

在处理控制回路系统时，可以将相同的深度学习概念应用于解释。可以训练深度学习者将分析信号和场景映射到预定义的一系列策略／行动。在运行时，深度学习者可以选择最可能的策略或行动。学习者可以根据正面和负面的增强情况来动态更新其模型。反向传播算法可用于更新后验概率，以最佳地反映正确的动作／策略。例如，如果学习者预测了不采取行动的策略，并需要采取行动，则学习者将消极强调不采取行动，并积极强调正确的行动。

深度学习的缺陷在于，人们正在做出即时决策，而不是围绕共同目标对一系列决策进行优化。这在识别图像中的对象时非常有效，但是当需要推荐一组关于如何最好地将流量从一个网络节点迁移到另一个网络节点的操作时会出现严重问题。

存在两种可能的方法。第一种方法是使用动态编程或马尔可夫模型的形式，与语音识别中采用的方案相同。基本理念是一组具有在每个时刻计算的相关概率（或成本）的不同决策。然后，基于最小化累积目标函数，应用动态编程来寻找最佳路径。第二种方法是强化学习，这是机器学习的一种形式。学习者会对其行动进行强化，但不会被告知确切的行动。通常，强化学习基于马尔可夫决策过程来制定。目标是实现信用分配或奖励最大化。强化学习者可以根据其当前状态和奖励输入来采取行动。最近，人们在游戏中探索了如何将深度学习和强化学习结合起来，以形成更全面、更强大的人工智能系统。DeepMind 的 AlphaGo 程序在 5 场比赛中有 4 场击败了世界冠军李世石（Lee Sedol），这是一款复杂的棋盘游戏。该系统将蒙特卡罗树搜索与深度神经网络结合起来，这些神经网络通过人类专家对游戏的监督学习以及自我游戏的强化学习进行训练。

8.4　网络数据应用

8.4.1　自优化网络

自优化网络（SON）概念已经存在一段时间，其中一些因素最早来自于记录了各种用例的"下一代移动网络联盟"。2012 年，AT&T 在全国范围内部署了自优化网络，以实现自动邻居关系（ANR，Automatic Neighbor Relation）、负载均衡和自配置功能，这是典型 SON 功能的一个子集，见表 8.7。

表8.7　流行的SON应用

传统 SON 应用	描述	主要优势 / 次要优势	用于 SON 决策的主要数据	典型更新频率
ANR	动态分配邻居列表和每个小区优先级的优先级列表	实现掉线率最小化	通过移动网络报告的相邻小区测量结果	分
负载均衡	测量小区 / 无线 / 站点的负载，并在接近拥塞时进行平衡	最大限度地减少拥堵，降低资本支出	通过无线网络报告的每个无线负载	秒
天线优化	动态调整天线倾角以优化覆盖范围 / 降低干扰	站点停运的覆盖范围 / 质量 / 自我修复	通过移动网络报告的质量小区测量结果	小时一天
节能	在非高峰时段关闭有源发射机	降低资本支出	通过无线网络报告的每台无线负载	小时
自配置	自填充初始站点参数和新站点 / 无线的邻居	降低资本支出 / 质量	网络拓扑，最近的小区	不可用

表 8.7 还说明了为自优化网络采集的某些类型无线接入数据，以及针对数据所采取的 SON 操作的典型更新速率。为了更好地体现所采集的数据和行动更新率，AT&T 目前每天采集 790 亿次网络测量结果，从而要调整大约 140 万次网络。与用于调整网络的典型"人工调整"相比，优秀的工程师平均每天可以进行 10 次调整，这将需要大约 14 万名工程师来完成相同数量的更改，这显然是不实用的。

然而，只有当这些变化对网络质量改善产生积极影响时，才能采集、处理数据和进行网络更改。AT&T 实施 SON 方案后，呼叫保持率提高了 10%，吞吐量提高了 10%，过载问题减少了 15%。或许，令人印象更为深刻的是，在分析呼叫保持能力提高时，因邻居小区丢失而导致的掉话率降低了 50% ～ 75%，这是通过使用 ANR SON 功能实现的，如图 8.16 所示。

类似地，图 8.17 描述了将负载均衡 SON 功能引入小区集群时所呈现出的情况，且最终可以实现网络容量增加。

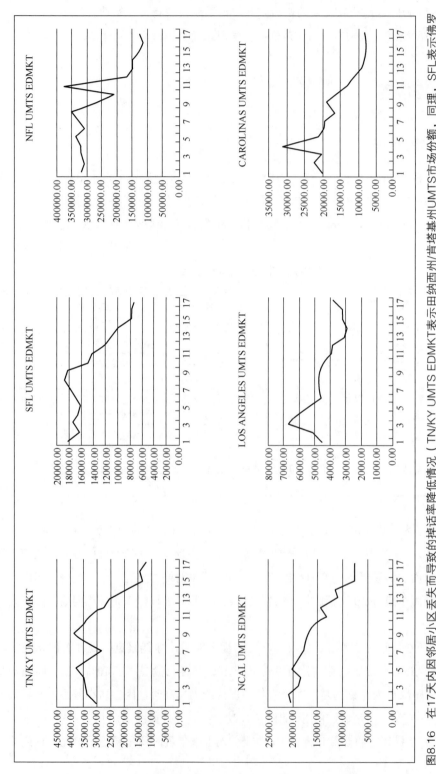

图8.16　在17天内因邻居小区丢失而导致的掉话率降低情况（TN/KY UMTS EDMKT表示田纳西州/肯塔基州UMTS市场份额，同理，SFL表示佛罗里达州南部UMTS市场份额、NFL表示佛罗里达州北部UMTS市场份额，NCAL表示加利福尼亚州北部UMTS市场份额、CAROLINAS UMTS EDMKT表示加利福尼亚州北部UMTS市场份额）

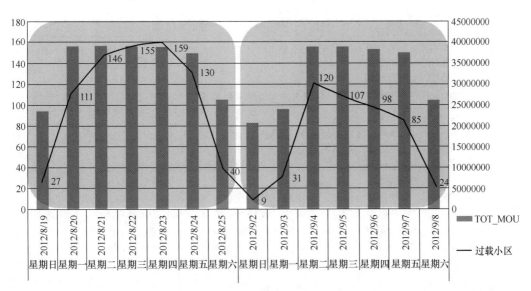

图8.17 采用负载均衡（30%～40%）呈现出的小区过载减少，其中，MOU为使用分钟数

[采用负载均衡之前（2012/8/19～2012/8/25）和负载均衡之后（2012/9/2～2012/9/8）的情形]

上面对 SON 使用历史的描述仅仅说明了 3G UMTS 网络当时的优势，随着网络变得更加密集（更多小区／区域），部署的带宽更高，包含的技术越来越多，规模／复杂性和机遇将会增加。预计在 5G 中，SON 将不仅适用于物理网络，还能够均衡多个网络／供应商之间的负载，并同样适用于"流量定向"和"动态频谱分配"。最后，关于"数据层"，这种 SON 仅部署在无线接入层；当具有更高的优化能力时，未来的 SON 将可以访问完整的数据层堆栈。

从理念上讲，在 ONAP 框架中实现 SON 闭环自动化应用可以通过设计和实现微服务来完成，而微服务定义了来自网络的数据采集、分析处理以及利用 DCAE 和 ONAP 来实现各种 SON 功能的动作。例如，图8.18 和表 8.8 分别展示了 DCAE 框架和 ONAP 架构中的 ANR SON 闭环功能实例。

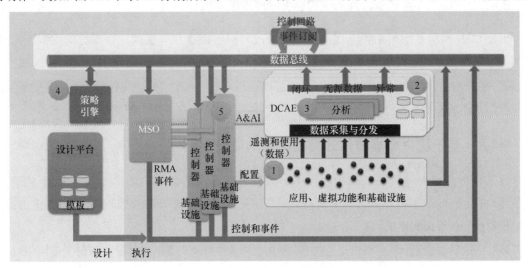

图8.18 DCAE参考架构[参考表8.8中的第（1）～（5）项]

表8.8　ONAP架构中的ANR SON闭环功能实例

D2 SON 功能	（1）用于 SON 输入的主要数据	（2）网络拓扑，当前状态	（3）用于计算的分析	（4）ANR 策略	（5）控制器
ANR	使用 DCAE "批处理或实时采集器"来收集通过移动网络报告的相邻小区测量结果，该采集器收集数据的方式由数据采集器策略 "ANR_collect"定义（参见最右侧列表）	当前的邻居关系（哪些小区可以彼此之间进行切换）。这些结果被存储在 DCAE 中	用于 ANR 的 DCAE 分析微服务分析来自数据总线的 "nbhr_measurements"数据，并计算 "最佳邻居关系"——分析计算策略规则 "ANR"	数据采集器策略 "ANR_collect"：采集器应每隔 X 秒从网络节点 XYZ 获取 "通过移动网络报告的相邻小区测量"数据，并将结果发布到数据总线中；分析计算策略规则 "ANR_analytics"：分析层应基于每个服务小区看到给定小区的次数，来计算每个小区对的 "最佳邻居关系"。它对小区对进行排序，并执行前 N 个小区对的截取。如果它们与拓扑功能中存储的现有邻居列表（通过 API 获取）不同，则分析层将新的 "new_best neighbor_list"发布到数据总线中；操作策略 "ANR_actions"：策略功能应检查数据总线中的 "new_best_neighbor_list-1234"，并将 "implement_nbhr_list-1234"发布到数据总线中，该数据总线主要适用于 "radio_access_Controller"，它在发现 "implement_nbhr_list-1234"向无线接入网络发布 "new_nbhr_list"时，便会根据 ANR 控制器策略 "ANR_controller"由控制器采取行动，且一旦成功，则使用新的邻居关系来更新拓扑	无线接入控制器发现 "change_nbhr_list-1234"，并遵从来自策略的 "ANR 控制器"数据，通过数据拓扑层分析采集器计算策略规则 "ANR"来实时计算 "最佳邻居"

8.4.2　针对内容过滤智能网的客户可配置策略

上述 SON 应用是如何采集无线接入数据来改善网络质量和容量的一个很好的实例。此外，可能存在能够推动网络重新配置的客户偏好。客户偏好的简单实例可以是基于父母控制属性来 "拦截"某些网站。与 SON 中的情形一样，可以设想通过 "实时"采集网站 IP 地址数据来实现这一点，并伴随关于是否已针对给定网站启用父母控制的 "客户专用"策略。

8.4.3　基于历史和当前估计网络拥塞的流量整形

流量整形是另一种网络云应用，可用于改善无线基站活跃用户的第一字节时间（TTFB，Time To First Byte）、吞吐量和时延平均值。通常这是在无线拥塞期间牺牲同一无线信道上的高带宽用户利益为代价来实现的。

针对所选活动会话，流量整形过程在 TCP/IP 数据流中插入时延，该时延与高带宽使用相对应。然后，在基站无线上为这些活动会话分配较少的物理资源块（PRB，Physical Resource Block），从而将其释放用于其他活动会话。流量整形仅应用于基站无线信道上，其中，总使用量（通过大约超过 80% 的平均 PRB 使用率来衡量）表明存在着严重的无线拥塞。

流量整形的第一步是确定无线是否处于拥塞状态，然后确定哪些移动设备正在使用该无线。接下来，我们必须了解每台移动设备正在进行的数据会话类型。最后，我们必须选择性地在这些设备数据会话的 TCP/IP 数据流中插入时延。

在无法实时测量拥塞而只能在很小的延迟之后测量拥塞的情况下，历史数据可用于比较无线相对负载，以估计无线正处于拥塞状态，还是可能出现拥塞状态。图 8.19 和表 8.9 说明了如何实现此项 SDN 功能。

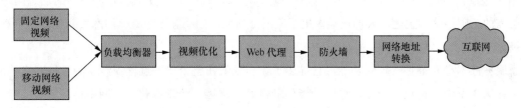

图8.19　传统服务链实例

表8.9　流量整形功能到DCAE的功能映射

D2 流量整形功能	（1）用于限制输入的主要数据	（2）网络拓扑，当前状态	（3）用于计算的分析	（4）策略	（5）控制器
高带宽流量整形	PRB 利用率数值从 VNF 边缘节点进入 DCAE 中；通常在 VNF 分组网关或多服务代理（MSP，Multi-Service Proxy）上观察到的每个互联网域的数据速率也会进入 DCAE 中	当前网络为专有节点上的请求会话（MIME）类型确定基于 QoS 的资源分配；PRB 利用率直接从专有节点发送给 DCAE	用于拦截网站的 DCAE 微分析确定每台基站无线的 PRB 利用率历史数据以及每周、每天和每小时的相关会话数。它还确定当前活动会话数并估计可能产生的当前负载；将所有结果都配置在数据总线上	策略引擎从数据总线和所有特定策略中提取限流微分析结果流程如下。对于当前 PRB 利用率估计值高的基站无线，在"控制器"处插入 TCP/IP 分组时延。"控制器"是 VNF 分组网关或 VNF 多服务代理，它是该无线会话功能之一或 MIME 类型。例如，如果无线负载过大，则我们可以设置策略来限制自适应比特率视频，但不限制 *.jpg 文件传输；将策略结果 / 命令配置在数据上	VNF 分组网关或 VNF MSP 通过数据总线接收具有无线 ID 和拦截级别（基于 PRB 加载级别）的命令以调用诸如"radio_X、throttle class Y"等拦截命令

8.4.4　利用 SDN 来实现录音电话营销成本最小化

在无线网络中，对抗录音电话营销是一项日益繁重的任务，其解决方案也适用于 SDN。在这种情况下，SDN 需要使用已知营销者电话号码的"种子"列表和呼叫详细信息属性来识别录音电话营销者，然后使用机器学习来动态预测其他录音电话营销者。在检测后，可以将电话营销嫌疑人员发送给操作人员进行确认，或者随后对网络重新进行编程以阻止来自可疑电话营销者号码的呼叫。

8.4.5　SDN 和 NFV 的新应用

物联网（IoT）产生的预期数据继续高速增长。实际上，根据最近发表的一篇论文，"普通人每天产生 600 ～ 700 MB 的数据；到 2020 年，这一数据将增加到 1.5 GB……但这一体量与物联网产生的预期数据量相比微不足道：飞机引擎每天产生 40 TB 数据、智能工厂每天产生 100 万 GB 数据。"因此，为了应对来自物联网的数据爆炸式增长，SDN 这一更具自适应特性的动态网络将是必需的。围绕这一主题，人们已经提出了若干个概念，如动态服务链、动态负载管理和带宽时间规划。

服务链本身并不是一项新功能，它描述了数据分组在整个传输过程中涉及的各种网络功能，我们在第 3 章中讨论过。例如，这些功能可能需要防火墙、流量优化器、网络地址转换（NAT，Network Address Translation）设备、Web 代理、负载均衡器和虚拟专用网（VPN），仅举几个例子。在当前网络中，可能包含来自固定网络和移动网络接入的流量，公共核心网络可能是这些功能的默认路由（如图 8.19 所示）。

然而，对于 SDN，数据分组可以使用"服务标识符"进行编程，这也使将数据分组路由到何种类型服务更为必要，如图 8.20 所示。

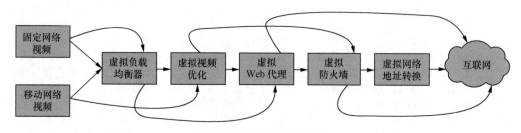

图8.20　动态服务链实例

可以将动态负载管理视为基于当前流量状况来均衡网络负载。在 SDN 驱动的无线网络中，这需要在可能的情况下对不同频谱层、不同无线或相邻小区站点的无线负载进行动态均衡。在核心网络中，这可以构成基于拥塞的不同路由方案，或在需要时动态启用更多计算和存储容量。

带宽时间规划等同于对从设备（如 IoT）到网络上非拥塞时间或位置的网络传输进行调度或定向。在无线网络中，这可能需要定向设备在可用时通过 Wi-Fi 上传，或者将大型非时间敏感传输调度到诸如非高峰时段（晚上）。在这种情况下，SDN 需要与设备动态共享网络传输首选方案，并使它们在非高峰时段上传或下载流量。

第 9 章

网络安全

里察·马蒂（Rita Marty）和布赖恩·雷克斯罗德（Brian Rexroad）

9.1 引言

为了满足数据流量迅猛增加所带来的持续变化的网络需求，服务提供商需要将其基础设施转变为软件支持的架构。这依赖于两种支撑技术：软件定义网络（SDN）和网络功能虚拟化（NFV）。这些技术不仅可以使网络更具动态性，还可以使网络变得更加安全。

在 SDN 和 NFV 架构设计之初，开发人员要将安全性考虑在内。SDN 和 NFV 提供了新的安全功能，可以更轻松地在网络攻击期间最大限度地提高响应速度，并最大限度地减少针对客户的服务中断。SDN 使网络能够进行扩展，用于在攻击期间处理额外流量。通过虚拟化按需防御来保护该网络，该防御可提供安全软件即服务，在分布式云环境中构建，并在云供应流程中进行集成。

上述技术代表了传统安全架构的重大转变。传统的安全方法基于防火墙（FW，Firewall），用于确保企业内部的可信实体免受外部实体通过公共互联网进行不可信访问。边界视图旨在确保位于防火墙内部的企业资产绝对安全，杜绝不可信访问。图 9.1 显示了通常与边界方法相关的可信级别图形表示。

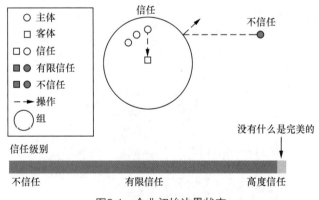

图9.1　企业初始边界状态

近 30 年来，这种边界网络模型一直是安全架构师保护性设计的支柱。但是，因连接决策和演进威胁而导致整个企业对此设置的信任度不断下降。随着企业用户试图访问互联网上的新兴资源，以及电子邮件开始将自己建立为商业通信的首选媒介，企业被迫允许通过可信边界环境进行连接。这是通过制订防火墙规则来实现的，这些规则允许双向连接以支持所需服务，如图 9.2 所示。

这会使不受信任的外部网站和来自不受信任外部网络的电子邮件发件人获得访问权限。随着互联网变得越来越复杂多变，许多新的外部连接开始出现。边界架构不再是有效的安全控制，从而导致关键基础设施服务更容易受到网络攻击。

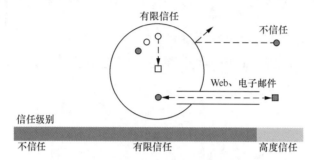

图9.2　采用非传统访问面临挑战的边界模型

　　本章将归纳软件支持网络的安全优势，包括设计增强（如设计时嵌入的安全功能）、性能改善（如缩短事件响应周期时间）和实时安全功能 [如针对分布式拒绝服务（DDoS，Distributed Denial of Service）攻击的弹性]。SDN 和 NFV 引入了新的攻击载体。在实现软件驱动网络安全优势的同时，还需要全面的安全架构来缓解新的攻击载体。本章还将介绍安全架构从基于边界的传统模型到软件支持的动态安全模型的演变。

9.2　SDN 和 NFV 的安全优势

　　向 SDN 和 NFV 支持的生态系统的行业转型将为服务和云提供商提供多种安全优势。行业和标准化组织以及安全供应商正在推动这些安全优势的实现，以实现可扩展的电信级实施。

　　SDN 和 NFV 部署带来的好处可分为 3 类：设计增强、性能改善和实时功能。图 9.3 扩展了每种类型的优点，并对其进行了更加详细的描述。

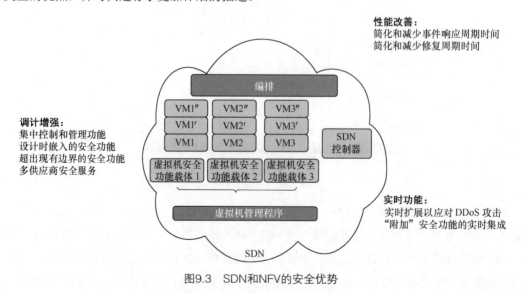

图9.3　SDN和NFV的安全优势

9.2.1　设计增强

SDN 和 NFV 提供灵活性和功能，使安全性能够设计到解决方案中，而不是在网络和其他基础设施构建、定义和设计之后成为附加组件。将安全功能作为设计过程的一部分需要将安全解决方案优化考虑在内。这将导致安全功能被部署在某位置，并采用某种方式，这些位置和方式将提供最佳的安全覆盖范围，同时能够更好地控制成本。NFV 将使安全组件可以部署在需要的位置和较小的单元中，而 SDN 则增加了在哪里部署以及如何部署这些功能的灵活性。

SDN 和 NFV 考虑了根据特定流量来定制安全控制，它支持特定流量流经单台安全设备或多台安全设备，具体取决于需要消除的安全风险，如图 9.4 所示，人们称之为深度防御架构。例如，如果存在泄露敏感信息的风险，则可以引导流量流过数据泄露保护（DLP，Data Leak Protection）控制以及防火墙。在图 9.4 中，供应商 1 的安全工具可以是防火墙，供应商 2 的安全工具可以是入侵检测系统（IDS，Intrusion Detection System），供应商 3 的安全工具可以是数据泄露保护。如果不存在此类风险，则可以绕过 DLP 控制且仅体验防火墙和入侵检测系统控制。这种服务链能力的使用既能在优化基础设施中所需的 DLP 控制数量方面提供更高效率，又能支持非敏感信息更加高效地通过网络（如在信息处理和路由中不易受到 DLP 的控制）。

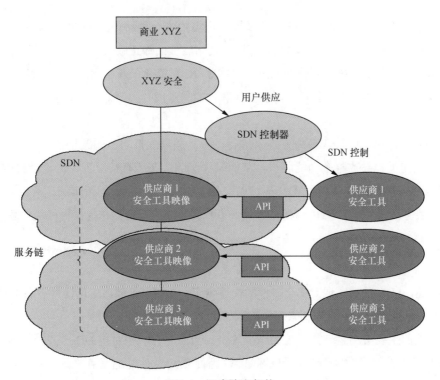

图9.4　深度防御架构

SDN 和 NFV 带来的灵活性还支持对所用工具进行优化。与传统实现方案相比，SDN 提供了混合和匹配所用工具的能力。在传统的环境中，许多安全功能被部署在边界位置。边界控制点支持并鼓励部署更少的大型安全设备。这些设备通常结合多种功能（如防火墙、入侵检测等）。这些工具能够发挥良好的作用，但不一定是所有类型流量的最佳工具，也不一定是适用于所有领域的最佳工具。因此，通过服务链，可以为每种流量按需选择一种最佳安全功能。这可能需要使用来自单个供应商的多个工具或来自多个供应商的工具来完成。可以根据需要实时做出决定并构建流量。此外，与整体环境的广泛需求相比，每种安全工具的大小将由本地需求决定，并由一组边界安全控制提供服务。这种更加本地化的方案能够满足安全要求和需要，由此产生的解决方案要优于基于边界的解决方案。

需要注意的是，在讨论使用 SDN 和 NFV 的设计优势时，这些优势在启动时（如初始设计或部署）以及环境的整个生命周期中都是可用的。推动安全工具的部署以及混合供应商的发展更容易、更快捷。如前所述，摆脱传统的解决方案，可以对每种类型的安全控制进行优化。SDN 和 NFV 还提升了来自多个供应商的特定类型工具（如防火墙）的部署能力，并将特定流量指向该类安全工具中的最佳工具。

所有这些功能都是通过 SDN 及其集中控制器完成的。集中化能够确保安全功能跨基础设施分布，并以协调一致的方式进行工作，从而提供适当且所需的安全性。

9.2.2 性能改善

从性能的角度来看，SDN 和 NFV 可以提高环境的安全性。使用 SDN 和 NFV 可以更轻松、更简单地修复虚拟机（VM）。SDN 和 NFV 通过使用软件的修正版来简单创建功能的新实例，然后将流量重定向到新实例来启用修补系统。SDN 和 NFV 简化了新实例的部署以及向新实例的过渡。除了修复过程更加自动化且对应用的操作和性能基本没有影响外，清单会自动进行更新以反映更改。

事件响应过程也可以采取多种方式来进行改善。假设虚拟功能的某个或一部分实例受到影响，则将其关闭不会导致整个功能脱机，从而减少影响。在所有情况下，无论受影响的是 VNF 的一个实例还是多个实例，使用 SDN 都可以简化 VNF 实例并路由到新实例。对 VNF 新实例进行实例化需要考虑到受影响 VNF 快照的冻结和获取，这将为取证操作提供更好的信息。

9.2.3 实时功能

如前所述，SDN 能够实现对安全事件的快速响应。在安全领域，这包括可能添加额外容量实例，或者通过其他或不同安全控制来路由流量。

实时功能的主要实例之一是对抗 DDoS 攻击。当前，有一些对抗 DDoS 攻击的服务和功能。然而，由于存在丢弃有效或预期流量的风险，因而激活控件时通常存在时延。如图 9.5 所示，SDN 和 NFV 能够扩展受影响的约束资源，以提供更好的性能，直到可以对流量和其他控制的影响进行评估为止。例如，当僵尸网络对应用发起攻击时，应用实例会不堪重负。但是，当观察到出现过载情况时，编排器可以实例化 VNF 的其他实例，以覆盖增加的流量。一旦执行分析并启动其他控件，则可以在需求减少时自动删除其他 VNF 实例。

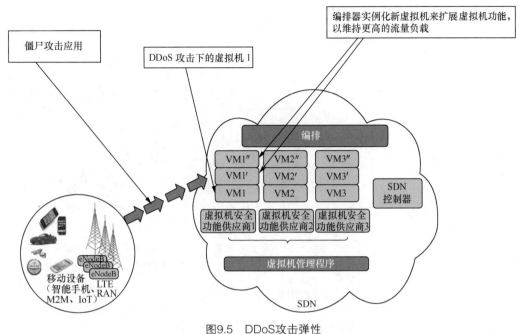

图9.5　DDoS攻击弹性

9.3　安全挑战

在网络中部署 SDN 和 NFV 技术会为诸如架构、技术和运营等许多不同领域带来一些安全挑战。本节重点介绍与 SDN 和 NFV 密切相关的挑战。当然，还存在着许多其他挑战，如云部署挑战。实例之一是在服务器内维护流量，且不让其受到某些安全控制。此外，SDN 和 NFV 还面临着与云部署相同的挑战。例如，部署方案中存在更多软件——既包括云基础设施软件，又包括 SDN 和 NFV 软件，这为将漏洞或恶意软件引入环境提供了机会，并使 SDN 和 NFV 面临新的安全挑战。其他实例包括新流程或修改流程、不同数据流、不同操作流程、基础设施和应用之间的分离及由此产生的影响、与运营团队的协调等。SDN 和 NFV 共同面临的一种挑战是基础设施组件可能以不同方式对应力做出反应——这种应力可能是由特定设备或设施产生的（如失效打开），且这些组件在云环境中的工作机理不同于 SDN 和 NFV 实现方案中的工作机理（如失效关闭）。

从架构的角度来看，SDN 既对网络实施点进行集中控制，又负责分配网络实施点。这提供了用于实现更为协调的控制能力；但是，如果中央控制器存在安全问题，则影响可能会分散在整个网络中。建立一种为访问 SDN 控制器提供巨大阻力的架构和实现方案，能够确保 SDN 基础设施无法被用作攻击工具。

由于实现方案是分布式的，因而控制器和集中式信息源必须拥有与网络结构和分发位置相关的正确信息。将命令发送到不正确的虚拟路由器或交换机可能会产生不良后果。从这一状态恢复可能依赖于退出最新命令和后续分析来确定出现了什么问题以及相应的纠正措施。图 9.6 描述了弹性函数增强的 DNS 放大攻击。

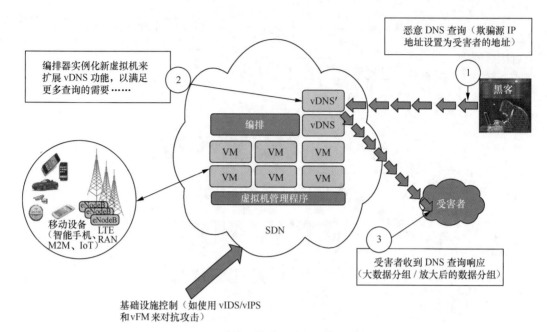

图9.6 弹性函数增强的DNS放大攻击

在这种情况下，对抗 DDoS 攻击（如扩充容量）的优势在应用于攻击机制时可能会变成劣势。攻击者从欺骗性源 IP 地址发送恶意域名系统（DNS）查询。基础设施通过建立额外虚拟 DNS（vDNS）来响应查询的增加，这会使更多攻击流量到达目的地或受害者。这种情形中的解决方案涉及应用传统控制（如防火墙、入侵检测和预防）以及检测和限制破坏的过程。这些控制和过程协同工作以警告异常活动并限制破坏程度。灵活性和控制的平衡将最终决定并限制对受害者造成的影响。这也说明了运营团队需要了解且能够对非预期流量做出适当的反应。

9.4　安全架构

软件支撑网络安全的方法非常全面。安全架构涉及多种安全支撑技术或安全层，包括：（1）云；（2）网络；（3）应用 / 租户；（4）开放式网络自动化平台（ONAP）安全。我们将在每一层设计之初嵌入安全控件。关键需求是使每层的安全控制实体得到较好的协调，以便增强整体安全框架，而不是在信号或危险信号可能会落空和遗漏的实现方案中考虑破解方法。

在这些基础设施的每种核心组件或层中，三大主要平台不可或缺：安全性分析、身份和访问管理以及 ASTRA。这些平台实现了多层防御策略。安全性分析平台提供全面威胁检测和调查功能。身份和访问管理平台提供自适应安全功能，它可通过云中硬件、系统和应用的身份验证及授权来轻松实现防护的目标。ASTRA 为云基础设施提供自适应安全平台。

创建云架构是为了提供一些核心安全保护功能。控制平面与数据平面上 VNF 之间的分离有助于限制安全风险。如果平面之间不存在直接连接，那么攻击和企图窃取信息或数据的行为将会受到严重限制。

9.4.1　云安全

AT&T 集成云（AIC）是指 AT&T 的通用云环境，第 4 章已对此进行了详细讨论。AIC 基于 OpenStack 软件部署，且部署在多个模型中。所有部署模型都建立在 OpenStack 基金会的工作成果上，并根据不同需求进行定制和调整。定义部署模型的因素包括网络拓扑、位置、物理资源可用性以及针对给定位置的应用。例如，由于地理位置的原因，一些站点将被设计用于支持 VNF，而其他站点将因网络连接和基础设施成本而支持更多通用计算需求。根据预期需求、成本等，设计用于支持 VNF 的站点将比用于更多通用计算的站点要小得多。在所有情况下，考虑到常见的 OpenStack 基础架构，它具备处理该位置所需的任何虚拟机或应用的能力和灵活性。

AIC 安全框架是一种核心 AIC 架构和设计决策的组合，其中包含确保并实现某种安全等级的原则。例如，管理和承载流量之间存在的分离的架构需求有助于提供一种固有的安全架构。基础设施内部和基础设施上安全功能和能力的实现和分发进一步构建了安全模型。AIC 安全框架主要基于 OpenStack 提供的安全功能之外的组件，并将这些组件作为 OpenStack 基本功能的一部分。最终目标是拥有一种满足并超出预期的企业安全需求的安全解决方案。

AIC 连接许多不同类型的网络，所有这些网络都有可能对 AIC 安全框架产生影响。针对每种 AIC 模型和数据流的特定安全实现方案基于该实例中 AIC 提供的功能和数据内容。功能和数据定义了在每种情况或流程中应用哪些要求和安全控制，所有这些都可通过 SDN 启用的服务链来实现。

图 9.7 描述了影响构成 AIC 安全框架的安全功能的实现方式、时间和位置的区域。该图的顶层给出了各种云的实现方案，其下层则描述了影响 AIC 安全框架的各种方法、技术、控制和组织。

图 9.7 的顶层描述了设计的范围，其变化范围从（1）基于设计、在某站点上拥有单个 OpenStack 实例的架构到（2）基于多个 OpenStack 虚拟实例、在站点内拥有集中控制结构的架构，再到（3）具有更分散的控制结构、更分散的工具结构的架构。

这些设计会从很多方面影响 AIC 安全框架。从单个 OpenStack 组件的角度来看，OpenStack 组件的移动可能需要新的网络路由，必须对其进行评估和保护。此外，随着 OpenStack 组件的演进，它们可能需要与 AIC 外的系统进行新的交互。从体系结构的角度来看，由于存在新流量和新连接，因而可以通过改变设计（如双虚拟 OpenStack 实例）来创立新的安全需求。这些实现方案中的每种方案都定义了每种实现方案采用哪些安全功能。

图 9.7 中的中间一层突出强调了网络设计在安全框架中具有重要作用这一事实。AIC 依赖于许多不同类型的网络，所有这些网络都会对 AIC 安全框架产生潜在影响。这些网络包括如何将 AIC 连接到外部网络或服务、内部路由，以及如何使用虚拟化。各种网络如何影响安全性的两个实例包括环境内部（SDN 本地网）SDN 的使用以及如何连接网络。SDN 本地网提供服务链功能，这些功能既可以是安全功能（如防火墙、数据泄露保护），又可以是应用功能。这些功能中的每一种功能都将定义或驱动所需和所部署的安全功能，以满足特定流程和功能安全框架的目标。网络的桥接，无论是虚拟的，还是物理的，必须设计用于维护安全。鉴于云实现方案提供的灵活性，

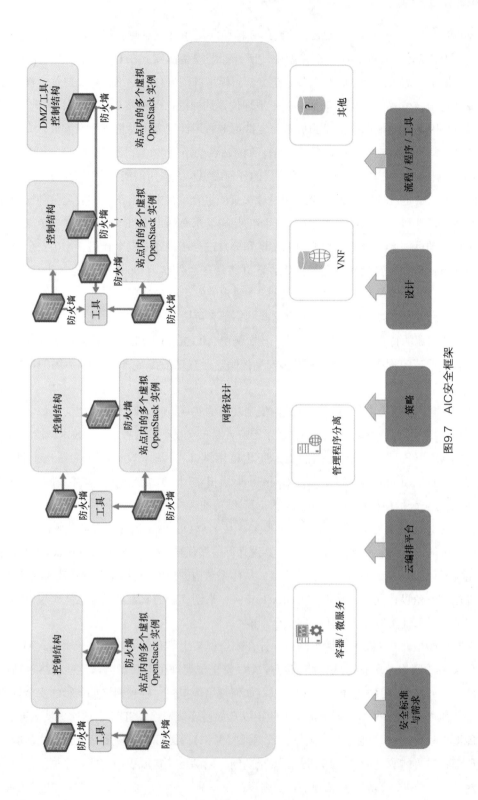

图9.7 AIC安全框架

它必须是核心 AIC 设计的组成部分。

网络设计的下一层重点关注新技术和功能的引入，这是 AIC 的一部分并会对安全框架产生影响。新技术和新功能清单很长，且每种新技术和新功能都会对安全产生影响。例如，容器带来了一种新模型，它可以为应用提供新边界和新结构。它们在实现和保护安全框架方面的作用不容忽视。同样，软件的广泛使用，无论是虚拟机管理程序、VNF，还是其他功能，都会带来额外的风险和交互。需要进行控制（如管理程序分离）和评估，以确保正确理解可能出现的安全问题及其对安全框架的影响。举例来说，如果虚拟防火墙（vFW，virtual Firewall）发生故障时允许所有流量通过，那么这将与当前防火墙设备的标准功能有着显著差异。

图 9.7 中的底层给出了构成安全框架的外部流程和需求。除了安全策略和需求之外，还存在安全和其他策略，以及为实现预期安全等级而实现的操作过程和程序。所有这些都会影响到设计、自动化架构以及云平台的部署和发展方式。

每种新版本 OpenStack 都会提供额外的功能以及需要考虑并纳入安全模型和框架的其他安全功能。需要不断推出新技术和新功能，以推动 AIC 安全框架路线图、实现方案和架构的持续变革。这种实例包括容器和微分段。为了适应这种情况，AIC 安全模型的演进以连续交付的方式实现。这使在创建虚拟机时默认应用适当的安全功能。

9.4.2　AIC 安全演进

AIC 安全框架正在从基于边界的解决方案演变为基于云的解决方案。这种迁移取决于当前的技术状态。一些安全供应商将其产品视为安全设备。为了充分利用 VNF，安全性必须是一项合作开展的工作——由 VNF 提供的功能和服务提供商提供的功能的组合。因此，随着可用安全功能变得更加基于云和以云为中心，所需的安全框架不断发生变化。在图 9.7 中可以看到所有层中发生的这种演变。图 9.8 提供 AIC 安全框架的演进，即从主要基于边界的解决方案到主要基于云的解决方案。

一些基于边界的功能拥有可用的虚拟替代品，而其他功能仍在使用中。该生态系统正在不断发展以支持虚拟安全设备，并正在努力将数据泄露防护、深度包检测、漏洞扫描和防火墙等安全功能从物理世界转移到虚拟世界。在某些领域，该领域的新进入者正在成为破坏者，并正在重新定义如何构建和实现安全功能。虚拟替代品的功能不是很强大或顽健，尽管在某些领域这一状况正在迅速得到改善。

当前，正在优化 AIC 安全框架的演进以支持虚拟环境。这种演进将使 DMZ（一种包含可以采用安全方式为不信任网络提供服务或应用的子网）内的安全工具的使用和管理成为可能，从而增强了云与支撑网络之间的分离。综上所述，即使虚拟化安全组件取代物理组件，基于边界的组件也仍将发挥作用，且 ASTRA 在提供基于租户的增强型安全功能方面的作用被扩展。例如，用于保护 AIC 免受内部网络影响的南向（SB，Southbound）防火墙（反之亦然）是迁移到云的候选方案。另外，保护 AIC 免受互联网攻击的北向（NB，Northbound）防火墙将提供基于边界和云的功能。考虑到流量和位置的数量，北向防火墙是留在边界的候选方案，它将为其背后的所有环

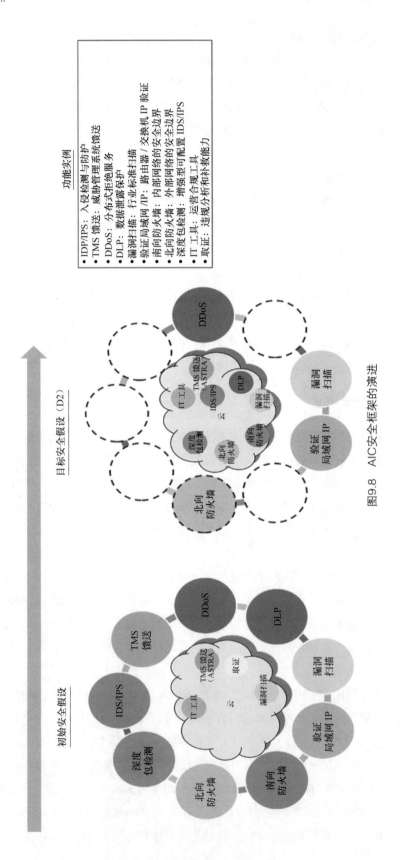

图9.8 AIC安全框架的演进

境提供基本保护，以及可用于限制流量的集中式阻塞点。它还将以租户为基础来提供更加精细和灵活的功能。东西向（OpenStack 租户与租户通信）防火墙的功能将由 vFW 提供并由 ASTRA 进行管理。对安全架构的每种组件进行了类似分析。

将 SDN 引入环境将成为改变 AIC 安全框架的重要驱动因素。它将推动迁移远离当前的某些功能，并启用诸如服务链等其他功能。对其他安全功能进行虚拟化并将其添加到 D2 路线图中，并与 ONAP 安全功能进行集成。随着安全技术的不断发展和成熟，新技术平台正在推动其他集成需求和机遇。

AIC 的目标安全框架将与网络云组件协同工作，以增强、加强和继续构建并优化原始基准安全功能集。借助网络云环境，可以消除初始部署的局限性，且可以为所有 AIC 环境提供安全功能。该功能将在环境中的适当位置实现，绝大多数实现方案都是基于云的。如图 9.8 所示，边界仍然存在，但不会成为云安全的主要租户。为了实现这一目标，需要对安全功能进行大规模虚拟化，供应商和市场正在向前迈进。随着 ASTRA 平台、安全性分析平台、身份和访问管理平台的不断推出，这将带来一种在许多方面优于当前环境的安全框架和实现方案。

9.4.3　网络和应用安全

在基于云的架构中，网元 [路由器、防火墙、网络地址转换（NAT）等] 是云中的租户而不是物理网元。这意味着网元之间的通信和用于管理网元的通信是云的一部分，因而可对网元进行编排，且 SDN 用于管理客户数据连接和管理连接。因此，诸如服务链的云和 SDN 的特征可用于提供新型客户服务以及管理可供应客户服务的虚拟网元。

在包含物理网元的传统网络中，需要注意"强化"网元本身，设置障碍以避免外部人员破坏网元并将其用作攻击网络基础设施的平台。供应商提供特征（访问控制列表、管理端口控制）以助力实现此项功能，而服务提供商可以管理路由器上可用的服务，并关闭网络运行不需要的功能。基于云的架构中使用的虚拟网元也可提供这些功能，且它们将持续用于保护虚拟网元。但是，基于云的架构提供了额外的安全机会。正如虚拟防火墙可以通过服务链接到客户数据路径来为客户提供额外保护一样，服务链技术可用于将防火墙插入虚拟网元的运营、管理和维护（OAM）路径中。这提供了用于检测和防止攻击的附加功能，且具备额外优势，即防火墙是与网元分离的元素。

赛博安全（包括网络安全）是攻击者和防御者之间的持久战。防御者提供保护措施，攻击者寻找突破这些保护措施的方法。双方不断改进其方法。攻击者寻找系统中的漏洞，包括打开防御缺口的未修补漏洞、特定系统架构中的设计缺陷，以及未正确实施设计保护的漏洞。每当防御者发现安全漏洞时都会修补安全漏洞，持续更新其保护措施，监控其系统来寻找遭受威胁的证据，并设计多层安全性，这样如果某层出现问题，则它无法打开整个系统。

在任何时候，可以在现有系统中找到先前的未知漏洞（"零日漏洞"），且攻击者有时会首先发现这些漏洞。因此，防御者需要建立多层防御体系。用于跟踪和记录问题的主动安全方案可以提供有助于在攻击发生时识别问题的数据。

基于云的架构使我们能够在传统网络中采用主动安全方案。鉴于云的功能，如果检测到可疑活动，则可以实时插入其他安全功能，以帮助确定它是攻击还是仅是负载的意外变化。

如果攻击者成功入侵系统，他们所做的第一件事就是掩盖其行踪。他们会清除日志条目并修改配置以隐藏其存在。存在着实质性对策——记录安全参数的更改情况，且通常将所有日志条目发送到远程日志服务器，因而如果系统受到威胁，则无法对日志进行删除。

通过服务将安全组件链接到虚拟网元的 OAM 路径中，我们将安全系统与网元本身隔离开来。服务链接的安全组件在独立的虚拟机上运行，因而即使网元完全受损，攻击者也无法禁用或修改安全组件中的安全检查，这为网络的防御提供了额外的层。图 9.9 给出了一种通过服务链将安全组件链接到 VNF OAM 路径的安全功能。

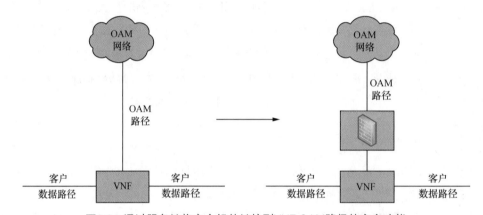

图9.9　通过服务链将安全组件链接到VNF OAM路径的安全功能

各种 VNF 可以通过服务链接到管理路径中，可以采用防火墙、入侵检测系统和入侵防御系统、调试工具、日志分析工具等。在 MPLS VPN 网络设计中，如下基本原则也适用于基于云的架构。

（1）分离。SDN 和基于云的架构使计算资源和网络资源在许多客户之间实现高效、安全的共享。这些相似的技术用于分离云架构中的管理功能。最小权限原则规定，用户（无论是客户还是网络管理员）应该只能访问他们完成工作所需的资源。云架构允许我们使用为不同客户设置不同环境涉及的相同技术来设置单独的管理域。例如，对虚拟机管理程序和用于创建云环境本身的其他资源的管理与客户看到的 VNF 租户管理是分开的。

（2）自动化。ONAP 编排资源支持在负载变化时按需调整网络和计算资源。它还确保包含所有必要的安全功能；安全规则作为给定 VNF 的描述的一部分进行存储，因而当对 VNF 的新副本进行实例化时，将自动包含适当的安全功能。

（3）监控。对物理和虚拟网元进行监控，并按需添加额外容量以满足负载。如果发现潜在的安全问题，则自动化可以通过服务将额外安全工具进行链接来调查情况。可以发送行为不当的 VNF 副本进行取证评估，并重新启动新副本。

（4）控制。卓越的运营需要 24×7 网络运营支持。通过使用单独的 OAM 网络以及在不同安全等级下运行的网络之间部署安全网关来增强运营安全性。这是上面讨论的最小权限原则的一部分。

（5）测试。利用一些"道德黑客"来探测、测试和尝试发现弱点，这在 MPLS 网络部署过程中非常有效。有时，这些黑客会找到一个需要改进的领域，并立即采取措施。

（6）响应。使用分层运营结构来执行安全事件响应。AT&T 拥有成熟的全球三级 24/7 安全运营团队，该团队在新泽西州贝德明斯特的全球网络运营中心进行集中协调。第 3 层的安全分析师支持这一结构，因为事件会使用明确定义的安全方法和过程进行升级。在第 1 层，经过培训的运营经理使用成熟的监控工具来主动识别可能需要响应的条件。第 2 层管理界面监督此类活动，并用于将可能在不同位置产生的条件联系在一起。

（7）创新。第 1 层、第 2 层和第 3 层不断发展，因为安全是一个持续更新的过程。潜在攻击者继续寻找新的攻击和破坏方式，而防御者需要预测并持续构建防御体系。除此之外，计算机网络安全仍是一个异常活跃的研究领域，且经常取得新进展。服务提供商和网络运营商需要随时了解这些进展。

在基于设备的"经典"网络中，安全边界能够保护网元免受攻击。这可能包括路由器中的访问控制、物理防火墙以及用于对网元进行访问的认证和授权系统。通过周密配置网元来设置边界，并使用审计工具定期检查是否有适当的保护措施。由于设置边界需要更改来自许多不同供应商的诸多不同物理组件，因而维护边界是一项复杂且耗时的运营工作（如图 9.10 所示）。

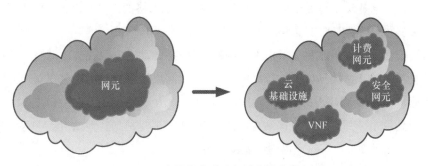

图9.10　边界的演进（灰线代表边界）

在基于云的架构中，边界仍然是一种非常有用的概念，但边界的性质发生了变化。基于云的架构不是包含所有关键资源的一种边界，而是支持关键资源分发，从而支持使用更细粒度的保护规则。基于设备的边界将人类分为"管理团队"和"其他人"，而基于云的架构则允许我们将关键资源划分为更小的组，并支持它们在自己的网络中发挥作用。通过控制对这些网络的访问，我们实施最小权限原则，并使单个攻击者更难对网络的大部分内容构成威胁。

相同的安全最佳实践适用于 SDN 控制器。SDN 控制器（或用于托管 SDN 控制器的虚拟机和服务器）将受到保护，使用的安全机制与保护网络免受各类入侵和漏洞攻击的方法相同。这些安全机制包括软件扫描、安全审计、基于角色和职责的安全访问以及主动 DDoS 攻击防护等。

网络云弹性基础设施使对 SDN 控制器的动态安全控制成为可能。在云平台中部署 SDN 控制器的优势是：如果 SDN 控制器受到破坏，则将其分开、关闭、隔离，并由另一个安全的 SDN 控制器来替换。这种对新 VNF 进行动态实例化以维持 SDN 控制器功能的能力也可缩短故障恢复期。

以下考虑两种可能对 SDN 控制器安全构成威胁的情形。

（1）黑客通过开源代码中的漏洞对 SDN 控制器进行攻击。例如，黑客可利用开源代码中的漏洞并使用恶意软件来攻击 SDN 控制器，而运营团队可以快速检测、分开、关闭和隔离受攻击 SDN 控制器虚拟机，并由另一个安全的 SDN 控制器虚拟机来替换，同时运营团队快速制订消除安全威胁的解决方案（如应用安全补丁来修复开源代码漏洞）。

（2）黑客通过开源代码中的漏洞对 SDN 控制器进行攻击。例如，黑客可利用开源代码中的漏洞并获取对 SDN 控制器的访问权限。需要考虑几种安全性最佳实践来降低此类风险。基于角色的访问控制功能可以限制黑客执行最小权限的活动（如不会中断服务），同时我们可以快速消除安全威胁。可以对网元（SDN 控制器软件）进行安全扫描，以检测已知漏洞。通过快速应用安全补丁可以减少零日（未知）漏洞。

以下范式是架构方面重要的注意事项。

（1）虚拟机防火墙规则的软件定义可配置性将有助于提升 SDN 控制器的安全性。SDN 控制器可以对防火墙规则进行动态修改。例如，SDN 控制器可以动态修改安全网关规则以响应安全事件。在这种情况下，SDN 控制器将修改防火墙规则以动态阻止恶意流量或 DDoS 攻击，从而防止服务中断，这提供了一种利用 SDN 控制器来响应安全威胁的实时机制。

（2）网络云共享基础设施受益于这种安全架构。使用严格的工具和流程，网络云共享基础设施组件受到保护并可持续监控安全事件。

（3）网络云弹性基础设施将支持对 VNF 和网络服务的动态安全控制。网络云按需弹性云平台的所有功能都可防止故障的发生，同时保护 VNF 和网络服务避免出现潜在安全漏洞或受到攻击。可以快速将受攻击 VNF VM 分开、关闭、隔离，并由另一个受保护的 VNF VM 来替换。如果整个站点受到攻击，那么可以将该站点上的所有 VNF 都复制到其他站点上（考虑到冗余的分布式设计，除非在极端情况下这一操作可能没有必要）。

（4）管理程序技术将提供另一层安全性。VNF 可以在任何现代多进程操作系统（任何版本的 Linux）上作为软件模块和进程运行。虽然使用相同的物理硬件，但虚拟化技术（通过虚拟机管理程序）实现了强大的资源分区和虚拟机间的隔离。它进一步为网络云共享基础设施上的每个软件元素实现了强大的虚拟机隔离或分开功能。因此，如果虚拟机受到攻击，则可以终止受损虚拟机，并可以在其他地方对 VNF 进行实例化。

9.4.4　管理程序和操作系统安全

NFV 将诸如路由和防火墙之类的操作移动到管理程序上。图 9.11 描述了引入 NFV 后基础设施组件和网络流量会发生怎样的变化。9.4.3 节重点介绍了传统应用堆栈，其中每个组件都位于物理独立的硬件上。因此，所有网络流量都会遍历物理连接。未来，当操作系统已经实现虚拟化时，当前位于堆栈顶部的某些组件之间的流量可能只能遍历在虚拟机管理程序上建立的虚拟连接。

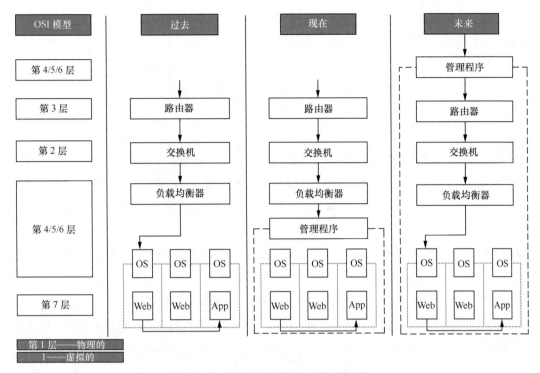

图9.11　管理程序和操作系统安全性

图 9.11 描绘了 Web 应用实例，其中 Web 服务器和应用服务器作为两台单独虚拟机在同一个虚拟机管理程序上运行。传统网络功能（如图中的路由器、交换机和负载均衡器）也可能是同一个虚拟机管理程序上的虚拟机。目前，网络可以遍历单个管理程序中的虚拟链接。虽然最终结果可能完全相同，但从安全监控的角度来看，识别这些组件和组件间相互关系的能力，以及对组件和组件间网络路径进行控制的能力，都需要一种全新的运营方式。针对 3 项新挑战提出的解决方案如下。

（1）隔离。需要为管理程序的安全配置和诸如将工作负载与面向内部和外部的工作负载分离开来的分区策略创立基准。

（2）关系。需要对来自多个源的实时资产清单数据进行关联，以描述堆栈中组件的特性以及组件之间的网络流量信道。然后，这种理解可以将更为有效的安全控制机制配置到环境中。

（3）唯一性。获取实时资产清单的过程必须考虑云生态系统中资产的动态特性。通常，企业会使用某种全局标识符值来随时可靠地跟踪资产。

网络虚拟化的引入进一步强调了维护综合资产清单的重要性。随着单个虚拟机管理程序中发起和终止的网络流量不断增加，理解依赖于该虚拟机管理程序的所有资产将变得至关重要，这只能通过强大的清单实现，而这些清单可以维护与资产有关的信息。

当通过云平台中的编排工具自动生成设备记录时，资产清单有了显著改善。但是，有关缺失或不正确清单记录的问题可能会随着虚拟化环境中资产数量的增加和更为频繁的更改而变得异常严重。

总之，NFV 引入了与连续监控程序相关的三大新挑战。

（1）隔离。网络虚拟化的采用提升了保护管理程序主机的重要性。现在，管理程序上的漏洞可能会影响到所有关联网段和设备的安全框架。

（2）关系。必须在资产清单中始终获取设备与架构中其他层之间的关系。

（3）唯一性。资产生命周期中加剧的波动性使唯一识别设备并随时跟踪其安全状态变得更加重要。

9.4.5　ONAP 安全

ONAP 软件平台为网络云环境的设计、创建和生命周期管理提供独立于产品和服务的功能，以实现运营商级的实时工作负载。它由多个软件子系统组成，涵盖两大主要的架构框架：（1）用于对平台进行定义和编程的设计时环境；（2）利用闭环、策略驱动自动化来执行编程逻辑的执行时环境。

ONAP 执行诸如资源供应（虚拟机）、应用、配置管理（存储、计算、网络）、安全监控和报告等任务。有意或无意地滥用 ONAP 所提供的强大自动化功能，很容易导致 SDN 和 NFV 环境中的服务中断。ONAP 平台的安全性对于 SDN 和 NFV 环境的稳定性和可用性至关重要。

与 ONAP 平台相关的安全性主要表现在两个方面：平台本身的安全性以及将安全性集成到云服务中的能力。这些云服务由 ONAP 平台负责创建和编排。我们将这种方法称为设计安全。

ONAP 中这些功能的引擎是基于应用程序编程接口（API）的安全框架，如图 9.12 所示。该图重点关注了安全平台与 ONAP 协同工作以提供安全功能。安全平台通过一组安全 API 连接到 ONAP。虽然安全平台可以特定于服务提供者，但是 ONAP 框架可以被其他安全平台使用。该框架支持在 ONAP 之外存在的安全平台和应用程序通过设计其协调的服务来利用平台安全性。

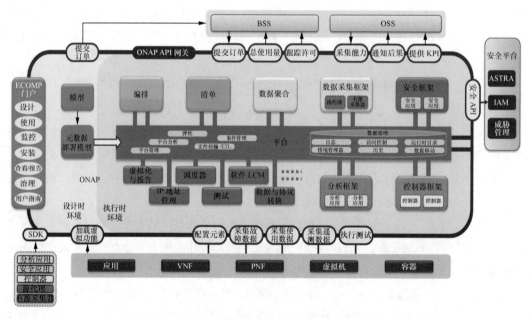

图9.12　ONAP平台和接口

平台的安全性始于强大的安全需求基础，采用安全最佳实践作为 ONAP 设计的固有组成部分。一些实例包括：

（1）在安全的物理和网络基础设施上部署平台；

（2）遵循安全编码最佳实践；

（3）源代码的安全性分析；

（4）漏洞扫描；

（5）已定义的漏洞修补过程。

在此基础上，通过利用 ONAP 安全框架，将提供额外安全功能（如身份和访问管理、微边界控制和安全事件分析）的外部安全平台集成到平台上。

通过使用安全信任模型和引擎，ONAP 平台还可以针对它编排的服务来支持设计的安全性。这项工作始于对资源安全性的验证，可作为 SDC 资源认证过程的一部分。这样可以确保服务设计人员使用已考虑安全性的资源模块。通过利用 ONAP 安全框架来访问外部安全引擎，可以在服务创建期间应用和实施其他安全逻辑。

ONAP 是一种可提供多种服务的平台。考虑到 ONAP 平台的固有安全性，它也是提供安全即服务的有力手段。在许多方面，安全服务类似于引入的其他服务。但是，必须通过本质上安全的平台和基础设施来提供安全服务。安全服务可以是访问控制、认证、授权、合规性监控、日志记录、威胁分析、管理等。这可以通过托管 vFW 实例进行说明。使用客户门户网站、客户提供的信息，以支持 ONAP 能够确定和编排防火墙配置方案。此外，可以在架构内的适当位置对防火墙能力（如规则、第 7 层防火墙）进行实例化。如有必要，也可以将诸多安全控制和技术（包括防火墙、URL 禁止等）的服务链进行服务链接。作为整体安全架构的一部分，来自防火墙的日志数据可由 DCAE 进行采集，并由威胁管理应用程序利用这些数据执行安全性分析。如果检测到威胁，则可以采取各种措施，如更改入侵防御系统（IPS，Intrusion Prevention System）设置、更改路由或部署更多资源以更好地阻止攻击。这可以通过 ASTRA 与 ONAP 协同工作在整个基础设施中部署适当的更新来实现，从而最大限度地减少由安全威胁引起的服务中断。

SDN 增加了对应用软件的依赖，这会带来新的优势和挑战。优势包括诸如容器等新型分区方案，以及通过与持续集成（CI，Continuous Integration）、持续部署（CD，Continuous Deployment）和缺陷管理工具进行集成实现自动化的机会。主要挑战是保持对传统安全软件开发生命周期（SDLC，Software Development Lifecycle）措施（如威胁建模、安全测试和漏洞修复）的重视。

在 AT&T 的网络云实现方案中，VNF 被加载到 SDC 模块中。在分发到运行时环境之前，所有 VNF 都要经历认证测试。这项工作的总体目标是将针对一些关键安全需求和最佳实践的测试纳入 SDC 中的 VNF 认证过程。在这一过程中，需要对 VNF 进行评估（约 35 条安全需求）。目标是自动执行此项合规性功能。对这些安全需求进行自动评估可分为两部分：

第一部分：上游自动化

上游处理涉及对 VNF（资源模块或服务）相关数据点的定位，以确定：

- 特定的安全要求是否适用；
- 通知评估的 VNF 所有者，执行此次评估以确定安全要求是否有效。

第二部分：下游自动化

下游处理涉及根据第一部分确定的相关安全要求对特定 VNF 进行评估，主要包括：

- 判定每项安全要求的有效性并提供合格 / 不合格的结论；
- 向 VNF 所有者传输每项控制措施的结果，包括有关补救要求的说明，以获准分发。

上游和下游自动化均由 ASTRA 安全认证引擎负责执行，此项功能充当独立应用控制器的角色，负责监督 VNF 加载、认证和分发过程的安全问题。

9.5 安全平台

如前所述，AT&T 云架构的安全性基于多层防护策略，包括 3 种关键平台：(1) 身份和访问管理（IAM）；(2) 安全性分析；(3) ASTRA。

身份和访问管理平台源于全面的身份和访问管理（IAM）方法。该方法超越了诸如自创密码等传统方法。强大的多因素保护功能包括用户凭证、生物识别信息，且用户移动设备可以轻松提供硬件、系统和应用的保护措施。

ASTRA 是一种细粒度安全策略引擎，可以在云边界、租户和工作负载级创建"保护环"。这些"保护环"可充当每件需要保护资产的微边界。为某件资产创建的安全策略可以自动应用于该资产的新实例。ASTRA 可以为云提供定制保护，而不是采用一刀切的安全方法。利用 ASTRA，可以围绕云中的每个对象来拆封安全性。

安全性分析是指在网络上查找异常行为或恶意活动。安全性分析平台可以检测恶意活动，并利用 ASTRA 自动执行缓解策略。安全性分析平台使用来自 ASTRA 和 ONAP 数据采集引擎的事件数据来快速检测和表征多种类型的攻击，从而为尽早缓解攻击提供有价值的信息。

分析师团队可以采用大数据技术来提示异常情况的出现。自动数据采集和虚拟化可帮助分析师快速确定攻击特征，且智能代理可自动更新 ASTRA 中的策略。这些新策略可在所有当前和新的云资产中快速进行传递。

当前，不断发展的网络威胁形势要求人们持续关注安全性。强大的身份和访问管理机制、ASTRA 策略引擎和安全性分析平台是编排一种顽健、自动化和多层云防御策略所需实体的重要组成部分。

9.5.1 安全性分析

安全性分析具有两大基本功能。

（1）安全性分析旨在识别最初未预料到的潜在误用、滥用或攻击行为。因此，目标是定义可用于检测各种滥用的通用分析或工具。

这些分析或工具通常分为两类：① 基于签名的检测（使用标识符来检测已知攻击和滥用的征候）；② 行为分析（检测活动中的异常情况，并确定异常情况是否与安全相关）。

（2）如果存在安全问题的迹象，则安全性分析进一步提供调查（寻找）存在问题的证据的手段，并提供学习修复问题所需活动的手段。

在网络服务环境中，人们持有以下两种观点。

（1）对提供服务的平台的完整性进行验证。这包括重视用于托管应用的云基础设施的完整性，确保云基础设施内的租户应用是安全的，确保与创建、删除和配置基础设施和应用相关的任何控制功能都能受到保护，使其免受未经授权的更改。

（2）验证服务上的活动不会影响服务的可用性。通常，网络服务的职责是将流量从源传输到一个或多个目的地。作为网络服务提供商，遍历网络的数据机密性非常重要。但是，确保服务的可用性也非常重要。事实上，任何大型网络服务的客户都会遇到无法控制甚至会影响网络服务提供商安全的问题——受攻击的机器、僵尸网络、DDoS 攻击等。在这种环境中，安全性分析的目的不是监管网络，而是提供一种用于检测攻击载体、趋势和指标的方法，这些攻击载体、趋势和指标最终可能会影响正在向客户提供的服务。这通常表现在对活动的定量评估，而不是对离散事件的检测问题方面。例如，我们不希望某个客户存在安全问题，从而影响到为任何其他客户提供的服务。

安全性分析组件

任何分析都会导致某种响应操作。通常，分析算法重点关注异常检测概念。但是，还存在许多其他能够产生适当响应的功能。

（1）数据预过滤和选择。存在各种来源和可用的数据类型，选择顽健、干净的数据以及数据格式非常重要，这些数据格式将提供网络和基础设施上感兴趣事件的良好指标。

（2）异常检测是一种标记感兴趣情境的手段。这包括基于签名的检测以及检测异常行为（如大规模事件）。

（3）详细信息采集和表征。此步骤可能包括相关性，但相关性是详细信息采集的子集。目标是发现和采集可能与解释和量化事件相关的任何相关数据。例如，如果在特定 TCP 端口的特定时间段内存在大规模异常，请确定哪些地址正在发送数据以及数据接收方是谁；数据传输持续了多长时间；有没有过往案例；是否存在其他异常或与地址相关的威胁情报；是否存在其他已被确定为具有相似特征的安全相关事件；TCP 会话看起来是否合法和完整；它们是否拥有连接失败或者可能未成功连接的迹象；在异常情况出现之前是否存在成功的连接。

（4）解释可能是这一过程中最困难的一步。系统和人都无法准确解释信息不足的情况。通常，引入手动过程并非因为缺乏自动化，而是因为做出决策所需的信息来自于分析环境外部。如果分析人员需要与他人协商进行解释，那么只有将这些人所拥有的信息合并到处理环境中，这一过程才能实现自动化，如图 9.13 所示。

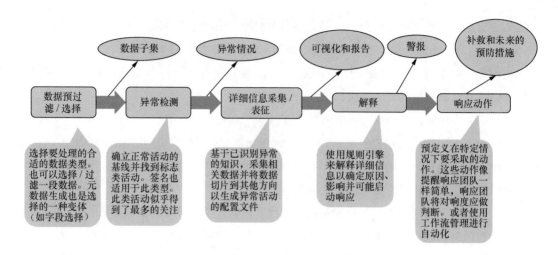

图9.13 安全性分析算法通用模板

9.5.2 身份和访问管理

身份和访问管理（IAM）服务是任何虚拟化策略的关键组成部分。随着云基础设施的动态扩展和收缩，每个新节点都必须配置适当的机器、用户身份和凭据。实际上，云产品的成熟度通常可以通过 IAM 功能来衡量。如果没有 IAM 功能，则这些产品将难以为重要业务应用提供可行性。所有主流云提供商都专注于发展其 IAM 实现方案。

虚拟化为 IAM 生态系统增加了几个附加层，从而产生了机会和潜在威胁。管理程序能够为虚拟机（VM）提供物理资源，且软件定义网络功能可以为特定虚拟机及其虚拟接口动态创建网段。通过所有这些抽象层和动态可配置性，管理程序和编排工具成为攻击的主要目标。

诸如 IAM 平台之类的安全模块为 ONAP 解决方案提供了关键的安全功能。访问管理增强功能可为 ONAP 门户和相关前端提供预防性和检测性访问控制。还存在细粒度授权功能的选项。对于身份生命周期管理，IAM 提供用户配置、访问请求、批准和审核功能，并拥有高效的角色设计能力，以最大限度地减轻管理负担。

1. 身份生态系统

身份生态系统涉及用户、客户端应用和资源标识的安全问题，如图 9.14 所示。

2. 最终用户身份

最终用户将与需要访问控制层的各种业务应用进行交互。对于具备控制层特权访问权限的用户来说，从 IAM 角度进行适当的审查是至关重要的，认证方法如图 9.15 所示，并且要求：

（1）在数字身份创建之前进行身份验证；

（2）强大的身份认证功能：

① 多因素认证，重点关注生物特征和基于所有权的因素；

② 基于风险的分析，按需重写静态身份验证策略。

（3）基于属性的访问控制（ABAC）和基于风险的访问控制可简化授权管理并限制访问范围。

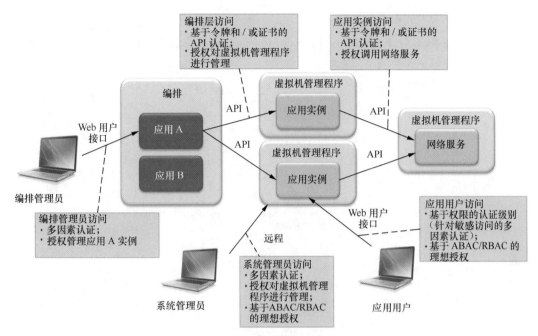

图9.14 网络云身份场景实例

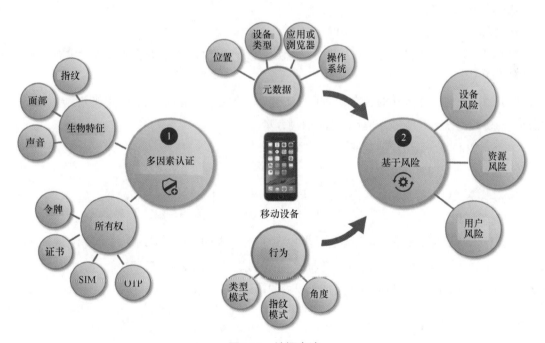

图9.15 认证方法

图 9.16 突出强调了最终用户标识类。

（1）员工和承包商。此类型在结构上等级分明，包括 ABAC/RBAC 策略在内的广泛授权。

（2）客户：

① 消费者 [商家对消费者（B2C，Business to Consumer）] 身份具有有限的层次结构，但从对

等（朋友概念）的角度来看更为复杂；

② 商业客户 [商家对商家（B2B，Business to Business）] 身份的变化范围从小型企业客户的小型和简单到大型签名客户的分层和复杂。

（3）供应商。这些身份允许供应商访问并经常支持其解决方案的实施。

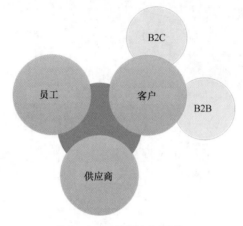

图9.16　最终用户标识类

3. 客户端应用标识

需要批准每种业务应用对控制层的特定访问（最小权限）。

（1）对于客户端凭据访问模式，每个应用实例必须具有唯一凭据，并在安装时发布，通过自动编排来实现。

（2）需要访问资源 API 的客户端应用的首选访问模式是使用 OAuth 2.0 实现方案中授权服务器颁发的资源凭据。在理想情况下，这一解决方案：

① 已完成对客户端应用的认证；

② 如果可能，则对最终用户进行认证；

③ 对基本授权进行验证，并为特定请求客户端应用实例分发唯一的资源凭据。

4. 资源标识

资源标识用于对特定资源进行定位。考虑到基于 DNS 的全局负载均衡，诸如 IP 地址之类的关联属性作为网络标识可能是动态的。同时，考虑到数据中心级流量管理功能，诸如负载均衡器（客户端指向虚拟 IP）的关联属性也可能是模糊的。

9.5.3　ASTRA

1. ASTRA 概述

ASTRA 是一种创新的安全平台，用于保护云环境中的所有内部应用。ASTRA 生态系统和框架使虚拟安全服务能够通过 API 和自动化智能配置轻松交付，并基于特定应用需求创建围绕特定应用的微边界。该项目使用敏捷软件开发方法，将内部开发软件与开源和供应商解决方案进行集成，以创建一种可扩展架构。

ASTRA 的生态系统可向所有计算资源提供动态安全保护，因为它可提供如下功能：

（1）在配置工作负载对象（单台虚拟机）时，微边界安全保护"环"的自动编排；

（2）工作组（工作负载对象集）"保护环"的自动编排；

（3）使用 API 通信到工作负载、工作组和经典边界保护系统的动态安全策略配置；

（4）针对授权用户系统的安全事件采集和转发；

（5）安全管理员的用户界面支持（如图 9.17 所示）。

图9.17　ASTRA架构功能

ASTRA 使用类似机器人的自我修复架构来实现这些功能，该架构从设计之初就使用 API 服务来实现灵活且可管理的环境，以支持与市场的领先安全技术的集成，并成为第三方解决方案集成商的开放系统。ASTRA 使用 API 可以实现安全策略和配置的有效通信和控制，以及与类似于外部业务系统的资产清单、威胁管理和记录保留服务的无缝集成。

ASTRA 利用 SDN 实现云或物理数据中心安全保护，并利用 OpenStack 和其他云集成环境中提供的新技术功能为云提供南北向和东西向保护。安全功能虚拟化（SFV，Security Function Virtualization）是 ASTRA 的标志。SFV 是 ASTRA 的关键推动因素，能够以经济、高效且规模适当的方式来实现工作负载所需的动态和智能安全保护。

如前所述，当前的安全挑战部分源于以下事实，即经典边界不再真正存在或变得相对透明，以至于人们常常感觉它不再存在。与合作伙伴交流信息的需求、使用移动自带设备（BYOD，Bring Your Own Device）以及更复杂的高级持续性威胁（APT，Advanced Persistent Threat）攻击是导致系统故障的关键因素。企业授权将其 IT 服务迁移到云中，这使原本非常复杂的问题正在进一步恶化——在云中，从未对传统安全保护方案进行充分设计以用于保护关键业务系统。

ASTRA 试图提供工具和技术以协助解决这一难题。

2. ASTRA 系统概述

ASTRA 功能架构如图 9.18 所示，ASTRA 架构可被分解为多个层，即松散划分为 ASTRA 核心和 ASTRA 外围。

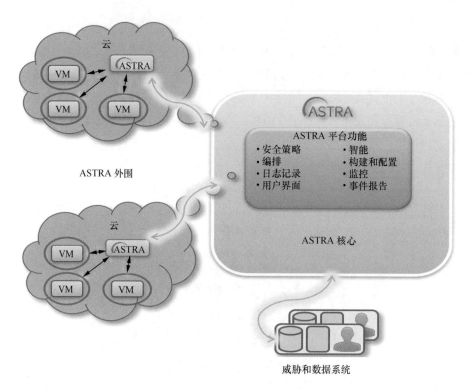

图9.18　ASTRA功能架构

　　ASTRA 核心环境是一种专门构建的集成平台，可提供丰富的命令和控制系统集来管理企业和服务提供商规模的云计算环境。ASTRA 核心平台提供有效管理基于云的安全性所需的关键任务功能，主要包括：

　　（1）安全策略和控制的智能创建；

　　（2）对安全策略审计的支持；

　　（3）获取和维护云对象清单；

　　（4）编排安全策略的动态实现方案；

　　（5）获取和管理海量安全事件日志；

　　（6）为授权管理员和系统所有者提供即时通知服务。

　　ASTRA 核心使用综合性用户界面门户来提供这些功能，还与其他密钥管理系统无缝互操作，诸如运营支撑系统（OSS）、商业智能（BI，Business Intelligence）系统、ONAP、IAM 以及安全性分析系统。

　　ASTRA 外围为 ASTRA 提供了管理和控制分布式云环境安全保护的能力。轻量级 ASTRA 外围与 ASTRA 核心协同工作来提供一整套指挥和控制功能以及遥测服务，以确保有效的安全管理（包括分布式安全事件采集和管理将事件数据分发给授权用户的过程）。可以对 ASTRA 外围进行扩展，以实现在分布式云环境中运行的任何服务。

　　ASTRA 总体架构有效性的关键因素之一是它利用 API 来实现开放有效的集成策略。使用敏捷开发技术和持续集成（CI）模型可提供动态和响应式软件交付功能，以支持新特征和新功能的引入。

3. ASTRA 深度防御

多年来，云计算的发展对网络安全形成新的挑战，安全边界不断遭到破坏，AT&T 在这一领域积累了丰富的经验，拥有业界领先的云安全实现方案以及安全边界问题的解决方法。解决方案基于对保护层的信任，但在如今的 ASTRA 模型中，控制将以全新的方式来实现。在这种方式中，需要对安全保护措施进行动态校准并使用同心环供应给业务应用，以提供无缝、智能的企业安全模型。

需要微边界控制来保护云平台环境，尤其是诸如网络云等关键计划。这些微边界可为东西向（从虚拟机到虚拟机）通信以及南北向（从外部到内部）通信提供安全性。ASTRA 安全生态系统和框架使这些微边界虚拟安全保护能够通过 API 轻松实现，并使用智能配置自动进行编排。结果是微边界对每台虚拟机和采集系统（租户和项目）进行保护，然后扩展到整个计算中心。总之，围绕每台虚拟机，每种应用以及计算结构周围都支持安全性。

ASTRA 通过 SFV 以及动态实时安全控制来实现这一点，以适应不断变化的威胁形势。例如，通过采用大数据分析技术进行安全性分析，ASTRA 按需支持虚拟安全功能，利用支持 SDN 的网络，来对安全威胁进行动态缓解。

我们将从微边界开始深入研究安全防御的每一层，并向外拓展至租户或项目层面，最后扩展到经典边界。最细粒度的安全控制是在每种计算资源之上（或周围）构建智能微安全保护——在概念上称为每种资源的"一圈"，具有该资源特别需要的保护措施。在创建资源时，会对这些微边界自动进行配置，并为资源供应工作提供必要的策略控制。这种"工作负载"策略管理可作为供应流程的一部分来构建，并通过基于 API 的编排进行维护，以满足工作负载不断变化的需求。

微边界的概念视图如图 9.19 所示。虚拟机（工作负载）1 拥有"3 个安全环"保护措施，包括 URL 过滤、防火墙和入侵防护系统（IPS）。在图 9.20 中，工作负载仅需要包括防火墙和入侵防护系统在内的两个微边界。基于每种系统提供的服务，每个边界都拥有与工作负载一致的特定策略。

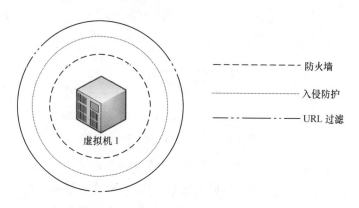

图9.19 虚拟机1上的微边界概念视图（3个环）

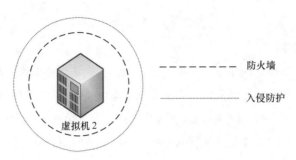

图9.20　虚拟机2上的微边界概念视图（2个环）

　　这些微边界的实现形式为 SFV 对象。这与传统安全系统的实现形式不同，因为 SFV 的实现形式为"纯软件"且隶属于使用 SDN 技术的工作负载。

　　这种控制水平可为先前云和实体钢铁企业环境的"软黏性中心"提供保护。这些保护通过在先前不存在的虚拟机之间提供东西向保护来关闭该"软黏性中心"。

　　为了将安全保护技术扩展到单个工作负载对象之外，ASTRA 安全性构造还通过对租户级或项目级保护进行配置和编排来提供额外的保护层。可以将租户视为从工作负载对象（虚拟机）到工作组集群的逻辑分组。这一工作组或逻辑租户分组不受物理网络的约束，且可在地理上呈现分布式特征。

　　通过为工作组配置和编排更高级别的策略，可以使用额外的保护环来保护整个租户组的安全。工作组边界保护与微边界保护结合使用，同时支持可保护整个工作组的备用保护技术和策略，如图 9.21 所示。

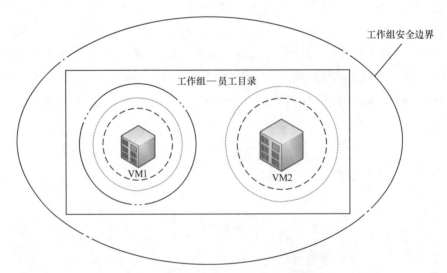

图9.21　工作组/租户级边界的概念视图

　　工作组保护模型对直接应用于单个工作负载对象的访问控制进行了扩展，并充分考虑了可以保护对工作组中所有逻辑对象进行外部访问的策略控制，这些工作组不受对象所在网络和系统拓扑位置的影响。这样，东西向的保护范围扩大，并为整个工作组提供了强有力的、更高级别的南北向保护。工作组保护可以支持在工作负载对象级无法有效实施的策略控制。下一个安全环通过添加边界保护来完善保护模型。

4. 网络边界（经典网络保护）

如前所述，经典边界保护策略本身无法完全保护当今企业，特别是在云计算环境中。但是，与多层保护策略结合使用，网络边界仍然是协助保护当今企业数据中心环境的一项重要功能。当与智能动态策略配置和编排协同工作时，传统边界安全技术提供的这种网守功能仍然可以建立高度可扩展且有效的第一级防御功能。图 9.22 给出了经典安全边界的单站点概念视图，而图 9.23 中的安全边界共同跨越多个数据中心站点，它将边界保护扩展到整个企业。

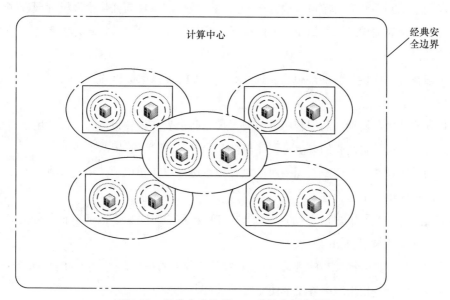

图9.22 经典安全边界——单站点概念视图

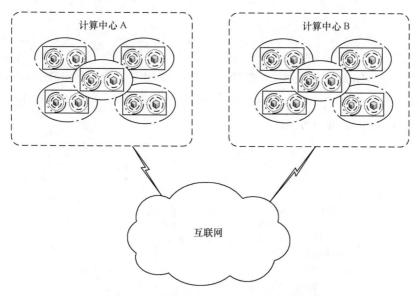

图9.23 经典安全边界——多站点概念视图

这些安全保护层的组合提供了从最小的工作对象、工作组到企业数据中心的全面保护策略。这种多层保护模型依赖于智能动态配置和编排，以实现内聚和弹性安全保护。

9.6 进一步研究的主题

本节重点介绍了修补虚拟机管理程序漏洞的未来研究和开发的潜力。管理程序强化和虚拟机非隔离是修补管理程序漏洞所需的研究和开发领域。在隔离虚拟机以实现内部和外部公开资源的分离时，我们意识到滞留的资源可能成为一个问题，且正准备转向强化虚拟机管理程序以消除隔离需求。这种强化的关键组件将是使用可信执行、扩展修补生命周期、权限升级检测、CPU 关联性和缓存着色等。

（1）可信执行。实例化时的虚拟机验证 / 平台验证将确保虚拟机的正常启动，并在相应的虚拟机管理程序上运行。

（2）扩展修补生命周期。利用智能修补技术仅更新已安装软件包的补丁，利用虚拟机替换的映像修补，以及其他技术，我们有望对硬件与管理程序一样进行增强。

（3）权限升级检测。在用户空间中对已执行指令进行审计和记录，将支持我们检测程序何时在没有合法授权的情况下运行过。

（4）CPU 关联性 / 反关联性。我们可以通过 CPU 核心组来隔离虚拟机，而不是使用服务器进行隔离，以实现某些级别的侧信道攻击。

（5）缓存着色。许多已发布的侧信道攻击使用 CPU 上的共享 L3 缓存，诸如 SteathMem 之类的项目已经找到了一种使用缓存着色来使侧信道攻击失效的方法。

致谢

我们要感谢首席安全组（Chief Security Organization）的许多同事为本章内容做出的重要贡献，以及他们多年来对 AT&T 卓越安全中心的贡献、领导力和热情。特别感谢 Dan Solero、Johannes Jaskolski、Dan Sheleheda、Don Levy、Rick Huber、Rebecca Finnin、Shawn Hiemstra、Jason Godfrey、Craig Gentry 和 Deon Ogle。

第 10 章

企业网

迈克尔·萨特莉（Michael Satterlee）和约翰·吉本斯（John Gibbons）

当前，虚拟化正在改变企业内传统网络功能的使用方式。路由器、防火墙和其他网络设备公司正在采用软件业务模型，该模型支持企业利用计算工具来处理先前需要专用硬件平台的功能。从本质上讲，当前企业域内的网络部署是静态的、不可编程的。许多网络都通过直接命令行界面（CLI）访问或通过基于脚本的简单工具进行配置。这样使网络工程师无法满足基本业务请求来提供诸如按需带宽、速率限制、动态服务质量、安全策略更改等动态网络服务。SDN 架构使完全可编程物理和虚拟网络成为可能。在这些网络中，企业可以快速灵活地部署高价值的网络服务。

企业网充斥着来自许多供应商的设备，每种设备都使用专有硬件，并提供诸如路由、交换、防火墙安全、入侵防御系统 / 入侵检测系统（IPS/IDS）、缓存、广域网（WAN）加速、分布式拒绝服务（DDoS）监控、流量分析等独特功能。

此外，大多数这些单独的产品都自带单独的管理产品，有时需要来自不同供应商的其他产品。例如，在管理多台防火墙设备时，单独的防火墙管理解决方案可用于管理路由器或交换机。实质上，专用硬件设备的广泛使用和缺乏完整的方案方法也在很大程度上导致企业网环境变得复杂、昂贵且不灵活。软件定义网络（SDN）和网络功能虚拟化（NFV）等新技术为简化这种网络环境提供了机会。

可编程性使网络管理员通过创建诸如网络功能应用商店之类的概念来对云中和客户端服务进行动态实例化。这些网络功能可以作为增值服务向客户提供。可编程性为托管 LAN 和 WAN 服务带来更多好处，服务提供商可以为嵌入客户 LAN 环境中的设备提供统一的多供应商解决方案。

本章将讨论如何利用这些技术为企业客户创建下一代客户端设备（CPE）产品和托管服务。

10.1　网络复杂性的演变

任意规模"网络"的基本作用是支持用户能够以可靠、及时和安全的方式来访问服务和资源。

但是，随着时间的推移，与"网络"相关的功能需求已显著增加。目前，可将许多新功能视为核心需求以及用户访问的启用。某些功能实例包括：

（1）用于消除安全威胁的功能——防火墙、IPS/IDS、恶意软件 / 病毒防护、Web 代理等；

（2）用于授权和认证用户的功能；

（3）用于支持传输级安全的功能；

（4）用于优化流量的功能，如 WAN 加速方案、内容缓存方案等；

（5）用于在不同位置、不同服务器和不同网络之间对流量进行负载均衡的功能；

（6）用于优化网络使用成本的功能；

（7）用于管理远程访问和自带设备（BYOD）及其安全性的功能；

（8）用于提供网络和服务高可用性的功能。

在过去 10 年里，由于采用以硬件为中心的模型开发和部署每项新功能，因而网络的复杂性显著增加。可将每项新功能需求看作是创新机会，这一机会导致了新盒子的发明（有时称其为中间盒）。这些中间盒功能使用具有专有硬件和 / 或软件的"专用设备"来实现特定功能。当前的网络平台是中间盒及其支持系统的难题。设备供应商已经提供了由专有硬件构建的平台，这些硬件与专有软件密切联系。通常，设备成本与数据表的长度成比例，而数据表描述了它所支持的服务。

同时，运营商缺乏从这些平台中选择性分解和重构单一服务元素的能力。虽然系统和服务的这种紧耦合在音响工程中具有基础，但它也源于供应商业务模型，以寻求优化其机会。一方面，紧耦合支持最佳规模设计、可维护性和可靠性；另一方面，平台的封闭性导致了架构的自然出现。

传统意义上，网络管理员严重依赖以硬件为中心的网络设备管理，这些网络设备位于客户端。该模型需要专用路由 / 交换或中间盒平台的运输、上架、堆垛、测试、开通、配置、监控和持续维护。其中许多平台使用 CLI，而其他平台提供特定于该供应商的图形用户界面（GUI）。此外，有些平台需要使用单独的第三方管理套件。

企业 IT 经理习惯于寻求脚本语言和系统集成公司的帮助来部署和管理这些盒子。许多人还尝试添加新型管理平台，用于提供单一管理平台管理界面。但是，由于新功能是独立创建的，因而为客户留下了多个单一管理平台管理界面。

随着企业 IT 不断部署其他中间盒，用于管理网元之间流量的规则变得如此复杂，以至于通常需要高技能的网络专业人员来规划和测试网络设计中的细微变化。除了中间盒和管理问题以外，因业务环境的变化而不断增长的网络需求也会导致网络复杂性的提高。

无论企业是在拓展还是在整合，都需要具备运行诸如流媒体数据、电子邮件和视频内容等要求严苛的应用。IT 经理正在寻找快速、多功能的网络服务，且可以在没有停机的情况下运行任务关键型流量。云服务的采用和用户移动性需求要求传统网络设计发生重大变化。

从服务提供商的角度来看，需要一种更广泛的方法——以软件为中心的模型，用于满足所有网络需求。满足与基于软件的云服务相关要求的新型虚拟网络设备也可用于解决与 CPE 部署相关的用例。可以为 CPE 设备构建以软件为中心的模型，该模型将为托管服务提供商及其客户提供推进企业网络演变的机会，使其更加灵活、响应迅速、永不过时，如图 10.1 所示。

在这种以软件为中心的新方法中，网络成为虚拟网络服务的集合。可以按需在客户端、网络节点内或客户数据中心内对服务进行实例化。它还使创建动态策略控制环境成为可能，在该环境中，可以基于各种流的流量特性插入不同策略或服务。

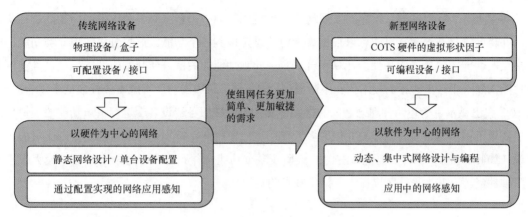

图10.1 企业网络向软件的转型

简而言之，许多曾经局限于数据中心领域的技术（如软件定义网络、服务器虚拟化、叠加网络技术等），现在可用于简化跨 WAN 边界的端到端网络环境。

10.2 技术创新

基于英特尔 x86 的服务器技术很早就出现了，且具有运行网络功能实体（如路由器和防火墙）的能力，特别是在 Linux 环境中。其中大多数解决方案都不是企业级的，且从未在嵌入式消费设备之外获得关注。本节将概述 x86 技术和软件可编程性方面的进步，它们目前支持基于商用的硬件运行企业级网络应用。

近年来，我们在支持创建未来网络的多个领域取得了重大进展。这些创新不仅降低了网元成本，还实现了下一代网络新的设计方法。本节将讨论直接影响当前我们所知的网络环境和设计演进的一些支撑技术。

从时分复用（TDM）连接向互联网协议（IP）的转变是能够在 WAN 网络上应用这些技术的关键趋势之一。最初，对于许多服务提供商而言，向 IP 转移主要侧重于从以前的 TDM 网络中剥离成本，但实际上，它还提供了围绕以太网部署进行创新的机会。例如，仅通过以太网访问，客户位置处的 CPE 边缘设备将不再需要 TDM 接口。

通过纯以太网接口，CPE 设备现在看起来非常类似于数据中心使用的基于 x86 的服务器平台，不同之处是它拥有更多端口。虽然 CPE 设备的外部看起来像 x86，但它仍然远远超过内部基本服务器平台。诸如虚拟化等技术以及软件创新提供了转换简化版硬件平台，以开发能够运行任何网络功能的下一代 CPE 的机会。

10.2.1 网络功能虚拟化

最初与虚拟 CPE 项目相关的工作基于自 2010 年以来云计算使用的虚拟化简单概念。基本思想是如果可以使用现有 x86 服务器平台并在其上实例化网络功能（而不是部署由供应商提供的物理设备），则它在成本、规划、物流、部署和运营方面提供诸多好处。

如果进一步深入探究，很容易发现理论上也可以在同一平台上对多个虚拟网络功能进行实例化，并将其链接在一起，以便可以根据规则将流量定向到各个功能。过去可以实现此类功能，但可接受的性能需要昂贵的高性能计算平台。实现此项功能的关键是新开发的性能优化，且支持多个功能在同一平台上运行的技术仍在不断出现，同时使平台成本与现有成本一样或低于现有成本。图 10.2 突出显示了上述两种理念之间的区别。左图表示在服务器设备上运行单一功能的虚拟化的有限使用范围，这种模型已经被业内许多人使用过一段时间，特别是对于仅处理控制流量的应用来说（如呼叫控制应用）；但是，右图的模型（多个功能合并到同一个盒子上）可以最大限度地利用硬件资源，并为最终客户提供虚拟化技术的真正优势。

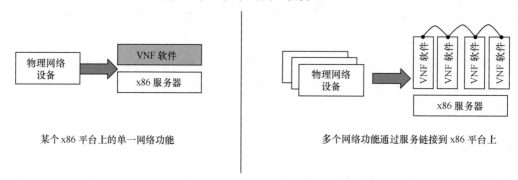

某个 x86 平台上的单一网络功能　　　　多个网络功能通过服务链接到 x86 平台上

图10.2　向多个VNF的转变

显而易见，一旦开发出这种新模型，它将为客户节省大量成本。它不仅解决了中间盒问题，还提供了一种以软件为中心的方法来解决本地环境中的网络问题。客户最初只需在客户端部署有限的硬件资源。然后，当流量通过 CPE 时，可以通过实例化和插入适当网络功能软件来实现所有网络用例。

此外，可以将该理念进一步扩展，以评估另一种模型。通过该模型，可以在网络功能之间和跨 WAN 网络对服务链进行扩展。在该模型中，可以在 CPE 平台和 / 或云平台上实例化多个网络功能。无论在何处实例化功能，都可以使用同一组工具进行部署和管理。客户可以选择部署功能实体的最佳位置，如将其部署在本地或在用于多个分支位置的云端，如图 10.3 所示。

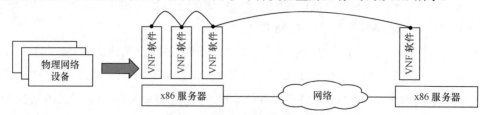

图10.3　跨WAN边界的服务链

有了这种愿景，我们通过整合非常简单的拓扑和运行于 x86 服务器平台上的单一网络功能（虚拟路由器）的概念验证来开始这一评估。人们必须回答的第一个问题是项目使用何种虚拟化环境（项目使用哪个管理程序）。虚拟机管理程序是一种支持在单台物理服务器上托管多台不同虚拟机的程序（参见第 3 章）。在这种形式的虚拟化中，底层物理硬件仍然作为独立设备开展工作，而虚拟机管理程序则扮演硬件虚拟化和跨虚拟功能管理硬件资源的角色，如图 10.4 所示。

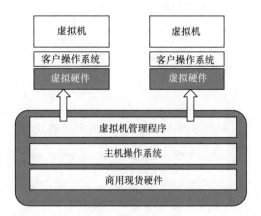

图10.4　硬件虚拟化

最初，市场上存在诸多专有和开源虚拟机管理程序方案。此外，每个网络功能提供商都支持一组不同的管理程序，这些管理程序会产生与整体愿景实现相关的问题。需要考虑用于分析的两大关键管理程序：VMWare 和 KVM。

VMWare 是一种商业产品，能够提供稳定且功能丰富的环境。此外，大多数虚拟网络功能提供商已经支持基于 VMWare 的虚拟设备。业界对 VMWare 的强烈关注主要源于 VMWare 先前在企业云环境中的安装基础以及它缺乏强大企业环境替代平台的特点。

作为一种开源替代方案，KVM 是 OpenStack 的默认管理程序，也是唯一可行的替代方案。它缺乏 VMWare 所具有的功能的成熟度，但满足了与小规模本地部署相关的要求。我们相信 KVM 能够提供一些技术和非技术优势，使其成为分支机构（远程办公）环境中非常理想的管理程序选择，主要原因如下。

（1）对于服务提供商而言，通常将分支平台视为其基于网络的云平台的扩展。由于大多数服务提供商都依赖诸如 OpenStack/KVM 等开源技术来实现云计划，因而在分支环境中利用该工具作业的能力为将来实现显著的成本效益提供了机会。

（2）KVM 管理程序的现有限制条件不适用于分支环境中的单台服务器部署。随着开源计划持续受到关注并被采用，目前大多数供应商已经为其供应的网络功能的 VMWare 和 KVM 管理程序提供支持。

然而，如果不探讨另一种（尤其是在被称为 Linux 容器的云环境中）虚拟化形式，则无法得出与虚拟化相关的讨论结果。作为一项技术，虽然 Linux 容器并不是新生事物，但它作为虚拟化形式的应用相对较新。管理程序主要对硬件进行虚拟化，而容器则负责对主机操作系统进行虚拟化。由于计算机上只有一个操作系统（OS）/ 内核，因而容器不具备管理程序模型存在的开销。例如，在典型的管理程序环境中，每台虚拟机都有自己的客户操作系统。因此，如果将 4 个虚拟化网络功能（VNF）以虚拟机形式实现，则会在平台上运行 5 种操作系统——每种操作系统都会消耗平台上的资源，并尝试在相同的 CPU 核心上安排作业。使用 Linux 容器，我们在平台上拥有一个操作系统（OS）功能实体，以及所有功能都使用的一台调度器。因此，这种形式的虚拟化可显著提高诸如网络功能等应用所需的数据分组性能能力，如图 10.5 所示。

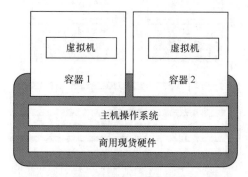

图10.5　Linux容器

但是，当前基于容器的方法不支持不同的 VNF 供应商需要的所有灵活性。不同的 VNF 功能可能需要自定义内核，或者依赖于某些内核版本，因为所有功能都需要共享相同的内核。因此，效果不佳。特别是对于需要同一机器托管来自不同供应商的软件应用（更不用说具有不同功能）的环境，这些问题变得更加相关。

共享单一内核的多个 VNF 也可以产生尚未解决的安全性和稳定性问题。例如，由于每种应用使用相同的内核，因而某种客户虚拟机操作可能会影响同一台计算机上其他客户虚拟机应用的功能。基于虚拟机管理程序的方法不会造成此问题，因为客户虚拟机（VM）不共享任何内核代码（每台虚拟机都拥有自己的客户操作系统）。需要做更多的工作才能发现最佳主机操作系统配置方案，其中，多个网络功能可以高效地使用基于容器的环境。

随着容器技术变得越来越成熟，以及 VNF 供应商不断演进以提供容器化网络功能，服务提供商将能够利用基于容器的新方法进一步简化和加快软件服务的交付。利用容器技术的现有状态，不具备复杂内核要求的非分组转发 VNF 更加适用于容器化。

10.2.2　提升数据分组处理能力

一旦我们找出通过管理程序对一组网络功能进行虚拟化的机制，下一步就是确定 VNF 的整体性能。由于客户对网元的要求（和期望）不会随着实现方案（物理或虚拟实现方案）而发生变化，因而总体性能目标应与物理环境一样好或更好，尤其要消除 x86 平台无法与专用硬件在同一级别上执行的这种普遍的看法。

最初的性能主要集中在最基本的网络功能——虚拟路由器（vRouter）上。可以将 vRouter 看作是诸如 vFW、vWANx 等其他更高级别 VNF 必不可少的 VNF 构建块。主要关注的是对数据分组处理速度进行估计，同时将分组丢失率、时延和抖动保持在可接受水平。

在研究的初始阶段，需要收集基线性能数据，且平台上不支持 x86 数据分组优化技术。虽然标准结果在多个供应商之间是一致的，但与模型化预期相比，它们会受到严重限制，并在吞吐量、分组丢失和抖动方面与现有物理路由器不相上下。

这种结果为在通用服务器平台上实现数据分组处理 VNF 之前需要克服的障碍提供了洞察。服务器内的虚拟机管理程序和虚拟路由器代码都存在瓶颈，这些瓶颈会导致性能受限，且易受到不可预测的分组丢失和抖动影响。例如，在静态情况下，物理路由器上运行预置流量性能基准测试每次显示的结果一般都非常相似（如吞吐量为 100 Mbit/s，分组丢失率高达 0.01%，结果通常是一致的）。但在虚拟实现方案中，通过初始服务器测试，结果可能因测试而异。当将额外 CPU 资源分配给 VNF 时，其中一些损失显著减少，而 CPU 额外成本使虚拟化功能成本居高不下。

在服务器的虚拟机管理程序中，数据分组需要经过额外处理才能在总体性能方面降低成本。虚拟机管理程序本身的数据分组处理吞吐量远低于物理设备通常观察到的吞吐量，更不用说在虚拟机管理程序上添加虚拟功能（VF）时——虚拟机管理程序本身成为第一个需要打破的瓶颈。

通过使用更多的 CPU 资源来暂时突破管理程序的瓶颈，我们发现虚拟路由器（vRouter）的吞吐量也在显著降低。数据显示，虽然某个物理盒为知名厂商高达 1 G 的流量提供支持，但是使用相同处理能力（CPU）的虚拟环境则受到严格限制。虚拟环境中的数据分组处理能力变化范围为 200 ～ 350 Mbit/s，具体取决于各种供应商的虚拟路由器。

此外，尚不清楚如何以及以多高的成本（在性能方面）使用 SDN 技术（如基于细粒度策略的控制）将分组交换到同一机器内的不同网络功能上。为了解决这些问题并更加深入地了解这些瓶颈问题，我们首先构建一种概念验证环境，思路是为 CPE 确立一种理想的虚拟环境，以便在商用现货（COTS）平台上提供最高的灵活性和数据分组处理能力。

为了提升 VNF 自身的处理能力，我们与多家供应商的工程团队独立开展合作，以优化各自的代码库，并在 COTS 平台上实现更高的数据分组处理能力。我们在概念验证环境中推动使用最新（和不断演进）的技术，如数据平面开发工具包（DPDK，Data Plane Development Kit）和单根输入 / 输出虚拟化（SR-IOV）（第 3 章已经进行了讨论）。后续结果表明，除了侧重于 I/O 优化和 CPU 优化的通用软件性能调优之外，使用这些技术还提升性能。

10.2.3　优化虚拟环境

当我们查看虚拟环境中的 I/O 性能时，必须考虑两大领域：物理网络接口卡（pNIC，physical Network Interface Card）和虚拟网络接口卡（vNIC，virtual Network Interface Card）。在物理机器中，以太网网络流量由安装在物理机器上的 pNIC 负责处理。同样，虚拟机负责在流量到达虚拟以太网接口（或 vNIC）时对其进行处理。pNIC 和 vNIC 之间的虚拟环境负责在物理网络和 VM/VNF 之间传输数据。要了解虚拟环境中的瓶颈，我们需要查看与虚拟环境相关的实现细节。当数据分组从机器上的 pNIC 卡遍历到 VNF 或从 VNF 遍历到 pNIC 卡时，我们需要了解数据分组的寿命（CPE 中的虚拟环境如图 10.6 所示）。

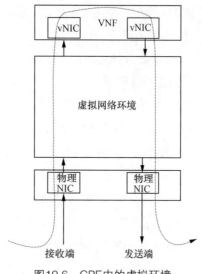

图10.6　CPE中的虚拟环境

实际上，创建此类虚拟环境可采用多种方法。根据虚拟环境的创建方式，成本（针对数据分组处理性能）和功能可用性（针对细粒度流量控制）会发生变化。图10.7突出显示了概念验证评估中需要考虑的4种不同的虚拟环境选项。

（1）基于 Linux 网桥的方法。

（2）基于虚拟交换机的方法 [开放式虚拟交换机（OVS）]。

（3）使用支持 DPDK 的虚拟交换机（DPDK OVS）。

（4）基于 SR-IOV 的方法。

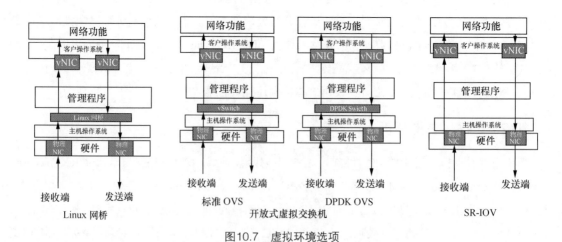

图10.7　虚拟环境选项

当它到达 pNIC 时，每个选项使用不同的机制将数据分组传输到 VNF。当数据分组从 VNF 传输到 NIC 卡时，反向重复相同的过程。让我们对这些选项进行更加详细的研究。

1. Linux 网桥方法

在 Linux 中，创建虚拟网络环境的"默认"方式是使用网桥设备。实际上，Linux 网桥是在

Linux 内核中实现的非常简化的虚拟交换机形式。

首先，我们在平台上创建 Linux 网桥，并将物理接口连接到网桥。然后，将每个单独的虚拟网络功能配置为连接到同一网桥，或者可以创建多个网桥以支持在服务器内 VNF 之间分离流量或服务链。

当数据分组到达 pNIC 时，内核会将其复制到 Linux 网桥上。然后，基于目标媒体访问控制（MAC）地址将分组交换到适当的桥接端口——在实例中，是指 VNF 的 vNIC。然后，VNF 在其 vNIC 上接收数据分组，并将数据分组复制到其内存中以供进一步处理。当所有数据分组到达 pNIC 时，重复相同的步骤，且当数据分组在处理后从 VNF 到达 pNIC 卡时再次从相反的方向重复相同的步骤。

图 10.8 展示了 Linux 网桥的性能结果。

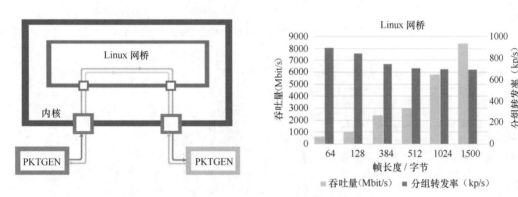

图10.8　Linux网桥的性能结果

早期测量结果表明，Linux 桥接环境在功能上受到很大限制。它可以根据第 2 层信息（如 MAC 地址或 VLAN 标记）来交换分组，但这就是 Linux 网桥的功能。实质上，使用默认的 Linux 桥接方法无法提供在遍历虚拟环境时用于实现细粒度流量策略控制的必要功能。

缺乏细粒度匹配 / 转发标准也会导致 Linux 网桥的另一个问题：服务链的复杂性。在创建多个 VNF 的服务链时，需要使用多个 Linux 网桥以保持流量隔离。

Linux 网桥的性能很高，但不如基于 DPDK 的 OVS。Linux 网桥是一种内核模式功能，因而需要在用户空间和内核空间之间复制需要从一台虚拟机到另一台虚拟机、从虚拟机到 pNIC 或从 pNIC 到虚拟机（VM）的任何数据分组。这会导致内核中的大量情境切换，从而降低性能。

2. 基于虚拟交换机（OVS）的方法

虚拟网络的另一种选项是虚拟交换机方法。这种方法提供了更好的功能集，它支持虚拟可扩展局域网（VxLAN，Virtual Extensible Local Area Network）、OpenFlow、GRE、QoS、NetFlow 和细粒度匹配 / 转发标准等功能。可以通过匹配动作标准将流量静态或动态转移到基于更高级别策略或来自 SDN 控制器输入的不同 VNF。匹配标准可以考虑第 2 ～ 4 层，且还可能在与深度包检测（DPI）引擎进行集成时上升到第 7 层。

但是，测试结果表明，从性能角度来看，虚拟交换机实现方案（如标准开放式虚拟交换机）

要比简单桥接环境差，其原因是数据分组处理（对每个数据分组进行了更深入的分析）工作量增加，这不仅会影响到交换性能，还会产生更多问题。

图 10.9 和图 10.10 提供了与 OVS、OVS DPDK 方法相关的拓扑和性能结果。

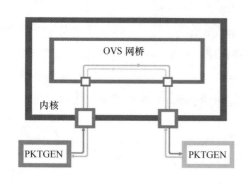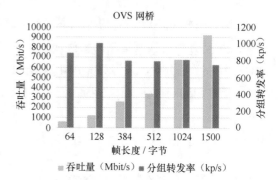

图10.9　OVS的性能结果

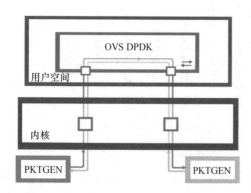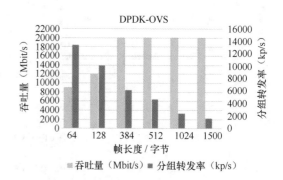

图10.10　OVS DPDK的性能结果

为了提高分组总体性能，我们引入了支持 DPDK 的虚拟交换机，而不是标准 OVS。简而言之，支持 DPDK 的虚拟交换机是 OVS 的较新版本，英特尔公司对其进行了增强，以使用 DPDK 库来加速 x86 硬件上的分组处理。

与分组匹配和通过虚拟交换机转发数据分组相关的性能增益非常重要。只要 VNF 实现虚拟驱动程序以使用支持 DPDK 的虚拟交换，它就可以将数据分组直接从 pNIC 复制到自己的存储空间（反之亦然，只是方向相反）。虽然支持 DPDK 的虚拟交换机方法提供了两全其美的优点，即良好的性能和出色的功能集，但需要为此付出代价。与其功能集和数据分组深度分析相关的处理需要专用的 CPU 资源。

为了获得极高的性能，DPDK 使用轮询模式驱动程序而不是中断模式驱动程序。轮询模式驱动程序不断检查接口的接收（RX）队列是否有到达的数据分组，而中断模式驱动程序将通过数据分组到达并需要处理的中断消息来通知 CPU。中断模式驱动程序需要更长时间才能完成，且还会导致中断的额外 CPU 处理。由于轮询模式驱动程序不断检查接收队列，因而即使没有要处理的流量，也要耗用整个 CPU。这对于通常需要处理很大流量的组网 VNF（如核心路由器或汇聚路由器）来说不是问题，因为 VNF 需要处理的流量很小，会导致 CPU 效率降低——浪费的 CPU 周期可能已被同一服务器上的其他 VNF 用于处理流量。为了解决这一问题，DPDK.org 以及供应商已经开始引入优化和调优来创建自适应轮询模式驱动程序。自适应轮询模式驱动程序可以根据观察到的流量负载来调整轮询频率，以便在观察到较轻负载时降低轮询频率。

3. 基于 SR-IOV 的方法

Linux 网桥和标准 OVS 方法重点关注基于目标 MAC 地址或 VLAN 标记将主机内的分组交换到不同 VNF。

使用这两种方法时，发送或接收的每个分组都必须由管理程序在从 NIC 复制到 VNF 内存空间时进行处理，并由 Linux 网桥（或虚拟交换机）进行处理，以便做出交换决策。通常，每个分组的处理要求 CPU 为 3 次中断提供服务——第 1 次中断用于当数据到达主机 pNIC 并将其发送到 Linux 网桥或 OVS 时对其进行处理；第 2 次中断用于做出交换决定；第 3 次中断用于将分组从 vNIC 发送到 VNF 内存空间进行处理。随着数据分组到达率的增加，与服务中断有关的核心 CPU 工作负载和情境切换开销（与存储和恢复进程的状态或情境相关的开销，以便日后可以从同一点恢复执行）也会增加。这会产生 I/O 瓶颈并导致系统整体性能下降。

一种名为 SR-IOV 的新方法解决了上述问题（这些都已在第 3 章中进行了讨论）。在该方法中，管理程序使 VNF 直接访问网络接口级的硬件资源。SR-IOV 支持创建多个虚拟硬件实例，我们称其为 pNIC 的 VF[或 SR-IOV 术语：物理功能（PF，Physical Function）]，从而将 VF 分配给多个 VNF 并共享相同 PF（或 pNIC）成为可能。

当分组到达网络接口时，它将根据目标 MAC 或 VLAN 标记直接放入与特定 VNF 相关的硬件（HW，Hardware）队列中。随后，当连接到 VNF 的 CPU 准备好处理下一个分组时，它可以使用直接内存访问（DMA，Direct Memory Access）直接对分组进行访问。实质上，SR-IOV 提供了一种优化环境，其中分组在 VNF 进行处理之前不会被多次复制。

图 10.11 提供了与基于 SR-IOV 的方法相关的拓扑和性能结果。

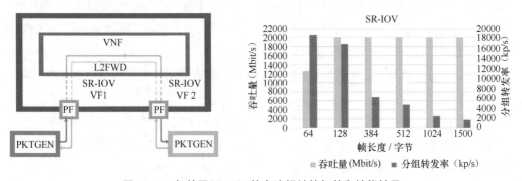

图10.11 与基于SR-IOV的方法相关的拓扑和性能结果

虽然 SR-IOV 在以更高速率处理流量方面提供了更好的性能，但这种实现方案可能不适用于所有情况。本质上，SR-IOV 实现方案是更高性能和特性功能之间的权衡。例如，由于 VNF 在 SR-IOV 中直接与硬件相关联，因而动态 VNF 移动性（将 VNF 从一台服务器移动到另一台服务器）

是不可能实现的。此外，还失去了使用基于服务器内 L3 ～ L7 信息的细粒度策略在不同 VNF 之间分配流量的能力。如果要使用 SR-IOV 机制，则必须在将分组发送到服务器的 pNIC 之前执行此类分配过程。

图 10.12 比较了分组长度为 384 Byte 时 4 种方法的吞吐量。从图中可以明显看出，与使用标准 OVS 或 Linux 网桥在 CPE 中建立网络环境的传统方法相比，使用更新的性能优化技术（如 SR-IOV 和支持 DPDK 的 OVS）可以显著提高性能，如图 10.12 所示。

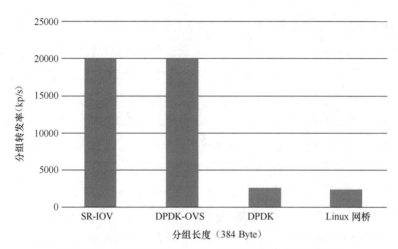

图10.12　分组长度为384 Byte时4种方法的分组转发率

10.2.4　优化 VNF 性能

高整体性能的另一种实现方法是关注 VNF 本身处理每个分组的效率。

1. 处理器关联性

一种经常受到关注的、简单的技术是处理器对 VNF 的关联性。

处理器关联性（也称为 CPU 绑定）将特定进程绑定到特定 CPU 或一系列 CPU，以便确保该进程仅在指定的某个 CPU 或多个 CPU 上执行。此外，当将进程绑定到某个 CPU 时，CPU 缓存始终与该进程保持关联，从而避免缓存未命中。

虽然 CPU 关联性的基本方法与虚拟化原理不一样，但有时可以根据环境使用 CPU 关联性来获得更高的性能。

作为概念验证测试的一部分，通过为 VNF 分配两个 vCPU 来进行测试，然后在同一台机器上使用多个 VNF 重新开展测试。目标是确定 CPU 绑定是否通过减少情境切换或在情境切换后更快访问 CPU 缓存中的数据来提高总体性能。

测试结果表明，CPU 绑定在我们的环境中呈现出的性能并不理想。潜在原因之一可能是因为进程关联性因系统环境和调度器实现方案的不同而出现很大差异。例如，如果分配给 VNF 的两个虚拟 CPU 在同一内核上实现（通过超线程），则同一物理处理器上的两个内核与单独的物理处理器相比结果可能会有所不同。

从本次测试得到的关键结论是，如果不在生产系统环境的副本中对特定 VNF 进行测试，则不会得到性能的提升。

2. 英特尔 DPDK 及相关技术

另一种用于提升 VNF 性能的方法是利用专为加速 x86 平台上的分组处理而设计的英特尔指令集功能。

从硬件角度来看，当前的网络设备（如交换机、路由器、防火墙等）是使用特殊应用集成电路（ASIC）、现场可编程门阵列（FPGA）和网络处理器构建的。存在着固定功能专用单元，用于卸载诸如加密、压缩和数据分组处理等任务。

然而，近年来，英特尔已经证明，新型多核架构处理器以及专门设计的软件库集可以与用于接入网络用例的 ASIC、FPGA 或网络处理器发挥相同的作用。

DPDK 是关键技术之一。它是一组库和驱动程序，通过提供应用程序编程接口（API）来实现高效的内存管理和数据分组处理以及优化的轮询模式驱动程序，从根本上促进了这项任务的完成。它可提供：

（1）环境抽象层——使用通用接口提供对低级资源（如硬件、内存空间和逻辑核心）的访问，该通用接口对应用和库中这些资源的详细信息进行了模糊处理；

（2）内存管理器——在大页面内存空间中分配对象池；对齐助手确保对象被填充，以便在动态随机存取存储器（DRAM，Dynamic Random Access Memory）信道中进行均匀分配；

（3）缓冲区管理器——显著缩短操作系统分配和释放缓冲区所需的时间；预先分配固定大小的缓冲区并将其存储在内存池中；

（4）队列管理器——实现安全无锁队列（而不是使用自旋锁），支持不同软件组件对分组进行处理，同时避免不必要的等待时间；

（5）流量分类——采用英特尔流式单指令多数据流（SIMD，Single Instruction Multiple Data）扩展（英特尔 SSE）来生成基于元组信息的散列值，并通过将数据分组快速放入处理流程来提高吞吐量。

除了 DPDK 之外，英特尔还推出了诸如 QuickAssist 和 HyperScan 等其他技术，可用于提高 x86 性能，以实现诸如防火墙、IPS/IDS、恶意软件 / 病毒防护等功能。

HyperScan 是一种软件模式匹配库，可以将大型正则表达式组与数据块或数据流进行匹配，因而对诸如防火墙、IDS 和 DPI 等功能非常有用。

QuickAssist 则专注于提高大量使用加密和压缩功能的应用处理能力。这项技术可提供：

（1）密码和认证操作在内的对称加密功能；

（2）RSA、Diffie-Hellman 和椭圆曲线加密在内的公钥功能；

（3）压缩和解压缩功能。

虽然 DPDK 和 HyperScan 最初是由英特尔引入的，但现在这些研究成果都是作为开源项目进行维护的，且任何虚拟功能提供商都可以利用这些软件库在 x86 平台（以及诸如 ARM 或 PowerPC 等其他平台）上提高其代码性能。

使用通用硬件而不是专有硬件的理念为设备供应商带来了难得的机遇和巨大的挑战。虽然供应商有机会大幅降低开发成本，且主要通过依赖软件来快速过渡到虚拟化产品，但它们将仅限于通过软件来实现产品差异化（相对于其他供应商来说）。这些解决方案也降低了市场上新供应商进入的门槛；新进入者可以更快地推出具有成本效益的产品，因为他们不必担心硬件开发问题。

10.3　内存和存储资源

在前面各节中，我们讨论了用于优化 I/O 和 CPU 资源使用的不断发展的技术方案。此外，我们还需要研究内存和存储。在我们的用例中，虽然内存和存储对吞吐量不会产生太大影响，但它们确实是造成 CPE 成本高的因素之一。由于许多产品或解决方案来自数据中心，而数据中心的内存资源丰富（硬盘驱动器），因而许多供应商的设计并未过多关注内存的优化使用。对于 CPE 来说，因受到成本方面的限制，必须在可用内存和存储的限制条件内实施解决方案。这涉及诸如缩小图像尺寸、降低分配用于写入日志文件的存储容量、减少存储器映射文件以及减少或调整 CPE 平台的内存预留规模等优化问题。特别是在采用平台方法时，人们希望在同一平台上运行来自不同供应商的多个 VNF，从而使高效使用内存和存储变得至关重要。

10.4　网络管理和编排

对于简化网络环境来说，无论是在部署阶段，还是在生命周期中，网络管理和编排都是至关重要的，这是我们可以看到行业发生重大变化的领域之一。业界对 SDN 的强烈关注将诸如网络可编程性等概念带到了舞台中央。这基本上重新讨论了如何设计产品以实现网元的编排和管理。结合 SDN 方法，广泛采用网络功能虚拟化和云服务模型是解决下一代产品和服务管理问题的主要推动力。我们在第 6 章中对该主题进行了详细探讨，但本节将从现有管理模型的角度讨论与企业网络相关的一些关键问题陈述，并针对新解决方案提供深入细致的观点。

10.4.1　回拨功能

当前，企业 IT 管理员最大的痛点之一是推出新网络设备或更换旧设备所涉及的规划和物流问题。如今，这一过程很大程度上是通过人工来完成的，复杂性极高，还需要几周甚至几个月才能完成。随着行业开始越发重视网络简化，各种解决方案陆续出现以解决这些问题。通常，将这些解决方案称为回拨（Call Home）服务（也称为打电话回家服务、零接触服务开通和即插即用）。每种解决方案主要集中在避免设备的安装和卸载问题上。虽然市场上存在多种解决方案，但每种解决方案通常都采用专有方法。我们确实拥有互联网工程任务组（IETF）草案，它提供了一种安全且基于标准的方法来连接新部署的设备，并使用服务所需的适当功能集进行配置。

10.4.2　网络设计的数据建模

当前，网络设计过程以一组文档（网络需求和设计文档）为中心，这些文档包含各种信息，如高级网络架构图、低级详细设计以及支持何种功能的规范，有时还包括支持这些功能的实例。我们遇到的常见问题之一是确定网络配置和对配置进行长时间维护的最佳方法。这在多供应商环境中以及来自同一供应商的不同产品中尤其具有挑战性，主要是因为用于配置各项功能的配置界面不同。这就需要开发各种配置工具或脚本，从而使故障排除变得极具挑战性。虽然网络行业采用这种方法已有多年，但是当前的网络工程师正在转向基于服务模型的方法，该方法使用抽象概念来助力网络设计和实现过程的模块化。

如图 10.13 所示，可以将网络设计抽象为以下 3 个不同的层。

（1）服务抽象层主要关注提供给客户的服务定义。与该层相关的数据模型包括特定于服务的对象、向外部客户和应用公开的参数和约束条件。

（2）网络抽象层负责采集公共信息模型和数据存储，用于将最新网络视图抽象到服务层。这有助于诸如集中式网络控制和集中式监控等的实现，并提供网络状态的当前实时视图。在该网络状态下，可以对不同服务进行实例化。网络层的数据模型包含与当前网元上在用功能或服务有关的信息，且可以应用基于可用资源来支持或限制某些功能的特定工程规则（例如，如果底层设备不支持某种带宽等级，则可以阻止带宽升级）。

（3）设备层重点关注特定设备，负责从网络数据模型获取信息并使用特定设备的配置语言来填充特定参数。实际上，该层采集了必须在设备上配置的属性，以支持特定服务，以及针对给定供应商如何在设备上对它进行配置。

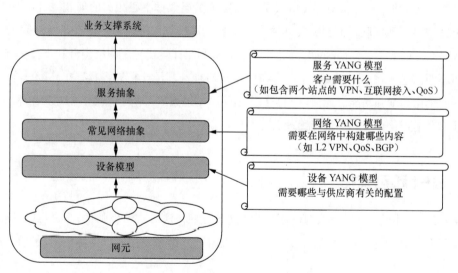

图10.13　用于数据建模的抽象层

上述方法使设计人员能够在早期发现错误和疏忽，因为此时易于对错误和疏忽进行修复。此外，这种基本抽象方法还简化了网络设计团队的几项任务，如下。

（1）以往仅在文档中采集的大部分网络设计信息目前都是数据模型的一部分。设计团队只需要参考作为服务实例化一部分创建的数据模型，即可简化网络设计文档的生成和更新。数据模型还推动了词汇和术语的一致性。此外，数据模型可以自动执行某些任务——设计工具可以将模型作为输入，并生成初始数据库结构和设备配置。

（2）数据模型可以作为估计与网络设计项目相关的潜在复杂性的重要工具。这种估计最终可能有助于深入了解开发工作量和项目风险。

（3）由于新的业务需求出现，可能需要对服务进行增强，这可以通过非常清楚地确定范围来评估对现有网络设计的影响。此外，数据模型的重用使网络设计人员能够大大缩短网络开发周期。

（4）特定网络设备的部署和更换变得更加简单，这反过来又缩短了上市时间或解决问题的时间。

当前，行业已经在使用 YANG 作为网络环境的数据建模语言方面开展了一些标准化工作。使用这种建模语言可显著改善网络的设计过程。使用新流程使我们能够减少与服务开发相关的成本和时间，同时减少先前流程中出现的典型错误。就像建筑师在打造实际建筑之前绘制蓝图一样，网络设计人员目前可以绘制基于 YANG 的蓝图，然后再考虑供应商设备的选择、每台设备的功能等。一旦服务模型和设备模型蓝图准备就绪，软件工具就可用于生成与设备有关的 CLI，从而仅将人为干预限制在服务设计阶段。

10.4.3　虚拟功能部署和管理

正如第 4 章所描述的，许多服务提供商和数据中心都在云环境中使用 OpenStack 来实现标准化。但是，OpenStack 的使用主要集中在对数据中心（以及最近的中心局）而不是分支环境的虚拟功能进行部署和监控。OpenStack 解决了与高度可扩展数据中心相关的问题，其中几千台服务器通过千兆链路实现互联，而在分支环境中，单台低端计算服务器可用于在带宽受限的 WAN 网络上部署多个功能实体。OpenStack 仍然需要在高效利用计算资源、网络资源和支持分布式 WAN 拓扑方面不断演进。在 OpenStack 中，存在大量在研项目，预计它们将具有在高度分布式环境中使用所需的优化和增强功能。此前，AT&T 计划使用本地系统（基于诸如 NETCONF 和 YANG 等开放标准）对虚拟化分支环境进行管理。

10.5　DPI 和可视化

通常，DPI 适用于安全空间，用来搜索协议不合规、病毒、垃圾邮件、入侵或已定义标准，以决定是否允许分组通过（参见第 8 章）。它还应用于分组转发空间以支持应用层路由或用于采集统计信息。

最近，DPI 技术已经在管理平台中使用，以提供对当前网络流量的更深入理解，这支持简单图形界面基于每个应用流来控制网络流量。诸如简单网络管理协议（SNMP）等（历史上用于网络流量的基本监视）不提供细粒度的流量信息。IT 管理员被迫在网络中（以高成本）部署额外的流量分析设备，以便更加深入地了解实际流量。当前，设备供应商已在其产品的新版本上实现了 DPI 堆栈。这使它们能够在流量遍历设备时提供收集和输出更深层次信息的能力。但是，在理解更好的流量可视化问题时，DPI 的真正价值只能通过完整的解决方案来实现，从而能够收集和分析数据并实施适当的控制机制，以提升高流量条件下的网络性能。

10.6　网络随需应变功能

下一代网络服务的愿景很简单——为企业管理员提供在网络中任何位置选择、部署和管理任何网络功能的能力。基于这一愿景，AT&T 启动了网络随需应变功能（NFoD, Network Functions on Demand）工作，如图 10.14 所示。

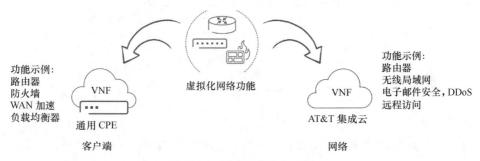

图10.14　网络随需应变功能

它拥有一个虚拟网络功能库，该库可以在服务提供商的云平台或客户端位置进行实例化。为实现这一点，NFoD 平台使用了以下 3 条核心原则。

（1）NFoD 平台的供应商中立接口——网络功能库不仅提供各种网络功能的选择，还提供供应商针对每种功能的选择。

（2）部署模型的选择——网络功能可以在网络云 [在 AT&T 集成云（AIC）上] 或本地的计算资源上使用通用客户端设备（uCPE, universal Customer Premises Equipment）平台（我们将在下一节中讨论）进行实例化。

（3）灵活的管理模型——虽然服务提供商负责管理 VNF 运行的底层硬件和软件平台，但在AIC 或 uCPE 中，客户可以选择 VNF 管理模型。他们可以通过将整个管理外包给服务提供商（从而实现典型的托管服务模型）或进行自我管理（从而实现典型的云服务模型）。

这 3 条 NFoD 原则为企业网络用例提供了急需的灵活性和操作便捷性。虽然将功能迁移到云中是业界明显的趋势，但仍需要支持位于客户端的功能。为了满足这一需求，创建了一种能够运行 VNF 软件库中存在的任何功能的新型开放式硬件平台——这就是 uCPE。

10.7　通用 CPE

通用 CPE（uCPE）是一种开放式硬件平台，能够在客户端运行不同类型的虚拟化功能。我们可以将 uCPE 视为运行网络功能的 AIC 的一种小的扩展形式，且可以直接与 AIC 进行集成。因此，如果客户需要在本地运行某些功能，则可以在 uCPE 上运行，且在 AIC 中还可以运行其他功能。该服务将通过服务连接到 AIC，以提供无缝服务。在讨论客户端支持的服务之前，我们必须讨论用于运行这些服务的 uCPE 硬件平台。uCPE 是一种通用硬件平台，采用商用现货（COTS）构建。该平台将运行基本系统功能的开源软件，并支持 VNF 作为服务在顶部运行，其方式与在云平台上的服务运行方式相同。图 10.15 给出了 uCPE 架构。

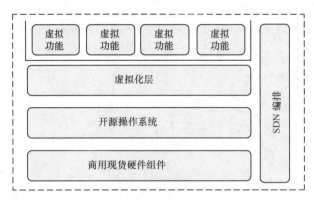

图10.15　uCPE架构

目标是使用廉价商品组件来创建通用、开放的硬件平台，以降低成本，持续维护性能，并为网络服务增加类似云的灵活性。

uCPE 的初始版本将聚焦基于英特尔的 x86 平台，但 uCPE 架构并未要求它必须基于英特尔。uCPE 架构将来可以在其他硬件上运行（如基于 ARM 的平台）。当前，x86 最适合支持所需的上层服务，但该架构可以包括任何未来基于 COTS 的解决方案，而这些方案可用于降低成本或增加功能。

硬件上方的层是 uCPE 的操作系统。这将是一种针对 VNF 运行进行优化的开源操作系统。它将包括支持服务激活和开放式网络自动化平台（ONAP）管理接口的功能。

uCPE 的重要优势之一是能够在单个硬件平台上运行多个 VNF。在当前的客户端实现方案中，在客户端位置需要部署多个盒子来支持不同的网络功能。例如，站点可能需要一只用于路由器的盒子、一只用于防火墙的盒子、一个用于 WANx 的盒子等。在管理程序层中采用基于云的虚拟化技术，多个网络功能可以在相同硬件上运行，每个网络功能都在自己的虚拟机中。从长远来看，这可以通过在 Linux 容器中运行的网络功能进行优化，从而消除管理程序开销，但维持应用分离。

该架构的最后一部分是使用 SDN 编排 uCPE 的能力。uCPE 将拥有编排 API，因而 ONAP 平台可以在 uCPE 上对 VNF 进行编排。这将包括启动 VNF VM、关闭 VM 以及 VM 的生命周期管理。

如前所述，uCPE 的关键特性之一是在单台硬件设备上运行多个 VF。图 10.16 描述了如何在当前模型中设置典型客户端，以及 uCPE 如何通过在单个盒子上运行多个功能来简化这一过程。

在当前的客户端模型中，典型站点将具有基于本地的路由器，该路由器拥有到供应商网络的广域电路。路由器是一种专用机箱，它包含用于运行由路由器供应商提供的专有软件的专用硬件。硬件和软件紧密集成在一起，没有软件就无法使用硬件，反之亦然。路由器已经发展到支持诸如防火墙和安全功能等更高级别的服务，但与专用设备相比，这些功能通常是有限的，且通常每个网络功能的最佳品类选择并非来自同一供应商。

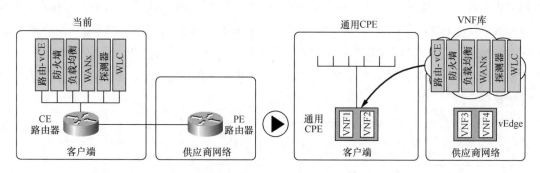

图10.16　具有虚拟服务的CPE和提供商网络

因此，如果站点需要诸如高级防火墙等其他功能，则可采用独立盒的形式来提供。防火墙也将拥有自己的专有硬件和操作系统，就像路由器一样。还有许多其他网络功能遵循相同的"中间盒"模型，包括 WANx、网络分析仪、缓存或无线局域网控制器（WLC，Wireless LAN Controller）等。如果客户希望每个功能都选择最好的，那么他们可能会留下多家具有多种专有网络管理接口的硬件供应商。此外，如果客户想要将网络功能添加到站点，则必须购买、配置新硬件，然后将其运送到站点，且需要用于安装和启动该服务的装卸工具。

uCPE 模型将从根本上改变基于本地的服务交付方式。硬件将是上述所有客户站点的开放式硬件平台。不同站点类型将使用不同大小的平台，但架构将保持一致。

通常，在 uCPE 上运行的 VNF 可以在 VNF 库中使用，而客户可以在 VNF 库中决定他们想要在 uCPE 上下载和运行的网络功能。可以将 VNF 库想象成一种适用于企业的应用商店（App Store）模型。当前，所有主流网络硬件提供商都将其专有软件作为在 x86 上运行的纯软件方案来提供。一个很好的例子是思科云服务器路由器（CSR，Cloud Server Router），它是一种可以在 x86 平台上购买和运行的传统互联网操作系统（IOS，Internetwork Operating System）软件。路由、安全、分析和 WANx 领域的供应商都做了同样的事情。

VNF 库将在每种类型中拥有多种软件选项，包括路由、安全、分析、WANx、无线、VoIP 以及其他供客户选择他们喜欢运行的供应商软件。由于硬件是通用的，因而所有这些功能都将在同一硬件平台上运行。因此，如果客户 A 希望订购带有帕洛阿托（Palo Alto）防火墙的思科路由器，而客户 B 想订购带有飞塔（Fortinet）防火墙的瞻博（Juniper）路由器，则他们都拥有相同的硬件，但可使用 SDN 和 NFV 根据自己的需要来定制该硬件。这一概念如图10.17所示。客户 A 订购 uCPE 模型 ABC，然后通过用户门户请求 uCPE 运行思科 CSR 路由器和帕洛阿托（Palo Alto）防火墙。客户 B 也订购了 uCPE 模型 ABC，但是通过用户门户请求瞻博（Juniper）vSRX 路由器和飞塔（Fortinet）防火墙。在这两种情况下使用的硬件相同，但通过使用 SDN 和 NFV，每个盒子因客户的特定需求不同而根本不同。

这是将网络转变为由软件控制的平台的战略核心。底层不依赖于任何供应商，因而它可以使用软件模型进行更改和演进，且没有必要在需要新功能时升级硬件。

作为用例之一，我们假设某客户今天在某站点部署了一台物理路由器。如果该位置存在安全问题并需要客户部署防火墙，则可能需要30～45天才能采购新防火墙进行配置并在站点上进行专业安装。使用 uCPE 模型，如果同一客户只使用 vRouter 部署了 uCPE，且如果迫切需要防火墙，则可以通过门户进行订购，且防火墙可以在几分钟内启动并运行。使用 WANx 的另一个用例是，客户的销售点应用的响应时间非常长，而 WANx VNF 可在几分钟内部署完毕，并对其进行配置以优化销售点流。

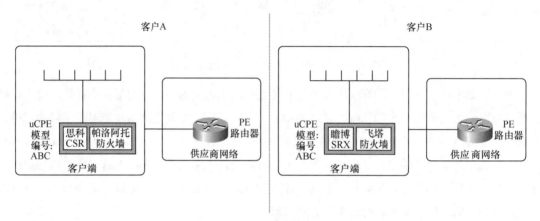

图10.17　uCPE——拥有不同服务的相同硬件

该模型还考虑到新型服务和业务模型。一个实例是先试用后购买模型，其中服务提供商可为客户提供在功能类型中尝试新虚拟功能（VF）或新供应商的能力。如果服务提供商希望客户在分支站点试用 WANx 物理设备，则需要做很多工作才能实现。首先，必须将设备运送到站点，客户必须进行物理安装，这可能会导致安装过程中站点连接丢失。如果在试用期间 WANx 硬件出现问题且必须将其删除，则必须有人去卸载硬件。为客户和服务提供商引入新功能的模型不是很有吸引力。

uCPE 可以大大改善这一点。如果 uCPE 安装在客户站点且客户想要尝试新的 WANx，则他们所要做的就是从门户网站订购，将软件映像下载到 uCPE，启动软件映像，以及通过服务在 uCPE 上建立动态连接。不需要进行任何物理更改，也不需要在该站安排任何人，且该站点不会导致任何停机时间。如果 WANx 试用出现任何问题，或者客户没有意识到其中的价值，则在门户网站中进行简单的软件更改即可将其从服务链中删除，并将网站恢复到以前的状态。这可以让客户在其站点上与虚拟功能轻松进行交互，直到他们获得功能组合和最适合他们的供应商组。

最后，开放式软件模型可以将真正的创新推向企业网络空间，从而使进入门槛更低。与已有的网络供应商相比，新进入的供应商可以更快地进行创新，并可以更加轻松地优化性能，因为与可能正在从现有硬件设备移植代码的现有供应商相比，它们的 VNF 软件是从头开始构建的，更适合在云环境中工作。

uCPE 将首先提供与当前相同的服务和功能，如路由器、防火墙、WANx 或网络分析仪等。但是，uCPE 是一种基于 x86 的云平台，因而任何可以在 x86 上运行的应用都可以在 uCPE 上运行。其他功能，诸如网络附属存储（NAS，Network Attached Storage）文件服务器、打印服务器以及微型应用也将能够运行。服务提供商可以支持客户"自带应用"并将其作为虚拟机（VM）加载。

uCPE 回拨流程

我们已经讨论过云模型通过 uCPE 为客户提供的灵活性以及动态启动和关闭应用的能力。但是，服务提供商仍然必须将物理 uCPE 发送到站点以支持所有这些操作。当我们继续把 uCPE 与当前模型进行比较时，将类似路由器的物理设备连接到站点可能需要几天时间。此外，必须购买该盒子，专门配置该站点，装运设备，并需要由经过认证的人员来安装设备。

uCPE 将使用回拨或即插即用（PnP，Plug and Play）模型大大简化这一过程。uCPE 可以从没有特定客户配置设置的仓库中连夜发货。客户只需要将 uCPE 插入网络端口，启动它，uCPE 将使用回拨协议回拨网络管理云进行身份验证，然后下载设备的站点配置方法。只需要几分钟，该网站即可启动并运行。

这可以为硬件提供新的分发模型。硬件可以从制造商直接运送到客户站点，而不是由服务提供商提供存储量更大的硬件库存。另一种模型可以利用服务提供商零售地点来存储 uCPE，如果客户在同一天需要某个站点，则他们可以在附近的零售点得到一个。

为了使回拨解决方案成功，该方案必须是安全的，因为它必须将硬件单元映射到安全的特定客户域。第一级认证将基于硬件，诸如设备序列号或 MAC 地址之类的已烧录项目将从 uCPE 传递到回拨服务器。服务提供商将知道把哪个 MAC 地址或序列号发送到客户站点，因而一旦进入，它们就知道设备正在尝试获取其初始配置。

但是，这不够安全。假设设备在运输过程中丢失或被盗，且有人试图将其插入，则存在非法实体可以访问客户专用网络空间的可能性。因此，需要第二级认证。回拨服务器将向客户的管理联系人发送电子邮件或文本消息，其中包含可用于完全验证 uCPE 的唯一认证码，如图 10.18 所示。

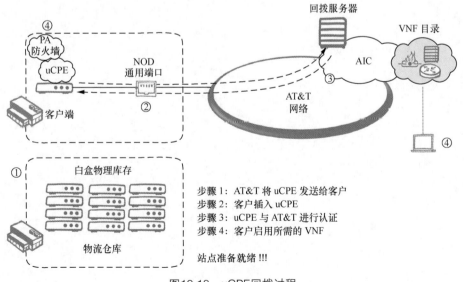

图10.18　uCPE回拨过程

10.8　小结

移动性和云计算正在大行其道，这两大主要趋势正在推动简化网络模型的业务需求。凭借诸如 SDN 等虚拟化和可编程概念，整个行业刚刚开始迈向下一代网络环境。随着供应商、服务提供商和客户专注于简化需求，它们将继续加速目前以软件为中心的网络模型的演进。通用硬件、开源软件和 API、管理简单性和性能优化领域的持续创新是这一演进成功的关键。

第 11 章

网络接入

汉克·卡夫卡（Hank Kafka）

本章将研究接入网的一般特征以及这些特性如何为实现网络功能虚拟化（NFV）和软件定义网络（SDN）带来挑战。然后，我们将描述网络云架构用于克服这些挑战的一般解决方案。最后，本章将通过更加详细地描述吉比特无源光网络（GPON，Gigabit Passive Optical Network）接入技术和无线 5G 接入技术来为这些概念提供更加详细的实例，并说明网络云如何改变接入网的演进。

11.1 引言

在全 IP 网络中，存在两种从客户端点访问网络的主要方式——有线技术和无线技术。这两种技术都需要高度分布式物理基础设施，并在多个客户和多台设备之间进行共享和分配。有线技术以 GPON 标准为例，该标准从固定光波长演变为具有更高速率和多名可调波长的新技术。无线技术以 4G 长期演进（4G-LTE）为例，目前正向具有更高速率、更短时延、支持更多设备的 5G 技术演进。尽管两个维度的同步发展增加了架构路线图的复杂性，但向下一代底层接入技术的转变提供了与向网络云协作迁移的机会。

网络接入技术为网络云带来了其他挑战。NFV 的两大初始原则是虚拟化功能可以从物理盒转换为在通用计算平台上运行的软件，且这些通用计算平台可以位于任何物理位置。从本质上讲，网络接入技术违反了这两项初始原则。因此，接入网中的网络云实现方案不如核心网络中的实现方案成熟。但是，通过创建用于分解网络接入节点组件的开放式架构框架，并通过扩展开放式计算平台的概念，网络云架构将 NFV 的主要优势扩展到网络接入元素，并将其置于 SDN 控制下。

11.2 接入网的特点

由于 NFV 是为集中式数据中心的云计算引入的扩展概念，因此，接入网的一些基本特征使其不同于云计算功能和核心网络功能。这使接入网无法在传统的数据中心硬件平台上整体运行。

如图 11.1 所示，接入网在本质上是分布式的，不能完全实现其功能集中化。接入网的端点不在数据中心——它们位于客户端（如家庭或企业），且被整合到诸如移动手机之类的客户所属设备中。标准定义了允许这些端点连接到网络的协议和行为。这些标准支持有限的传输距离，这意味着与客户直接连接的网络接入元素必须位于客户和设备附近。

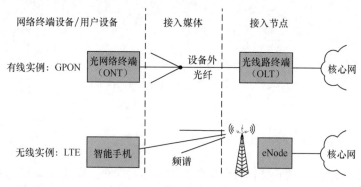

图11.1　接入网架构实例

就其本身而言，接入网端点的分布式特征不会阻止接入网的计算和网络组件完全实现集中化。如果接入网的传输组件能够提供从每台端点设备到集中位置的完全透明、恒定的比特率管道，则每条透明管道具有可忽略的时延且在端点设备的全峰值速率下运行。这种类型的传输是表征数据中心计算节点和架顶式交换机之间连接的一种好方法，它是支持计算功能在数据中心内实现完全虚拟化的关键。

然而，此类传输在广覆盖宽带接入网中不可用，因为距离更远，需要专用且更昂贵的电子、光学和无线收发器用于给定速率的接入链路。此外，接入网需要大量物理基础设施，如带有接头的埋地或空中光缆、蜂窝基站基础设施和频谱。电子设备和基础设施的成本意味着完全透明的哑管基础设施将使宽带服务难以负担。现代无线和有线宽带接入网具有成本效益，因为它们使用专用硬件和复杂网络协议来实现更长的传输距离，可以使用定时调整功能对距离网络不同长度的设备进行自动距离检测，以及在共享接入媒体上使用统计复用实现多址接入。这些技术通过支持多个端点高效共享一根接入光纤或一个蜂窝站点无线频率的成本，使宽带接入成为可能。

在接入网中，实现资源共享的软件驱动功能必须分布在接入端点附近。诸如无线干扰抑制之类的一些功能需要非常短的时延，其距离受到光速的限制。诸如统计复用等其他功能必须足够接近客户端点，以实现接入网基础设施的高效共享。实际上，允许的用于执行特定功能的距离将根据诸如接入信号传播限制和光时延要求的速率等因素而变化。

接入网的某些软件功能需要在不超过客户端点 $10 \sim 20$ km 的范围内部署。对于高速宽带网络来说，接入媒体（GPON 的光纤或蜂窝站点的无线载波）的总容量需要在多个客户端点和设备之间进行统计复用。这就要求 SDN 的一些资源优化和调度功能在最接近客户的接入节点处执行。距离约束功能和共享媒体统计复用的组合意味着经济高效的接入网的一些功能和软件必须分布在靠近客户端点和设备的整个网络中，而不是集中在大型数据中心。

接入网无法在普通主流计算和存储平台上实现最优运行，这为经济高效的虚拟化带来了挑战。集成到商用计算平台的输入 / 输出和通信协议专为短距离高速点对点通信（如从计算节点到架顶式交换机的连接）而设计。接入网需要更复杂、更专业的实时功能来支持高性能共享媒体，如复杂的发射功率控制、可变距离补偿定时偏移、动态性能监控、动态纠错编码、动态调制和低时延请求 / 授予资源调度。在有线接入网中，这些功能由专用片上系统（SoC，System on Chip）集成电路提供支持，该集成电路拥有针对每种媒体和协议的特定要求而优化的专用硬件功能。

典型的有线接入 SoC 中的功能仅仅是高性能宽带移动无线接入网所需的专用硬件功能的起点。移动无线基站设备围绕基带信号处理而构建，基带信号处理需要用到大量数字信号处理。正如频谱拍卖和估值反复证明的那样，移动无线接入网所使用的频谱是一种稀缺且宝贵的资源，且移动数据流量的爆炸式增长继续强调了这一价值。移动无线数据协议和标准的发展一直是采用实时算法和数字信号处理电子设备不断实现更高频谱效率的不懈追求。随着时间的推移，当摩尔定律增加了无线接入网技术优化的专用集成电路上的可用数字信号处理量时，无线标准和网络设备已经消耗了用于提高频谱效率和容量的能力。数据中心中使用的主流计算平台无法提供构建高性能移动宽带无线接入网所需的专用数字信号处理级别。

SDN 和 NFV 一直扩展到接入网末端，为所有接入技术提供 SDN/NFV 和开放式网络自动化平台（ONAP）架构的完整端到端实现方案，从而实现新功能和服务的创建。这些新功能和服务可以包含访问网络，且可以一次编写并应用于多种接入技术。接入技术对 NFV 和 SDN 提出了挑战。高性能接入网的虚拟化并不适合传统集中式通用计算和存储平台，因为接入网组件需要的是分布式而不是集中式，且接入网依靠专用硬件来执行通用计算平台上无法高效实现的功能。接入网是整个端到端网络中关键且昂贵的部分，如果不将接入网纳入整个架构中，则无法体现 NFV 和 SDN 控制的全部优势。

11.3 将 NFV 和 SDN 扩展到网络接入

要扩展用于接入应用的网络云，需要将计算和存储资源分散到远程位置。新架构需要在这些位置上支持经济高效的小型计算和存储实例化。为了克服专门的硬件挑战，需要对网络云架构加以扩展，为具有定义明确通用接口的专用硬件提供开放式规范，这些接口允许接入软件独立于接入硬件的细节来实现。为了应对这些挑战并实现这些方法，网络云架构分解了传统接入网元的集成功能和特征，支持这些功能在不同位置和不同硬件平台上执行。

大型数据中心环境经过优化，可支持大量计算和存储节点，包括几千个与主干和叶子交换机互连的处理器。OpenStack 非常适合在有规模要求的环境中提供编排。但是，OpenStack 的最低配置仍然需要多台服务器。分布式接入节点所需的通用处理可能仅包括作为 SoC 的一部分集成的单片处理器，且接入节点处的单片处理器将执行必须在较大网络中与 SDN 协作的媒体访问控制（MAC）和服务质量（QoS）功能。该单片处理器还将生成使用统计信息，且必须将这些信息集成到大型 ONAP 数据采集、分析和事件（DCAE）平台中。这些需求意味着接入网要求网络云架构以跨小规模分布式接入节点和大规模集中式数据中心的集成方式运行。目前，业界正在探讨若干解决方案，以提供大规模集中式 AT&T 集成云（AIC）节点与高度分布式接入节点之间的集成功能。

第一种方案是将接入节点视为外围设备，用于执行特定功能或提供特定的自定义接口。对于简单、稳定的接入功能来说，这可能是一种合适的方案，无须更新即可为新服务提供新功能。但是，由于此方案将接入节点上的软件降级为自己的计算结构，因而它将该软件从作为整个网络云计算结构一部分的优势中移除。从某种意义上说，该软件本质上成为嵌入式软件的一种新形式——不同之处仅在于其接口被设计为与 ONAP SDN/NFV 环境协同工作。

第二种方案是对整个网络云软件基础设施进行修改，以支持小规模高度分布式环境。这需要扩展所有组件的可配置性，以便它们能够缩小以支持非常小的分布式"数据中心"，这可以通过计算、存储和交换节点的数量来衡量。在理想情况下，这可能使 AIC 环境能将分布式嵌入处理器作为其架构的本机部分，从而允许嵌入在 SoC 中的计算资源成为小型云实现方案的一部分。虽然当前技术尚未展示出能够高效跨越支持这种方法所需的极端动态范围的单一编排架构，但支持较小配置的新型编排器或当前编排器扩展方案正在研究中，应该是可行的。使用此类配置的实例之一是在小型云节点上对本地轻量级远程编程代理进行实例化，该节点支持将大多数 ONAP 功能远程连接到更大的云节点。在足够小的配置支持下，能够支持各种云节点大小的编排器组合以及将极小接入节点视为外围设备的方法，可能是实现分布式接入节点的 NFV 和 SDN 大部分优势的方法。

第三种方案提供了扩展大规模编排器以支持小规模接入节点的替代方案。在此方案中，可以开发更轻量级的编排环境，来管理用于小规模云实例化的本地资源。编排器和相关 ONAP 组件之间的协调可能采用类似于为 SDN 控制功能开发的分层控制器和子控制器架构的方式建立。这种方法可以提供单一编排器几乎所有的好处，能够支持非常大和非常小的配置，代价是跨编排器基础设施和相关系统（如 ONAP）定义接口和行为。

通常，分布式接入节点需要专用硬件来执行特定功能，一般使用定制的特殊应用集成电路（ASIC）和 / 或现场可编程门阵列（FPGA）。在传统的网络架构中，这些硬件功能与硬件供应商相关，且需要来自供应商的定制集成软件。大型云计算数据中心通过将硬件与软件完全分离来获得成本优势。该方法通过允许使用通用硬件而在硬件方面提供了成本优势，可以在开放式规范中对通用硬件进行描述并由多个供应商构建。这种方法通过允许软件独立于底层硬件一次性开发（通常以开源形式呈现）而不需要针对每个供应商的硬件进行定制软件（以及随后的软件升级）的多次开发，从而在软件方面提供成本优势。

接入元素的新架构需要尽可能地利用这些优势，同时仍将专用接入硬件作为架构的组件之一。这可以通过在开放规范中定义专用硬件平台的详细功能来实现，其中接口和功能以允许由多个制造商构建硬件的方式指定。在理想情况下，指定接口和功能将足够完整，以便硬件制造商能够以最低成本在设计中获得最佳性能，并可以编写软件在任何硬件供应商的任何兼容硬件实现方案上执行。在实践中，可能需要一些时间才能获得足够的经验，来编写用于实现这一理想目标的完整、开放的规范。作为实现这一理想规范的第一步，可以编写硬件规格，其中包括对特定硬件组件某种程度的依赖性，如基于所选 SoC 或 FPGA 组件的硬件设计规范。随着这些实现方案的日益成熟，其接口和行为可以进一步从底层集成电路技术中抽象出来，以推动理想状态的实现。

如前所述，移动无线网络设备需要密集的数字信号处理器（DSP，Digital Signal Processor）实现，并随着摩尔定律继续扩展这些功能，高性能网络将继续要求不断升级以最大限度提高 DSP 的可用能力。为了实现最大的经济效益，该架构需要允许软件保持不变，并当功能更加强大的 DSP 引擎随着时间的推移而变得可用时，充分对其加以利用。此外，这些 DSP 引擎执行的具体计算需要灵活，以适应不断变化的服务，改变网络条件，以及改变标准和功能。这超出了应用程序编程接口（API）和功能规范的能力。

此类 DSP 功能不会出现在云数据中心环境中。然而，在通用计算中，存在着相似类型专用功能非常成功的实例——特别是图形处理器，消费者在 PC 中使用以支持为高端游戏生成高分辨率视频。图形处理器非常成功的关键因素之一是 OpenGL——一种图形语言和库，它能从底层硬件的细节中抽象出图形处理器的计算。OpenCL 是一种类似语言，用于为并行计算定义基于 FGPA 的加速器。可以将这一概念扩展到支持高性能移动无线服务所需的专用 DSP 引擎。为替代 OpenGL 或 OpenCL，需要开发开放接口规范和语言，以支持接入技术所需的专用加速器——我们可以称其为开放接入语言（OpenAL，Open Access Language）。然后，用于执行 OpenAL 的接入加速器可以提供接入网络所需的专用硬件功能，如支持移动无线网络所需的 DSP 引擎。这使开发各种规模和配置的一系列硬件加速器平台成为可能，该平台适合部署在小型高度分布式节点以及大型集中式节点中。软件可以进行一次性编写，并在各种大小和容量的专用硬件加速器上运行。当摩尔定律能够支持更高功率时，我们可以引入更高性能的新加速器，而无须更改底层硬件或软件。

图 11.2 描述了在扩展配置中使用 AIC 组件的接入网架构，包括对小型分布式节点和专用硬件资源池的支持。这种概念架构克服了接入网带来的独特挑战，支持接入网共享 NFV 和 SDN 的优势，同时还支持网络云架构和服务创建环境从核心一直延伸到接入网终端。

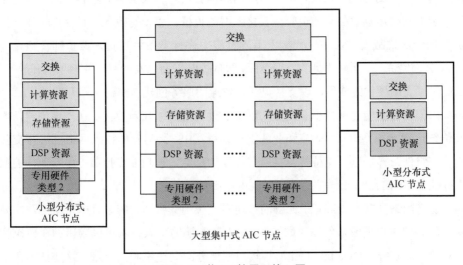

图11.2　将AIC扩展至接入网

11.2 节中描述的这种架构尚未完全实现。与任何主流新架构一样，它将逐渐被引入，且随着时间的推移而不断演进。此外，底层接入网技术和标准本身也在不断发展。多年来，有线接入技术已经从拨号调制解调器发展到非对称数字用户线路（ADSL，Asymmetric Digital Subscriber Line），再到超高速数字用户线路（VDSL，Very High Speed Digital Subscriber Line）和 GPON。与此同时，无线技术已经从 2G 发展到 3G，再到 4G-LTE，且很快就会发展到 5G。此外，随着向需要光纤接入的高速小型蜂窝的不断演进，以及作为有线宽带接入技术替代品的固定无线接入技术的引入和发展，有线和无线接入技术的演进开始呈现融合趋势。

NFV 和 SDN 对接入网架构的影响导致了复杂的多维演进路线图。后面将描述 NFV 和 SDN 的发布以及网络云实现方案如何将 ONAP 接入架构与高级有线接入和高级移动无线接入的技术演进路线图进行融合。

11.4　有线接入技术

有线接入网是电信网络的一部分，该网络使用诸如光纤、非屏蔽双绞线铜缆、同轴电缆或它们的组合等某种形式的媒体将用户连接到其直接服务提供商。接入网的建设和维护在服务提供商资本和费用预算中占很大比例。通常，将有线接入网称为"最后一英里"，尽管实际距离可能存在很大差异。如图 11.1 所示，有线接入网组件包括作为端点出现的服务提供商网络的接入节点，作为另一个端点的客户所在地的网络终端功能（可以是住宅或商业网关的一部分）和外部线路设备（OSP，Outside Plant）。OSP 由包含连接两个端点的各种无源或有源组件的传输媒体（光纤或铜缆）组成。有线接入网越来越多地与客户所在地的无线接入点或小区结合使用，以便最终连接到客户。

网络运营商面临的持续挑战是为潜在客户群设计和构建更高带宽的服务，同时保持成本不变或增长速度远低于所交付的数据量。由于新应用和高分辨率视频服务导致客户的数据使用量持续大幅增长，因而网络运营商必须谨慎管理其接入网的投资，以便与收入增长保持一致。控制成本以应对流量增长的挑战要求在下一代接入基础设施中进行竞争性投资，该基础设施充分利用了 SDN、NFV、云网络原理、面向流量的数据平面、解耦控制平面以及拥有硬件抽象的开放硬件平台。这种方法促进了商品硬件的使用，以支持灵活、快速的服务创建和交付。

新型接入架构需要能够提供现有服务，以及通过传统网络在新架构中在本地创建新服务。这需要支持传统运营支撑系统（OSS）和业务支撑系统（BSS）与新的接入网组件进行交互，就好像它们是传统组件一样，以及支持传统接入节点添加功能，该功能支持节点由新架构的服务和软件组件进行控制。图 11.3 对此进行了更加详细的描述。

诸如无源光网络（PON）等基于光纤的点对多点架构非常适合跨越几千千米经济高效的高性能室外接入网。同轴电缆或双绞线（如 G.fast）上基于铜的接入技术可以为诸如在建筑物或多住宅单元（MDU，Multiple Dwelling Unit）等较短距离分配高速率和大容量。这些技术在组合方面也非常高效。例如，PON 可以提供到建筑物的数据路径，G.fast 分配点单元（DPU，Distribution Point Unit）可以向建筑物内的不同公寓或企业提供分配功能，如图 11.4 所示。

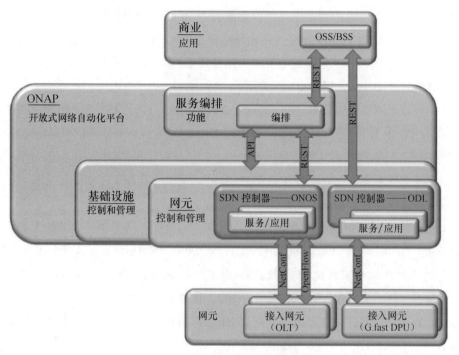

图11.3　有线接入新架构

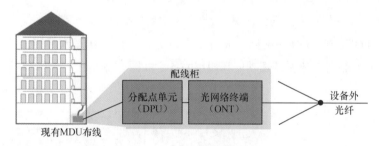

图11.4　MDU的G.fast架构

11.4.1　PON 技术

GPON 已经部署多年，并将继续部署。GPON 是一种经济高效的技术，它支持在网络接入节点和客户之间共享单根光纤，并使用位于客户附近的无源光纤分路器和适当的协议来实现这种共享，同时允许每个客户实现高容量和峰值速率。GPON 的网络接入节点被称为光线路终端（OLT，Optical Line Terminal），GPON 的客户节点被称为光网络终端（ONT，Optical Network Terminal），如图 11.1 所示。GPON 光纤基础设施利用 2.5 Gbit/s 下行速率和 1.25 Gbit/s 上行速率，在每个 OLT 的 GPON 光端口上各个用户之间实现动态共享。

GPON 技术正在不断发展。NGPON2 是一种传输速率为 10 Gbit/s 的新技术，它可以使用可调波长组件在几种不同波长上运行。通过在单根光纤上运行多个 NGPON2 实例，从而允许更高的容量。然而，可调谐组件当前的成本仍然很高，这对于许多应用来说是不经济的。国际电信联盟电信标准分局（ITU-T，ITU Telecommunication Standardization Sector）已经提出了另外一种名为 XGS-PON 的下一代 PON 技术。它采用固定波长的 10 Gbit/s 对称技术，下行速率是 GPON 的 4 倍，上行速率是 GPON 的 8 倍。对于大多数网络操作来说，GPON 演进的总体方法是多阶段的，需要多年才能实现。这种方法的关键部分之一是使用新架构将经济的增值重点从硬件转移到软件，从而允许软件在多种接入技术中重复使用。

在从宽带无源光网络（BPON，Broadband Passive Optical Network）到 GPON 的演进过程中，运营商能够重用 OSP 光分配网络（ODN，Optical Distribution Network），该网络由光纤光缆、光分路器和构成接入网物理层的其他无源设备组成。除了这种无源 OSP 之外，还必须更换所有有源网元、软件和管理系统。此外，BPON 和 GPON 在相同的上行和下行波长上工作，因而它们无法共存于同一根光纤。每个系统都需要 ODN 上单独的光纤。

GPON 网络的无源 OSP 由光纤光缆、光分路器和构成接入网物理层的其他无源设备组成。为了实现升级，GPON 和诸如 XGS-PON 和 NGPON2 等下一代 PON 系统具有专用非干扰波长分配功能。与新的软件架构结合使用，可以实现从 GPON 到 XGS-PON 和 NGPON2 的优雅过渡。可以将网元硬件设计为支持 XGS-PON 和 NGPON2。通过开放硬件规格和硬件抽象，可以将其修改和扩展为 GPON 和 XGS-PON 开发的模块化 NFV 和 SDN 软件，以支持 NGPON2 和未来高级 PON 接入技术。

这种优雅过渡的关键是在 OLT 所在的中心局使用共存元件（CE，Coexistence Element）设备或无源波长多路复用器，以及客户端处的波长阻塞滤波器或可调光学器件。这将支持 GPON、XGS-PON 和 NGPON2 在 ODN 中的同一光纤上同时运行，优化新接入网的灵活性和可扩展性，同时为所有技术提供额外的带宽管理功能和通用服务，如图 11.5 所示。

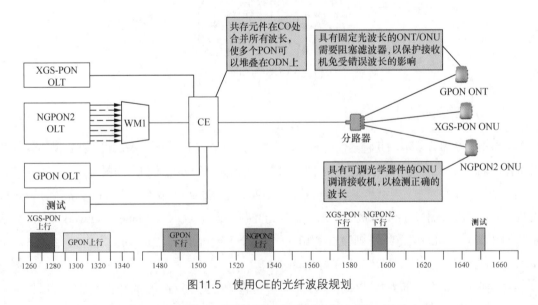

图11.5　使用CE的光纤波段规划

新的接入架构与 XGS-PON 相结合，提供了一种灵活的接入网，用于支持：

（1）对于单个系列和 MDU 来说，对称 1 Gbit/s（及以上）的尽力而为类消费者宽带服务；

（2）对称 1 Gbit/s（及以上）的尽力而为类商业宽带服务；

（3）具有服务级协议保证的商业宽带服务，适用于各种速率等级，拥有网络随需应变（NoD）功能，支持客户根据需要快速增加或减小带宽；

（4）用于提供移动性和云支持的接入传输基础设施。

该架构显著降低了当前和未来不断演进接入技术的整合复杂性，简化了新服务开发过程，并降低了网络的持续运营成本。它消除了每种接入技术使用全新硬件和软件的需要，且支持一次性开发新服务，而不必为每种接入技术单独进行开发。随着 XGS-PON 架构的到位，网络运营能够在未来实现 NGPON2 和任何其他新型创新接入解决方案，并在商业和消费客户以及服务之间共享这些接入技术。

11.4.2 G.fast 技术

在某些情况（如在现有建筑物内部）下，安装新的光纤基础设施可能会导致成本过高，并延误下一代宽带服务的可用性。在这些情形中，分发新型高速宽带服务的最佳方式是使用短距离铜缆技术，这些技术可以支持现有室内铜缆接入基础设施上的更高接入速率。G.fast 是一种重要技术，可以在建筑物或 MDU 建筑群内的现有同轴电缆或双绞线上分配高速宽带服务。

G.fast 是下一代数字用户线（DSL）技术，其接入速率性能目标在 150 Mbit/s ～ 1 Gbit/s 之间，具体取决于环路长度。G.fast 可以提供接近 1 Gbit/s 的总带宽，通常称为极短铜环路（<100 m）的上行和下行带宽之和，这是现有 VDSL2 技术速率的 5 倍以上。目前部署的 VDSL2 使用高达 17 MHz 的频谱，而第一代 G.fast 技术将使用 106 MHz 频带，并最终移动到 212 MHz 频带以获得更高的带宽能力。

G.fast 可在更高频段上运行并实现更高速率，这也意味着传输距离更短、功耗更高、信噪比更低。最终使用的频段是性能、成本和实现方案之间的权衡结果。为了获得更高性能，G.fast 网络设备或 DPU 需要靠近最终用户。DPU 可以安装在包括电话线杆、井盖、基座、MDU 地下室、家庭外墙等各种非传统位置。在这些位置上，电力供应既困难又昂贵。为远程配置的 G.fast DPU 供电的解决方案之一是通过反向供电，它使用配电侧铜缆网络将电力从客户端传输到远程节点。

与使用正交频分复用（OFDM，Orthogonal Frequency Division Multiplexing）和频分双工（FDD，Frequency Division Duplex）的 VDSL2 不同，G.fast 使用正交频分复用（OFDM）和时分双工（TDD，Time Division Duplex）。在 TDD 模式中，不同时隙用于上行和下行传输。TDD 可为硬件实现和灵活的下行/上行比率定义提供便利，以基于服务需求建立对称或非对称接入。

AT&T 积极参与了 ITU-T 和宽带论坛（BBF，BroadBand Forum）中 G.fast 标准的开发，并率先在宽带论坛的 G.fast 架构 TR-301 中增加了同轴电缆，它支持使用现有同轴电缆的 MDU 实现方案。另一项关键提案是针对 G.fast 在同轴电缆上运行的动态时间分配（DTA，Dynamic Time Assignment）概念，其中上行和下行比特率是根据客户流量需求动态进行分配的。这使服务提供商能够提供几乎等于总比特率的对称上行和下行服务，以支持更高速的服务。AT&T 还致力于 G.fast 网络终端设备（NTE，Network Terminating Equipment）管理标准化工作。网络终端设备是一种独立单元，不需要与客户端设备（CPE）或住宅网关进行集成。NTE 使用网络配置

（NETCONF）协议、YANG 模型与嵌入式操作信道（EOC，Embedded Operation Channel）相结合，后者是 G.fast DPU 和 NTE 之间的管理通信信道。这对于使用 NETCONF/YANG 将 G.fast 设备（DPU 和 NTE）的管理方案转换为 SDN 控制的管理方案至关重要。

图 11.6 给出了 G.fast 的管理架构。这是一种基于 BBF 的 TR301 管理架构，它引入了持续管理代理（PMA，Persistent Management Agent），可在 DPU 未通电的情况下提供 DPU 配置的持久性和修改。持续管理代理聚合器（PMAA，Persistent Management Agent Aggregator）提供 PMA 的聚合，且 PMAA 作为 AIC 中的虚拟化管理层存在。ONAP 和 AIC 编排能够控制 PMAA 的实例化和弹性。

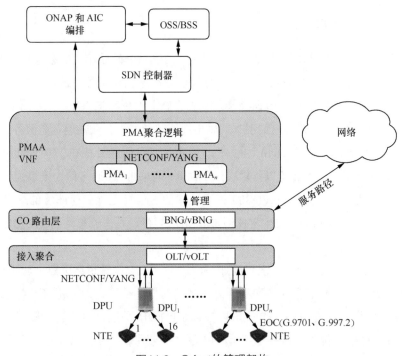

图11.6　G.fast的管理架构

OSS/BSS 编排层使用 SDN 控制器作为适配器，并通过 PMAA 来管理多个 PMA、DPU 和 NTE。该网络解决方案包括通过网络服务路径中的中间网络层 [中心局路由中的宽带网络网关（BNG，Broadband Network Gateway）和用于接入聚合的 OLT/ 虚拟 OLT（vOLT，virtual Optical Line Terminal）] 传递带内管理流量。PMA 使用 NETCONF 协议和 YANG 数据模型来管理其关联的 DPU 和连接的 NTE 调制解调器。根据 ITU-T G.9701（G.fast 物理层规范）和 G.997.2（G.fast 收发器的 G.fast 物理层管理），DPU 通过每条 G.fast 链路上的 EOC 协议来管理每台网络终端设备。DPU YANG 模型通过 EOC 将 NTE 清单、状态、故障、性能监控和软件下载功能代理到 NTE。

11.4.3　有线接入硬件

有线接入技术（如 GPON、XGS-PON、NGPON2 和 G.fast）需要专门的硬件功能来处理共享多公里光纤接入所需的协议和功能，以及跨现有短距离铜双绞线和同轴传输媒体所需的高速传输。

传统架构对硬件和软件进行绑定以执行这些功能，且对每个特定供应商来说，实现方案都是独一无二的。

新访问架构的关键概念之一是将软件与硬件进行分解，以便相同软件可以跨不同供应商的硬件开展工作，甚至可以跨不同接入技术的硬件类型。这需要一种新方法来接入网络硬件。这种新方法为硬件创建了开放式规范，具有定义明确的开放接口，支持软件对硬件进行配置和控制。当前，使用大批量商用芯片（接入网 SoC 集成电路）的趋势是完全一致的，并为支持开放硬件平台规范提供了基本要素。

11.4.4　商用芯片

商用芯片是指 SoC 集成电路供应商，该集成电路实现了网络接入设备所需的基于硬件的复杂功能和接入技术协议。在传统接入架构中，接入设备的原始设备制造商（OEM，Original Equipment Manufacturer）创建具有绑定软件和管理系统的定制硬件，即使它们通常将商用芯片作为接入节点的关键组件。

商用芯片的兴起使跨硬件供应商创建一致的硬件功能和接口变得更加容易，从而简化了向新接入架构的过渡。AT&T 已经开始直接与芯片制造商合作，推动用于网络硬件的商用芯片，因为硬件的许多功能都是由芯片功能决定的。商用芯片的存在也简化了通用硬件规格的创建，这将在后面进行说明。

11.4.5　有线接入硬件标准和开放式规范

接入硬件依赖于众所周知且已建立的标准过程，这些过程规定了网络中接入节点（如 OLT）与客户端设备（如 ONT）之间的接口和行为。新接入架构继续将这些标准用于 XGS-PON 和 G.fast 等技术，但它还需要以前未曾使用过的其他标准化工作。这些新的标准化工作将创建详细的硬件盒规格，以便多个制造商可以制造可与通用软件协同工作的硬件。

这些新标准正在通过开放计算项目（OCP，Open Compute Project）的电信集团引入，其中 OLT 硬件设计已经使用商用芯片进行了定义。利用这些开放规范，运营商可以要求硬件供应商构建符合这些设计的接入节点，并可以灵活地从多个来源获得可互换的网元——"白盒"。

最初，OCP 重点关注为基于 x86 微处理器架构的服务器硬件创建开放硬件规格，以便用于数据中心。从某种意义上讲，嵌入在数据中心服务器产品中的 x86 处理器与嵌入在接入节点产品中的商业芯片相似。OCP 的电信集团将 OCP 规范的范围扩展到包含电信硬件。开放计算网络项目的任务是创建一组完全开放的可分解网络技术，从而实现网络空间的快速创新。开放网络项目的目标是促进和支持新型和创新的开放网络硬件和软件标准，设计创作和协作、项目验证和测试以及 OCP 社区贡献。OCP 的主要驱动因素是常见的标准形状因数和 100% 基于标准的"白盒"硬件实现方案，这使从现有专有解决方案过渡到基于非专有开放规范的解决方案成为可能。

接入节点的完整规范将会非常复杂，需要详细描述接入节点 SoC 中嵌入的所有功能和行为，以及描述如何将 SoC 设计到接入节点中。通过基于该接入节点的商业芯片 SoC 来设计，接入节点的规范变得更加易于管理。

11.4.6　开放式 vOLT 硬件规格

通常，网络接入设备部署在不同的环境中。例如，数据中心、中心局和远程室外设备外壳的部署将使用各种尺寸的设备，且具有不同的环境要求。新接入架构支持采用通用软件来完成各种设计的配置和控制，并提供相同的服务集。

为了快速启动创建开放硬件规格的过程，AT&T 致力于为在不同环境中运行的 vOLT 创建一致的硬件规格集。2016 年 3 月，在 OCP 峰会期间，AT&T 向 OCP 电信集团提交了 3 种 10 Gbit/s PON 硬件设计方案：MicroOLT、16 端口 OLT 比萨盒和 4 端口硬化"翻盖式"OLT。针对不同的部署方案，每种设计都进行了优化。

MicroOLT（如图 11.7 所示）是一种 PON 光学模块，在增强型小尺寸架构（SFP +）形状因数（小型可插拔收发器规范的增强版之一）使用嵌入式以太网桥、PON MAC 和物理（PHY, Physical）层。MicroOLT 是 vOLT 平台的构建块之一。它使用 10 Gbit/s XGS-PON 光学器件来支持 XGS-PON 协议和速率，而成本仅为使用可调谐密集波分复用（DWDM）光学器件的一小部分。

图11.7　MicroOLT

这种 10 Gbit/s OLT 插入低成本的"白盒"以太网交换机或其他带有 SFP + 插槽的以太网网络设备，随时使其成为 10 Gbit/s PON 网络的网络接入节点。这种 SFP + OLT 设计能够为新架构中的 SDN 和 NFV 提供便利，使其成为 vOLT 的硬件组件。图 11.8 描述了新接入架构中使用的 MicroOLT 高级设计。

可以将 OLT 功能分成多个部分，以与通用网络功能保持一致，并隔离特定于 PON 接入技术的功能。MicroOLT 包含 PON 特定功能，包括桥接、MAC 层和物理层光学器件。系统的其他部分可以是用于聚合的第 2 层交换和具有流量管理和路由的第 3 层交换等通用功能。这些通用设备可以基于具有 SDN 控制和云编排功能的独立数据中心交换组件。

通过为以太网交换机上每个端口选择 PON 或点对点以太网，可以根据需要逐个端口实现显著的灵活性。MicroOLT 无须部署专用机箱，同时功耗更低，占用空间更少。通过删除特定于应用的硬件并将其替换为同类最优以太网交换机，可以实现成本节省和灵活性增强。

16 端口 OLT 比萨盒——开放 XGS-PON 1RU vOLT 是一种成本优化的接入设计，它专注于 NFV 基础设施部署，支持对称 10 Gbit/s PON 接入连接，并提供高达 160 Gbit/s 的上行链路到机架顶部（ToR）或网络的骨干交换层。此设计使用博通 OLT PON MAC SoC（BCM68628），它支持 SGPON1、XGS-PON、NGPON2 和 10G-EPON 以及 Qumran 交换机（BCM88470 QAX）。

图 11.9 给出了 16 端口 OCP 设计的主系统框图，该设计由连接到 BCM88470 QAX 交换机的

8 台 BCM68628 设备构成，可支持高达 300 Gbit/s 的流量。

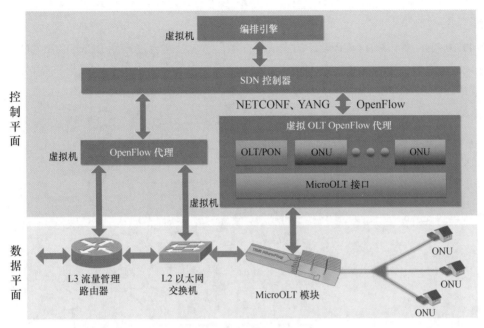

图11.8　vOLT软件架构

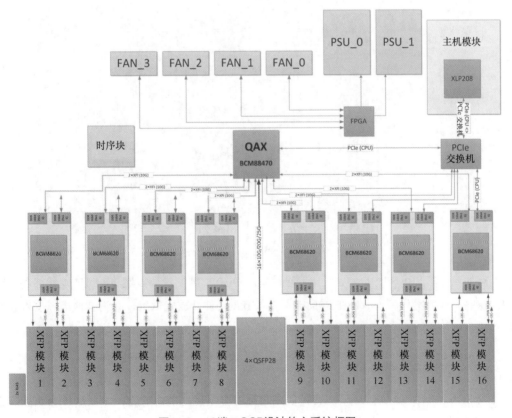

图11.9　16端口OCP设计的主系统框图

4 端口硬化 OLT——开放的 XGS-PON 4 端口远程 vOLT 是一种成本优化的接入设计，它专注于 NFV 基础设施部署，支持对称 10 Gbit/s PON 接入连接，并为网络的 ToR 或骨干交换层提供 40 Gbit/s 上行链路。

图 11.10 给出了 4 端口 OCP 设计的主系统框图，它包括两台连接到 BCM88270 QUX 交换机的 BCM68628 设备，支持高达 120 Gbit/s 的流量。

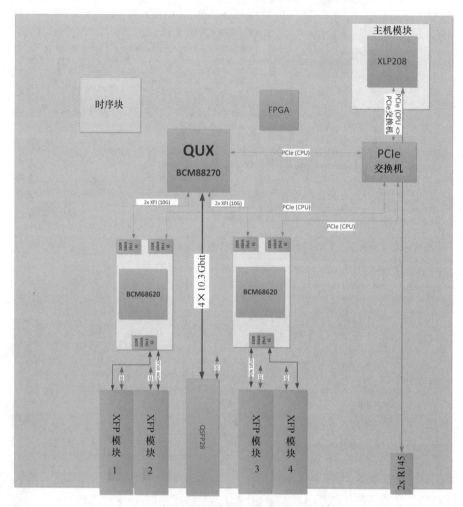

图11.10　4端口OCP设计的主系统框图

当新的商用芯片可用时，AT&T 计划通过使用 OCP 批准的设计方案将 vOLT 硬件部署到接入网中。这些设计方案代表了 AT&T 首批虚拟接入节点硬件开放式规范，并为其他虚拟接入技术的开放式规范铺平了道路。

11.4.7　有线接入软件

整个 SDN、NFV 和 ONAP 架构将扩展到包括对有线接入节点的支持，正如 11.4.6 节描述的 vOLT。某些软件功能更特定于有线接入组件。这些功能可能包括来自传统接入节点中当前软件的分解功能，以及支持一次性写入服务并跨各类接入节点应用的特定软件组件。

图 11.11 给出了新接入软件架构部分组件的高级视图，它将下一代 XGS-PON 接入技术作为实例，底部描述了特定类型的硬件。网络抽象层（NAL，Network Abstraction Layer）隐藏了来自更高软件层的底层硬件细节，实现了对不同硬件配置的通用软件控制和管理。虽然图 11.1 中没有显示，但该层还为不同类型的接入技术提供了抽象。SDN 访问控制器提供关键控制功能，将诸如 vOLT 控制和 PON 管理等接入网络组件与 ONAP 软件架构的其他部分集成在一起。AT&T 希望对控制器源和应用的所有更新都回馈给开源社区，以维护长期可行的产品。

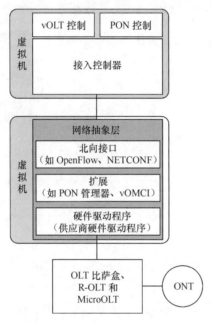

图11.11　下一代PON软件架构

11.4.8　网络抽象层

网络抽象层是一种软件薄层，为合并到接入网中的各种底层硬件组件提供安全保护和一致性接口。可将协议和非实时功能分解到在 AIC 环境中运行的微服务上，而 AIC 环境由虚拟机或容器中的标准 x86 计算云构建而成。通过抽象，我们可以更快引入新的物理网络设备，降低开发成本，缩短上市时间。抽象层旨在开放并协同开发以获得行业采用。

整个网络抽象层由一种通用框架构成，它将 3 个关键抽象层组件——协议抽象层、扩展抽象层和驱动程序抽象层连接在一起。图 11.12 给出了网络抽象层的框图。

协议抽象层通过使用标准协议为各种管理和控制系统提供北向接口。该框架应该考虑到底层协议是模块化和可扩展的，以便引入新协议或升级协议而无须修改底层网络硬件。扩展抽象层提供了与分解后设备功能或可编写脚本设备功能的接口扩展点。扩展抽象层将使用标准 RESTful 接口，可以作为网络抽象层的一部分运行，也可以在单独的虚拟机或容器中运行。扩展将遵循模型驱动的架构，以简化新功能和功能集的集成。

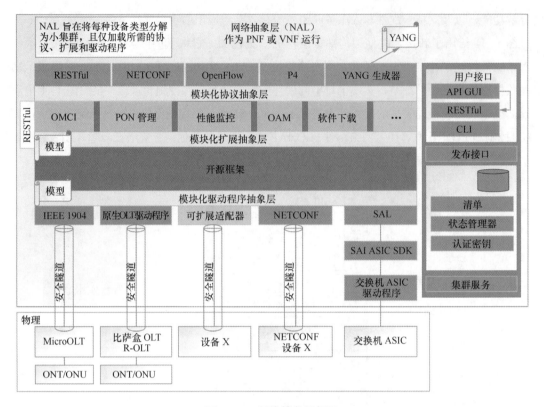

图11.12　网络抽象层框图

驱动程序抽象层使用模型驱动的架构将设备驱动程序 SDK（Software Development Kit）与通用框架和功能集相关联。驱动程序将遵循模型驱动的架构，以简化未来硬件的集成。AT&T 计划开展协议标准化，最终简化驱动程序模型并在网络抽象层中创建优化。

如前所述，接入网技术正在发展并将继续发展。网络抽象层的组件设计用于支持独立于特定网络接入功能和硬件编写更高层 SDN 和应用功能，使通用软件能够支持多个 SoC 供应商、多种接入协议和多种接入技术。

11.4.9　SDN 接入控制器

将接入网与网络云架构其他部分进行集成需要接入由本地 SDN 接入控制器管理的软件组件。它集成了诸如 ONAP 子系统（参见第 7 章）等各种软件组件，它们还与 OSS 等其他组件进行集成。

如第 7 章所述，网络云架构中使用了 3 类控制器：

（1）基础设施控制器通过实例化和管理用于支持接入网的虚拟机或容器，来创建和维护底层软件环境。接入网的分布式特性可能需要对基础设施控制器进行扩展配置；

（2）应用控制器用于支持和管理所需的应用，包括那些支持接入的应用；

（3）网络控制器用于支持和管理形成软件定义网络基础设施（SDNI，Software Defined Network Infrastructure）的网元。

支持接入的网络控制器执行两项主要功能：控制平面管理功能和数据平面流控制功能。这些功能在 ONAP 接入架构中被分离开来。由于接入网是分布式的，因而必须分配一些接入网组件的数据平面功能，这可能需要引入新组件。我们已经对 AT&T 与 OCP 和领先行业硬件供应商合作开发的新型 vOLT 硬件进行了描述。接入技术的分布式特性可能还需要用于分发数据平面功能的新方法。例如，需要分布式网络控制功能来提供 QoS 和流量优先级，以满足接入网中共享媒体接入和集中点的性能测量，或者在发生故障时动态地重新路由流量。

接入网控制器的控制平面功能也可能非常复杂。其中一种控制平面功能是将事件数据提供给 ONAP DCAE 系统。在某些情况下，访问事件数据通过 SDN 控制器向上推送到数据采集系统，而在其他情况下，访问事件可能被网元直接推送给数据采集系统。在该系统中，低时延实时处理是至关重要的。

11.4.10　开放式接入网软件

正如开放式硬件规格在实现新架构优势方面发挥着关键作用一样，开放式接口和开源软件也起着关键作用。开放接口是接入网的关键组件，因为它们支持跨多种类型硬件以及多种硬件和软件供应商之间的互操作性。随着新接入架构分解软件功能，开源软件将成为关键组件。开源软件将提供多种优势，包括：

（1）社区对功能和增强型功能的贡献。

（2）消除重复性开发工作，从而降低行业成本。

（3）芯片和硬件开发人员的通用参考软件。

（4）跨各种供应商的通用软件，用于优化互通和集成功能。

接入网的一些关键开放软件组件将包括：

（1）接入网元的 YANG 模型行业标准化。

（2）用于网络设备管理通信的 NETCONF。

（3）用于接入设备和 SDN 控制器间控制平面通信的协议。

（4）用于访问相关应用之间通信的 RESTful 接口。

需要注意的是，开放接口和开源软件的使用不一定意味着特定商业或支持模型。但是，确保将关键软件元素和模型的修改和定制合并到源代码中，以避免形成碎片分布是至关重要的。随着接入网技术的不断发展，这些碎片可能会影响到互操作性和自适应性。

NETCONF 和 YANG 提供了开放软件方法的一个很好的实例。一致使用 NETCONF 和 YANG 来管理网络设备和数据模型规范在推动来自多个供应商的接入技术和网元之间的互操作性方面起着关键作用。

YANG 是一种用于对配置和状态数据进行建模的数据建模语言。这些数据使用 NETCONF 远程过程调用和 NETCONF 通知，由 NETCONF 协议进行操作。NETCONF 和 YANG 本身为推动更简单、更高效和更顽健的配置管理提供了强大的技术支撑。通过为各类接入网元定义开放和标准的 YANG 配置数据模型，可以实现额外的灵活性、自适应性，并节省成本。

宽带论坛（BBF）一直在积极致力于接入网的数据模型标准化工作。存在着可用于所有技术的常见 YANG 模型（WT-383），以及用于诸如 G.fast（WT-355）、G.hn（WT-374）和 PON（WT-368）等标准接入技术的特定 YANG 数据模型。通过网络接入设备来使用这些模型，以及在定义完新功能和接入技术时持续扩展和开发这些模型，这对于实现新接入架构的优势至关重要。

11.5　移动无线接入技术

将基于 SDN 和 NFV 的新接入架构应用于有线接入网所涉及的大多数方法，为将相同架构应用于移动无线接入网提供了技术基础。对分布式计算资源和具有访问 SoC 组件的专用硬件的需求可以转移到移动无线网络。此外，移动无线接入还需要其他功能。

移动无线网络节点（如当前 4G-LTE 网络和未来 5G 网络）的需求超出了基于 SoC 的接入节点需求。这些扩展包括对某些类型的节点需要专门加速硬件，以及需要支持分布式本地节点和集中式节点之间具有不同功能划分的各种配置。这些增加的需求来自为基于流量密度和无线网络各部分中经济可用的各类传输提供最有效部署配置所需的一系列架构支持。

正如 GPON 接入技术不断发展一样，无线接入技术和标准也在不断发展。4G-LTE 网络持续发展，并在第三代合作伙伴计划（3GPP）的每个新版规范中增加新功能。5G 的标准和开发工作也在进行中，这是无线技术发展的下一个阶段。5G 包括被称为"下一个无线"的新型无线接口技术，通常称为 5G-NR。

早期实验和开发已经开始将 SDN 和 NFV 技术应用于 LTE 无线接入网（RAN）设备。通过仅将 SDN 和 NFV 应用于 RAN 节点的更高层交换和路由功能，这种早期工作通常采用稍微简单一些的方法。5G 网络将成为 SDN 和 NFV 网络云架构实现更广泛应用的目标。

虽然显而易见的原因是 5G 代表了一种新的技术点，并为新架构提供了机会，但实际上对于 5G 网络架构中的 SDN 和 NFV 有着更深层次的动机。5G 网络代表了一种演进阶段，它不同于先前从 2G 到 3G 到 4G-LTE 的演进。考虑到这种根本差异，实现 5G 技术的承诺将需要结合 SDN 和 NFV 网络云技术来实现其全部潜力。

下面，我们将介绍 3 种 LTE RAN 的当前配置，并说明每种配置如何使用 NFV/SDN 技术。

11.5.1　LTE RAN 配置

用于传统早期 LTE 部署的 LTE RAN 基本结构遵循分布式无线接入网（D-RAN，Distributed Radio Access Network）架构。该架构类似于前几代 RAN 技术架构，如图 11.13 所示。在该架构中，RAN 节点的所有组件都位于蜂窝站点，包括射频（RF，Radio Frequency）组件（如天线和无线放大器）和基带单元（BBU），它们确实需要对无线信号进行数字处理。

通常，射频和天线位于手机发射塔的顶部，BBU 通常位于手机发射塔的底部。BBU 和 RF 通过短光纤接口进行互连，该接口通常使用诸如通用公共无线接口（CPRI，Common Public Radio Interface）之类的协议，设计用于在暗光纤相对短的距离上工作。然后，BBU 拥有到核心网的后向回传连接，通常使用高速以太网链路。

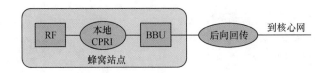

图11.13　C-RAN架构

　　将 NFV 和 SDN 技术应用于 DRAN 架构非常具有挑战性，因为位于手机发射塔的蜂窝站点在地理上是分布式的。蜂窝站点的新部署也正在转向更小的蜂窝，这些蜂窝甚至更加分散。在典型配置中，小蜂窝可以是安装在电线杆、灯杆或建筑物内天花板上的独立单元。

　　在流量和蜂窝站点密度非常高且蜂窝站点可以进行暗光纤传输的情形中，网络运营商一直在部署集中式无线接入网（C-RAN，Centralized Radio Access Network）架构，如图 11.14 所示。在该架构中，只有射频设备位于蜂窝站点。用于短距离内多蜂窝站点的 BBU 集合可以一起位于中心站点，我们称其为基带池。该站点的 BBU 池拥有自带 CPRI 的暗光纤，该 CPRI 从集中位置运行到驻留在该特定集中站点上的每个蜂窝站点。这种配置有几大优点。BBU 的集中式池可以降低租赁和运营成本。在某些配置中，BBU 容量可以配置为在多个蜂窝站点之间共享，从而降低资本成本。BBU 还可以通过高速和低时延链路轻松实现互联，这使一些高级功能成为可能。通过在不同蜂窝站点之间进行协调，这些高级功能可协助改善 RAN 网络性能。该架构的主要缺点是需要从中心站点到每个蜂窝站点的暗光纤传输，传送低效的 CPRI 协议。在许多情况下，与使用以太网传输连接蜂窝站点相比，这种传输可能不可用或不划算。

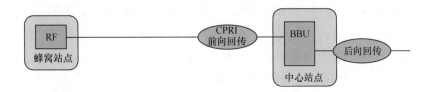

图11.14　C-RAN架构

　　C-RAN 架构为应用 SDN 和 NFV 技术提供了更多机会。中央基带池化站点由一组互连的BBU 集合构成，而每个 BBU 包含专用 DSP 硬件和固件，以及通用处理和网络软硬件。这提供了通过分解 BBU 功能并采用图 11.2 所示的一般架构方法来实现中央基带池化站点功能的机会。在该架构中，由专用 DSP 硬件执行的功能通常在扩展 AIC 架构的专用硬件组件上进行虚拟化并执行，而其他功能则在通用服务器和网络组件中执行。

　　由于受到 CPRI 链路距离和成本的限制，因而 C-RAN 架构只能在选定情况下进行有效部署。即使在架构具有低成本、高效益的情况下，距离和成本约束条件也会影响到可在单一中央基带池化站点上驻留的蜂窝站点数量。反过来，这会限制 NFV 和 SDN 以及网络云架构获得的增益大小。

　　最新的 RAN 架构开发是分割式无线接入网（S-RAN，Split Radio Access Network）架构，如图 11.15 所示。人们正在开发该架构，以将 C-RAN 架构的优势与 D-RAN 架构低成本、高效益的传输相结合。目前，这种架构还没有得到广泛部署——它尚处于原型和开发阶段。

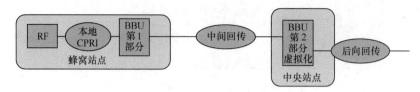

图11.15 S-RAN架构

在 S-RAN 配置中，将 BBU 硬件和功能分解为两个单独的组件，如位于蜂窝站点的 BBU 第 1 部分和位于中心站点的 BBU 第 2 部分。对时延最敏感的较低层协议的功能位于蜂窝站点的 BBU 部分，采用手机发射塔和 RF 组件之间运行的 CPRI。手机发射塔上的这些功能也大大降低了数据传输要求，因而位于蜂窝站点的 BBU 第 1 部分和位于中心站点的 BBU 第 2 部分之间的链路可以是有效的低时延以太网链路，而不是 CPRI 链路。这些架构正处于开发和评估阶段。这些架构的关键特征之一是必须在蜂窝站点和中心站点之间分割 BBU 功能。需要为 BBU 的每项功能分配其中一个位置。这会导致 RAN 架构中各种可行分割点的出现。通常，当更多功能位于蜂窝站点时，对传输网络的速率和时延要求降低，但是基带池可以提供的增益也随之降低。这意味着架构中的最佳分割点取决于网络中的特定网络和传输条件。使用传统技术来开发和部署 S-RAN 架构非常困难，因为并非所有配置都有一个单独的最佳分割点，且（与 C-RAN 架构不同）灵活的 S-RAN 架构通常需要对 BBU 硬件和软件进行更改。

虽然 C-RAN 架构可以充分利用 SDN 和 NFV，但 S-RAN 架构可在 C-RAN 上大规模发展。通常，S-RAN 架构需要重新设计硬件，因而转向图 11.2 所示的扩展 AIC 架构可能是一种自然方法。S-RAN 架构要求对 BBU 的软件组件进行分解，这也符合向 SDN 和 NFV 过渡的趋势。最重要的是，S-RAN 架构的最佳"分割点"因流量和网络条件不同而不同，这使传统 S-RAN 实现起来非常困难。在新的扩展架构中，所有 BBU 功能都是可分解和虚拟化的，ONAP 系统将能根据需要对虚拟化功能进行实例化和管理，以优化成本和性能。使用新的扩展 AIC 架构，分割架构不限于图 11.15 所示的两类位置。作为简单实例之一，第 1 层功能可以在图中的蜂窝站点处实现，第 2 层功能可在中心站点处运行，第 3 层功能在大型数据中心站点处运行，可能需要与虚拟化移动核心网功能搭配或集成使用（我们将在第 14 章中进行讨论）。

正如 11.5.2 节将要描述的那样，5G 技术和 5G 架构通常看起来更像 S-RAN 架构，使其非常适用于 NFV 和 SDN 实现方案。但是，这种新架构将为 5G 提供的优势已经远远超出了该架构。5G 的关键特性（它已不仅仅是无线技术持续演进过程中出现的另一个"G"）将通过基于 NFV 和 SDN 的新架构直接进行启用、授权和增强。

11.5.2 5G 无线

随着无线技术从 2G 转向 3G 再到 4G，每一代都比上一代"更快更好"，它们带来了更高的速率和容量，以及更低的每比特成本。5G 将继续推动这一趋势并实现更高的速率和容量，这是 5G 的关键功能之一，我们称其为增强型移动宽带（eMBB，enhanced Mobile Broadband）。但 5G 也将打破这一趋势。作为物联网（IoT）的一部分，通过提供数量大、价格低、体积小、速率低、电池寿命长的低价泛在设备，提供更快、更好的同一 5G 网络将同时提供"更慢、更长"的功能。这是 5G 的特征之一，我们称其为大规模机器类通信（大规模 MTC）。同时，这一 5G 网络还将提供具有超高可靠性和超低时延的"更安全、更快捷"的服务，我们也称其为关键机器类型通信（关键 MTC）。这就是 5G 不仅仅增加另一个"G"的原因：它不会在一个维度上扩展，而是在多个维度上同时进行扩展，以确保在单个网络上提供更加广泛的服务。图 11.16 说明了 5G 如何在这 3 个不同方向同时扩展无线技术的动态范围。

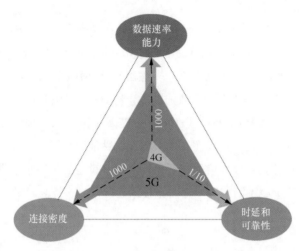

图11.16　5G在多个维度上扩展了4G功能

考虑到这些附加功能，5G 将实现许多新类型应用，如高质量增强现实（AR，Augmented Reality）、物联网、自动驾驶和工业自动化。所有这些功能以及这些功能的新组合将在单一网络上得到支持。这不仅带来了规模经济，还开辟了新的增长途径，并为网络运营商增加了收入。

根据需求，5G 的 3 类功能支持以下不同类型的应用。

（1）eMBB。这些应用包括诸如 4K 视频、增强现实和触觉互联网等各种超宽带服务。这些应用通常需要非常高的带宽和合理的低时延。目标是实现吉比特每秒级的吞吐量。

（2）大规模 MTC。这些应用代表了广泛的通用类型，包括仪表、环境传感器、生物传感器、家庭安全系统、电器和工业监视器在内的各种连接设备。一些专家预测，在不久的将来，全球此类设备数量可能会达到几百亿。虽然这些应用的大多数设备都不是带宽密集型的，但它们需要深度覆盖且能够支持长达 10 年的电池寿命。

（3）关键 MTC。此类应用包括需要超低时延和超高可靠性的机器对机器通信。这种应用实例包括用于防撞系统的车辆到车辆通信、工业自动化和机器人。

为了支持这种多样化需求，5G 还将支持一系列新技术，包括支持广谱范围的技术。关于 5G 的大部分新闻都会强调使用厘米和毫米波频率（大部分高于 24 GHz）。这些频段是移动无线网络使用的新频段，将在 5G 中发挥重要作用（特别是对于 eMBB 服务）。过去，这些甚高频（VHF，Very High Frequency）频段因其传播特性差以及开发低成本收发器的技术难度已经超出了移动网络的限制，这些收发器可以通过电池供电且适合手机外形。幸运的是，诸如相控阵天线、高级数字信号处理能力和毫米波射频集成电路（RFIC，Radio Frequency Integrated Circuit）等各种技术的最新发展使得将这些高频频带用作 5G 网络的一部分成为可能。

与此同时，5G 还将使用 6 GHz 以下的授权和免授权频谱。这些频段将在提供大规模 MTC 所需的覆盖范围以及关键 MTC 所需的可靠性等方面发挥重要作用。因此，要实现 5G 网络的全部功能，需要将新的毫米波频带与更传统的频段相结合。5G 将实施一系列新技术，以支持这些新功能和新的毫米波频段。

1. 高级多元件天线结构

图 11.17 展示了具有波束成形功能的相控阵天线。这是毫米波中克服传播挑战所需的基本技术。传统 LTE 系统通常在多输入多输出（MIMO，Multiple Input Multiple Output）配置中使用具有独立信号的 2 ～ 4 个天线元件。全维多输入多输出（FD-MIMO，Full Dimension Multiple Input Multiple Output）使用在 TDD 频段中最有效的技术，将其扩展到几十个天线元件。5G 将提高 6 GHz 以下 FDD 频段中 FD-MIMO 的有效性，从而提高 6 GHz 以下频谱的容量和效率。由于在毫米波频率下天线元件的尺寸较小，因而几百个天线元件能够适应合理尺寸的天线结构。这使系统通过波束成形来补偿传播损耗成为可能，从而针对每台设备的位置集中进行特定传输。由于每个波束可以在相同频率下承载不同信号，因而该技术还可以显著提高容量。

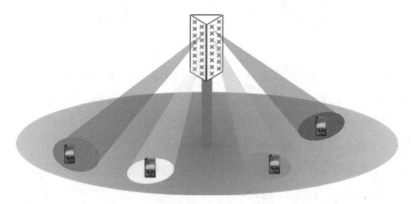

图11.17　具有波束成形功能的相控阵天线

由于毫米波频段中使用的带宽非常高，且在相控阵列和 FD-MIMO 天线结构中使用的天线元件数量非常多，因而在 C-RAN 结构中使用 CPRI 变得不可行，这主要是因为协议效率低，最终导致图 11.14 中的 C-RAN 架构变得不可行。为了充分利用毫米波频谱和 FD-MIMO 天线中的大量天线元件，5G 中的先进天线阵列将需要在天线中执行一些类似 BBU 的功能完美将使整体配置与图 11.15 中的 S-RAN 架构更加类似，从而使其与扩展 AIC 架构中的实现方案非常匹配。

2. 双连接

毫米波频谱的另一个特征是这些信号更易被障碍物阻挡，因而将手持设备从一个位置转到另一个位置可以快速阻挡毫米波信号。为了克服使用毫米波频谱时的持续中断，5G 将采用一种称为双连接的技术，如图 11.18 所示。这允许设备同时连接到 5G 网络的多个部分，甚至同时连接到 5G 网络和 LTE 网络。例如，使用传统蜂窝频率的连接将为服务和信令提供顽健且可靠的锚点。

然后可以机会性地使用与 5G 毫米波频率的第 2 类同步连接来提供高速率和高容量。网络同时使用设备与不同网络组件之间多个连接的能力是 5G 网络设计的基本问题。

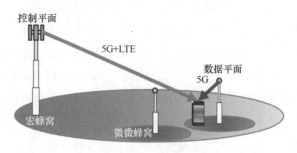

图11.18　双连接

双连接可以从基于新架构的实现方案中获益。控制平面和数据平面功能的分离与不同频段甚至无线技术（LTE 与 5G）的使用保持一致，主要用于控制和数据。此外，SDN 非常适合处理不同站点和网络部分之间的流量动态切换，同时平衡多个站点和多种技术的流量需求和优先级。

3. 超高密度和自回传

小蜂窝是 5G 网络非常重要的问题之一。毫米波频率的使用需要小蜂窝，因为小蜂窝的传输距离非常短。此外，小蜂窝是提高网络"每区域容量"最有效的方法之一，是用于处理针对更多数据加速需求的 5G 重要目标之一。创建小型密集蜂窝网络的最大挑战之一是需要密集传输网络来支持小型蜂窝的后向回传。在 5G 中，每个小蜂窝将需要数十 Gbit/s 的后向回传速率。自回传是一种技术，它支持 5G 接入无线的同时提供对用户的访问，并使用相同频谱进行后向回传连接以接入其他 5G 蜂窝站点的无线。这可能是降低非常密集的小蜂窝网络的部署成本的主要因素，因为不需要将光纤传输部署到每个小蜂窝位置。自回传是毫米波频段的自然选择。如图 11.19 所示，波束成形相控阵天线面板可以创建专用于后向回传的独立波束，对用于到达客户设备的接入波束的干扰最小。

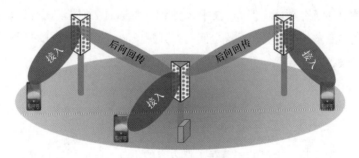

图11.19　5G自回传

新接入架构的 NFV 和 SDN 功能为实现自回传功能提供了一种性能优越的平台。SDN 可以在自回传链路的动态网站上提供快速适应性网络配置，该链路可以根据需要来调整连接的变化，且 NFV 可以根据需要来调整各种接入和后向回传链路之间的资源，以便最优处理流量模式的变化。

4. 灵活的载波配置

5G 的关键特性是它能够在单一网络上支持多种类型的流量。诸如 eMBB、大规模 MTC 和关键 MTC 之类的流量类型对无线网络资源产生了多种不同类型的需求。过去，有效支持这些流量类型需要单独的独立无线网络和运营商。为了在单一网络上支持这些不同的流量类型，5G 要求对 5G 无线载波波形的方法进行根本性改变。在早期无线技术中，单一载波在整个载波上使用单个一致的子载波结构。5G 突破了这种方法，并使单个载波能够同时支持不同类型的独立子载波成为可能，如图 11.20 所示。例如，eMBB 流量可以使用优化子载波来高效传输大量数据，使用紧同步、自动测距和针对最大频谱效率的优化编码。同时，大规模物联网流量可以使用具有窄带宽载波的子载波结构来实现高效的短信息传输和低峰值功率；保持高覆盖率，并采用异步接入技术来降低协议复杂性和信令开销，从而实现设备低成本和电池长寿命。可以针对每个时间和地点动态定制专用于每类子载波的资源量来确保与流量需求保持一致。由于子载波是独立的，因而 5G 还有可能在未来增加新的子载波类型，以适应新的流量和应用。

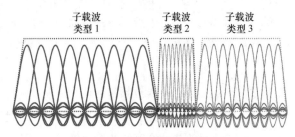

图11.20　5G子载波结构实例

采用扩展 AIC 的新架构提供了用于实现 5G 载波结构灵活性的理想方法。可以分配灵活的专用 DSP 处理池资源以符合对不同类型子载波的动态调整；可以为每类流量分配和优化网络路由协议和路径；可以将现有服务和子载波的软件更新与其他服务和子载波的改变隔离开来；可以通过软件更新来添加子载波新类型和新服务，其中包括由 DSP 资源池执行的算法更改。

总的来说，5G 接入网设计是革命性的，因为它具有灵活性和动态变化范围。当 5G 首次推出时，它可能不支持上述所有功能，但 5G 技术将会不断演进，最终实现所有这些功能。完整的 5G 架构能够支持广泛的服务，在服务和频段之间动态分配资源，在条件变化时调整和安排传输配置，同时与不同代技术设备建立连接，并发展为支持未来的全新服务。

致谢

作者要感谢接入架构与分析组的同事对本章内容的贡献、Arun Ghosh 对本章无线内容的贡献，以及 Eddy Barker、Sumithra Bhojan、Aaron Byrd、Blaine McDonnell 和 Tom Moore 对本章有线内容的贡献。

第 12 章

网络边缘

肯·迪尤尔（Ken Duell）和克里斯·蔡斯（Chris Chase）

12.1 引言

网络边缘提供了有线和无线接入网络到达第 2 层和第 3 层的服务功能。在规范的参考模型中，网络边缘平台 [也称为提供商边缘（PE）] 位于多种类型的客户接入网络（第 11 章）和核心网络（第 13 章）之间，并提供服务处理以及运营、管理和维护（OA&M）与流量聚合功能，如图 12.1 所示。在本章中，我们描述了分组边缘平台快速发展的驱动因素，既包括业务驱动因素，又包括技术驱动因素。在当前诸多网络中，以太网是服务 PE 网络的基础链路分组技术，因为以太网虚拟局域网是从接入技术中进行梳理和聚合的基本单位。当前的商用交换机和路由器提供了非常密集且廉价的以太网接口来构建大容量 IP 以太网结构，进而通过虚拟化网络功能（VNF）服务应用灵活连接接入网和核心网。本章详细介绍了这种过渡，并探讨了可以在何处划清软硬件实现之间的界限，以优化性能，同时保持最高的灵活性。

图12.1　边缘网和核心网模型

12.2 边缘核心范式

如图 12.1 所示，可以在边缘核心范式的情境中有效地构建分组边缘平台，该范式定义了分组处理功能在网络中的位置。在这种范式下，使核心网保持简单以提供高速可靠的分组传输（如删除互联网路由表和删除边缘标签交换功能）。除了简单之外，运营支撑系统（OSS）通常不会基于每个客户的服务订来更改核心网。与核心网相反，边缘网络是实现各种分组服务所需的主要分组处理和策略执行的场所，且边缘平台通常由 OSS 根据每个客户的服务订单重新进行配置。

在诸多方面，数据中心网络结构和服务器的"顶层—底层"范式与边缘核心范式的原理匹配，因为网络结构充当"核心"的角色，而服务器上运行的路由器服务或网关功能充当"边缘"的角色。

分组边缘范式提供了重要的解决方案，可以对服务提供商分组流量的性质进行有效管理。从根本上讲，服务提供商网络与 Web 2.0 数据中心网络存在两大主要区别：流量的性质和地理足迹。

服务提供商网络中的大部分流量都是随机的，因为网络运营商无法控制最终用户何时消耗带宽以及消耗多大的带宽。例如，由于受到容量瓶颈的限制，服务提供商无法通知客户，必须等到邻居完成视频流传输后才能开始观看视频。这就需要调整网络容量的大小，使其拥有足够的开销容量来处理峰值负载，这与电网截然不同。

另外，数据中心网络具备随机性流量和确定性流量混合的流量模式。确定性流量可以进行带宽时间规划或及时调度，并以每秒已知和可变字节的速度来控制特定数量的字节，如同步存储磁盘阵列。通过对确定性流量进行适当的闭环控制，可以在数据中心网络中实现很高的利用率。在该数据中心网络中，可以对容量余量进行监控并将其用于确定性流量。

为了实现网络效率最大化，AT&T 已发展为拥有支持多个边缘平台的单一公共核心网。由于不同服务在不同时间遭遇高峰流量，因而拥有一个共享的公共核心网能提供可替代的容量池，以处理单一网络上所有服务的高峰流量。此外，从投资的角度来看，单一容量池更具发展前途。如果存在两个或多个核心网，则总有风险，即当需求增长出现在核心网 B 上而不是核心网 A 上时，核心网 A 上的增容投资就会被误导，从而导致扩容投资搁浅。

服务提供商网络与数据中心网络不同的第二种方式是占用空间。在大范围地理区域内，服务提供商网络建筑物的数量通常为几千，而 Web 2.0 数据中心网络的数量则为几十至几百。这是因为设计使然，以缩短通过有线或无线接入客户的范围。

流量性质和巨大边缘占用空间驱动着当前分组边缘平台的设计和实现，以及未来分组边缘平台的发展。

12.3 传统边缘平台

12.3.1 垂直集成边缘平台

在过去 20 年里，边缘平台一直是机箱、芯片（分组处理、结构交换机、CPU）和软件的垂直集成。网络运营商对任何特定平台内部运作的可视化非常有限（又名黑盒或不透明）。取而代之的是，设备用户和供应商围绕开放标准模型（IETF、IEEE 等）联合起来，该模型对平台行为在功能上进行了描述，以便设备可以在服务提供商之间以及不同设备供应商之间进行互操作。

虽然开放标准模型确实发挥了作用并能交付许多复杂的分组服务，以满足不断增长的客户需求，但它存在着三大主要问题。第一个问题是上市时间。通常，多个相互竞争的生态系统参与者首先需要花很长时间才能融合形成新标准，然后多个生态系统供应商甚至需要花更长的时间才能在多个垂直平台上一致地实施该标准。第二个问题是可扩展性。通常，在创建新标准时，不可能在已部署的现有硬件实现此新功能，且新标准需要新的硬件工具。第三个问题是模糊性。尽管标准委员会尽了最大努力，但是完全互操作性始终是一个难题。只有在经过多轮成对测试和漏洞修复之后才能实现。这种成对集成会导致较高的测试成本，并浪费网络运营商的时间。

虽然核心网络通过公共分组容量池支持多种服务，但是边缘路由器和交换机通常在每个平台支持一种或两种服务，这在很大程度上是由垂直集成的分组边缘平台的基本限制条件所驱动的。

在实践中，网络边缘平台在 4 个方面受到限制或约束：端口——约束条件是指面向接入的物理端口数量以及机箱线卡系统有限空间中的客户数量；逻辑——约束条件与受内存大小约束的表长度有关；CPU——约束条件用于处理信令消息和基本路由器功能以及网络管线；吞吐量——约束条件为每秒最大吉比特。对于边缘路由器来说，端口、逻辑和 CPU 约束条件通常比管线吞吐量约束条件提前出现很长时间。因此，采取如下策略是非常必要的：在网络边缘平台前使用以太网多路复用和低成本以太网交换机来克服端口限制；汇聚路由器来混合多台网络边缘路由器的流量，以确保在长距离传输之前提高利用率，如图 12.2 所示。

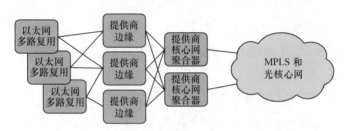

图12.2　采用以太网多路复用和核心汇聚路由器来消除制约条件

此外，在达到内存限制时，定期叉式 CPU 路由器卡和整个路由器的策略是网络运营商必须管理的弊端。通常，路由器拥有最小公分母问题，其中新卡可能具有新的芯片、软件和功能，但如果路由器中存在较旧的，则仅支持最小公分母特征集。要对多代硬件进行管理，就必须大面积进行昂贵且费时的装卸，以开发分组边缘基础设施。当互联网路由表超出一台早期流行路由器的硬件限制时，演进失败有时会导致灾难性事件发生（Lemos 2014）。

业界一直在努力为所有服务开发一种通用分组边缘平台。但是，这通常无法在大规模实践中获得成功，因为它导致服务功能受损，且预测多种服务如何消耗逻辑资源之间的交互是复杂和困难的。

随着创新速度的提高，黑盒边缘平台的缺陷变得越来越严重，需要对分组边缘平台进行根本性重新思考。

12.3.2　边缘应用

随着 20 世纪 90 年代后期互联网的发展，大型 IP 路由器骨干网已经建立。在帧中继（FR，Frame Relay）和异步传输模式（ATM，Asynchronous Transfer Mode）网络上独立实现企业专用数据服务。这些独立网络提供虚电路（VC，Virtual Circuit）服务作为专用线路的替代品，并提供以太网透明局域网桥接服务。

大约在 1998 年，业界引入了一种基于服务提供者的新型 IP VPN 服务，该服务通过新的多协议标签交换（MPLS）技术实现。MPLS 也很快成为实现以太网虚拟专用 LAN 和点对点伪线服务的基础设施技术。同时，多数大型互联网服务提供商的互联网骨干网已经转移到 MPLS 实现方案中。在 21 世纪初期，互联网和专用数据服务被合并到一种 MPLS 通用基础设施中。在 21 世纪中期，以太网开始成为接入网和核心中继网的传输技术，并取代了同步光网络（SONET，Synchronous Optical Networking）技术。

通过采用这种基于以太网链路的通用 IP MPLS 技术，在接入网和核心网相遇的网络边缘中实现了各种服务。这些边缘是用于创建公共和专用第 2、3 层服务的 PE 路由器或服务网关。这些服务提供商网络上的边缘网络服务如下。

（1）互联网宽带服务：在宽带网络网关（BNG，也称为宽带远程接入服务器）上实现。这提供了泛在宽带消费者和小型企业互联网服务。宽带网络网关实现每个订户 IP 地址的分配和路由、安全过滤器、服务政策执行类型以及使用情况统计。在服务提供商领域，这些互联网宽带服务已经可以通过各类 DSL 技术和最新无源光网络（PON）技术进行访问。

（2）企业专用互联网服务：对于大型企业来说，PE 路由器可提供与 BNG 类似的功能。它们为每个客户提供了 IP 地址分配和路由、安全过滤器、拒绝服务（DoS，Denial of Service）攻击保护以及接入连接监控。

（3）互联网对等服务：在与其他互联网传输提供商交换互联网路由的大型 IP 路由器上实现。互联网对等服务是在所有 ISP 之间创建全球互联网可达性的原因。这些对等路由器实现各种安全过滤器和路由策略，以保护 ISP 基础设施和整个互联网。

（4）基于服务提供商的 IP VPN 服务：在 IP VPN PE 路由器上实现。该服务提供专用 IP 网络，用于使用 IP 路由来实现站点互连。企业既可以使用它来创建专用 IP 内部网，又可以在内部将其用于服务提供商的基础设施。虽然该服务是通过通用网络基础设施来实现的，但 VPN 隔离是通过 PE 路由器中的隔离虚拟路由和转发实例以及核心网中的 MPLS 来实现的。除了在 VPN 站点之间提供专用 IP 路由交换之外，PE 还为每个 VPN 站点实施服务流等级策略。

（5）城域以太网服务：在以太网服务 PE 路由器上实现。该服务提供了点对点以太网虚电路（也称为伪线）和多点虚拟专用 LAN 桥接。这些服务可用于将客户站点直接进行互连或与合作伙伴建立连接，或用作对第 3 层服务（如上述企业互联网或 IP VPN 服务）进行访问。

还有许多在服务网络之间而不是在接入网和核心网之间运行的边缘服务功能，如下。

（1）互联网隧道网关：这些网关终止 IP 隧道（例如 IPSec）进入其他服务。例如，它们为企业提供了通过互联网对其专用内网的远程接入。在 Wi-Fi 服务空间中，它们既用于实现远程 Wi-Fi 控制器，又用于确保未设防 Wi-Fi 无线网络的安全。对于移动蜂窝服务，它们用于通过互联网将小型城域网或基于客户端的小型蜂窝（有时称为毫微微蜂窝或微微蜂窝）连接回移动增强型分组核心（EPC，Enhanced Packet Core）。

（2）基于网络的代理和负载均衡器：这些设备可能位于提供托管服务的服务提供商数据中心的前面，或可能位于诸如 DNS 或网络时间协议（NTP，Network Time Protocol）等网络应用的前面。网络负载均衡器提供了一种用于在多个主机端点之间均衡流量的虚拟 IP 接口。代理将实现反向 HTTP 代理，以实现数据中心或 CDN 负载均衡或安全的目标。

（3）基于服务提供商的网络地址转换（NAT）：在网络服务之间提供 NAT 功能。这些功能用于扩展 IPv4 地址空间并将专用 IP 地址空间联接到公共互联网。在移动网络中，它们位于用户承载 IP 流量和互联网之间。在宽带服务中，它们可用于扩展 IPv4 地址空间。此外，它们还可用于私有企业 VPN 和公共应用服务提供商之间。

（4）网络绑定服务：在路由器中实现，该路由器在企业 VPN 以及诸如云和垂直应用服务提供商（如 Amazon 网站服务、PeopleSoft 或 Microsoft Azure 云和 Office 365）等公共应用服务提供商网络之间提供 IP 路由、路由过滤器和 NAT 等功能。

（5）用于多媒体服务的会话边界控制器：它们为外部视频和 IP 视频服务提供防火墙安全功能和代理功能，以到达服务提供商网络内的 IP 多媒体核心网。

（6）基于网络的防火墙：位于互联网和企业专用网络（如 MPLS VPN）之间服务提供商网络中的企业防火墙和入侵检测功能。

（7）互联网安全检查器：这些检查器是用于过滤 DoS 流量的专用设备。来自互联网服务的目标流量在返回到其原始路径之前，已转移到这些设备进行过滤。

（8）各种移动性网关功能：例如，服务网关（SGW，Serving Gateway）和 PGW 提供移动性边缘网络功能。

在 SDN 之前，上述所有各类边缘服务功能实例已在专用硬件中实现。SDN 提供了一种架构，在该架构中，这些功能成为可在统一共享硬件基础设施中实现的 VNF。

12.4　网络云边缘平台

针对先前描述的垂直或黑盒分组边缘平台的问题需要从根本上重新思考分组边缘体系结构。

12.4.1　分类边缘平台

图 12.3 和图 12.4 给出了新的分组边缘架构，它使用了第 4 章中所描述的 AIC 元素。在这种架构中，可将垂直集成的分组边缘分解为 3 类主要的模块化子系统：（1）网络结构硬件；（2）在服务器上运行的边缘 VNF 服务软件；（3）控制软件。

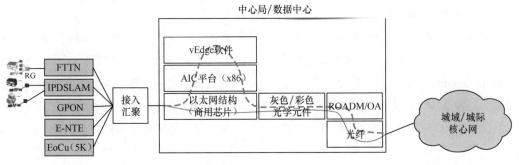

图12.3　分解的网络功能

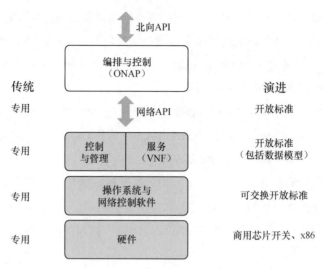

图12.4　转向网络云的开放标准

12.4.2　网络结构

分解式分组边缘平台中的第一种主要组件是网络结构。最常见的网络结构拓扑是克洛斯架构（Clos 1953）。该架构假定通过使用多级较小的交换组件来最优合成非常大的交换组件。该架构以贝尔实验室研究员查尔斯·克洛斯（Charles Clos）的名字来命名，他在 1952 年建立了支撑多级交换优化的数学理论。该架构已用于传统语音、专用线路、帧中继、ATM、以太网交换机和 IP 路由器。克洛斯架构还是现代数据中心内部交换中用于实现服务器 / 存储器互连的主要架构。这对"横向扩展"或按使用增量付费（PAYG，Pay As You Grow）的网络策略来扩展现有网络结构，以实现随着时间的推移而产生的更高分组吞吐量至关重要。虽然克洛斯架构可用于平台内和数据中心内，但考虑到外部设备光纤拓扑结构和第 1 层波长成本结构（其中部分网状拓扑结构更具成本效益），因而它不适用于数据中心之间或中心局之间。

演进中的硬件生态系统。在大约 5 年的时间里，分组交换的成本下降了 1 个数量级，从 2010年的每个 10GigE 端口 10000 美元下降到 2015 年的每个 10GigE 端口 100 美元，且这些成本仍在继续下降。对网络运营商而言，这是非常重要的，因为客户带宽继续呈指数级增长，而与该带宽相关的收入则呈线性变化。

我们认为，成本下降 3 个数量级的原因主要有五大驱动因素。第一是摩尔定律和芯片技术的进步；第二是市场上新的商用芯片竞争者，它们与传统原始设备制造商（OEM，Original Equipment Manufacturer）供应商提供的定制芯片产品展开激烈竞争；第三是简化由商用芯片进入者提供的交换功能，这会导致分组交换吞吐量增加；第四是将垂直分组交换器 / 路由器平台从传统 OEM 分解为可分离软件和硬件模块；第五是 Web 2.0 公司与商用芯片的批量商品化，带来规模经济。

摩尔定律中蕴藏的巨大技术进步在其他地方都有据可查（Moore 2015）。其他驱动因素值得一提，因为它们阐明了本章讨论的架构问题。

商用芯片。根据功能与吞吐量矩阵，可将分组交换芯片分为三大类：定制芯片、数据中心商用芯片、广域网商用芯片。定制芯片具有丰富的功能，但每个芯片的吞吐量较低，且每比特成本最高，这是因为在克洛斯架构中需要相同数量的芯片才能实现相同的吞吐量。只能通过从原始设备制造商（OEM）处购买垂直集成产品来获得用于分组交换的定制芯片。与之相反的是数据中心商用芯片，其功能或灵活性非常有限，但每个芯片的吞吐量最高，且每比特成本最低。对于许多应用而言，单个片上系统（SoC）足以达到目标平台吞吐量。博通 Trident/Tomahawk 是 SoC 的一个系列，已被几十家原始设备制造商（OEM）和原始设计制造商（ODM，Original Design Manufacture）供应商集成到数据中心应用平台中。

介于两者之间的是广域网（WAN）商用芯片。与定制芯片相比，其功能集有所减少，但仍获得了非常接近数据中心商用芯片的每比特成本。博通公司的 Qumran/Jericho、Cavium 公司的 Xpliant 和 Barefoot 公司的 Networks Tofino 是 WAN 商用芯片的实例。

WAN 商用芯片对于第 1 层网络运营商而言非常重要，因为它具有数据中心商用芯片所缺少的关键功能，这些关键功能可用于：（1）在同一平台（以太网和 IP）上管理多种服务；（2）将传统棕地路由器无缝连接到新的绿地网络结构；（3）处理网络中客户流量的突发性。

简化。Web 2.0 公司如此成功地降低分组交换基础设施每比特成本的原因之一，是它消除了交换芯片上所需的除了最基本功能之外的所有功能，且该策略非常成功，Web 2.0 数据中心商用芯片的成功充分证明这一点。我们花费了一年时间来分析用于满足服务需求的数据中心和 WAN 商用芯片能力，并确定与 VNF 软件一起使用的 WAN 商用芯片能够以比定制芯片低得多的每比特成本来满足需求。当前的数据中心商用芯片存在较大的需求缺口，无法满足所有不同的分组服务要求，但是随着几家商用芯片进入者创建了拥有极大 SoC 吞吐量的更灵活的可编程管道，这一领域正在迅速发展。基于技术的飞速发展，每种新一代商用芯片都将提供显著的优势。

结构分解。直到现在，网络结构技术还是一个"黑盒"。"黑盒"是垂直集成的硬件和软件分组交换平台的行业术语，对内部工作的可见性会非常有限，且通常被 OEM 供应商认为是专有的。"黑盒"的输入 / 输出行为由开放标准（如 IETF 和 IEEE 标准）进行定义。这种情况随着诸如 Facebook 发起的开放计算项目和谷歌的 Jupiter 项目（Singh et al. 2015）之类的计划而改变，这些计划导致"黑盒"在 3 个主要维度分解为"白盒"或"灰盒"：从硬件中分解出软件、从机箱中分解出克洛斯架构，以及从品牌光学元件中分解出第三方光学元件。

通过在克洛斯拓扑中将多个相同小白盒进行光缆布线来替换机箱交换底板，即可实现从机箱中分解出克洛斯架构。具有固定背板的机箱仅考虑到匹配供应商线卡，而省去背板的好处是避免了对供应商的依赖，支持按使用增量付费或"横向扩展"，并出于规模经济考虑，批量购买同类库存量单位（SKU，Stock Keeping Unit）。

通过使用商用现货光学组件来代替 OEM 供应商的品牌组件，可以简化第 3 种结构。随着商用芯片每比特成本急剧下降，光学器件价格（占总成本的相对贡献）已成为更为主要的因素。光学器件通常由第三方开发。从历史上看，原始设备制造商只允许第三方以较高价格购买品牌光学器件。现在，有了"白盒"和"灰盒"，就可以从盒子供应商那里单独购买光学器件，且需要进行适当的竞争性招标，而新的光学器件选择正在显著降低成本。

大规模商品化。围绕 x86 CPU 硬件的云数据中心标准化使开放软件生态系统充满活力。同样，对于网络边缘，围绕开关厂商芯片的硬件标准化可以为充满活力的开放软件生态系统铺平道路。为了使分解式生态系统高效运行，需要有大量通用底层芯片或与任何目标芯片接口的开放式顽健硬件抽象层，以维持许多独立硬件和软件玩家之间的互操作性。迄今为止，它一直是博通 Trident/Tomahawk 的原模型，可为网络操作系统（NOS）软件提供通用芯片基础。但是，人们正在努力将后一种模型作为投资目标，以创建开放式顽健硬件抽象层（见第 12.7.2 节），从而使软件开发投资可以高效编译并对目标硬件平台的巨大市场产生影响。硬件抽象层有望支持多供应商芯片，但这种生态系统仍不成熟。

"白盒"是由 ODM 或合同制造商提供的未贴牌或未贴标签盒子的行业术语，这些盒子与开放规范匹配，且最常见的是使用 SoC 商用芯片处理器的小尺寸产品，如 1 个或 2 个机架单位（RU，Rack Unit）。机箱是指封闭的品牌机架，它带有专用底板，用于实现构成路由器或交换机的线卡的互联。

Web 2.0 公司从"黑盒"迁移到"白盒"，在降低分组传输的每比特成本方面获得了巨大成功。但是，采用"白盒"会产生其他工作。在纯"白盒"模型中，用户负责硬件选择和开发、ODM 选择和开发、集成、测试、质量保证、生命周期管理以及 7×24 小时平台支持和维护的增量生命周期成本。

出现在"黑盒"和"白盒"之间的更精细视图被称为"灰盒"。这将基于平台数量和总体拥有成本（TCO）分析来优化分类级别。存在两种新的"灰盒"模型。2015 年，常见的是模型 1，第三方集成商在该模型上购买平台，该集成商可提供 ODM 商用芯片"白盒"、软件以及支持和维护，其费用已超出 ODM"白盒"购买价格。模型 2 在 2016 年得到了强劲的发展，OEM 在该模型上出售不包含 NOS、但带有诸如开放网络安装环境（ONIE，Open Network Install Environment）或预启动执行环境（PXE，Preboot eXecution Environment）等简单引导加载程序的平台。在该模型中，OEM 仍支持硬件的生命周期管理，但需要将 NOS 进行分解。

12.4.3　边缘 vPE VNF

在标准云硬件上运行的虚拟提供商边缘（vPE）VNF 软件是分解式分组边缘平台中的第二种主要组件。该 VNF 软件旨在为第 12.3.2 节中描述的各种边缘应用提供分组边缘处理功能。通常，这些功能无法通过商用芯片来完成，因为它们支持的功能有所减少。

在新安装的分解式路由器中，初始需求之一是分组服务规范必须是同等的，且可以与生产中预先存在的垂直路由器实现完全互操作。一个显而易见的道理是：某项新技术获得成功，最终客户及其现有网络必须易于采用它。一旦以同等价格采用了该服务，便可以轻松通过新的增值功能来发展该服务。如前所述，与传统路由器上的定制芯片相比，商用芯片产品的功能减少，从而显著降低成本并提高吞吐量。这些功能上的差距意味着商用芯片平台无法替代传统路由器。为了填补这些空白，我们需要使用 VNF 软件。

vPE 软件拥有多种不断演进的架构。通常，可以将 vPE 软件分解为输入 / 输出（I/O）管理、分组管道、数据平面管理、控制平面管理和 vPE OSS 5 个主要模块，如图 12.5 所示。I/O 管理器将来自服务器网络接口控制器（NIC）卡的分组处理到分组管道中，并纳入 MPLS/VLAN 标签管理功能。一个或多个分组管道执行分组的匹配动作处理以及诸如服务等级（CoS，Class of Service）等调度功能。数据平面管理器确定如何将分组流定向到某个管道。控制平面管理器充当本地自治控制平面，并实时响应边界网关协议（BGP）、双向转发检测（BFD，Bidirectional Forwarding Detection）等消息。OSS 负责管理 vPE 软件的配置，并将遥测数据通过上行链路传送给 ONAP（参见第 7 章）。

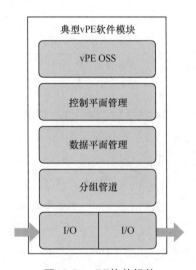

图12.5　vPE软件组件

对于低吞吐量 vPE 应用（<1 Gbit/s）来说，5 个功能模块可以在单一 CPU 上运行。对于高吞吐量 vPE 应用（> 10 Gbit/s）来说，常见策略之一是在多个服务器 CPU 之间拆分功能模块，甚至在多台服务器之间拆分功能模块，以使用并行处理来实现性能最优化。有趣的是，第一批路由器实际上是在通用 CPU 上运行的软件。随着路由技术的迅猛发展，软件和 CPU 处理日益增长的分组吞吐量的能力已达到 CPU 和软件技术的基本极限。由于带宽的增加，该行业转向定制特殊应用集成电路（ASIC）来满足吞吐量要求，且出现了将定制芯片和软件结合到集成垂直路由器解决方案中并形成产品的多家公司。这种模式主导网络行业长达 20 年。在过去几年里，摩尔定律依然有效，单个芯片上多个 CPU 的高度集成导致性能提高，以至于软件路由器能够将垂直集成路由器替换为多个吞吐速度等级。特别是，感兴趣的速度层与 1 Gbit/s、10 Gbit/s、40 Gbit/s、100 Gbit/s 以及即将出现的 400 Gbit/s 的客户物理端口速度相关。

将 PE 路由器实现为在基于 x86 的服务器上运行的 vPE 软件无法满足所有用例，因而某些用例仍需要物理 PE 路由器。PE VNF 和物理网络功能（PNF）之间的权衡是根据优势区来描述的，如图 12.6 所示。通过对每种用例进行测试，我们将基于 VNF 的 PE TCO 与基于 PNF 的 PE TCO 之间的分界线进行了比较。

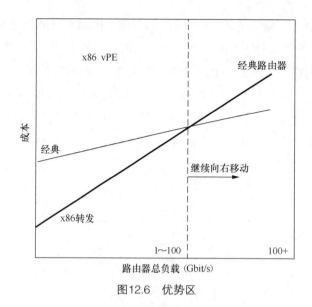

图12.6 优势区

优势区分界线正在快速向右移动。两年前，尚未对 vPE 软件进行充分优化以实现高吞吐量。但是，一旦重新设计并重新优化软件以克服瓶颈，吞吐量就会明显增加。在编写本书时，大多数用例的优势区能够支持 10 Gbit/s 的用户网络接口（UNI，User Network Interface）速率，并在单台服务器上为多个 10 Gbit/s 客户提供服务。这是一个重要的里程碑，因为在编写本书时，超过 95% 的 AT&T 最终用户使用低于 10 GE 的 UNI 连接到网络，因而当部署扩展时超过 95% 的 AT&T 分组服务客户可以随着时间推移由基于软件的服务器来提供。借助新服务器以及不断改进和优化的软件，目前可以在测试台配置中实现 100 Gbit/s 的端口速率，并将在未来投入生产。

当前，企业互联网和 VPN 服务都使用了这种新的 vPE 技术，而住宅宽带网络网关（BNG）服务和城域交换机以太网服务正在通过 vPE 生产运营的认证。

能够使用软件路由器为绝大多数 AT&T 客户提供服务的内涵很多。从垂直集成路由器到新型分解式路由器架构的转变最终体现了使分组边缘多服务可互换而不失权衡的愿景。此外，目前可以实现新型增值按需服务。通过按需服务，上门服务和长周转周期被 VNF 与 vPE 结合使用的软件服务链所取代，从而提供了前所未有的更高的服务速率。

借助 vPE VNF 提供的新功能，有必要重新考虑使用现代结构技术将 vPE 和传统的 PNF PE 进行互连的架构。以太网虚拟专用网（EVPN）逐渐成为云网络中的统一结构（Sajassi et al. 2016）。

12.5 EVPN：灵活的接入组和通用云叠加

用于在 VNF 中托管边缘服务的云架构为在单一数据中心内或一组数据中心间配置 VNF（参见第 3 章）提供了灵活性。虚拟机软件编排和 VNF 硬件独立性使 VNF 可以根据容量、维护或运营以及弹性来按需移动。这在接入如何达到边缘服务功能的灵活性和可伸缩性方面具有一定要求。它还要能够随着 VNF 实例的移动而动态移动。

12.5.1　接入规模和弹性

当前，有线接入技术使用以太网链路层，并使用 VLAN 标记来聚合或分离客户。AT&T 等大型网络，规模可能非常大。例如，在 AT&T 公司内部，对于企业和基础设施而言，大约有 40 万条点对点和多点以太网接入连接用于移动蜂窝回程、企业站点间的连接以及与 IP 边缘服务的连接。来自 DSL 和无源光网络（PON，Passive Optical Network）汇聚节点的宽带连接大约有 1600 万条，这些连接使用 VLAN 进行组合。这些接入连接遍及国内外近 5000 个接入局和服务点。需要对它们进行组合，并将其连接到驻留在几百个 AIC 区域中的边缘服务 VNF（参见第 4 章）。随着时间的推移，AIC 区域可能会增长到几千个。

还需要将这些连接组合成束，而不是通过控制平面分别向每条连接发送信号。例如，将 1600 万条宽带连接作为单独发送信号的 MPLS 伪线，将会使网络中现有 MPLS 发送信号的状态提升约 50 倍。

除规模之外，到云的连接还必须具有弹性。分布式 MPLS 路由协议提供了通过多种传输拓扑实现的局间重路由（参见第 13 章）。但是，新一代商用边缘叶子交换机是固定形式的机架。为了节省时间来修复这些潜在的单点故障（SPoF，Single Point of Failure），接入节点 [如光线路终端（OLT）和数字用户线路接入复用器（DSLAM）；请参见第 11 章] 将连接到两台边缘交换机。从访问节点的角度来看，一对链路充当的是单条逻辑链路。

如图 12.7 和图 12.8 所示，EVPN 具备点对点虚拟伪线服务、灵活的交叉连接捆绑和多宿主连接支持等功能，非常适合满足跨广域核心网以及城域网和区域网的这些访问连接要求。在图 12.8 中，A 表示连接到叶子的接入，C 表示连接到叶子的计算服务器，P 表示连接到叶子的提供商核心网，用术语表示就是 A-Leaf、C-Leaf 和 P-Leaf。

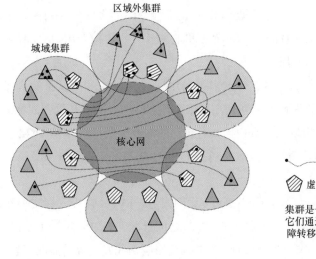

图12.7　城域集群

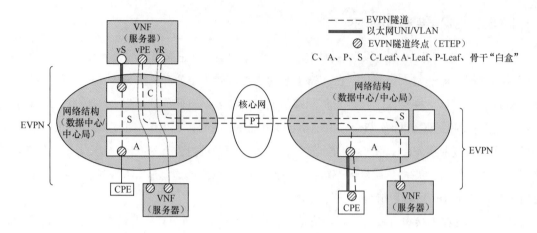

图12.8　EVPN提供的互通性

12.5.2　云叠加连接

边缘服务 VNF 与云虚拟路由器之间的连接需要将第 2 层和第 3 层 VNF 组合在一起。同一子网上的 VNF 需要第 2 层以太网多点桥接。或者，它们可能只需要用于提供默认网关和 IP 第 3 层路由的虚拟 IP 网络。于是，许多 VNF 将同时需要使用集成了子网内桥接和默认网关 IP 路由（有时称为集成路由和桥接）的虚拟网络。弹性要求是这些 VNF 可以通过 NIC 绑定来观察其主机上的连接以实现冗余性，而该绑定实际上是跨一对相邻叶子交换机的多机箱链路聚合组（LAG，Link Aggregation Group）。

EVPN 满足第 2 层和第 3 层虚拟路由要求，并提供了一种支持多机箱 LAG 冗余的标准化方法。

12.5.3　EVPN

EVPN 是一种适用于以太网点对点、多点和 IP 路由虚拟网络的多服务 MPLS 技术。它具有支持协议数据单元（PDU，Protocol Data Unit）桥接和地址学习的虚拟专用 LAN 服务。它使用 BGP 在 EVPN 域的 PE 之间传送这些服务。

它还支持具有灵活交叉连接能力的点对点虚拟专用伪线（VPWS），以重写和推送 / 弹出 VLAN 标签。这最后一项功能可以跨越不同访问端口来整理 VLAN，并将其组合为单条伪线。实际上，该伪线的作用就像一种逻辑以太网端口，具有自己的本地有效、双标签 VLAN 地址空间。因此，举例来说，我们可以在单条伪线上承载跨越多个 PON OLT 和 DLSAM 节点的几千个宽带用户，如图 12.9 所示。

对于 VPWS 和虚拟专用局域网服务（VPLS）以太网服务，EVPN 在接入侧支持冗余的多宿主连接。它们能够以双活的方式运行，且流量在这二者之间分配。EVPN 会向远程 PE 发送这些连接状态信息（当连接出现故障时，它可以通过 BGP 向受影响伪线发送批量撤回消息），以便流量可以快速移至其余的连接出口 PE。与分布式默认网关功能结合使用时，该功能可提供一种标准化方法来实现以前由供应商专有的多机箱 LAG 功能。

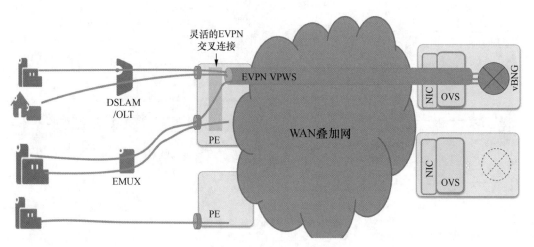

图12.9　正常工作状态下的EVPN

　　EVPN 控制平面还可以支持类似于 RFC 4364 / 2547 VPN 的第 3 层 IP 路由 VPN，广泛用于服务提供商的 VPN。对于云而言，更为重要的是，EVPN 支持具有分布式默认网关功能的 IP 路由，以便在单个虚拟网络中进行集成路由和桥接（IRB，Integrated Routing and Bridging）。这样可以避免通过默认网关路由器进行额外跳接来串联路由主机 VNF，如图 12.10 所示。

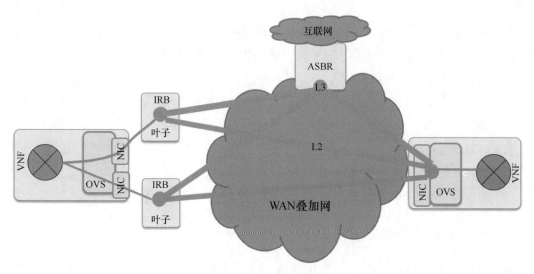

图12.10　EVPN中的集成路由和桥接

　　EVPN BGP 信令使用路由目标社区来自动发现具有参与特定虚拟网络服务端点的 PE。这种动态发现是基于事件的，支持对服务进行非常快速的重新归宿并为状态更改重新进行路由（如双连接的一侧发生故障或第 3 层路由的进入或退出）。对于 VNF 实例的云移动来说，这是非常理想的，它支持关联客户接入 VLAN 与 VNF 一起移动，如图 12.11 所示。

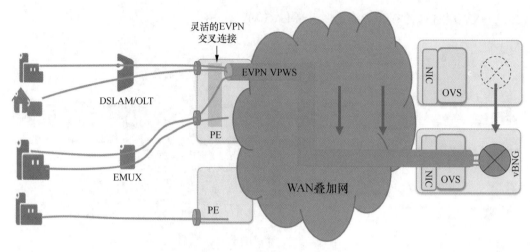

图12.11　EVPN重新路由伪线

12.6　网络边缘的未来发展

在本章中，我们回顾了网络边缘平台快速发展的驱动因素，既包括业务驱动因素，又包括技术驱动因素。用于分组处理的硬件和软件分解从根本上改变了网络边缘的体系结构和成本结构。这导致了软件和硬件之间新的相互作用和交叉，以优化性能，并保持最高的灵活性。本节将研究网络边缘的未来发展。

分组边缘网络的发展仍然是一个非常动态和活跃的研发领域。从基于定制芯片分组处理器和专有软件的垂直集成交换机以及路由器平台到基于商用芯片或 x86/CPU 的分解式开放软件平台的过渡，带来了许多新的选项和创新。

这些新选项带来了一系列用于优化总体成本和性能的选择。在本节中，我们简要回顾了 3 个广泛的主题。

（1）开放式分组处理器。

（2）开放式配置和编程分组处理器。

（3）分组处理器的开放式控制。

12.6.1　开放式分组处理器

分组处理器已经从封闭的定制芯片和 / 或软件迅速发展到基于开放标准和开放源代码软件的新型开放接口。开放性驱动因素首先体现在商用芯片分组处理器上，供应商通过该处理器提供软件开发工具包（SDK），从而使用户拥有对芯片的全新控制。

随后，它表现为以最大的灵活性和开放性在 CPU 上运行的软件分组处理器，如开放式 vSwitch（Open vSwitch）和矢量分组处理器（快速数据项目）。同时，在未来，供应商将开发用于高吞吐量分组处理的高度可编程 ASIC。

在理想化的未来应用场景中，分组处理器应该是开放的、抽象的、具有高度可编程性，且应仅具有一些区别变量，如吞吐量（ASIC> 服务器吞吐量）、服务等级的缓冲区（服务器 >ASIC 缓冲区）和逻辑表大小（服务器 >ASIC 表），用于简化选择、应用和控制。这些分组处理器应带有开源顽健分布式控制平面堆栈，其中应包括诸如 EVPN 之类的多服务统一结构。

12.6.2　开放式配置和编程分组处理器

最灵活的研发领域是对分组处理器数据平面进行配置和编程。

配置垂直集成的交换机或路由器是一项非常艰苦的工作，涉及使用独特语言来编写多行命令，该命令在供应商之间以及同一供应商的不同平台之间会有所不同。这大致相当于使用汇编语言对 CPU 进行编程，这需要在多供应商网络中进行大量微调工作，以使调整后的每个平台都能满足诸如第 2 层 / 以太网 VPN 或第 3 层 / IP -VPN 之类的服务的运营商规范等通用要求。出于需要，学术界开始提出用于配置分组管道的高级抽象。

在克服配置分组平台的艰苦工作过程方面，OpenFlow 已经迈出了重要一步，它提供了一种标准的开放接口，可以直接访问和控制交换机和路由器中网络处理器的转发平面（McKeown et al. 2008）。

下一个主要的技术飞跃发生在与协议无关的分组处理编程语言（P4，Programming Protocol-independent Packet Processors）的自上而下方法中（编程与协议无关的分组处理器）。OpenFlow 是一种自下而上的方法，专注于定义明确且具有相对固定标准协议集的分组管道。相比之下，P4 是一种领域特定的语言，可以编译到特定目标分组管道（无论是软件，还是 ASIC），并通过首先使用匹配动作抽象来指定其转发行为，然后填充转发表来控制交换机的自上而下操作（Bosshart et al. 2014）。这会导致新的抽象水平，它支持网络工程师快速开发和验证新的分组处理概念。

从 P4 向前迈进的另一步是交换机抽象接口（SAI，Switch Abstraction Interface），它定义了用于交换 ASIC 的抽象接口。该接口为同一软件提供了一种方法，可以控制多个供应商的交换管道，同时保持编程接口的一致性。该规范还支持公开供应商相关功能以及对现有功能进行扩展（Subramaniam 2015）。

同样，Domino 是一种对高速可编程路由器数据平面进行编程的命令性语言，并首先帮助网络工程师设计此类可编程路由器。这也是从 P4 向前迈出的一步，它为需要更改交换机状态或有状态处理的算法提供了一种结构，因为它在通过交换机时对分组（报头或数据）进行修改或检查（Sivaraman et al. 2016）。

尽管还有许多其他分组编程改进语言，但我们重点介绍这 4 种语言（OpenFlow、P4、SAI 和 Domino）以阐明网络边缘平台发展中的重要原理。网络中的关键服务原则之一是后向兼容，因而每一项进步都应能够复制并保持现有成果。这并不意味着每种新应用都应该是先前所有应用需求之和。但是，如果需要，可以保持后向兼容，从而大大简化用户从一种技术过渡到另一种技术的过程。

具体来说，OpenFlow 证明了它可以配置一种更加简单的固定形式 ASIC。这种 ASIC 先前需要类似于汇编语言的低级配置。人们已经开发出一种可以完全复制 OpenFlow 的 P4 程序

（McKeown and Rexford 2016）。SAI 可用作 P4 程序的接口（Kodeboyina 2015），而 Domino 语言具有可自动生成 P4 的编译器后端（Sivaraman et al. 2016）。因此，在 OpenFlow、P4、SAI 和 Domino 的每一波发展浪潮中都保持了后向兼容的原则。

持续的演进不仅使网络工程师的工作更加轻松，还能为他们节省时间，从而使他们专注于开发分组边缘平台服务和性能方面的新创新。此外，在网络方面，这些抽象优于开放标准，因为作为一种程序，它们可以跨多种目标应用技术来提供明确的系统行为规范。

12.6.3　分组处理器的开放式控制

下面，我们研究新出现的分组处理器的开放式控制，而不再研究 SDN 控制器和诸如编排、负载均衡、网络测量、安全算法和拥塞控制等标准控制应用的状态，因为这些应用在其他地方都已经有所涉及（Kreutz et al. 2015；Stallings 2016；第 7 章）。我们将简要研究用例并提出新的研究领域。

网络云环境中拥有多种可用分组处理器技术，我们需要确定在诸多可用技术中能最高效处理分组流的位置。这种选择的概念还可以扩展到多个网络层，如光层、分组层以及网络的访问、边缘和核心部分。

在拥有诸如宽带、视频分发、语音、移动性、虚拟专用网和软件定义广域网（SD-WAN，Software Defined-Wide Area Network）等多种服务一级提供商网络云环境中，将有几百万台分组处理器可用。在理想情况下，它们是广义可替代资源池的一部分。这导致了混合架构概念的出现。这种架构在分布式控制器与集中式控制器组合的辅助下，可以持续优化跨分组处理器池的分组流，这些分组流由诸如吞吐量、缓冲区和逻辑表大小等一小组不同的功能进行参数化。

此类控制的最强大应用将是弹性和恢复领域，其中将可靠性较低的组件（可用性为 99% 或 99.9%）组合到资源池中，以实现本地和跨地区的恢复，提供高可靠性（可用性为 99.999% 或 99.9999%）的端到端服务。

出于创建域相关语言以对分组管道进行编程的原因，我们相信，为分组处理器的闭环控制创建具有高抽象水平的域相关开放式语言将是分组边缘技术解决这些用例富有成效且必不可少的发展成果之一。

第 13 章
网络核心

约翰·帕吉（John Paggi）

网络核心是网络中的一层，它可在边缘平台之间提供高速连接。网络核心的数据平面包括光层和基于多协议标签交换（MPLS）的分组层。

从历史上看，网络是针对特定应用（如互联网服务、专用 VPN 服务、移动性服务等）进行开发和部署的。随着业界向全 IP 网络演进，出于经济和运营方面的考虑，服务提供商将其特定于应用的孤岛网络迁移到某个模型上，该模型由特定于应用、通过公共融合网络核心实现互联的边缘平台构成，如图 13.1 所示。

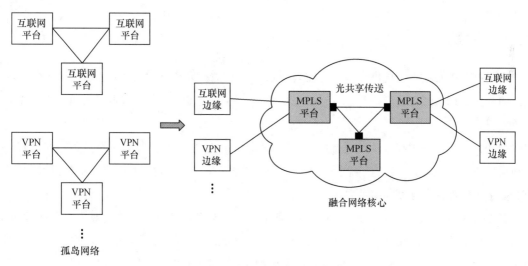

图13.1 向融合网络核心的迁移

当前对 NFV/SDN 的关注点正在导致网络核心的进一步发展，包括软件控制的可重新配置的开放式光传输层，基于商用芯片的高密度 / 低成本分组技术和路由反射器（RR，Route Reflector）功能虚拟化技术的引入，以及从分布式协议到混合控制架构（该架构结合了分布式 SDN 转发平面和集中式 SDN 控制平面的优点）的转变。以下各节将对这些主题进行扩展研究。

本章主要由以下几部分构成。

（1）光层。

（2）MPLS 分组层。

（3）SDN 控制层。

网络核心需求如下。

（1）泛在连接性。

（2）规模——在平均工作日内承载数 PB 的流量。网络核心对其锚定的边缘物理数量没有限制。从网络核心删除所有特定于服务的路由，以消除任何规模限制。

（3）可用性——网络核心专为弹性而设计。这可以通过设计防御层来实现，这些防御层包括网元（NE，Network Element）中的组件冗余（如冗余路由处理器和交换机结构）、中心局中的冗余网元、边缘平台和网络核心之间的双连接以及能够快速响应故障条件的基于网络的恢复方案。网络核心配备了先进的容量管理、工程流程和工具，以及完善的故障检测和响应系统。

（4）与服务无关——添加新服务不会导致对网络核心进行任何更改。

（5）安全性——必须将网络核心基础设施与外部用户攻击隔离开来。

（6）性能——设计、规划、监控和运行网络核心，以确保最小时延、抖动和分组丢失率满足要求。

（7）100G——跨光平台和路由平台。服务提供商和 Web 2.0 公司的巨大需求使大批量交易和制定具有竞争力的价格成为可能。

13.1 光层

光层可在中心局之间提供高速（目前为 100G，不久的将来将增加到 400G）、可靠、经济高效、灵活的通信。通信通过光纤进行，并通过使用中心局中的光传输平台来增强。下面我们首先简要介绍光缆。

光纤光缆是由一根纯玻璃细绳制成，其粗细相当于头发的直径，能够长距离传送光信号且失真和损耗最小。每根光纤都有一个提供光传输媒体的纤芯，一个在弯曲时将光反射回纤芯的包层，一个提供机械保护和强度的缓冲层。

表 13.1 列举了在地面光网络中部署的 3 种常见光纤类型，以及它们的近似色散和有效面积。通常，3 种光纤类型的衰减变化范围为 0.2 ～ 0.25 dB/km。目前业界公认的是，在表 13.1 中的 3 种光纤类型中，标准单模光纤（SSMF）是最先进的单波长 100 Gbit/s 光学系统的最佳选择，该系统利用接收机中的相干检测和数字信号处理来减轻光纤传输损伤。

表13.1　在地面光网络中部署的3种常见光纤类型

光纤类型	ITU 规范	光纤波长：1550 nm	
		有效面积（μm^2）	色散（ps/nm·km^{-1}）
标准单模光纤（SSMF，Standard Single Mode Fiber）	G.652	85	17
色散位移光纤（DSF，Dispersion Shifted Fiber）	G.653	45	0
非零色散位移光纤（NzDSF，Non-zero Dispersion Shifted Fiber）	G.655	55 ～ 75	4.5

核心网拥有广阔的地理覆盖范围。以 AT&T 为例，该公司的光纤网络在全球范围内包括超过 100 万条光缆路由，并由 3 个主要部分组成：服务于城市或区域内客户的密集城域网，横跨美国以提供城际连接的长途网络，以及连接跨国客户的国际光纤网络。

AT&T 的国内城际光骨干网还存在更加密集区域和城域光纤部署，从而使图表无法有效表示，网状网架构中部署了捆扎几百根光纤的高光纤数光缆。

13.1.1　光学技术

目前，光子技术取得了突飞猛进的发展。第一个关键主题是围绕支持构建灵活光网络的那些技术的展开。在这些光网络中，可以通过集中式软件控制在任意端点之间创建光连接。这种灵活性为流程自动化、可靠性的提高和按需扩容（COD，Capacity on Demand）服务提供了巨大的推动力。第二个关键主题是开放系统。当前的光学系统是封闭的专有系统，必须从单一供应商处采购。目前，业界正趋向于采用一种通过混合和匹配多个供应商组件来构建灵活光网络的新模式，从而降低成本并加快创新技术的引入速度。

本节首先简要介绍光网络的基础知识，然后详细描述灵活技术和开放式光学系统。

图 13.2 的上半部分显示了 3 台路由器之间的简单三角连接。通常，不需要专用光纤对支持每条连接（A-B、B-C 和 A-C）。取而代之的是，这 3 个局中的每台路由器之间的互联由具有如下功能的光传送系统提供支持。

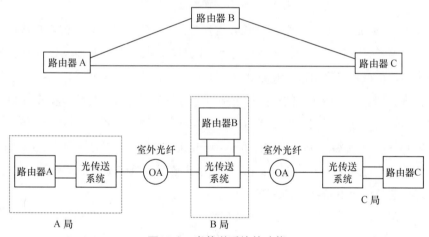

图13.2　光传送系统的功能

注：① 单根光纤对上最多可承载 96 芯 100 Gbit/s 信号；
　　② 每 80～100 km 安装一台光放大器；
　　③ 局间距离为 1000 km。

（1）复用——由于部署的光纤是一种宝贵资源，因而需要最大限度地利用它。因此，在中心局部署了将多路光信号复用到单对光纤上的技术。

（2）到达——光放大器（OA）沿着光纤进行串联安装，以提高光信号的功率，从而减轻传播损耗的影响。

（3）切换——考虑图 13.3 中 B 局中发生的情况。来自 A-B 和 B-C 的信号在此局终止。但是，来自 A-C 的信号会通过 B 局。光传输系统应该能够选择性地允许添加 / 丢弃某些信号，同时支持将其他信号表示出来。

目前，典型的商用光传送系统可以将 96 芯光纤信号（每芯光纤信号的速率为 100 Gbit/s）复用到单对光纤上，并在光子域中将复合信号传输几千千米。较高速度和较长距离可以在一个参数与另一个参数之间进行权衡（如可以在较短距离或较少信道的情况下支持较高速率的波长）。

图 13.3 显示了当前固定光传送系统中子系统的高层框图。

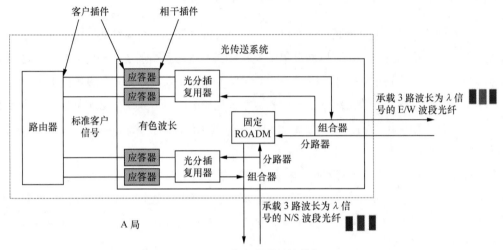

图13.3　固定光传送系统的框图

（1）应答器（xponder）将使用标准波长（也称为"灰色"光学元件）的客户端接口[1]映射到唯一的"有色"波长。这样做是为了调节光信号，以便可将该信号与其他波长进行组合，以用于在单根光纤上传送信号。可采用密集波分复用（DWDM）技术来合并波长，该技术定义了波长间隔和打包的标准。例如，路由器可能在其每个接口上向每台应答器发送标准波长为 1310 nm 的信号。蓝色应答器输出的波长可能是 1529.55 nm，而绿色应答器输出的波长可能是 1530.33 nm。应答器执行光—电—光（OEO，Optical–Electrical–Optical）转换，因为必须在电域中执行波长转换功能。每次光—电（OE，Optical–Electrical）转换都需要激光器和光电探测器，这些都是昂贵的组件。因此，应避免使用不必要的应答器。

（2）分插复用器将来自应答器的多个波长组合为一个光信号。在图 13.4 中，顶部的分插复用器将两种颜色波长组合在一起，以便在 E/W 光纤上进行传送。底部的分插复用器将另外两种颜色波长组合在一起，以便在 N/S 光纤上进行传送。

（3）如果使用光谱分析仪查看输出光纤上的光信号，则观察到的将是具有多种波长的复合信号，所有这些信号都在光纤中进行传播。由于信号的工作波长不同，因而它们不会产生互相干扰，且可以在远端使用滤波器来分离信号。

（4）固定可重构光分插复用器（ROADM）。它可提供选择性切换进入某根光纤的特定波长。

---

[1] 选择一种路由器来说明客户端的作用。光网络还支持专用服务。在这种情况下，客户端将是客户CPE，它既可以是路由器，又可以是以太网交换机、光传送网（OTN，Optical Transport Network）交换机等。

在图 13.4 中，进入 N/S 光纤的波长，通过切换从 E/W 光纤中输出，反之亦然，这称为通过中心局来"表示"波长。

（5）术语"灰色"用于表示如果某人可以观察到光信号，则该信号将在所有客户端界面上呈现相同的颜色。"有色"表示每种颜色都将被视为唯一的颜色。

（6）ROADM 有时用于指代整个光传送系统，有时又指代狭义的光子交换功能。在这里，我们使用后一种定义。

（7）分路器 / 组合器使我们可以将传递、分插波长组合到光纤上。因此，例如，E/W 光纤上的光信号包含 3 种颜色波长。其中两种颜色波长是通过分插复用器在该局内添加的，并与从 N/S 光纤通过 ROADM 输入的另一种颜色波长组合在一起。

（8）在远端，分路器将输入信号复制到分插复用器和 ROADM 上。分插复用器将打算在该局内丢弃的波长分离，并将每种波长发送到适当的应答器，以转换回标准灰度波长。为简单起见，我们显示了支持两根输出光纤的 ROADM，但实际上部署了更高路数[2] 的 ROADM。

（9）实际上，早期的密集波分复用（DWDM）系统为每种应答器都设置了一个单独的库存量单位（SKU，该代码用于识别可单独订购的部件）。第 2 代 DWDM 系统（2000 年代初期）导致了可调谐激光器的出现，它支持通用应答器的部署，然后可以通过管理界面将其配置为适当的颜色。

如前所述，ROADM 支持我们在中心局中增加、减少或传递波长。为了说明表示波长的价值，请考虑如下情况：100 Gbit/s 的光信号源于中心局 A，穿过中心局 B，终止于中心局 C。仅具有多路复用器的固定 DWDM 光系统必须将所有光信号终止于中心局 B，将通过应答器发送的 100 Gbit/s 光信号返回到标准客户端信号，然后连接到该中心局中的第 2 台应答器，该中心局是将中心局 B 连接到中心局 C 的线路系统的一部分。如图 13.4 所示，这些 B2B 应答器配置增加了电路的额外设备和成本。ROADM 支持我们通过光子域中的中心局 B 传递光信号，而无须购买中心局 B 中的任何应答器。仅在连接的"尾部"才需要应答器，以将波长移回到标准客户端接口。

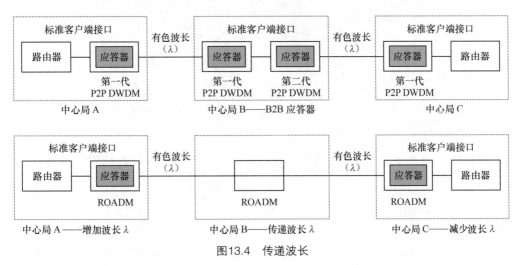

图13.4　传递波长

---

[2] 术语"度数"是指ROADM可以支持的不同光纤对数量。如果ROADM端接了单独的N、E、S和W光纤对，其度数为4。

收发器将电信号转换为光信号。当前的收发器为可热插拔模块，且可以互换。

与集成光学元件相比，可插拔光学元件具有以下多种优势。

（1）模块化——光学元件的故障率高于集成电路模块。当光学元件发生故障时，可以在现场更换可插拔设备，而不需要更换整个线卡。

（2）供应商的独立性——理论上，服务提供商可以购买独立于线卡的光学元件。实际上，许多电信原始设备制造商（OEM）要求客户从光学原始设备制造商那里购买光学元件，通常价格要比开放市场价格高。OEM争辩说，他们需要从维护的角度对整个系统负责，因此，对光学元件有相应的限定。他们通常实施基于固件的验证检查，该检查将拒绝未从原始设备制造商那里采购的光学元件。作为新架构的一部分，AT&T对其供应商采取了坚定的立场，即它们必须支持AT&T使用第三方光学元件。

（3）按使用增量付费——分组结构盒上的线卡支持几十种接口。现在，光学元件的成本在分组/光学参考连接的总体成本中占有较大比重。因此，通常做法是只购买满足即时容量需求的光学元件，并随着需求的增长而增加数量。

（4）正确的作业工具——提供支持不同到达范围（距离）的可插拔工具。更长的距离等于更高质量的光学元件、更高的功耗（如温度稳定的激光器或更长距离的更高输出功率激光器）以及更高的成本。

支持新数据速率的可插拔设备从大封装面积开始，随着技术的成熟而变得越来越小，且随着时间推移提高了密度。对于100G系统，它以"CFP"[3]开头，当然，市面上出售的最小封装面积是"QSFP28"，如图13.5所示。

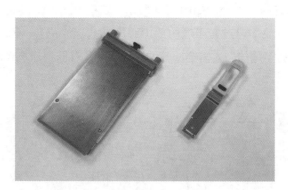

图13.5　100G可插拔设备外形尺寸（左边为CFP，右边为QSFP28）

图13.5左侧为CFP，它的功耗为24 W，外形尺寸大致相当于一个男士钱包的大小。右侧显示的是QSFP 28，它的功耗为3.5 W。需要注意的是前面板上的光学连接器很难看到，但是每个单元背面都有与路由器上容器相匹配的电气连接。

近年来，可插拔光学元件也可在应答器的线路侧使用。今天，所有传输距离超过80 km的高速连接（100 Gbit/s或更高）都使用相干光学元件。早期的光学系统使用简单的开/关键进行操作。

---

[3] CFP代表外形封装可插拔。C在罗马数字代表100，因为这种外形尺寸最初是针对100 Gbit/s光学元件开发的。

接收机对输入光信号的功率进行采样，如果超出阈值，则输出 1；反之，则输出 0。通过将光纤的盘绕段插入应答器的数据路径中，可以校正诸如色散之类的非线性效应，而应答器专门设计用于抵消长距离光纤的色散效应。这种方法比较复杂，成本较高，并增加了高达 10% 的时延。

相干光学元件使用诸如正交幅度调制（QAM，Quadrature Amplitude Modulation）等复杂波形调制技术来提高信息的传输速率。在接收端，本地振荡器将输入信号混频到基带中，然后使用高速模数转换器（ADC，Analog to Digital Converter）将基带信号数字化，并使用专用高速数字信号处理器（DSP）来完成所有损伤补偿和信号再生。

线路侧相干可插拔设备有两种类型：数字相干光学设备（DCO，Digital Coherent Optics），其中 DSP 功能包含在可插拔模块内部；模拟相干光学设备（ACO，Analog Coherent Optics），其中 DSP 位于可插拔光学设备之外。通常，由于发射机的输出功率较高，因而相干可插拔光学设备的体积要比客户端可插拔光学设备大。DCO 模块通常因内部拥有额外的耗电的 DSP 功能实体而比 ACO 模块占用更大的空间，而 ACO 模块拥有外部模拟高频接口，该接口需要特殊的工程设计，并以牺牲性能为代价。

13.1.2　灵活的软件控制光网络

我们将当前部署的 ROADM 视为固定不变的，每个分插端口都拥有固定的颜色和方向。一旦将应答器光缆连接到分插端口，即可确定该波长的颜色和方向。参见图 11.4，要重新配置 ROADM 以支持采用从 E/W 接口发出的波长来代替出口 N/S 光纤的波长，且需要将光缆从上层应答器中物理移出，以连接到下层分插复用器端口。需要注意的是，当前设计还会提高过程和系统的复杂性，因为在进行更改时，需要维护并更新应答器与分插端口之间连接的手动记录。

光子学的进步，尤其是高密度、具有成本效益的波长选择开关的可用性，使其在商业上可以构建一层光子交换，这支持应答器的输出可以连接到 ROADM 上的任何输出光纤。这就消除了当前 ROADM 中存在的限制条件。业界使用术语无色、无方向性和无争用来描述已被纳入 ROADM 的这种新型灵活性水平。

图 13.6 说明了如何通过软件控制来创建和重路由波长。首先，创建绿色波长。其次，可以对支持该颜色波长的应答器重新进行设计，以使用不同颜色和路径，而无须人工调度。同时，我们可以删除该颜色波长，并将每台应答器重新设计，用于为光网络中的其他应答器创建新波长。

这种灵活性的用途如下。

（1）恢复。考虑光纤被切断或 OA 发生故障的情况。当前的网络完全依靠顽健 L3 网络设计和超额配置容量来恢复故障，直到光缆重新熔接或更换故障设备。这会在故障期间造成受损位置的出现，且如果随后发生故障，则会导致服务中断。借助灵活的 ROADM，可以在故障点附近重路由光波长，并快速恢复服务。然后，可以按计划对故障进行修复。

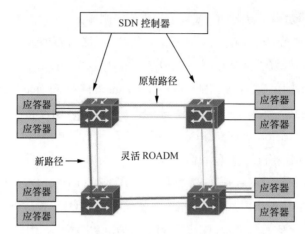

图13.6　支持使用软件对波长进行重新配置的灵活ROADM

（2）网络优化。随着时间的推移，网络规模不断扩大。在某个时间点，路由中心局 A 和 Z 之间连接的最佳路径可能需要遍历中心局 B 和 C。如果随着时间推移，中心局 A 和 Z 之间直接存在着足够的需求，则在这两个中心局之间构建快速光纤连接可能会更加高效。使用灵活的 ROADM，现在可以通过软件对原始连接进行重新配置，以使用快速路径。这将为客户提供较低时延路径，且由于中间设备数量较少，因而能以较低单位成本提供较高的可靠性。通常，我们将清理过去的时间点以优化资源利用率的过程称为光学"碎片整理"。

（3）按需服务。随着时间推移，当我们预先部署应答器时，可以通过软件打开、关闭和移动波长服务，而无须派遣技术人员或移动光缆，从而实现了按需服务的全新范式。

当前，AT&T 已在由 SDN 控制器管理的城际网络中部署了大量灵活的 ROADM，这些 SDN 控制器可以通过软件控制来创建、删除和重新配置光波长。目前，这些系统支持 100G 波长，且随着该技术在技术上和经济上变得可行，未来可支持 400G 波长。

13.1.3　开放式 ROADM

当前的光网络是封闭系统，其所有组件（应答器、ROADM、放大器等）都来自同一供应商。最近，行业已经开展了一些工作，以消除供应商的锁定，并通过混合和匹配来自不同供应商的组件来构建光网络。本节将专门描述开放式 ROADM 活动。

图 13.7 给出了开放式 ROADM 参考架构并定义了 4 种参考接口的框架。

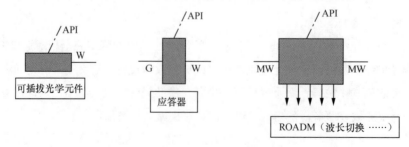

图13.7　开放式ROADM参考架构

（1）G——来自客户端的灰色接口。该接口已经存在标准，且不需要进一步的工作。

（2）W——应答器的单波长输出。

（3）MW——ROADM 的多波长输出。

（4）API——用于管理和控制子系统的北向应用程序编程接口（API）。

北向 API 将连接到基于 SDN 的管理和控制架构，如图 13.8 所示。SDN 控件将会分层配置——下层将专注于 L0 光层的管理。较高的层将集中对分组和光学设备的管理进行集成。第 13.3 节将对多层控制进行更加详细的描述。

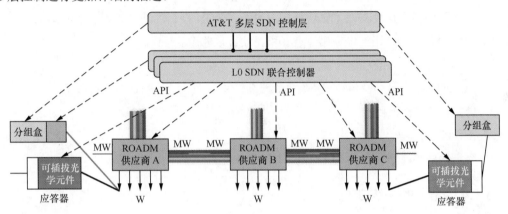

图13.8　分组/光层的SDN控制

最初，开放式 ROADM 的最初工作重点是 100G 光学系统。在该系统中，广泛的行业应用推动了大批量生产和有竞争力的价格点。下一步工作是研究是否以及如何将开放式 ROADM 扩展到较低和较高速率。

设计的主要目标是删除当前封闭系统的分布式专有功能。在某些情况下，如前向纠错（FEC，Forward Error Correction），这是通过在规范中选择并指定一种方案来实现的。在其他情况下，通过对由 API 进行访问的功能进行管理，来将当前在硬件元素上实现的功能移入控制器层。

例如，当前通过设备内置的专有反馈回路来完成诸如放大器输出电平之类的光学参数编程。新架构通过 API 提供了支持，以依托 SDN 控制器来实现。当前的封闭系统可分解为不同硬件和软件组件。通过从网络设备中删除功能，并将这些功能移至中央控制器，可以简化网络设备的设计，并将其作为创建开放系统的推动因素。

最初的开放规范是针对城域网应用开发的。相对于全国范围内的城际网络，城域网的距离更短一些，从而可以对系统性能与开放性进行权衡。

开放式 ROADM 项目将克服当前封闭式光学系统部署中固有的供应商锁定问题。它创建了一种新型采购模式，这种模式为服务提供商带来了明显好处，但同时也为供应商提供了机会，由于不限定供应商，服务提供商将更愿意使用新进入市场的产品。

还有一种解决方案，在该方案中，ROADM 必须来自单一供应商，但应答器可以来自第三方。但是，存在一个很大的问题——波长两端的应答器都必须进行预订，且必须来自同一供应商。相比之下，开放式 ROADM 可以完全灵活地混合和匹配来自不同供应商的 ROADM 和应答器。

OpenROADM.org 规范包括通用数据模型（设备级、网络级和服务级模板），这些模型可实现对多供应商光网络的统一控制和管理。这些模型包括支撑要素，这些支撑要素充分考虑到跨多个供应商实现方案的供应商特定扩展方案。数据模型是使用 YANG 数据建模结构来指定的，且规定的 API 是 NETCONF。

开放性项目还有另一个变革维度。目前，使用 Telcordia 开发的运营支持系统（OSS）可以完成对城域光网络的所有管理和控制。这个系统是在 20 世纪 80 年代中期被剥离出来的，以确保 OSS 对区域性贝尔运营公司的持续支持。为了利用灵活性带来的功能并启用新服务，开放式 ROADM 项目已偏离了这种方法。它将使用一种基于 SDN 控制的新型管理和控制架构，模型驱动设计和 ONAP 平台的使用已经在第 7 章（相关章节）进行了讨论。

控制器和管理层的关键功能如下。

（1）ROADM 控制器（设备和链路发现、设备清单、拓扑、波长连接计算和激活）。

（2）警报监控和性能监控。

（3）工作流程管理。

（4）容量管理和规划。

13.1.4　光层的未来工作

最初，开放式 ROADM 规范是针对城域网开发的，后来进行扩展以用于城际网络。城域网的直径为几百千米，而在城际间，则需要几千千米的距离。更长的时间将需要更为复杂的调制和编码方案，且需要更加复杂且成本更高的硬件。

图 13.8 中所示的 ROADM 控制器的初始实现方案将基于定制进行开发。业界将从开放式 ROADM 控制器平台功能的开发中受益。这将有助于降低服务提供商进入开放式 ROADM 的门槛，并激励第三方投资和开发增值应用。

数据中心市场上的热门工作之一是探讨在制造过程中将光学元件转变为在路由器 / 交换板上安装的固定设备的技术可行性和经济价值。这种想法是将光学元件与电子元件紧密集成在一起，以消除与可插拔性相关的包装成本以及对单独测试的需求。业界为此成立了板载光学联盟（COBO，Consortium for On-board Optics），该联盟在光学元件和交换机 / 路由器社区中具有很强的影响力。

13.2　MPLS 分组层

核心分组层旨在为第 12 章中描述的边缘服务平台提供全局性互连。本节介绍了边缘 / 核心设计范式、MPLS 实现方案的演进、核心路由技术的转换以及 RR 设计的演进。

13.2.1　IP 公用骨干网

全 IP 网络发展初期的重要设计决策是采用边缘 / 核心范式。存在以下两大主要驱动因素。

（1）效率。通过汇聚来自许多边缘的流量以实现跨核心网传输，可以提高昂贵的长途光纤资源的利用率。

（2）功能分离。边缘集中在敏捷交付满足企业和消费者需求的新型创新解决方案上。边缘平台需要经济高效地锚定许多客户的接入连接，包括高速和低速连接，以及过去的时分复用（TDM）、同步光网络（SONET）和以太网。核心网在于可扩展性和可靠的批量传输。边缘和核心网将按照各自的步调发展。

AT&T 使用 IP 公用骨干网（CBB，Common Backbone）来描述核心网。当前的 IP CBB 每天可承载 100 PB 以上的数据，它是一种无缝的全球网络，可在几百个国家 / 地区提供服务。存在全球通用设计范式——提供 AT&T 规模、效率和可靠性。

CBB 支持 AT&T 的所有企业和消费者服务。

（1）消费者宽带互联网接入。

（2）IPv4/IPv6 互联网连接。

（3）IPv4/IPv6 VPN 服务。

（4）以太网服务。

（5）VoIP 服务。

（6）云服务。

（7）移动基础设施和互联网接入。

MPLS 技术用于实现分组核心网。图 13.9 使用标准行业框架，其中边缘功能称为提供商边缘（PE），核心功能称为核心网提供商（P）；PE 将分组封装到 MPLS 开销中，用于在核心网提供商之间传输分组。

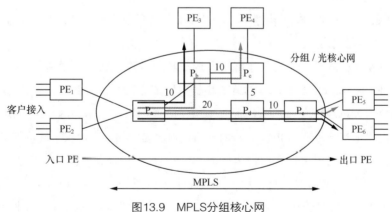

图13.9　MPLS分组核心网

MPLS 用于构建一组隧道，这些隧道将流量从入口 P 路由器跨核心网传送到出口 P 路由器上的边缘端口。每台 P 路由器向其对等 PE 发布通告，告知 PE 应该使用的隧道来获取向远端出口 PE 发送的消息。入口 PE 将其特定于服务的数据打包到 MPLS 容器中，并将其推入针对出口 PE 通告的隧道中。核心网将 MPLS 数据分组传送到出口 PE，以选择通过核心网可用的最佳路由。这样做无须知道与容器内容有关的任何信息，也无须知道内容将被发送到哪些最终用户。其工作只是简单、高效、可靠地将 MPLS 容器传输到出口 PE。入口 PE 仅需要指定容器应交付给哪个出口 PE；它不需要担心如何更好地实现其杂乱无章的细节。下一节我们将讨论隧道的路由和构建方式及其弹性和自适应性。

为简单起见，我们仅在图 13.10 中显示了源于 P_a 的隧道。隧道也确实可以源自所有其他的 P 路由器。

网络中的节点使用内部网关协议（IGP，Interior Gateway Protocol）[4] 来交换路由信息，包括拓扑（哪些节点与其他节点具有邻接关系）、链路度量和状态（上行链路 / 下行链路）信息，这些信息支持每个节点都能在将隧道引向目的地的最佳路径选择方面做出明智的决策。通常，里程数可作为度量标准，使节点沿着最短时延路径进行路由，但也要考虑其他因素。需要注意的是，例如，从 P_a 到 P_c 的隧道路径选择了通过 P_b 的路径，未选择通过 P_d 的路径，因为它具有较高的总成本（路径中各链路的里程数之和）。

13.2.2 MPLS 的演进

图 13.10 显示了基于 MPLS 的分组核心网的主要演进阶段。

- 快速重新路由
- 无损重排
- 带宽感知路由

图13.10　MPLS分组核心网的演进

1. 基本 MPLS 传输

MPLS 演进的第一阶段集中于构建单一的基于 MPLS 的核心网，从而为所有服务提供公共传输。这是边缘 / 核心范式的首次实现，并产生了与服务无关的核心网。

在构建 MPLS 核心网时，需要创建隧道并通过核心网进行路由。隧道的技术术语是标签交换路径（LSP，Label Switched Path）。边缘路由器向每个分组插入少量额外开销（超出 IP 开销），以支持跨核心网的 MPLS 转发。开销包含一个用作隧道标识符的标签，它用于指示所需的出口 PE。每个 P 路由器都有一组从属 PE。P 路由器通过前面提到的路由协议了解从属 PE 的存在。每台 P 路由器向它的每个邻居通告它们到达每个 PE 应当使用的标签。P 路由器与邻居（既包括其从属 PE，又包括其他 P 路由器）交换此信息。每个节点都可以为目标 PE 分配新标签，而不需要重新使用从其邻近节点处收到的标签。但是，给定路由器必须在其所有接口上为每个 PE 通告相同的标签，且为每个 PE 分配的标签必须在本地唯一。用于标签分发的协议称为标签分发协议（LDP，Label Distribution Protocol）。

---

[4] 两种最流行的路由协议是开放式最短路径优先（OSPF，Open Shortest Path First）和中间系统到中间系统（IS-IS，Intermediate System-to-Intermediate System）。

假设网络中的所有节点都拥有标签,该标签可以告知节点如何通过其输出接口到达每个 PE,则现在每个节点可以使用其路由数据库来确定每个目标 PE 的最低成本路径。该路径可以识别找到下一跳,即到达该目的地的最低成本路径中的下一台相邻路由器。它找到下一跳已通告用于抵达该目标 PE 的标签,并在其转发表中创建一个如下所示的绑定:"如果带有标签 X 的分组到达我这里,则将标签交换为 Y(下一跳需要用到与 X 关联的针对同一 PE 的标签),并将分组推送给连接到目的地最短路径上的下一跳接口。"

图 13.11 描述了一种简单的网络拓扑,它包含了每条链路的度量标准(可与权重一词互换使用)。为简单起见,我们仅显示了 PE_3 的标签通告过程。

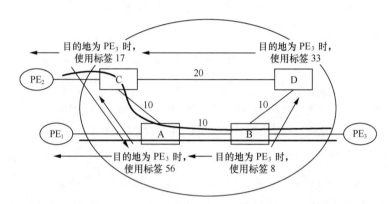

- A 加载规则:如果您收到带有标签 56 的分组,请将标签交换为 8,然后在接口上将分组发送给 B
- B 加载规则:如果您收到带有标签 8 的分组,请删除(弹出)标签,然后在接口上将分组发送给 PE_3
- C 加载规则:如果您收到带有标签 17 的分组,请将标签交换为 56,然后在接口上将分组发送给 A
- D 加载规则:如果您收到带有标签 33 的分组,请将标签交换为 8,然后在接口上将分组发送给 B

图13.11　LDP基本操作

从图 13.12 可以看出这一过程创建了从 PE_1 到 PE_3 以及从 PE_2 到 PE_3 的 LSP 或隧道。从 PE_2 到 PE_3 的隧道经过 C—A—B。当 PE_2 想要获取到 PE_3 的分组时,它需要执行以下流程。

(1)将标签 17 推入到 MPLS 报头并将其发送给 C。

(2)C 将标签交换为 56,并将 MPLS 分组发送给 A。

(3)A 将标签交换为 8,并将其发送给 B。

(4)B 完全消除了 MPLS 开销(使用的表达方式是"弹出"标签),并将分组发送到 PE_3。

在部署 MPLS 之前,核心网必须知道如何路由 IP 分组。它在转发表中为每个唯一 IP 地址维护条目。如今,互联网路由表的规模高达数十万条。一旦 AT&T 完成了从核心网到 MPLS 的迁移,则需要将互联网路由表从核心网路由器中删除。核心网路由器中的转发表已从具有数十万个条目的表减少到具有与网络中 PE 数(数千个)相当数量级的转发表,这会大大减少核心网路由器所需的内存和处理量,并用交换标签的简单表格来代替大型复杂的转发表。考虑图 13.12 所示的网络模型,如果 A 和 B 之间的链路丢失,那么会发生什么情况。节点将使用其路由协议相互告知其链路状态更改,并绕过故障链路实现流量的动态转移。现在,将连接 PE_1 和 PE_3 的 LSP 沿着路径 A—C—D—B 进行路由,并将连接 PE_2 和 PE_3 的 LSP 重路由到 C—D—B。新型 LSP 可通过更改 A 和 C 的转发表来实现。简而言之，网络具有自适应性和弹性，如图 13.12 所示。

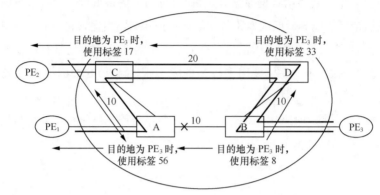

汇聚之后，新规则将是：
- A 加载规则：如果您收到带有标签 56 的分组，请将标签交换为 17，然后在接口上将分组发送给 C
- B 加载规则：如果您收到带有标签 8 的分组，请删除（弹出）标签，然后在接口上将分组发送给 PE$_3$
- C 加载规则：如果您收到带有标签 17 的分组，请将标签交换为 33，然后在接口上将分组发送给 D
- D 加载规则：如果您收到带有标签 33 的分组，请将标签交换为 8，然后在接口上将分组发送给 B

图13.12　采用基本LDP的链路发生故障后的网络状态

但是，存在一个陷阱，所有节点需要花费一些时间来接收用于指示链路故障的路由更新，并重新计算其转发表以将新路径包含在内。例如，A 靠近故障部位，且是第一个检测到故障并更新其转发表的节点。现在，它将把目的地为 PE$_3$ 的分组转发到 C。但是，在 C 获悉故障发生并有机会更新其转发表之前，它将继续将目的地为 PE$_3$ 的分组转发给 A！这创建了所谓的微环路——一种分组的螺旋式死亡之舞。报头中包含一个称为生存时间（TTL）的字段，每当分组经过一个节点时，该字段就会递减 1。如果该字段减小为零，则丢弃该分组。我们将使用新路由和转发信息来更新网络中所有节点以响应状态变化的过程称为"汇聚"，如图 13.13 所示。

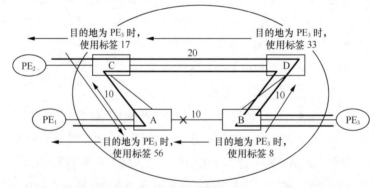

在链路 A—B 发生故障之后，网络汇聚之前，A 和 C 之间存在着路由环路。
- A 加载规则：如果您收到带有标签 56 的分组，请将标签交换为 17，然后在接口上将分组发送给 C（新规则）
- B 加载规则：如果您收到带有标签 8 的分组，请删除（弹出）标签，然后在接口上将分组发送给 PE$_3$
- C 加载规则：如果您收到带有标签 17 的分组，请将标签交换为 56，然后在接口上将分组发送给 A（旧规则）
- D 加载规则：如果您收到带有标签 33 的分组，请将标签交换为 8，然后在接口上将分组发送给 B

图13.13　微回路存在于故障发生之后，网络完全汇聚之前

汇聚时间服从随机分布，存在诸多需要考虑的参数——网络的直径是多少、路由和转发表有

多大，以及网络中正在发生哪些争夺路由处理器上 CPU 资源的其他活动。大多数流量会在数秒内汇聚，但是对于异常值来说，可能会延长数十秒。

2. 快速重路由和无中断重排

通过使用资源预留协议（RSVP，Resource Reservation Protocol）来发送信号并维护端到端隧道的完整网络，可以避免这些微环路的出现。这种方法带来的改进是，现在存在一个拥有隧道管理权、知晓隧道所采用的路由并可以控制其路由的前端。

在图 13.14 中，我们给出了节点 A 和 D 之间配置的隧道。它使用路由信息来确定最佳路径，然后沿该路径使用 RSVP 发送信令消息来预留和分配资源，以支持端到端 LSP。与 LDP 中的情形一样，LSP 数据平面由转发表中的一系列条目构成，这些条目用于命令每个节点执行标签推送、交换或弹出功能。在 RSVP 信令消息中，每个节点需要绑定特定标签进行通信。

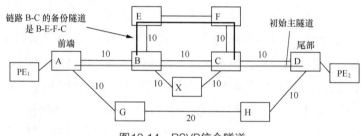

图13.14　RSVP信令隧道

命令核心网中的每个节点为每条链路创建备份隧道。链路是一对节点之间的邻接。图 13.15 显示了为 B 和 C 之间链路创建的备用隧道。B 和 C 之间链路也将使用其他隧道，例如，从 E 到 D 的隧道也将使用该链路，但图中未显示。备份隧道保护使用给定链路的所有隧道。

节点使用路由协议和 RSVP 自动创建备份隧道。每个节点找到成本最低的备用路径（显然不包括受保护的链路），其约束条件是：备份隧道链路中的所有光纤都不会与受保护的光纤共享公共资源[5]。通过利用光纤路由数据库的详细脱机流程，我们定义了共享风险链路组（SRLG，Shared Risk Link Group），以标识具有多样性冲突的链路池，然后将该信息下载到每个核心路由器中。在该实例中，链路 B—X—C 的成本较低，但并未选择该链路以避免发生偶发故障。

在节点 B 使用 RSVP 信令消息建立备份隧道的情况下，节点 E、F 和 C 在其实现备份 LSP 的转发表中创建标签绑定。规则目前仍有效，但是只要 B 将流量转发到 C，备份隧道就会处于闲置状态。节点 B 创建了标签绑定来将流量引向 E，但目前 B 和 C 之间的链路运行正常，因此，B 到 E 间的链路处于空闲状态。

图 13.15 说明了网络对链路故障的响应。当节点 B 和 C 之间的链路丢失时，节点 B 检测到故障[6]，并立即激活绑定来将流量引向 E。节点 E、F 和 C 已经具有合适的转发规则，因而无须触摸即可实现恢复。

---

[5] 公共资源可能意味着已将不同波长复用到同一根光纤上，或者它们使用不同光纤但在同一束中，或者它们在不同束中但共享同一根管道。

[6] 路由器上的光接口可以检测到输入的光信号何时变得微弱，以至于我们无法解码该信号上的信息，或者误码率（BER，Bit Error Rate）何时超过配置的阈值。此情况将报告给路由器上的控制器，并将触发启动FRR。同时，还应将此情况报告给管理系统，以采取措施进行故障排除和修复根本问题。

所有这些都在 50 ms 或更短的时间内发生。我们将此过程称为快速重路由（FRR，Fast Reroute）。它之所以快速是因为其是本地化的、预先配置的，只需要我们检测到故障，即可使用备份隧道。

本地修复节点（PLR，Point of Local Repair）用于描述节点 B 所执行的功能。它通过使用备份隧道来替代链路 BC，从而恢复了链路。但是需要注意的是，从 A 到 D 的端到端隧道采用的路由不是最优的。

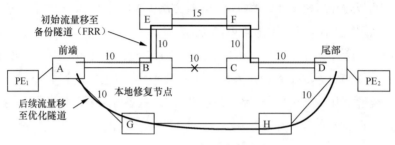

图13.15　FRR和无中断重排

链路 BC 故障的消息是通过路由协议在网络上泛洪的。所有具有遍历此链路的隧道前端节点都开始计算新的最佳路径。在我们的情形中，节点 A 沿着 A—G—H—D 发现了新的隧道路径。它发送 RSVP 信令消息来预留和分配资源以创建此隧道。一旦从路径上的节点处获得确认消息，则它将目的地为 D 的流量从使用备份隧道的临时路径移到新隧道上，该操作是完全无中断的，该操作过程中的分组丢失率为零。在移动流量之前，前端节点确认新端到端隧道的数据平面已完全实现，包括对所有中间节点的转发表进行新规则编程。通过验证带内探针（它采用与用户流量使用的相同 LSP），并通过后端循环回到前端，从而达到此目的。

这种先断后合的方法通过使用信令隧道来启用，可提供完全无中断的重排功能。当链路修复后，将采用路由协议来通知前端，它将确定最佳路由是通过 A—B—C—D（就像故障发生之前的原始情形一样）发送信号通知，验证并无中断地将流量移回新隧道。

无中断重排不仅可用于故障发生后的重新优化，还可用于计划中的事件。AT&T 在每个中心局内部署了两台核心路由器。当在一台路由器上执行维护事件时，首先会"耗费成本"。这是通过增加分配给它的每个链路度量来实现的，该度量使所有通过该节点的隧道前端重新为可避免该节点的隧道计算新路径。

3. 分布式流量工程：带宽感知路由

前面提到的方法有一个隐含的假设，即带宽足够高，不仅可支持本地流量，还可支持重路由流量。常见的策略是，在因光纤切断或设备故障的情况下，可以部署更多容量，以支持用户流量需求，我们将其粗略称为恢复能力。网络旨在设计用于保护所有可能的单链路（一对相邻节点之间的所有带宽丢失）和跨设备（共享公共光纤路由的所有设施丢失）的 100% 关键流量，并完成节点故障修复。但是，如果同时发生多个故障，则可能没有足够的剩余容量来支持所提供的流量负载。这会导致拥塞，甚至可能会导致分组丢失[7]。

---

[7] 路由器具有能在短期流量需求超过输出接口带宽时临时保存数据的缓冲区的功能，这会导致排队时延，但不会造成分组丢失。如果负载持续存在，最终缓冲区溢出，将会出现分组丢失现象。可以通过诸如传输控制协议（TCP）等高层协议来部分缓解该问题，该协议能够检测分组拥塞和丢失，并通过限制数据在网络上的发送速率来做出响应。

为了对此进行改进，可以实施流量工程（TE）。我们对路由协议和 RSVP-TE 进行了扩展，不仅可以通告拓扑、量度和链路状态，还可以通告链路容量以及链路上用户流量的实际测量值。该信息分布于所有核心节点之间，这些节点可以据此在最低时延路径上路由其隧道，该路径具有足够的可用带宽来支持隧道需求。与开放式（开放式意味着路径上所有链路的链路状态均为开放）最短路径优先相反，这种方法称为约束最短路径优先（CSPF，Constrained Shortest Path First）。

因为所有前端节点都是独立运行的，所以前端可能会发送信号来建立隧道。当隧道建立消息沿路径传播时，RSVP 在每个节点上预留资源。信令消息指示该隧道所需的带宽，且每个节点都记录它在每条链路上已提交和预留资源的记录。

如果信令消息成功到达尾端，则意味着它已经能够在每一跳处预留资源，而返回到前端的响应消息会将资源提交给此隧道。如果某个节点因耗尽所需链路容量而无法支持该请求，则它拒绝预留资源。接着，响应消息将返回前端，并释放上游节点中的所有预留资源。然后，前端根据所获取的知识来更新其路由数据库，并尝试查找另一条路径。

这些机制不仅支持故障场景，还可以响应不断变化的流量需求。例如，一种新型应用可能会导致流量需求临时发生变化。

在实际应用中，链路由许多并行光学接口构成，这些接口在逻辑上捆绑在一起，我们称其为链路聚合组（LAG）。即使在核心节点之间部署了 100G 接口，也仍然需要 LAG，因为最大链路上的容量需求正迅速接近 1 Tbit/s。LAG 两侧的核心路由器使用散列算法在成员链路之间分配流量，该算法确保相同流量链路上的散列值相同 [8]，但在成员链路之间提供良好的流量分配。控制协议可确保从接口的两侧来协调成员链路的插入 / 删除。

在带宽感知路由可用之前，整个 LAG 处于关闭状态，即使当 LAG 中只有 1 条或少数链路发生故障时，也是如此。这是非常必要的，因为链路在容量降低的状态下，将没有足够容量来承载所提供的流量，从而导致拥塞和分组丢失。使用带宽感知路由，其余成员链路可保持服务状态，且剩余容量可用于高效承载流量。

流量工程（TE）对 AT&T 网络产生了积极的影响。它极大改善了客户整体体验，在保持和增强生存能力的同时提高了网络利用率。网络变得更加智能，它寻找并发现可用带宽。更高的利用率意味着降低了单位成本。

13.2.3 段路由

使用 RSVP-TE，拥有 N 个节点的网络将需要 $N \times (N-1)$ 条隧道。所有节点都需要保存其前端、尾端或中点相关的 TE 隧道的状态信息，这会提高路由器上的资源需求。段路由是一种有广阔前景的新兴技术，它可以在支持与 RSVP-TE 类似功能的同时，帮助减少节点需要存储的状态信息。

---

[8] 流是源与目的地之间的数据交换。重要的是，应在同一链路上保存来自同一数据流的分组，以避免分组出现混乱。如果无序接收分组，则诸如TCP等更高级协议会分组丢失，从而导致重传和客户体验较差。

段路由提供了一种基于源的路由机制，它无须中间路由器来维护状态信息。源路由器确定一条路径，并将其作为段的有序表在分组报头中进行编码。中间路由器遵循网段中提供的指令，并基于网段来转发分组。对于 MPLS 转发，该段将由 MPLS 标签和段列表表示为 MPLS 标签栈。段路由的基本原理通过如下几个实例进行说明。

1. 正常情况下的分组转发

考虑图 13.16 中所示的简单网络。每个路由器为其环回地址分配一个前缀段（例如，R6 路由器为 16006 等），这将是全局唯一的（类似于环回地址）并通过核心路由协议对其进行泛洪。网络中的所有路由器都将学习前缀段，并将使用此标签将流量发送到目标路由器，不需要其他协议（如 LDP）来通告标签。在图 13.17 的示例中，如果路由器 R1 想要将分组发送到 R6，它将确定最短路径是 R1—R2—R3—R6，添加标签 16006 并将其发送给 R2。R2 将标签 16006 和分组转发给 R3，然后 R3 将分组转发到 R6。

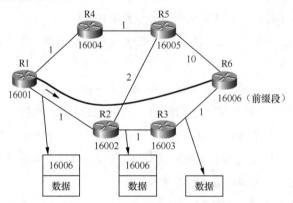

图13.16 采用"最短路径优先"协议的段路由

2. 显式路由

段路由的主要特点之一是显式路由分组。图 13.17 显示了如何强制从 R1 到 R6 的分组采用较高的成本路径——这种情形可能是为了避免最短路径中拥塞的出现。

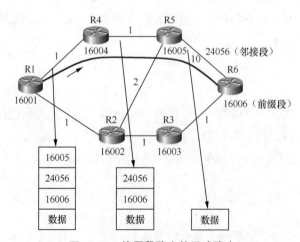

图13.17 使用段路由的显式路由

在源路由器处，人们以某种方式（如通过 SDN 控制器）确定所需路径（R1—R4—R5—R6），然后将适当标签压入堆栈以到达目的地。即使当特定链路（如 R5—R6）成本较高时，为了确保流量强制通过，段路由定义了可用于此目的的"邻接段"。在上面的实例中，R5 为 R5 和 R6 之间的邻接段分配了标签 24056[9]。从本质上讲，邻接段是本地的，且标记值并不是全局唯一的（其他路由器可以将其用于邻接段）。在上面的实例中，可以首先将分组发送到 R5（从 R1 到 R5 的最短路径是 R1—R4—R5），然后使用 R5—R6 链路到达目的地来实现 R1—R4—R5—R6 路径。这可以表示为标签栈 {16005, 24056, 16006}，且 R1 路由器将其压入分组并将其转发到 R4。当分组到达 R4 时，它将在弹出标签 16005 之后将其转发到 R5。R5 将观察到邻接段 R5—R6 的标签 24056，它将弹出标签，并使用 R5—R6 链路将分组发送到 R6。在整个过程中，仅有源路由器将需要构造用于确定显式路径（它可以使用 SDN 控制器来完成）的标签栈，而其余路由器则在标签交换 / 弹出操作之后工作。在中间路由器 R4、R5 和 R6 中，不存在与路径相关的状态信息。

3. 使用段路由实现更快恢复

在任何中间节点处推送附加标签（段）的能力提供了无须 RSVP/TE 即可进行快速恢复的功能。在下面的实例中，我们将对此进行说明。

为了防止 R2—R3 链路出现故障，路由器 R2 将预先计算到各个目的地（各个目的地在其路径中使用 R2—R3）的路径。在图 13.18 的左侧，R2 确定先将流量发送到 R5，然后再使用链路 R5—R6，即可恢复目的地为 R6 的分组。当 R2—R3 链路发生故障时，R2 将对故障进行检测，推送标签 24056（由于 R2 与 R5 相邻，因而不需要 16005）并将分组转发到 R5。R5 将识别标签 24056 为其邻接段，把该标签弹出并在 R5—R6 链路上发送分组。因此，流量可以在 50 ms 内恢复。一旦网络通过核心路由协议发现 R2—R3 链路发生故障，则路由器 R1 将通过 R4 找到备份路径，并将流量直接转发到 R4，且从 R1 到 R6 的分组不再使用更长的 R1—R2—R5—R6 路径（FRR 路径）。注意，备份路径状态信息在除路由器 R2 之外的任何其他路由器中均不存在。

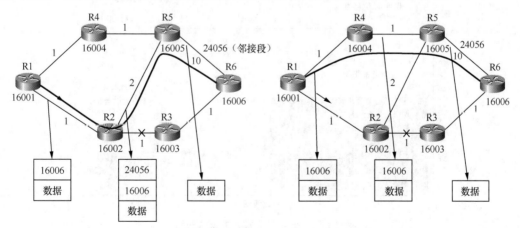

图13.18　故障发生后和网络汇聚后的即时快速恢复

---

[9] 邻接段也可通过路由协议分配给每个节点。

4. 段路由的优势

除了删除用于标签分发和支持 FRR（无须配置 TE 隧道）的 LDP 之外，段路由还拥有其他用例，如服务链（使用服务段）、通过源而不是出口边界节点控制出口对，以及基于服务等级的路由。

5. 段路由与 RSVP-TE

使用段路由的流量工程（TE）将需要一种集中式控制器[10]。控制器将拥有网络的全部可见性，且可以计算出显式路径（如果需要），并使用路径计算单元协议（PCEP）将这些路径推送到路由器。纯集中式流量工程的缺点之一是在故障条件下响应速度慢，尤其是对于跨网段故障。在跨网段故障中，流量受到很大影响，而快速响应对于不引起拥塞的情况下的重路由流量至关重要。为了支持语音、视频、移动性、企业数据和业务关键互联网数据的骨干网络，同时以高利用率运行网络，有必要使用混合方法——用于对故障做出快速响应的分布式流量工程（TE）与用于全局优化的集中式流量工程（TE）的组合。一种方法是当带宽成本过高时（城际核心网），在需要流量工程（TE）优化的部分网络的组合中使用 RSVP/TE，同时考虑在网络其他部分（城域网和数据中心）引入新型段路由技术。

13.2.4 核心路由器技术演进

传统上，核心路由功能由包含定制 ASIC 的大型路由器来实现，这些 ASIC 能够支持超过 50 Tbit/s 的吞吐量。商用芯片的最新进展有望拥有足够规模和功能来支持核心路由需求。基于这些芯片组的系统已开始商业化应用。

第 12 章介绍的通用结构支持诸多功能。先前由核心路由器支持的 WAN 功能现在可以通过所谓的 P 叶子来实现。它不一定是专用盒子，相反，人们应该将 P 叶子视为共享多租户结构上的端口。

图 13.19 所示为分组核心技术的演进过程。9 个设备机架可以替换为 P 叶子半个设备机架，而占地面积、功耗和单位成本都大致相同。

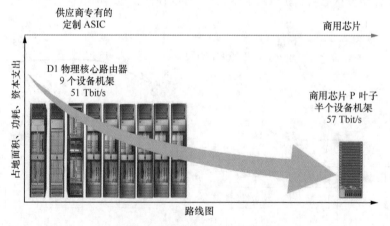

图13.19　分组核心技术的演进过程

---

[10] 使用段路由的分布式控制仍在不断涌现，但由于缺乏精确流量矩阵，因而这是一个难题（尝试构建精确流量矩阵并非易事，且由于引入过多计数器来跟踪流量而最终失去了段路由的优势）和预留机制，以解决两个独立实体试图抢占同一资源时的争用。

13.2.5　路由反射

在 MPLS 的介绍中，我们描述了入口服务边缘将请求分组传输到远端出口边缘。通过进一步扩展，每个服务边缘 [无论是通过静态配置，还是通过称为边界网关协议（BGP）的动态协议] 都知道在其后面可访问的地址集。然后，每个边缘都需要将此信息发布给网络中的所有其他边缘。

以简单的 IPv4 互联网服务为例，某个提供商边缘可能知道地址 200.201.202.203 可通过网络进行访问。它需要向网络中的其余提供商边缘喊叫"嘿，如果您想将分组发送给 200.201.202.203，请把它们发送给我。"它可以通过向网络中的其他 IPv4 提供商边缘发送单独的消息来做到这一点。这将创建 N^2 次会话以交换路由更新消息。业界开发了作为交换路由状态集合点的路由反射（RR）。每个提供商边缘与路由反射建立一次会话，以发送和接收路由状态信息，如图 13.20 所示。

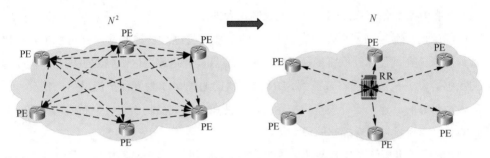

图13.20　使用路由反射（RR）的原因

由于路由反射（RR）可能会形成单点故障，因而它们始终以至少 1 + 1 的冗余度进行部署。在路由反射基础设施中，存在用于负载平衡、可扩展性和弹性的非常复杂的方案。

从历史上看，路由反射（RR）是使用传统路由器来实现的。由于该设备上没有客户接口，因而根本不存在数据平面流量。通常只有一对低速冗余接口将路由反射连接到核心路由器，用于交换路由状态。目前，可以将路由反射功能部署为在 AIC 云上运行的 VNF。除了极大降低单位成本外，由于与基于路由器的路由反射中嵌入的控制处理器相比，AIC 基础设施中的服务器更为先进，因而性能也得到了显著改善。

13.3　SDN 控制层

如前所述，通过使用 RSVP 来实现流量工程（TE），分组核心的性能已大大提高。该协议的带宽感知特性支持流量在网络中移动，以发现可用容量并避免拥塞。

但是，最终会存在一些限制条件，因为这些协议是分布式的，每条隧道的前端节点独立计算路由。通常，这些请求会冲突，因而将需要重试多条隧道以找到满足带宽需求的路径。随着网络变得更加拥塞，这些重试会更加频繁地发生，且会花费更长的时间来汇聚。

提高性能（更快的汇聚）并消除拥塞的方法是转向使用 SDN 控制的集中式方法。SDN 系统对整个网络中的数据具有可见性，以形成需求和容量的全局视图，且借助高效算法，它可以更好地优化时延和拥塞。另一个优点是，由于不需要额外容量来处理这些拥塞情况，因而可以提高网络利用率。

13.3.1　集中式流量工程

核心分组网络使用分布式 RSVP-TE 信令来响应流量变化、故障等。经过多年运行分布式协议已经得到强化，且在网络中的执行极为可靠。但是，如上所述，即使容量可能在其他地方可用，它们并不总是能找到最佳解决方案，且可能使网络处于拥塞状态。

但是，集中式解决方案不一定是顽健的，因为集中式 SDN 控制器需要能够与网络进行通信以了解故障情况，提出解决方案，并将该解决方案分发到网络，这可能会影响到从控制器到网络的通信。

正确的解决方案是分布式控制和集中式控制两者的结合。

发生故障或出现流量高峰后，分布式 RSVP-TE 协议将继续快速响应，并重路由隧道以最大限度地减少拥塞。容量管理过程将确保网络中单一节点、链路或跨区故障发生期间，拥有保护单一节点的足够容量。从所有网络节点到 SDN 控制器的通信将成为受保护流量的一部分，因而这种通信应该是可靠的。建议设计安全防护系统，以便在与中央控制器通信中断的情况下，分布式协议仍将能够路由流量以实现拥塞的最小化。

图 13.21 说明了用于流量工程集中式 SDN 控制的高级设计。网络中部署了两种新协议来与 SDN 控制器进行通信。边界网关协议 - 链路状态（BGP-LS，Border Gateway Protocol-Link State）协议将更新链路状态为 up 的控制器以及这些链路的链路容量。路径计算单元协议（PCEP）将根据所有 MPLS 隧道的状态（隧道端点、路由和信令带宽）来更新控制器。现有 SNMP 还将用于进一步改善控制器可以访问的数据粒度和及时性。

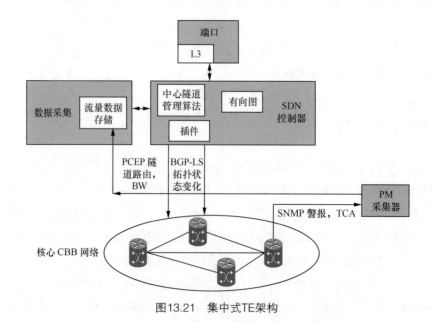

图13.21　集中式TE架构

通过采用 BGP-LS 和 PCEP 进行通信，由网络动态调用 SDN 控制器。SDN 控制器将分析由分布式协议执行的路由，并确定是否有更好的方法来路由隧道以充分利用 BGP-LS 协议所指示的可用网络容量。启发式算法可以在亚秒级时间范围内执行此类计算，计算结果非常接近最优理论值。

13.3.2　多层控制

集中式流量工程（TE）将对网络性能产生一些积极影响。但是，将 L3 和灵活光网络的管理和控制融合在一起会令人更加兴奋。

灵活的 ROADM 支持快速配置路由器之间新干线的光纤段。对新干线的需求可能是由于所有分组服务中的流量激增或稳定自然增长而出现的。为了利用这种自动化优势，必须预先构建尾部——尾部由光缆连接到应答器的 100G 路由器端口构成。SDN 控制使用这些尾部池能够自动创建新干线，而无须人工干预。尾部可用于在路由器中心局之外的任何方向上创建干线。

当前的容量管理过程试图预测未来几个月内特定城市之间的流量需求。然后，通过这些城市对之间的规则、订购和实施能力来进行预测。配置到位后，容量是静态的。实际的流量方式不可避免地会与预测有所不同。

灵活的 ROADM 能够大大简化容量管理过程。当前，我们预测和建立城市对之间的容量（N^2问题）过程可以由简单的消费模型来代替。在该模型中，我们管理 N 个核心局中每个局的尾部清单。SDN 可控制的 ROADM 支持在需求实现的时间和地点构建端到端的 L3 干线，从而消除了预测误差并最终提高了利用率，改善了客户体验。

创建新 L3 干线的过程需要对 L0 和 L3 网络管理和控制进行融合，步骤如下。

（1）构建并开列尾部清单（通过光缆连接至应答器的路由器端口）。

（2）构建两台所需路由器之间的端到端光波长，这将通过 ROADM 节点控制器（RNC，ROADM Node Controller）来完成。

（3）添加 L3 配置，包括激活路由协议、分配指标、激活链路故障检测机制等。

（4）将干线添加到现有 LAG 或创建一个新 LAG。

图 13.22 显示了多层控制器的设计。它建立在用于集中式流量工程的功能之上，并通过与 ROADM 节点控制器的接口添加对 L0 网络的控制，通过 NETCONF/YANG 接口添加对 L3 分组路由器的配置管理。

SDN 控制下的这种快速配置过程也可以应用于故障情况。出现光纤切断或光放大器（OA）故障的干线可以在完整的光纤路径上进行重路由。或者，在其他节点之间配置其他干线来为故障链路上的流量提供备用路径。总体结果是，减少了为正常事件和故障事件承载流量所需的活动干线数量。即使将用于创建这些恢复干线所需的其他尾部包含在内，由于中心局外所有可能方向之间的共享，网络的设备更少，总成本也会更低。

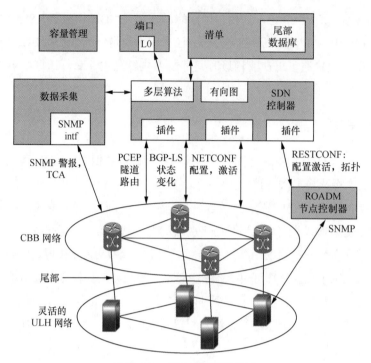

图13.22　多层控制器的设计

SDN 还可以用于更加复杂的控制，其中涉及访问分组服务的客户干线。将虚拟 PE 功能分布在网络中所有 AIC 节点上，并将客户分组服务驻留到特定局中的特定 PE 上，如果在连接中心局的链路上出现光纤故障，则可以依靠 SDN 控制重路由流量通过光纤网络返回中心局。如果中心局出现故障，且需要将 PE 功能重新配置在其他 AIC 节点中，则 SDN 可以首先在不同 AIC 中心局中重新创建 PE 功能，删除到第一个 AIC 中心局的现有干线/波长，并创建一条从客户到新 AIC 中心局的新干线。这样，可以在当前无法解决的故障出现后恢复客户流量。

SDN 控制也可以用于提供新服务。分组网络的利用率往往一天之内变化很大。由于网络大小是为忙时而设计的，因而在非忙时拥有很多空闲容量。客户可以请求"带宽时间规划"服务。这些服务不是急需的服务，如将数据从一个数据中心备份到另一个数据中心。SDN 控制器将在确保容量的特定时间点，对进入网络的这些服务接收率进行管理。假设客户认可时间、持续时间、带宽等参数，则 SDN 控制器将在适当时间创建该客户专用的 MPLS 隧道，并进行必要的集中式隧道管理和干线/波长创建以满足该客户的需求。

图 13.23 描述了核心网利用率的历史和预测趋势。需要注意的是，不仅网络利用率得到了提高，生存能力也得到了增强，并在故障发生后网络汇聚或核心节点的维护成本降低时，分组丢失数量大大减少。

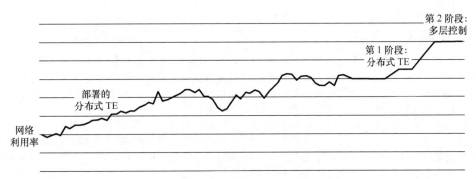

图13.23 核心网利用率的历史和预测趋势

13.3.3 优化算法的实现

可以通过使用线性规划解决多商品流问题来完成最佳装箱。但是，这种方法的效率很低，不适用于在流量模式不断变化和拓扑变化无法预测的故障下重复应用的情况。此外，它也不适用于短期容量工程（在可用池中添加 / 删除资源的最佳选择）或长期容量规划（决定将资源池预留在何处，以便可在多种不同故障场景中最佳使用）。

AT&T 开发了一种快速启发式算法，它运行时间从数亚秒到数秒不等，因而适用于响应快速流量 / 拓扑变化以及短期和长期的容量工程。此外，与真正的最佳算法（多商品流算法）相比，快速启发式算法的效率为 99% 或更高。表 13.2 对快速启发式算法和多商品流算法的主要优势进行了解释说明。

表13.2 算法比较

用于装箱的多商品流算法	快速启发式算法
• 效率：100%。 • 要求将每条 TE 隧道拆分为任意小块，每个小块都可以独立进行路由（实现方案不实用）。 • 要求线性规划（LP，Linear Program）。 • 对于拥有 5000 ~ 10000 条隧道的典型互联网服务提供商（ISP）骨干网来说，运行时间约为 10 s。对于较大骨干网或边缘到边缘的 TE 隧道来说，运行时间可能为几小时。 • 如果还需要其他约束条件，如各个流的时延上限或优先级较高的流量先于优先级较低的流量进行路由的要求，则 LP 公式会失效或运行时间会大大增加。 • 由于运行时间较长，因而不适于对流量模式变化或拓扑变化（与 ISP 网络中的典型值类似，仅需几秒钟）进行响应。	• 效率：>99%。 • 仅需要将一些最大 TE 隧道分成少量大小相等的子隧道（实现方案实用）。 • 要求迭代应用 CSPF（约束最短路径优先）路由，重新安排隧道路由的顺序，并使用以下事实：通常，绝大多数隧道都可以走最短路径，且仅对一小部分隧道和部分路由（隧道实际带宽的 X%，起始值为 $X = 100$，然后 X 以几何方式递减直到可行为止）需要进行更为精细的调整。将隧道路由的随机重新排序与为先前未完全路由的隧道赋予优先级结合起来，可以跟踪迄今为止得到的最佳解决方案并在预订停止时间之后使用该方案。 • 对于典型的 ISP 骨干网来说，运行时间在亚秒级至几秒之内；对于边缘到边缘的 TE 隧道运行时间约为 10 s。

续表

用于装箱的多商品流算法	快速启发式算法
• 数次运行算法（可能需要花费数小时）以确定添加新 IP/ 光链路（在流量激增 / 故障事件持续期间）或删除 IP/ 光链路（故障事件结束之后）的最佳备选方案是不可行的。 • 网络容量规划训练需要数百次运行该算法，以模拟多种故障情况和一天中的流量变化。对于多商品流方法来说，这将需要几天的时间，因而用于装箱的快速启发式算法是不可行的	• 轻松添加时延上限或在优先级较低的流量之前路由优先级较高的流量，而不会显著延长运行时间。 • 可以对快速流量模式变化和拓扑变化做出反应（约为数秒）。 • 数次运行算法（花费数秒）以找到最佳备选方案是可行的，来添加新的 IP/ 光链路（在流量激增 / 故障事件持续期间）或删除 IP/ 光链路（在故障事件结束之后）。 • 进行网络容量规划训练是可行的，因为即使数百次运行该算法，也将花费几分钟的时间

致谢

作者要感谢 Raghu Aswatnarayan、Martin Birk、Gagan Choudhury、Bruce Cortez、Lynn Nelson 和 Kathy Tse 对本章内容做出的贡献。

第 14 章

服务平台

保罗·格林迪克（Paul Greendyk）、阿尼萨·帕里克（Anisa Parikh）和
萨蒂延德拉·特里帕蒂（Satyendra Tripathi）

本章讨论支持 IP 网络中端到端服务实现方案的服务平台。这些平台的实例包括 IMS——基于 IP 多媒体子系统的平台，可支持长期演进语音（VoLTE，Voice over LTE），包含视频和消息传递、消费者 IP 语音（VoIP）服务在内的富通信服务（RCS，Rich Communication Services），支持商业客户的商业 IP 语音（BVoIP，Business VoIP）服务平台，以及支持移动语音和数据服务的演进型分组核心（EPC，Evolved Packet Core）网络。服务平台的当前实现方案主要基于供应商提供的专有设备。软件定义网络（SDN）和网络功能虚拟化（NFV）是用于解决当前实现方案中诸多问题的关键技术。本章描述了一种设计框架，该框架使用 SDN/NFV 来支持新解决方案和 SDN 控制下的服务平台虚拟化实现方案。此外，本章还讨论了采用 SDN/NFV 来实现服务设计所需的核心技能和方法论。

14.1　引言

支持各种语音和数据服务的无线移动网络和服务平台的演进可以描述如下。第三代移动通信系统（3G，3rd Generation）网络的目标是提供服务和平台之间的差异性。3G 提供了标准化和开放式接口，并后向兼容全球移动通信系统（GSM，Global System for Mobile Communication）和综合业务数字网（ISDN，Integrated Services Digital Network），从而可以有效利用先前的大量投资。支持多媒体、宽带无线接入以及将基于互联网协议（IP）的网络用于数据和控制传输是 3G 的重要目标。更高的数据速率使电信服务提供商能够提供具有可变服务质量（QoS）需求的多媒体服务（如视频流 / 会议和 VoIP）。它还支持开放移动联盟（OMA，Open Mobile Alliance）所制订的新服务架构标准，并为 GSM 和通用移动通信系统（UMTS，Universal Mobile Telecommunications System）提供智能服务。电信运营商采用了由各种 3GPP 公共陆地移动网络（PLMN，Public Land Mobile Network）电路交换（CS）和分组交换（PS，Packet Switching）版本所支持的服务架构，并实现了相应的服务平台，力求符合 3GPP 标准。

根据长期演进（LTE）无线接入网（RAN）架构的行业定义，电信运营商采用 LTE 作为最可行的接入方案来实现系统覆盖范围、吞吐量和容量的最大化。LTE/EPC 基础设施是在 2010 年左右开发和推出的。LTE/EPC 支持超 3G 高速分组接入（HSPA）数据速率，提供更高的频谱效率，

并使所有 IP 服务成为可能。LTE 实现方案需要 EPC 支持的 LTE 新无线网络。将语音和短消息服务（SMS）映射到基于 IP 的应用来将全 IP LTE 网络有效应用于所有语音和数据服务。将 IMS 数据和 VoIP 解决方案进行集成，可以确保现有网络的服务连续性。

在 VoIP 服务平台方面，在 2000 年前后，许多电信运营商开始考虑将其整个基础设施迁移到 IP。那时，尚不存在支持所有可能应用（尤其是 VoIP 和多媒体）的、被普遍接受的已知架构。从根本上讲，可将 VoIP 视为一种技术，它既可以为企业提供使用现有数据网络来承载语音的能力，又可以为运营商提供免除入口或出口费用的方式。目前，业内尚无一种已知的综合架构可以支持 IP 网络上的所有服务。电信运营商开始定义理想架构的几大主要特征，并在其中包含 IMS 所基于的关键架构原理。接入、会话管理和服务逻辑层的分离是最关键的要求，在不影响架构其他部分的情况下支持未来接入技术的能力也被认为是至关重要的。应用程序逻辑完全独立于服务调用时所用接入技术的能力，通过各种接入技术将应用程序应用到会话以及将多个独立应用程序应用到给定呼叫段的能力是其他重要的特征。

不存在支持语音、视频和多媒体服务的单一网络架构。电信运营商拥有若干个独立的、未连通的网络孤岛，这些孤岛用于为其各个实体提供语音、视频和多媒体服务。这些网络之间的任何流量都是通过公共交换电话网（PSTN，Public Switched Telephone Network）来完成的。实时服务通用架构的愿景是将各种网络组合到一种基于 IP 的网络中来提供端到端 IP 连接，进而提高网络和资本效率，并支持互操作性和下一代服务。随着 IMS 标准和相关架构规范在电信行业中得到认可，并成为有线和无线网络多媒体实时服务的标准，电信运营商将 IMS 作为其网络架构的基础，并开始部署与 IMS 兼容的功能，并视情况和业务需求在网络中补充其他功能。

IP 实时服务的当前架构包含如下基本概念的分层框架。

（1）位于 IP/MPLS（多协议标签交换）融合网络上的会话控制和管理的基础设施核心。

（2）每种接入技术都通过边界控制器进行通信，而边界控制器可提供统一的内部视图。

（3）支持分组处理网关功能的分组核心基础设施。

（4）为了提供服务，需要连接相应的应用服务器（AS，Application Server）。

（5）一旦支持新的接入技术，所有现有的和未来的应用服务器都可以采用该技术。

（6）新的应用服务器部署完成后，它可以支持所有现有的和未来的接入技术。

（7）应用程序编程接口（API）为应用程序开发人员提供关键的网络功能。

图 14.1 描述了这些基本概念。该架构的当前实现方案是部署在电信服务提供商数据中心的多供应商环境，其中大多数网元的物理实现方案通常由特定于供应商的硬件和机箱配置的集合构成，这些集合与包括路由器、交换机、防火墙和负载均衡器在内的其他基础设施组件进行集成。供应商特定的负载均衡解决方案适用于大多数网元。用于网络数据库的最流行数据库技术是关系数据库。随着云计算技术的出现以及业界向网络功能虚拟化和软件定义网络发展的推动，服务平台的演进策略将物理网络功能（PNF）迁移到以软件（运行于云环境中）形式实现的虚拟化网络功能（VNF）。这种云环境由一组基于策略的控制器进行控制，并具备执行 VNF 的自动恢复和动态扩展能力。

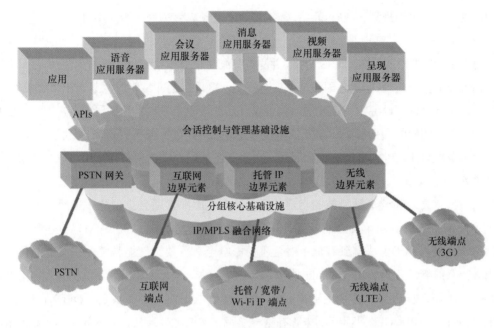

图14.1　服务平台架构的概念视图

在当前运行模式（PMO）中，服务是在网络平台上进行设计和实例化的，用于提供实时服务，该网络平台由物理网元以及与之紧密耦合的硬件和软件组成。供应商提供用于网络功能的专有硬件，且每家供应商还提供自己的网元管理系统（EMS），这使为网络功能选择最佳供应商变得异常困难。

拥有一个适用于所有服务的平台面临着几大问题。平台上的服务组合是预先定义的，包括必需功能和非必需功能。新服务推出和软件升级通常需要对现有网元进行更改。这需要对平台和现有服务进行广泛的回归测试，从而延长了新服务的推出周期。会话状态与网元紧密耦合，且如果站点上的网元发生故障，则会话状态将丢失。同时，在网元发生故障时，稳定的会话出现丢失，且可能发生注册风暴，这需要超额配置网络资源以处理风暴场景。由于采用的是基于地理区域边界的固定部署方法，因而网络平台推出（容量增加或升级）的周期也会非常长。

在当前引入新服务的模型（特别是那些需要部署 PNF 的模型）中，实现新服务通常需要 12 ～ 18 个月甚至更长时间，具体取决于服务的复杂性和所涉及的网络功能数量。在服务启动之前，大部分时间都化在了建设实验室、运行实验室测试、现场部署和生产测试上，许多服务是以孤岛形式进行部署的，需要专用的基础设施资源。在开始将其用于诸多服务之前，至少要在 6 个月内对网络基础设施进行投资。为了满足网络中断情况下的业务连续性需求，在大多数情况下，基础设施对每个位置和跨地理位置的每个组件进行 1+1 冗余部署。此外，需要计算容量以适应所有服务和应用的繁忙时间，包括大型事件应用（如热门节目发起的投票）的流量激增，从而导致多余的网络基础设施始终无法使用。

当前架构增加和维护的成本非常高。新网元和应用的部署需要额外的硬件，这些硬件必须在部署之前分别进行设计和规划。该过程可能会花费几个月时间。容量扩展需要部署额外的专用计算资源。这需要谨慎地规划和执行，且在需求出现之前预先为每种应用（不可共享）专门分配额外的专用资金。

当前的架构需要对每个接口进行定义，并静态分配每个 IP 地址，以实现访问控制。任何更改、升级等都可能需要重新设计 IP 分配和相关安全规则，这可能会非常耗时、易于出错且成本很高。每种应用都是针对特定设备类型设计的，设备报废问题可能会导致容量扩展问题，因为无法再购买到与最初设计相同的硬件模型。如果使用新的硬件模型，则可能需要重新设计网元 / 应用基础设施。对于专用硬件，维护可能会成为问题，因为无法从硬件实例中移除应用。维护通常需要停止提供服务。

借助虚拟化技术和云基础设施的当前状态，信令平面非常适合虚拟化。虽然虚拟化会增加一些处理开销，但是信令元素的性能还是可以接受的。在每台虚拟机（VM）的基础上，提供保证网络带宽能力对于确保端到端信令时延不受影响至关重要。性能是媒体平面虚拟化的关键考虑因素。系统管理程序中的 vSwitch 是 I/O 处理的瓶颈。考虑采用各种 I/O 优化技术 [SR-IOV（单根输入 / 输出虚拟化），更快的 vSwitch，英特尔数据平面开发工具包（DPDK，Data Plane Development Kit）API，CPU 绑定等] 来弥补这一差距。虚拟化必须具有成本效益，如对大量用户进行代码转换，以替换这些媒体功能的专用数字信号处理器（DSP）。在数据虚拟化领域，发展趋势是转向可大规模扩展的 NoSQL 云数据库。这些云数据库具有弹性和可扩展性，可与云计算协同工作。可以采用目标数据库技术将应用迁移到云。在这一领域，需要开展适当的可行性测试，以确保在考虑将数据库技术迁移到 NoSQL 数据库之前，它们能够满足网络和应用数据库的所有要求。

在较高层次上，在为 SDN/NFV 设计网络功能时，应考虑如下一些关键的范式转换（如图 14.2 所示）。

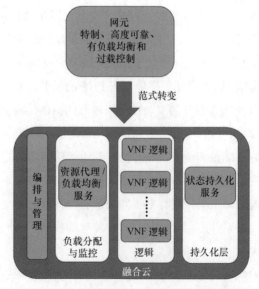

图14.2　范式转变：SDN/NFV的架构

（1）从具有集成软件和专用硬件供应商交付的模型向专注于可以运行于云平台的纯软件供应商交付的模型转变。

（2）从严格管理和优化以应对高峰流量的专用硬件资源向使用基于共享商品的基础设施（在该基础设施上，硬件资源非常丰富并可作为商品进行管理）转变。

（3）从使用高度可靠的硬件向采用软件从单一组件故障中恢复转变。在这种情况下，软件分布在负载均衡的多台虚拟机上。QoS 策略（反关联性规则、可用性区域等）用于确保可靠性。

（4）从设计用于处理具有大故障组的数百万个订户的解决方案向拥有实时确定规模的灵活性（将大解决方案分解为具有小故障组的许多较小解决方案）并具备在不同位置扩展到不同规模的能力转变。

（5）从包括诸多功能的单体组件向将网络功能分解为多个 VNF 的转变。

（6）从对每个功能始终进行实例化到按需进行实例化的转变。

（7）从具有 1+1 主用 / 故障转移冗余模型的有状态组件到具有长寿命状态的无状态 / 事务状态前端与逻辑解耦转变，以实现更高的可扩展性和可靠性。

（8）从每个网络组件的拥塞控制 [如会话发起协议（SIP）和 Diameter 协议过载控制] 向使用预测性流量预测提前对资源进行动态实例化来实现逐跳过载控制需求的最小化转变。通过按需对组件进行动态实例化，可以使用横向扩展来实现过载控制。

（9）从每个网元监控它将消息发送到的下游网元（如通过 SIP OPTIONS 方法）的模型向公有云功能跟踪网元并将流量路由到适当网元集以实现统一监控、路由和管理的模型转变。云监控和路由功能可以跟踪故障组件，并将请求路由到在用组件。可以支持标准 [如传输控制协议（TCP）监控] 或 VNF 特定的监控机制。

（10）向网络功能在多个云可用区域中普遍运行以简化冗余的模型转变。

14.2　采用 SDN/NFV 的新服务设计方案

SDN/NFV 技术可扩大网络规模并提升网络价值。SDN/NFV 为设计服务的新方案提供了全新范式。本节对虚拟服务框架进行描述，这是一种使用 SDN 和 NFV 快速创建新型虚拟化实时服务方案的通用设计框架。该框架为启动的应用和服务提供业务灵活性，并缩短了服务推出和容量增长的产品上市时间（TTM，Time-to-Market）。用于单一可重用测试环境以及生产环境的公共云基础设施显著缩短了测试周期并降低了与多个测试实验室相关的成本，可以近实时地执行软件升级，以实现新功能。VNF 和服务目录的创建为新的第三方业务模型提供了机会。重用 VNF 的能力支持根据某个客户或一组客户的需要来对服务进行实例化。利用开放标准和开放源代码（如 OpenStack、RESTful API 等）能够实现投资优化，同时通过支持新虚拟 PNF 和现有 PNF 之间的共存和完全互通来保护当前投资。以下各节将对该框架进行详细介绍。

虚拟服务框架

虚拟服务框架实现了一些关键的范式转换，用于解决当前遇到的问题。虚拟服务框架的主要目标和驱动因素如下。

（1）特定于虚拟服务的实例，以实现更快的 TTM 和容量增长。

（2）对独立于供应商的 VNF 分解的最佳定义，该分解过程采用云技术来实现新技术的无缝引入。

（3）VNF、服务和产品目录以及拥有开放式 API、支持策略的服务创建环境，可用于快速创建第一方和第三方应用。

（4）用于寻找第三方新商业模式机会的 VNF 目录。

（5）跨服务重用 VNF 的能力，从而缩短 TTM，降低成本。

（6）使用开源技术，如 OpenStack、基于内核的虚拟机（KVM）、开源数据库来降低成本并利用行业创新。

（7）策略驱动的自动修复和扩展。

（8）支持基于虚拟云的测试模型，以加快认证速度并降低资金成本。

（9）以较低的成本实现服务扩展。

虚拟服务框架定义了软件定义服务框架（SDSF，Software Defined Service Framework）。它从用于所有实时服务的通用平台概念转变为在基于通用商品的基础设施上按需实例化服务的平台概念。它利用了 NFV 的基本原理，即将硬件与软件分离开来，并将专用网络功能转换为基于软件的 VNF，且这些 VNF 可以在公共云基础设施上运行，同时在多租户云环境中保持对性能、可用性、可靠性和安全性的服务要求。通过将当前网络功能分解为粒度更小的 VNF，有利于形成定制和实例化特定服务基本网络功能所需的机制。会话状态与 VNF 分离开来，这样可以最大限度减少注册风暴，并提供更好的用户体验，即如果站点上的 VNF 发生故障，则可以维持用户会话。服务部署于故障域较小的虚拟区域中，在故障情况下影响的客户较少。

虚拟服务框架定义了用于服务定义和创建的生态系统。一组分解后的 VNF 构成了 VNF 目录的基础，服务设计人员可以使用该目录来快速、按需创建服务。除了服务定义和创建之外，虚拟服务框架还定义了一种虚拟服务控制回路框架，用于对虚拟服务进行快速、动态的编排和管理。它利用云的弹性和自动化来支持自动恢复和自动扩展。自动恢复功能可快速将服务恢复为近实时的完整冗余模式，并提高了整体服务的可靠性。使用云资源公共池自动扩展虚拟服务的能力支持用户以近实时模式来适应流量变化。

图 14.3 描述了虚拟服务框架及其所包含的功能。以下各节对虚拟服务框架进行了更为详细的描述，并重点介绍了虚拟服务的特定用例。

1. 软件定义服务框架

软件定义服务框架（SDSF）是一种以虚拟网络功能为中心的架构。它采用基于云服务模型来定义层的分层方法，基于网络功能分解的设计原理和用于实时服务的技术标准化工作。基于云的范式可用于实现这两大特征。SDSF 的每一层都面向第一方和第三方开发人员进行服务设计和创建，并支持新的商业机会。

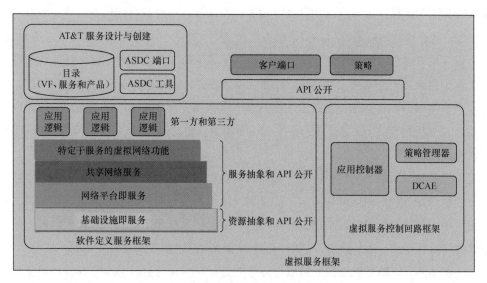

图14.3 虚拟服务框架

多年来，服务是单体的，因为硬件与软件紧耦合，控制和数据系统之间没有形式上的差异，且网络设计高度依赖于所提供的服务。这些网络的基本单元是像串珠一样连在一起的网元。目前，单体服务由 SDSF 的四个分解层中的组件构成，并通过合理的链接来向最终用户提供服务。

将网络功能分解为细粒度 VNF 可以缩短服务上市时间，并实现云和网络资源的高效利用。它仅支持实例化和定制服务所需的基本功能，从而使服务交付变得更加灵活。它提供了调整大小和规模的灵活性，还提供了根据服务需要来打包和部署 VNF 的灵活性。它支持公共数据中心或同一物理主机上的分组功能，以实现组件间的时延最小化。此外，可以为分解后的 VNF 选择最佳同类供应商。

用于分解网络功能的方法遵循以下指导原则。

（1）如果功能拥有显著不同的扩展特性（如信令功能与媒体功能、控制功能与数据平面功能等），则对其进行分解。

（2）分解应能支持在实例化过程中对网络功能的特定方面进行定制（如可能需要针对每家运营商互连实例化来定制互通功能）。

（3）分解应仅支持服务所需功能的实例化（如不需要转码，则不应进行实例化）。

如今，用户注册和在线状态与网络功能紧密相关，且无法在灾难恢复站点之间进行复制。如果站点发生故障，则用户的注册 / 在线状态将丢失，这会要求在故障站点上注册的所有用户设备重新注册并重新发布其在线信息。这会在灾难恢复站点上引起巨大的注册 / 在线风暴，并因负荷过大而增加灾难恢复站点发生故障的风险。这也需要超标准配置来处理注册 / 在线风暴期间所需的容量。同样，当前稳定会话的状态与网络功能密切相关，且无法在灾难恢复站点之间进行复制。如果站点发生故障，则该站点上正在处理的稳定会话状态将发生丢失。这会对用户产生不良影响，并导致不良的用户体验。将包括用户注册 / 在线状态和稳定呼叫会话状态在内的长期状态从云中的虚拟网络功能中分离出来，从而支持将状态存储在独立数据库中。可以使用云数据库和缓存解决方案让数据库层提供基于云的状态持久性服务。长期状态通过数据库层在一组灾难恢复站点之间进行复制，且在这些站点上可用。如果站点出现故障，则由于灾难恢复站点上的注册状态可用，因而用户设备可以继续在网络中注册。此外，设备无须重新发布其在线信息，因为它们在灾难恢复站点上是可用的。一旦站点发生故障，由于灾难恢复站点上的稳定会话状态是可用的，因而用户的稳定会话将保持正常运行，提高了网络的整体可靠性。将状态与网络功能解耦还可以改善可扩展缩性，因为两层可以彼此独立进行扩展。由于不再需要部署额外容量来处理注册 / 在线风暴，因而可以提高成本效率。

内置于当前诸多网络功能的供应商专有负载均衡机制已经进行了解耦，以便在可能情况下采用基于云的标准化负载均衡器解决方案。连接到网络和应用功能的数据库也进行了解耦，以便在可能情况下使用开放源代码的可扩展云数据库。标准化技术在通用实例化、配置、可扩展性和可用性范式的情况下提供了运营优势，这极大简化了服务功能的可管理性。

通过提供功能分解的高级视图并显示支持虚拟化服务所需的不同层，图 14.4 描述了软件定义服务框架的工作原理，我们将在下面各节对这些层进行更加详细的描述。

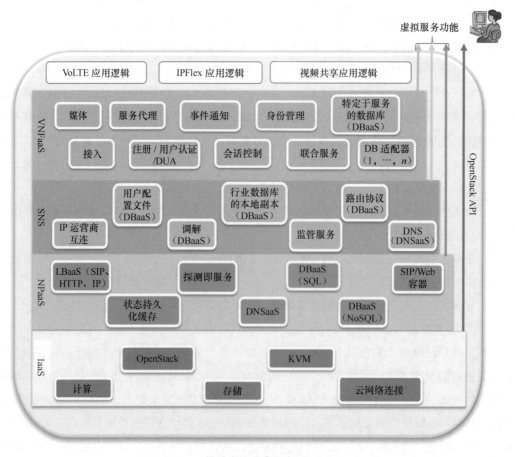

图14.4　软件定义服务框架（SDSF）

（1）VNF 即服务（VNFaaS）。

该层包括分解后的 VNF，这些 VNF 基于每项服务进行实例化和自定义。它们构成了分解后 VNF 的基础，而这些 VNF 是服务设计人员可以使用的 VNF 目录的一部分。从高层次上讲，它们可能包括如下内容。

① 接入功能，包括用于 SIP、Web 等通信的会话边界功能。

② 媒体功能，包括音 / 视频转码、播放、录制等。

③ 会话控制。

④ 注册和用户认证。

⑤ 事件通知功能，支持应用程序逻辑订阅和接收事件（如对客户档案的更改）。

⑥ 身份管理。

⑦ 联合服务。

⑧ 服务代理。

图 14.5 给出了网络功能实现功能分解的一个实例。

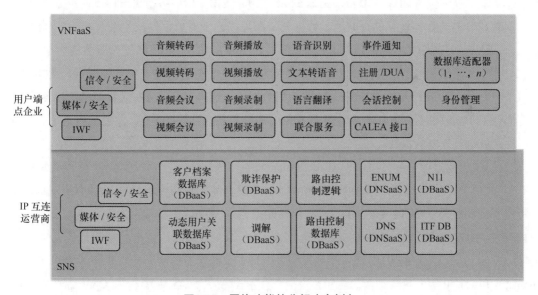

图14.5　网络功能的分解（实例）

（2）共享网络服务。

虽然虚拟服务框架基于每项服务来驱动 VNF 实例化，但仍需要对一些公共服务 VNF 进行实例化，以供所有服务使用。这些公共服务 VNF 构成了 SDSF 的共享网络服务（SNS，Shared Network Service）层。预先实例化的公共服务 /VNF 通过参考 API（如用于从订户数据库中检索 / 更新客户资料信息的 RESTful API）公开供其他服务使用。服务提供商和第三方服务都可以使用它们。该层包括以下部分。

① IP 互连运营商，即电信运营商可以独立于服务与其他运营商建立 IP 互连。

② 路由逻辑。

③ 路由数据库和行业数据库的本地副本，或到这些数据库的接口。

④ 客户档案数据库，所有服务都可以使用该数据库来检索和更新客户档案信息。这是一种基于云的可扩展数据库，可用于挖掘特定于客户的信息以提供增值服务。

⑤ 用来发送呼叫详细记录（CDR，Call Detail Record）信息的数据库。除了提供用于计费目的的数据外，该数据库还提供相关信息用于关联和分析以检测某些特定故障。

⑥ 与政府监管系统接口的监管服务。

⑦ 实例化后的公共域名服务器（DNS），用于 VNF 之间的通信以及网络外部设备之间的通信。

（3）网络平台即服务。

网络平台即服务（NPaaS，Network Platform as a Service）层公开了一组可由实时服务使用的公共云服务。它支持采用通用方式进行实例化和管理。这些服务可以向第三方公开，并可以为电信运营商提供新的收入来源。

可能提供的一些 NPaaS 服务可描述如下。

① 数据库即服务（DBaaS，Database as a Service）。数据库即服务提供一种高性能数据库资源、数据复制和分布式数据缓存的公共池。数据库资源可以基于对象存储或关系数据库 [如 SQL（结构化查询语言）、NoSQL（不限于 SQL）键 / 值对、NoSQL 文档等]。数据库服务应为包括读取、写入、插入和删除在内的所有工作负载提供吞吐量和可预测性。它将支持一种用于为诸如归属用户服务器（HSS，Home Subscriber Server）等大型数据库在逻辑上呈现分布式数据单一视图的机制，并将支持用于低时延接入（如响应时间为 2 ms）的分布式内存数据缓存。它将支持跨所有或部分可用性区域进行复制的机制。

② 负载均衡器即服务（LBaaS，Load Balancer as a Service）。负载均衡器 / 资源代理服务支持跨 VNF 群集中虚拟机和多个 VNF 群集的请求分发功能。它们使用标准（如 TCP）监视功能或特定于应用程序（如 SIP OPTIONS）监视功能来监视 VNF，支持使用本地和全局负载均衡将请求分发到本地和跨站点 VNF。如果整个本地 VNF 池发生故障，则全局负载均衡功能可以将请求分发给另一个站点的 VNF 池。某些 VNF（如具有事务状态的网元）需要会话感知（如 SIP、Diameter 和 HTTP 等）负载均衡功能和客户端 / 服务器持久性（黏性）。一些 VNF 需要基于 IP 源的负载均衡机制。请求的分发可以使用轮询调度算法或利用率最低算法。负载均衡器服务维护每个 VNF 的利用率视图，以便可以将请求视情形分发到利用率最低的 VNF。它跟踪发生故障的 VNF 并将请求仅分发给在用 VNF。当 VNF 群集中的虚拟机数量预配置发生故障时，它会将整个 VNF 群集标为不可用。它支持对需要添加到 VNF 分发组列表中新的动态实例化 VNF 进行动态绑定。如果需要，该服务存在着多种实例化方法，可以根据请求发送到的网络功能需求进行定制，每个实例都需要维护它所监视网络功能的可用性状态。

③ DNS 即服务（DNSaaS，DNS as a Service）。DNS 即服务支持地址解析，并将域名转换为数字 IP 地址，它必须部署在云基础设施中。名称解析请求将基于源 IP 定向到最近的位置，以最大限度地降低某些场景中的时延。DNS 即服务必须支持本地化 DNS 视图，即应将来自网络功能

的请求解析为本地网络功能。它提供了用于创建和管理域名解析（DNS）记录的 API。例如，当创建新的虚拟机时，可以使用 API 来生成 DNS 记录。它通过为每个启动的实例提供域名来支持水平分割 DNS 条目。如果从同一可用性区域内进行查询，则应将此域名解析为虚拟机实例的私有 IP 地址；如果是从云基础设施外部或从另一个云可用性区域进行查询，则应将此域名解析为公用 IP 地址。

④ 状态持久性服务。状态持久性服务为有状态组件提供云中状态的持久性。它支持云中无状态应用的架构趋势，并支持网络功能专注于逻辑。它支持跨所有或部分云可用性区域的状态复制，并支持高度可扩展缓存以实现对状态信息的快速访问。

⑤ vTaps 即服务。vTaps 即服务将提供从云基础设施采集数据以实现会话跟踪的通用方法。会话跟踪所需的协议实例包括诸如 SIP、HTTP、H.248 和 Diameter 等信令协议和诸如实时传输协议（RTP，Real-time Transport Protocol）、消息会话中继协议（MSRP，Message Session Relay Protocol）等媒体 / 消息传递协议。

（4）基础设施即服务。

基础设施即服务（IaaS）层提供了云基础设施或网络功能虚拟化基础设施（NFVI）（第 4 章中的 AIC），其中包括物理硬件和操作环境。此外，该层还提供了单独的物理存储服务器和计算节点。系统管理程序层实现了诸如 CPU 和内存等计算资源的抽象化。系统管理程序支持虚拟资源用于虚拟化应用程序的部署。用于 SDSF 的系统管理程序一种 OpenStack 支持的 KVM 管理程序。系统管理程序以虚拟机（VM）的形式实现物理资源的抽象化。虚拟机彼此独立，并为虚拟化应用程序提供专用虚拟资源。可以将应用程序和工具一起加载到虚拟机上执行，以支持虚拟化项目。由 NFVI 提供的 IaaS 详细内容，请参阅第 4 章。

2. 虚拟服务控制回路框架

虚拟服务控制回路框架可在云基础设施上按需快速、可靠地对实时服务进行实例化。它支持事件的近实时关联，以实现基于策略的高级弹性和自动恢复。该框架的主要功能包括服务组件实例化和连通性实现，而连通性是所有虚拟服务和物理服务组件必不可少的。

该框架支持用户转换操作范式。在该范式中，服务可以自动进行扩展以及从软件和硬件故障中恢复。虚拟服务控制回路框架与用于闭环自动化的开放式网络自动化平台（ONAP）框架（第 7 章已经进行了讨论）保持一致，如图 14.6 所示。它为虚拟服务提供了动态自动恢复和自动扩展功能。闭环自动化的流程如下。

（1）虚拟功能将故障和性能数据发送给 DCAE。

（2）DCAE 对在虚拟功能级别和服务级别上接收到的数据执行关联和分析。例如，在虚拟功能级别，它可以检测到需要重启虚拟机。在服务级别，它可以检测到进入注册的速率要高得多，且超出服务的阈值。

（3）按需查询 DCAE 生成的事件策略，其中包括针对特定事件的推荐操作。

（4）可能会要求控制器执行自动恢复操作（如重新启动虚拟功能）。

（5）如果需要实时执行实例用于自动恢复（如需要对新的虚拟功能进行实例化）或进行自动

扩展（如扩大服务范围），则需要编排器来执行相关操作。

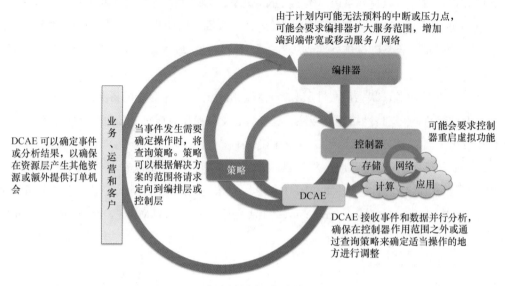

图14.6　闭环自动化

当采取控制回路操作时，通常将事件发送到 ONAP 门户，来实现任何自动扩展和自动恢复行动的操作可见性。在服务设计期间，将确定控制回路自动化所需的事件和性能数据集。需要设计虚拟功能级别和服务级别（跨服务的一部分虚拟功能）的关联和分析，并为推荐操作在虚拟功能和服务级别创建适当的策略。

3. 部署注意事项

诸如 VoLTE 之类的实时服务拥有操作要求，本着避免客户发生全局性灾难的精神，我们将故障限制在本地区域。

虚拟服务框架定义了虚拟区域的概念，如图 14.7 所示，以支持云能力存在区域并将云能力从区域模型转变到国家模型。虚拟区域是云可用性区域，它包含一组虚拟化注册和会话控制网络功能，这些功能支持来自本地区域的一组订户。为了在本地区域扩展用户数量，通常将用户归属于本地区域内的虚拟区域。如果容量在本地区域内的云可用性区域中受到限制，则新订户可能会暂时归属于本地区域之外的虚拟区域，直到本地区域内的云可用性区域容量可用为止。

这种方法支持用户的快速扩展，同时仍然满足避免因数据中心发生故障而对用户造成全国性影响的运营要求。它支持利用现有云存储容量，避免可用容量搁置，且还可以实现灵活的弹性设计。

通过使用虚拟区域，每个区域的设备占用面积将会很小，仅部署所需的容量。同样，借助小型虚拟区域的概念，我们可以实现较小的故障域。站点故障的影响非常有限，且该模型中任何一个站点发生故障都不会导致服务消失或整个区域的服务降级。

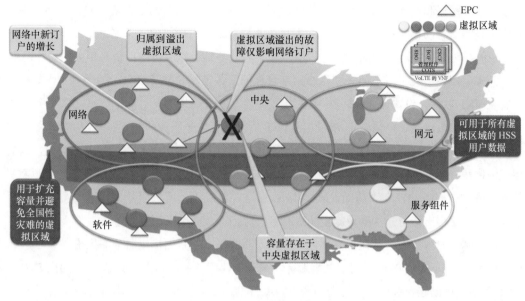

图14.7　虚拟区域

14.3　转向 SDN/NFV：方法、过程和技能

使用 SDN/NFV 来交付服务需要改变观念、方法、流程、技能以及跨组织的一致性来实现服务平台虚拟化的承诺。为了支持虚拟化服务设计和实现的可扩展模型，需要特别强调针对 SDN/NFV、ONAP 的培训和教育课程以及方法和流程的变更。

14.3.1　服务创建

SDN/NFV 支持服务的快速创建和推出。ONAP 服务设计和创建环境（第 7 章已经进行了介绍）支持近实时的服务规范，它提供了为云中服务实例化指定自定义参数和策略的能力。服务设计人员可以从 VNF、SNS 和 NPaaS 服务中做出特定选择。这些全部以目录形式来表示，服务设计人员可以使用这些目录来创建用于构成"服务目录"基础的服务。端到端服务是使用来自各种目录的资源创建的，并基于已认证且用于创建产品的服务和资源组合的策略，以"产品目录"形式公开给外部客户 / 服务设计人员。服务模板包含服务的详细信息，包括链接逻辑、业务策略、设计规则、安装配方、服务策略、虚拟资源的规模和服务配置参数。

服务可通过以下 4 个部分来定义。

（1）服务数据模型文件定义了服务的"构成部分"，它们包含对所定义服务进行实例化所需的特定 VNF 的指针。

（2）业务策略和设计规则定义了应如何对服务进行实例化，它们包含诸如 QoS、相似性规则和安全区域等服务约束条件。例如，若服务存在着语音组件，则将包含适当的 QoS，以便在执行服务模板时，为服务分配恰当的资源。规模定义了与云基础设施所需虚拟资源相关的服务范围。

（3）安装配方定义了用于部署和生命周期管理的服务策略和与云平台无关的脚本，如在虚拟机上安装 VNF 软件，设置连通性，在 VNF 出现时对其进行审核等。

（4）配置参数定义了定制服务实例化的 VNF 所需的特定于服务的配置。

服务定义包含的这四个组件可用于定义服务模板，该模板可用作服务编排器的输入，以自动执行实例化和管理服务。作为定制服务（如 VoLTE）的实例，QoS 参数将表示服务提供商需要在其基础上提供此服务的特定"基础设施类型"。在这种情况下，所选"基础设施类型"需要对媒体进行支持。这将支持对云基础设施资源进行合理分配，从而确保语音质量。

虚拟化服务的服务创建过程发生了巨大变化。随着每一项新虚拟化服务的推出，VNF 目录中都会增加 VNF，这些 VNF 可重用于未来服务。一旦创建服务所需的大多数基本可重用 VNF 填充到 VNF 目录，则创建新服务便会转向新模型。服务设计人员从 VNF 目录中选择 VNF，并针对特定于服务的实例化进行定制。服务设计人员创建链接规则、特定于服务的配置，确定规模、配方和关联策略。基于此信息生成特定于服务的模板，并将其用于与服务相关的实例化过程。

14.3.2 服务设计方法

用于设计服务的传统瀑布式方法转向将敏捷方法与 DevOps 模型结合起来使用。设计团队与所有其他组织预先建立合作关系，提供 VNF 的供应商必须以敏捷方式交付软件版本，并在较短的时间内以迭代方式进行集成和测试。将虚拟化服务和包含该服务的 VNF 的设计记录下来，并使用敏捷流程来启动小型 Scrum 团队。随后，这些团队将围绕设计、网络连接、与 PNF 的互通、实例化、控制回路范围等方面开展工作。该方法支持以迭代方式推出服务 VNF 和功能，用于在实验室以及生产环境中进行测试。使用公共服务设计过程、用于记录设计的通用模板、向合作组织提供需求的通用模板，以及适用于所有服务设计的通用解决方案，有望缩短整个服务设计生命周期。随着 VNF 目录的增加，服务设计生命周期可以进一步缩短。

14.3.3 测试方法

图 14.8 描述了基于 SDN/NFV 的架构所需的关键范式转换。在当前环境中，需要花费大量时间来验证新型硬件平台。通过在虚拟化云平台上对网络功能进行实例化，则不再需要测试硬件平台，且可以适当减少测试工作量。本质上，虚拟化可将测试环境与硬件隔离开来。通过在公共云平台上使用虚拟化、编排和 SDN 控制，可以按需启动虚拟计算资源或虚拟机，并即时分配虚拟存储以创建实验室环境。

可以按层查看和验证服务测试工作，其中每一层都基于下层来构建。在各层中，我们可对功能进行验证，而已在较低层中通过验证的功能可重用于新服务，如图 14.9 所示。

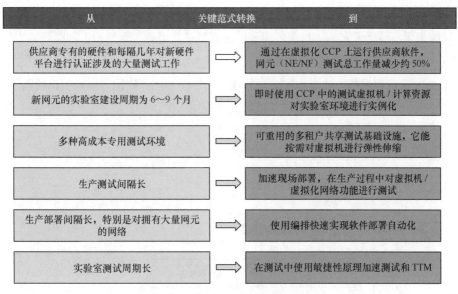

图14.8 测试中的关键范式转换

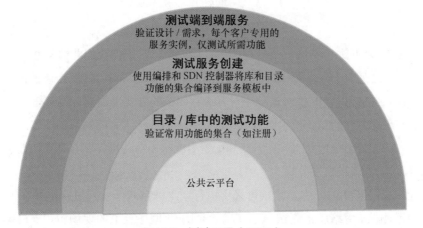

图14.9 测试愿景（2020）

所有虚拟功能的认证测试均在现有云基础设施上完成。首先，对网络功能目录提供的常用功能进行测试。验证完单个 VNF 后，无须重新进行验证即可将其用于新服务产品，且测试工作将转移到对构成服务的 VNF 分组进行验证。对服务的全面测试和认证将使测试团队能够专注于模型中的下一个更高层。一旦服务和服务模板通过验证，则测试工作将集中在模型的最高层：端到端服务（或产品）测试，这是将多种服务组合到一种产品中以提供所需最终用户功能的地方。使用较低层 VNF，服务和服务模板通过全面测试后，可以用于构建模块，来快速组装新的端到端服务。

通过部署云基础设施以及支持实时通信服务所需的开发功能，所有测试（实验室和现场）流程都可以在 6 ～ 9 个月内完成，测试周期缩短了约 50%，如图 14.10 所示。一旦功能目录可用并通过认证，则测试将集中在服务创建和 E2E（End to End，端到端）服务测试上，且服务大约可在 3 ～ 6 个月内实现。展望未来，一旦服务需要的所有目录均得到认证且服务创建环境均得以实现，则测试将集中于端到端服务流，且可以在几天或几周内实现功能和服务。此外，客户自己将能够使用公开的 API 来构建服务，完全不需要进行深度测试。当然，测试间隔将根据所需 VNF 数量、功能 / 服务复杂性以及 VNF 软件质量的不同而有所不同。

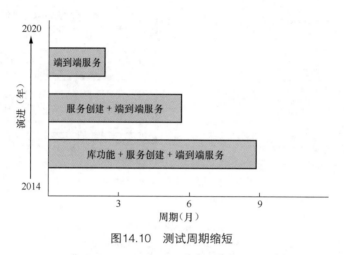

图14.10　测试周期缩短

使用生产云对 VNF 进行实例化是一种关键推动因素，它支持我们能够从在实验室测试（导致测试间隔很长）之后引入现场测试进而导致测试间隔过长的环境，转变为通过在虚拟机实验室测试完成后，即在 VM 和 VNF 生产过程中对其进行测试的方式来加速现场部署的模型。使用生产虚拟机还支持现场并行测试。使用服务编排，我们还将能够大大缩短现场部署的时间间隔。一旦证明代码在生产中处于稳定状态，则升级和配置更改将会自动执行，并可以在数小时或数天内实现完全部署。

在当前运行模式（PMO）中，测试可采用串行或"瀑布式"方式进行，并在完成实验室测试之后开展现场测试 [网络验证测试、运行就绪测试、"服务至上的现场应用（FFA，First Field Application）"]。在未来运行模式（FMO）中，同一组 VNF 的现场测试与实验室批准使用（AFU，Approval for Use）测试实质上重叠，从而大大缩短周期时间。一旦完成对 VM 和 VNF 的实验室 AFU 测试，即把这些 VM 和 VNF "转入"到生产过程中，且需要少量的额外现场测试，图 14.11 对此进行了描述。

过渡到完全虚拟化的网络还需要一些时间才能实现。在过渡到全虚拟化网络的过程中，尚未虚拟化的 PNF 将需要与较新的 VNF 进行互连，以提供端到端测试环境。目标是利用现有 PNF 实验室设备，而不是复制那些 PNF，以最大限度地降低实验室成本。由于测试是在生产云环境中完成的，因而可以将通过实验室认证的 VM/VNF 模板或快照直接对生产 VM/VNF 进行实例化。OpenStack 支持在云站点之间共享 Glance 镜像，这样可以最大限度减少与在网络范围内部署新 VM/VNF 相关的人为错误。

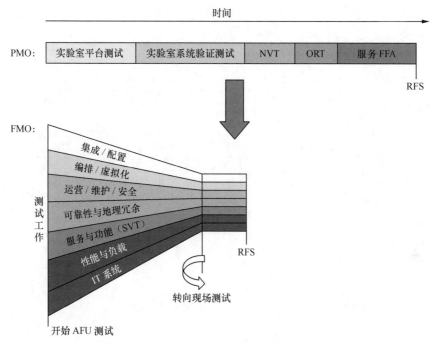

图14.11 从实验室转向生产，以缩短周期

14.4 当前的虚拟化服务平台用例

本节提供一些关键服务平台和服务、当前实现方案以及虚拟化实现方案的视图。

14.4.1 IMS 服务平台

IMS 是一种框架，它提供了一种通过 IP 网络交付多媒体服务的标准化方法。IMS 通过提供无线和有线接入访问服务的能力，进一步支持固定移动融合。会话控制层将访问层与应用层隔离开来，以支持对基于 IMS 的未知服务的访问。

1. 当前实现方案

当前的 IMS 服务平台实现方案是多供应商平台，可为多种诸如 VoLTE 等 VoIP 服务提供语音呼叫处理和消息支持。IMS 服务平台维护拥有接入、核心和应用服务器（AS，Application Server）层的分层架构。接入节点包含边界元素 [如会话边界控制器（SBC，Session Border Controller）]，这些边界元素提供了来自某个地理区域的接入功能，并与核心网（CN，Core Network）通过接口建立连接。

图 14.12 显示了基于 IMS 的服务平台的各种组件以及与其他网络的接口。此外，该平台还包含用于运营和维护功能的外围支持组件，包括供应商提供的网元管理系统、软件升级服务器、审计工具以及与 OSS、BSS 和计费系统接口的物理探针组件。

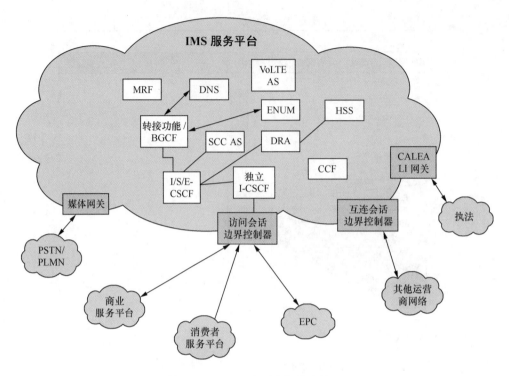

图14.12　IMS服务平台组件和接口

IMS 服务平台的实现方案基于如下设计目标。

（1）设计应可长期扩展，且不应受到过渡设计的限制。

（2）该平台是一种共享的基础设施，它支持共享核心网上的多种服务。

（3）存在着与客户机服务基础设施（如 SBC、应用服务器、OSS 和其他共享网元和服务）相连的明确受限接口。

（4）设计必须满足 5 个 9（99.999%）可用性的电信级要求。

（5）地理冗余是必需的。

（6）设计需求支持运营人员轻松地维护和排除故障，且必须包括审计工具设计、呼叫跟踪探针、备份 / 恢复、控制台服务器、快速启动 / 自动安装和软件升级服务器。

（7）针对组件的增长，应要求实现配置更改最小化。

如图 14.13 所示，IMS 服务平台遵循分层架构。AS 层包含支持语音和多媒体服务的各种应用服务器。下面是一些受支持的应用服务器。

（1）聚合 IP 消息（CPM）服务器，提供基于 IP 的 SMS 服务。

（2）电话应用服务器（VoLTE），在 VoLTE 的呼叫处理中提供呼叫功能和专用服务。

（3）用户功能交换（UCE，User Capabilities Exchange）应用服务器，支持用户能够发现其联系人设备的服务功能，从而增强通信性能。

（4）个人通信管理（PCM，Personal Communication Manager）应用服务器，提供对呼叫日志和其他门户服务的访问。

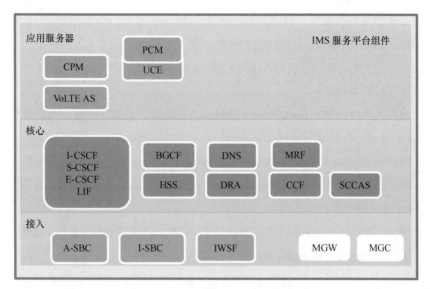

图14.13 IMS服务平台分层架构

核心层由会话管理和媒体网元构成，具体如下所示。

（1）呼叫会话控制功能（CSCF）：服务 CSCF（S-CSCF）是主要呼叫处理网元。当用户端点（UE，User Endpoint）向网络注册时，会将 UE 分配给特定的 S-CSCF。查询 CSCF（I-CSCF）用于向归属用户服务器（HSS）进行查询，并将 S-CSCF 分配给 UE。紧急 CSCF（E-CSCF）用于处理诸如 911 呼叫等紧急服务。

（2）出口网关控制功能（BGCF，Breakout Gateway Control Function）/转接功能（TF，Transit Function）：提供到 TDM 网络的最佳路由。该网元中还包括支持与其他运营商进行 IP 互操作的转接功能。

（3）归属用户服务器（HSS，Home Subscriber Server）：包含订户档案的主数据库，用于执行身份认证。

（4）域名系统（DNS，Domain Name System）：支持网元使用符号名实现相互寻址。

（5）ENUM：从 E.164 号码到统一资源标识符（URI）的映射；将电话号码转换为互联网地址。

（6）Diameter 路由代理（DRA，Diameter Routing Agent）：查找与特定订户相对应的归属用户服务器，因为订户的数据并非对所有归属用户服务器都通用。

（7）计费采集功能（CCF，Charging Collection Function）：从网元接收计费请求（ACR，Accounting Request）信息，并将其组合为账单记录或呼叫详细记录。

（8）媒体资源功能（MRF，Media Resource Function）：提供提示音和公告。

（9）服务集中和连续性应用服务器（SCC-AS）：当 UE 离开 LTE 的覆盖范围（如移至纯 3G 区域）时，可满足呼叫连续性。

（10）合法监听网关（LIG，Lawful Intercept Gateway）：通信协助执法法案（CALEA，Communications Assistance for Law Enforcement Act）拦截请求的接口。

接入层包含边界控制器和网关。

（1）接入会话边界控制器（A-SBC，Access Session Border Controller）：充当防火墙，处理从 IPv4 到 IPv6 的互通和其他服务；实现代理 CSCF。

（2）互通会话边界控制器（I-SBC，Interworking Session Border Controller）：与 A-SBC 类似，但主要用于不受信任的系统之间。

（3）数据边界元素（DBE，Data Border Element）：提供有状态防火墙、深度分组检测（DPI，Deep Packet Inspection）和其他服务。

（4）IMS 网站安全功能（IWSF，IMS Web Security Function）：为各种端点提供安全接口。

（5）媒体网关控制功能（MGCF，Media Gateway Control Function）：处理与媒体网关（MGW，Media Gateway）对应的信令。

（6）媒体网关（MGW）：将实时传输协议（RTP，Real-time Transport Protocol）转换为时分复用（TDM，Time Division Multiplexing）。

IMS 服务平台是一组固定的组件（I/S-CSCF、CCF、HSS、DRA、DNS、ENUM、CALEA 等）。通常情况下，它以地理冗余配置部署在若干个集中式核心站点上。供应商的设计约束条件以及对服务提供商网络内流量管理和均衡的需求，决定了网络中若干个核心位置中核心元素的配置。SBC 一般部署在分布式接入站点。接入层组件靠近流量源配置，以实现 RTP 时延最小化。

2. SDN/NFV 实现方案

虚拟化 IMS 服务平台的设计和实现与基于 SDN/NFV 的虚拟服务框架设计和实现方式保持一致。该框架引入了一种分层服务的适配和抽象方法，其中包括由公共云基础设施提供的诸如 IaaS 等较低层，且服务所需的特定 VNF 由网络设计团队负责。常见的网络平台即服务（NPaaS）的服务和功能由虚拟化网络提供和使用。现有物理 IMS 服务平台将与服务共存，且需要一段时间与新的虚拟化服务平台实现互通，直到所有 PNF 都迁移到 VNF。

图 14.14 描述了虚拟化 IMS 服务平台的服务设计方法。虚拟化 IMS 服务平台设计基于虚拟服务框架，并与 SDN/NFV 的新架构和设计原则保持一致。定义和设计分解后的可重用 VNF，并将其添加到 VNF 目录中。可重用 VNF 可以在按需的基础上实现特定于服务的实例化。例如，可重用 VNF 可以针对 VoLTE 服务开展实例化，且可以针对消费者 VoIP 服务单独进行实例化。属于共享网络服务（如用于 IP 运营商互连）的某些 VNF 将在服务之间进行共享。

图 14.15 对软件定义服务框架（SDSF）进行了描述，它是虚拟化 IMS 服务平台完整虚拟服务框架的一方面，与设计有关的一些注意事项如下。

（1）基础设施层由公共云基础设施提供。

（2）NPaaS 层公开了一组可以使用的公共云平台服务。

（3）虚拟化解决方案是一种 VNF 和 PNF 的组合方案。

（4）完整解决方案需要用到 PNF。

（5）必须支持与 PNF 的持续互通。

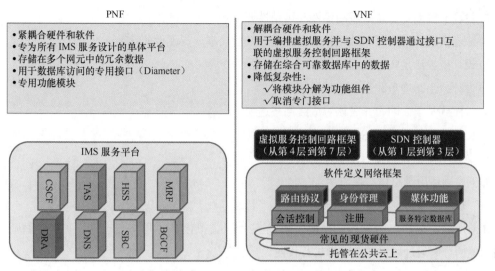

图14.14　虚拟化IMS服务设计方法

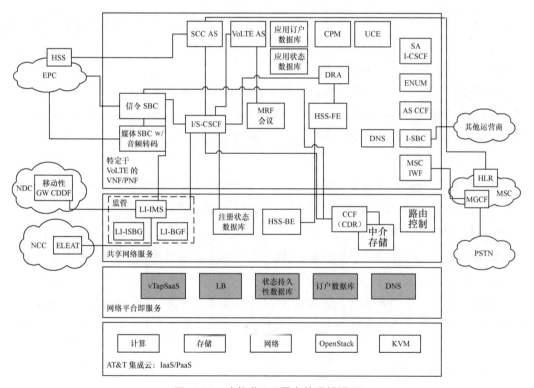

图14.15　虚拟化IMS平台的逻辑视图

3. 应用的关键设计原则

虚拟化 IMS 服务平台的设计和实现基于如下总体虚拟化原则。

① 设计应当支持标准的云编排 API，并应具备演进能力以支持云管理标准。

② 降低网络基础设施成本应是主要考虑因素。

③ 设计应当满足运营商级的弹性和可用性要求。

④ 应当实现从高度可靠的硬件到质量足够好的共享现货硬件的转变。

⑤ 设计应当满足实时响应要求。

⑥ 设计应当是增量和水平可扩展的。

⑦ 过渡到基于云的设计应该对最终用户透明。

⑧ 应集成对运行时 BSS/OSS 功能的支持。

⑨ 必须支持相关的安全合规性要求。

如下原则适用于总体实现方案。

（1）功能的分解。

如前所述，将 PNF 分解为细粒度 VNF 是应用于虚拟化 IMS 服务平台的一项关键原则。IMS 网络功能的分解通过以下几个实例进行说明。

① 将 SBC 分解为信令访问、媒体接入、互通（IWF）和音频转码 VNF，以实现资源的更高效利用。

② 将媒体服务器分解为媒体信令、媒体处理、音频代码转换和视频转码 VNF，以实现资源的更高效利用。

③ 将运营、管理和维护（OA&M）功能与网络功能分离。

④ 将负载均衡功能与 SBC 和 I/S-CSCF 网络功能分离，以实现弹性。

⑤ 将 HSS 分解为 HSS-FE（Front End，前端）VNF 和 HSS-BE（Back End，后端）VNF。HSS-BE 的演进是使用 NPaaS 层提供的、基于云的可扩展数据库。

（2）订户数据的解耦合。

将订户数据与 VoLTE AS 和 S-CSCF 分离，以实现更好的可扩展性和更高的可靠性。应用订户数据库的演进是使用 NPaaS 层提供的、基于云的可扩展数据库。

（3）长期存在状态的解耦合。

将稳定的会话和注册数据与 S-CSCF 分离，以提供更好的用户体验，并最大限度地减少注册风暴。引入了一种状态持久性数据库，该数据库能够承载跨地理冗余站点访问的稳定会话数据。对于初始实现方案，可以在状态持久性数据库中对会话数据进行维护，以支持仅在 VNF CSCF 出现内部故障时进行维护。将长期存在的数据分离到 VoLTE AS 的状态持久性数据库中，以改善可靠性。

（4）VNF 级的可扩展性。

对 $N+K$ 本地冗余的强调，可用于实现 VNF 的水平可扩展性，减少资本支出并在可能的情况下提高 VNF（包括 CSCF 和 VoLTE AS）站点的可靠性，这也使得服务能够大规模扩展。在这种情况下，可以按需扩展特定的 VNF，而与其他 VNF 无关。

（5）弹性。

对 $N+K$ 地理弹性的强调，可用于减少资本支出和网络功能的过度配置。需要非常重视基于软件从云故障中恢复服务 VNF。所有 VNF 要么支持 1+1 本地冗余，要么支持 $N+K$ 本地冗余。在本地站点中，需要采用反关联规则在多个可用性区域中配置 VNF 虚拟机，以提高弹性。此外，需要根据云硬件和软件升级停机时间来确定服务分发站点的数量，以确保满足服务的整体可靠性要求。当其他云站点变得可用时，虚拟化 IMS 服务 VNF 可以在更多站点上采用更加分散的方式进行部署。

（6）较小的故障域。

虚拟化 IMS 服务平台将充分利用广泛的云部署方案在每个站点上部署较小的 VNF 池或群集，以便每个站点将支持较少的订户，从而限制了站点故障的影响。它还支持服务的大规模扩展。

（7）国家订户供应。

订户数据库将实施"国家订户供应分配"模型，最大限度地减少容量搁置，并支持数据库资源的更高效利用。

（8）维持服务质量。

VNF 的差分服务编码点（DSCP，Differentiated Services Code Point）标记可用于维护云环境中路由的特定流量类型（媒体、信令、OA&M）的服务质量。

（9）许可。

VNF 供应商提供的通用许可证密钥或许可证池机制可用于在云环境中自动实现实例化、自动故障恢复和流量扩展。

（10）通用 NPaaS 服务。

通用平台服务由 SDSF 的 NPaaS 层提供，且包括以下内容。

① 可用于分发流量的 DNS 服务。

② 可用于存储应用和网络订户数据的云数据库。

③ 可用于存储状态数据的云数据库。

④ 可用于将负载分配到 VNF 的负载均衡器。

⑤ 可用于探针的 vTap 服务。

（11）VNF 目录。

下面给出了添加到 VNF 目录中用于实现 IMS 服务的可重用 VNF 列表。

① CSCF。

② 应用订户数据库。

③ 状态持久性数据库。

④ 接入信令 SBC。

⑤ 接入媒体 SBC。

⑥ 互连信令 SBC。

⑦ 互连媒体 SBC。

⑧ 转码。

⑨ 音频会议 MRF。

⑩ 视频会议 MRF。

⑪ HSS-FE。

⑫ HSS-BE，

⑬ CCF。

⑭ 虚拟探针。

⑮ DBE。

（12）与 ONAP 集成。

通过虚拟服务控制回路框架并与 ONAP 功能进行集成，为虚拟化 IMS 服务平台设计和规划了如下的关键自动化功能。

① 快速服务创建和编排。

② 所有 VNF 都会将故障和性能数据直接发送到 ONAP 的 DCAE 组件。

③ DCAE 将支持来自于 VNF、PNF 和 vTap 的性能报告和数据采集，以执行性能监视和故障管理。

④ 将支持通用许可证密钥或许可证池以支持自动扩展。

⑤ 通过闭环自动化将支持所有 VNF 的自动恢复。

⑥ 最初将通过触发操作和控制回路自动化来提供弹性，以便根据预测分析以及预先设置的商业策略和规则随时间的推移来扩展操作。

4. 地理弹性、拓扑和可扩展性

为了最大限度地利用资源，从地理弹性的角度出发，将如下原则应用于虚拟化 IMS 服务平台。

① 网站故障不应对订户造成全国性影响。

② 应包含本地化的当地软件或硬件故障。

③ 因软件缺陷或配置不当而导致的本地化故障不应传播到全国范围。

④ 应尽可能在本地站点以 $N+K$ 冗余部署 VNF。

⑤ 单个 VNF 应具有将故障转移到一个或多个地理冗余站点的能力。

⑥ 应当可以在站点上为同一网络功能部署多个 VNF。

⑦ 注册状态和稳定会话状态应当能在作为地理冗余站点池一部分的所有核心站点之间进行复制。

⑧ 每个 VNF 必须拥有支持地理弹性的高可用性软件架构。

⑨ 拨号后时延必须满足时延要求，这驱动了某些虚拟化 IMS 服务平台网络功能的地理位置配置。

⑩ 必须使用状态持久性数据库中的会话状态，并在故障场景下满足呼叫中功能的时延要求。

虚拟区域包含一组支持系列订户的注册和会话控制虚拟网络功能。目标视图将要求在每个区域中部署诸多小容量虚拟区域。大量云站点将启用较小的故障域，并在未来提高资源的使用效率。虽然每个站点都被映射到一个区域，但是在站点发生故障时，可以将故障转移到存在基础设施（虚拟机和网络）容量的任何位置。作为实例，可能部署两个虚拟区域，每个虚拟区域分别包含 3 个核心站点和 / 或 5 个接入站点。这样，在每个区域中，核心站点的地理位置部署遵循 $N+K$ 的地理弹性，其中 $N=2$ 和 $K=1$。与 1+1 的地理弹性策略相比，这种配置有可能节省 30% 的成本支出。全国范围内订户数据库系统的实现消除了对区域性部署的需求。图 14.16 给出了对此配置进行更改的实例。基于对 VoLTE 服务性能和时延要求的分析，至少需要 5 个站点才能满足时延要求，但这无法满足可靠性需求，必须至少部署 6 个站点才能同时满足可靠性和时延要求。站点的配置或位置是满足时延要求的关键。每个拥有接入网功能的站点都将新的呼叫请求（注册消息）分发到其地理弹性区域中的所有 3 个核心站点。在一个核心站点发生故障的情况下，其他两个核心站点可以对负载进行处理。在理想情况下，每个核心站点的容量利用率为 66%。在一个站点发生故障的情况下，其余两个核心站点将以 80% 的容量利用率运行。虚拟 SBC 向其地理弹性区域中的 3 个核心站点轮询请求。通过 VNF 和 PNF 的混合实现方案，每个核心站点都将使用地理位置最近的站点来访问 PNF。

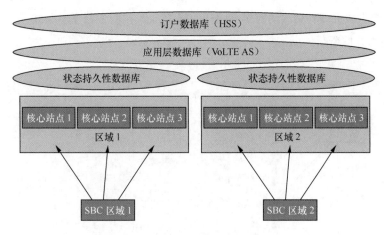

图14.16　虚拟IMS服务平台的地理冗余

5. 性能

IMS 信令和媒体 VNF 对实时响应时间和低时延有着特殊要求。在服务模板中定义的服务级别协议（SLA）约束条件和支持它们的云编排机制的组合可用于满足虚拟化网络功能的性能要求。云有望将支持用于处理信令消息的保证最小时延（如 20 ms）、低时延和抖动以及用于媒体处理的保证高吞吐量。虚拟化媒体处理 VNF、媒体 SBC 和媒体服务器使用云支持的英特尔 DPDK API、SR-IOV 或 CPU 绑定和非均衡存储器访问（NUMA，Non-Uniform Memory Access）加速技术（请参阅第 4 章），以满足媒体处理所需的性能要求。

虚拟化基础设施通常使用超额订购机制来优化处理器利用率，这可能会对网络的性能产生负面影响，因为在同一物理主机上运行的某些虚拟化功能可能会被剥夺资源。云需要支持虚拟机类型模板，以确保为具有严格性能要求的网络功能的虚拟机连续分配资源。

最后，在支持 IMS 服务的云站点上进行 VNF 站点选择和配置，是基于确保服务的端到端时延目标满足理想情况下呼叫所需的最小拨号后时延。

6. 混合架构（VNF 和 PNF）

虽然最终目标是使所有服务仅使用 VNF，但实际上，在一段时间内将是 VNF 和 PNF 并存。

一旦服务的 VNF 实例化完成，则可以在编排过程中为该服务的现有 PNF 设置连接；向 VNF 提供参数（如现有 PNF 的完全限定域名），以支持 VNF 能够发现现有 PNF 并通过接口与其相连。OSS/BSS 将继续为混合环境提供端到端的跨域操作。IMS VNF 将与 PNF 共存，且需要与已部署的 PNF 实现互通。对于虚拟化和现有实现方案来说，单订户主域的继续使用需要虚拟化和物理组件之间实现互通。

14.4.2 演进型分组核心网

当前部署的 EPC 平台基于诸多专用组件。如图 14.17 所示，EPC 平台由诸多元素组成，包括服务网关（S-GW，Serving Gateway）、分组数据网络（PDN，Packet Data Network）网关（P-GW）、策略和计费规则功能（PCRF，Policy and Charging Rules Function）、移动性管理实体（MME）、HSS、HTTP 代理、防火墙、负载均衡器、DNS 和支持工具。我们将重点关注该架构的一个子集，如图 14.17 的阴影方框所示。

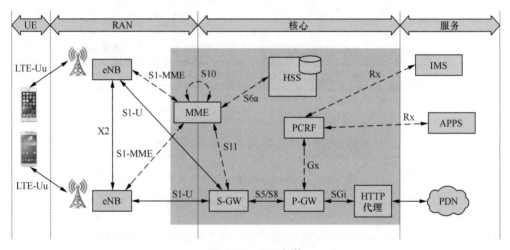

图14.17　EPC架构

1. 虚拟化 EPC 的优势

虚拟化为在物理计算解决方案中引入以前不可用的新功能提供了诸多机会。通过部署虚拟化分组核心网，可以实现云计算的许多优势。

① 商用现货（COTS）的快速发展，可以提高容量和性能。

② 虚拟化过程完成后，通过将软件从硬件层中抽象出来，即可将完整的开发环境迁移到新硬件上而无须从头开始。

③ 实现了寻找故障、配置、计费和性能（FCAP，Fault Configuration Accounting and Performance）解决方案的潜力，这些解决方案普遍适用于跨虚拟化 EPC 节点。

④ 减少了与通过自动部署方法将分组核心节点配置到服务中相关的时间表和学习曲线。

⑤ 通过使用预先配置的 COTS 硬件，缩短了容量增加所需的安装时间；虚拟化系统完全开发完毕后，过去需要花费 6 个月的时间才能将数据中心的机架、堆叠和电源安装好，现在时间缩短

到几天甚至几小时。

⑥ 实现了在 EPC 中独立增加 VNF 数量来适应呼叫模型变化，以避免业务拥塞或风险的能力。

采用虚拟化技术，EPC 节点将需要与其他基础设施组件通过接口相连，主要包括如下内容。

① 作为系统管理程序 OS（操作系统）的 KVM。

② 用于云中部署的 VNF 与系统间托管通信的 SDN 叠加层。

③ 使用 OpenStack 工具来支持 VNF 及其相关 VM 的部署。

④ 与 ONAP 平台集成，以实现 EPC VNF 实例化和配置的自动化，对 VNF 组件进行监视，VNF 组件的自动恢复，从而大大缩短了服务时间。

虚拟 EPC VNF 的所有虚拟机均设计为 $N+1$ 冗余或 $N+K$ 冗余，以确保实现上述优势。独立的单个 VM 实例在虚拟 EPC 设计中非常罕见。

2. 虚拟逻辑平台架构和设计

虚拟 EPC 平台的逻辑架构与当前平台的物理逻辑架构非常相似，不同之处在于当前的所有网元都是部署在通用硬件上的软件系统。虚拟 EPC 平台逻辑架构中的网元如图 14.18 所示。在本节中，我们将讨论图 14.18 中所示网元（MME、HSS、PCRF、SAEGW、代理）的虚拟化问题。

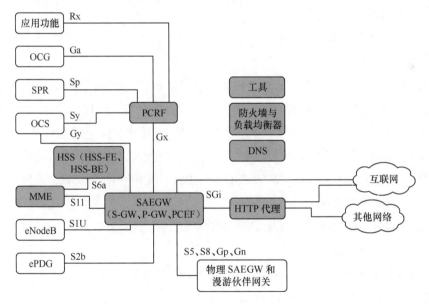

图14.18 虚拟EPC设计

（1）S-GW 和 P-GW VNF 组件。

在逻辑网络功能中，SAEGW 或系统架构演进网关元素结合了服务网关（S-GW）或 PDN（分组数据网络）网关（P-GW）功能。当前，AT&T 的 SAEGW 具有充当 S-GW、P-GW 或两者兼有的潜力。S-GW 或 P-GW 元素通常部署在 AT&T 的 LTE 移动网络中。

① S-GW（服务网关）：S-GW 在连接到 RAN 上的 e-NodeB 以及移动网络上的移动性管理实体（MME）和 P-GW 元素的同时执行诸多功能。这些功能的详细信息可以在各种 3GPP 文档中找到。这些功能可以简要归纳如下：

- 用于 e-NodeB 间切换的锚点；
- 3GPP 定义的移动核心元素的锚点；
- 合法监听；
- 分组路由 / 转发；
- 传输（既包括上行链路，又包括下行链路）的分组标记；
- 用于运营商间计费的用户计费和服务质量等级标识（QCI，Quality of Service Class Identifier）粒度。

② P-GW（PDN 网关）：PDN 网关充当 3GPP LTE 网元和其他 PDN（如 Internet）以及基于 SIP 的 IMS 网络之间的接口。P-GW 功能的详细信息在各种 3GPP 资料中都有非常精彩的描述。这些功能可以简要归纳如下：

- PDN 网关；
- 每个用户的包过滤；
- 合法监听；
- 用户端点（UE）IP 地址分配；
- 下行链路传输的分组标记；
- 上行链路 / 下行链路服务等级计费支持。

（2）策略控制 VNF 组件。

策略和计费规则功能（PCRF）是负责移动网络中策略和计费控制的网元。它连接到订户存储库，并根据为订户启用服务定义的策略来应用计费规则。将这些规则发送到 P-GW 来执行。PCRF 还连接到 IMS 系统 VNF（如 P-CSCF）和其他策略支持的应用，用于提供策略。

PCRF 由负载均衡器、策略主管、策略引擎、会话管理器以及管理和控制功能组件构成。可将单个 PCRF VNF 设计为支持 SAEGW VNF 的多个实例。PCRF 的组件可设计为独立的扩展型。

（3）移动管理实体 VNF 组件。

移动性管理实体（MME）是 LTE 移动网络控制平面中的关键元素，它支持订户和会话管理。MME 提供的一些功能包括：

① 通过与归属用户服务器（HSS）进行交互完成的用户身份认证；
② 与用户端点（UE）进行安全性协商；
③ 空闲 UE 的可达性；
④ 承载会话的激活 / 终止；
⑤ 用于初始连接和 eNodeB 间切换的 SAEGW 选择；
⑥ 非接入层信令的终止；
⑦ 漫游限制条件的实施；
⑧ 信号的合法监听；
⑨ 随着 MME 的变化，完成切换所需的 MME 选择。

虚拟化 MME 通常设计为与非虚拟 MME 实例一起使用。

（4）归属用户服务器 VNF 组件。

归属用户服务器（HSS）是给定用户 / 订户的主存储库，且包含用户识别、用户寻址、用户档案信息、认证向量和用户身份密钥等数据元素。HSS 提供的一些功能包括：

① 用于存储和更新如下类型信息的功能：

- 用户标识、编号和寻址信息；
- 安全数据，包括用户身份密钥；
- 用户注册和用户档案；
- 位置信息。

② 生成用于身份认证、加密等的安全密钥；

③ 通过提供身份认证来支持会话控制和管理。

在虚拟化的实现方案中，可将 HSS 分解为 HSS-FE（前端）和 HSS-BE（后端）VNF。HSS-BE 的演进趋势是使用云数据库，该数据库可实现可扩展性，并能够在需要时提供数据。

（5）用户数据存储库 VNF 组件。

虚拟化工作使人们有机会朝着 3GPP 定义的用户数据融合（UDC，User Data Convergence）方向努力。虚拟化工作的目标是构建一种用户数据存储库（UDR，User Data Repository），该数据库可为向客户提供移动服务的各种网络功能提供所有类型的用户 / 订户信息。通过部署 UDR，许多网络功能将状态分解为一组虚拟功能，以支持其他网络功能减少基于状态的处理，便于这些功能可以独立进行扩展，从而提高效率、恢复速度和可扩展性。

（6）HTTP 代理 VNF 组件。

HTTP 代理提供如下功能：

① HTTP 内联优化以实现透明流量；

② 可寻址流量（MMS）；

③ HTTP 代理中基于订户的选择加入 / 退出；

④ 信息转发 / 报头增强；

⑤ 用于透明流量的 TCP 代理流量（TCP 隧道）；

⑥ 用于透明流量的 HTTP 隧道；

⑦ 基于客户端的简单安全服务授权；

⑧ 使用 HTTP 代理受信任和不受信任的 IP 地址安全性增强；

⑨ IPv4 和 IPv6 用户平面支持；

⑩ 集中式多服务管理员（MSA，Multiple Service Administrator）管理；

⑪ 定向流量数据。

HTTP 代理由管理节点、管理和监视节点、流量服务器、分发服务器、数据缓存服务器和访问服务器构成。该设计支持少数管理节点来处理多组流量、分发、访问、数据缓存、管理和监控服务器。所有这些 HTTP 代理组件都可以独立进行扩展以实现对云资源的最优利用。

3. 网络设计

云基础设施使用 OpenStack Neutron 插件通过在虚拟机监控程序操作系统中部署的分布式虚拟路由器支持 L3 叠加网。相应地本地 SDN 控制器用于创建网络服务实例并实现服务链功能以支持诸如虚拟防火墙、负载均衡器、DNS 和 IP 等网络功能的扩展（横向扩展和纵向扩展）。

（1）叠加网设计。

虚拟网络是在物理网络上实现的逻辑结构。虚拟网络取代了基于 VLAN（虚拟局域网）的隔离方案，并提供了多租户。每个租户或应用可以拥有一个或多个虚拟网络。除非安全策略明确支持，否则每个虚拟网络都与所有其他虚拟网络隔离开来。通过使用由 SDN 本地控制器配置的虚拟网络，虚拟机和虚拟服务的联网不再是手动过程。

可以使用网关路由器通过 MPLS/BGP 第 3 层 VPN 将云基础设施虚拟网络连接到外部物理网络，并进行跨外部物理网络扩展。虚拟网络还用于实现 VNF 的服务链。VNF 在本地 SDN 控制器系统中建模为"服务实例"，且可以由一台或多台虚拟机实施。

NFV 插入实例如图 14.19 所示。流量通过一个或多个 VNF 从网络 A 转发到 20.0.0.1。服务实例在网络 A 中提供路由信息，以使子网 20.0.0.0/24 可通过 VNF 进行路由。

图14.19　NFV插入实例

（2）与移动 VPN 和传统移动网络的连接。

云基础设施数据中心必须与现有数据中心和外部世界进行互连，如图 14.20 所示，该图为在虚拟 EPC 中构建移动网络奠定了基础。通过一对为本地 SDN 控制器执行 SDN 网关功能的 IP 边缘路由器，可以实现与云外网络的互联。创建需要与其他数据中心的网络进行通信的叠加网时，可将路由目标分配给本地 SDN 控制器中的该网络（网络 Heat 资源 OS :: Contrail :: Virtual 类中的 route_targets 参数）。

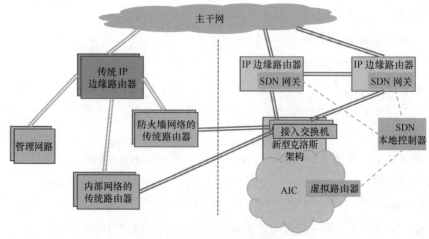

物理和虚拟数据中心之间的网络集成

图14.20　与传统网络的连接

采用这种方式，在本地 SDN 控制节点和 IP 边缘路由器之间建立了一组预定义的路由目标。预先对 IP 边缘路由器进行配置，将标记有路由目标的所有前缀导入相应的路由实例中，这些前缀又被映射到网络骨干 VPN 中。与现有网络的连接在图 14.20 中显示为传统路由器与云中 Clos 架构之间的一对互连。在传统路由器和新路由器之间设置路由策略，以确保互连仅用于本地传统路由器与新流量之间。

4. 容量和扩展设计

可将虚拟 EPC 平台部署在多个地理位置不同的云位置上。每个云位置可能至少包含 3 个 OpenStack 租户：

（1）EPC 租户（VNF：SAEGW、MSP 流量服务、DNS、测试工具、防火墙、负载均衡器和 NAT）；

（2）支持租户（VNF：PCRF 和 MSP 管理）；

（3）工具租户（VNF：工具服务器和测试工具管理）。

通常，每个云位置拥有一个支持和一个工具租户。每个云位置可以存在多个 EPC 租户。这种分层支持更好的容量管理并支持虚拟 EPC 平台进行扩展。一旦 EPC 实例达到其最大容量，将自动实例化并激活一个新的 EPC 实例。

（1）可扩展性。

EPC 平台设计用于对相互独立的 VNF 进行扩展。如下 VNF 均独立于其他 VNF 进行扩展：

① SAEGW（S-GW、P-GW 和 PCEF）；

② HTTP 代理；

③ PCRF；

④ DNS；

⑤ 防火墙和负载均衡器；

⑥ 配套工具。

此外，每个 VNF 中的组件可以独立于该 VNF 中的其他组件进行扩展。该功能支持 EPC 实例对业务需求进行动态响应，并以最优方式利用数据中心资源。

（2）监控。

构成虚拟 EPC 的各种 VNF 中的每台虚拟机都会生成故障、服务和性能事件，这些事件由 ONAP 平台进行采集，而 ONAP 平台拥有分析、管理和控制功能，这些功能可以实现虚拟机监控、恢复和扩展的自动化（请参阅第 6 章）。

（3）弹性。

虚拟 EPC 实例中的每个 VNF 均包含几种类型的虚拟机（流量服务器、控制节点、数据库引擎、流量管理器和负载均衡器等），如图 14.21 所示。

在这种环境下，可通过如下方法来实现弹性。

① 适用于不应共享主机的虚拟机的反关联性规则。

② 跨可用区的虚拟机分配。

③ 跨故障和扩展功能的可用性区域关联性维护。

④ 虚拟 EPC 实例的地理多样化分布。

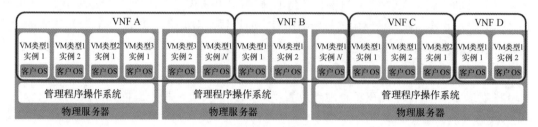

图14.21　弹性方案

（4）与 ONAP 的集成。

ONAP 的如下功能可用于各种 EPC VNF 及其组件的生命周期管理。

① 使用 OpenStack Heat 模板来对虚拟机组进行实例化。

②采用支持可扩展的类似虚拟机进行横向扩展和纵向扩展的方式来设计虚拟机组。

③ 使用多种配置工具（如 NETCONF/YANG 和 Ansible 等）来对每个 VNF 实例中的各种虚拟机进行自动配置。在虚拟机生命周期的不同阶段（实例化、恢复、重建和扩展等），可调用该配置功能。

④ 对基础设施和虚拟机组件进行监控；分析引擎由规则来驱动，这些规则支持对不同类型的故障、性能和服务事件进行实时关联。

⑤ 使用自动化（基于监控期间执行的关联）来恢复故障虚拟机、网络和其他虚拟资源。

此外，运营团队还可以通过实时门户来干预 ONAP 在 VNF 实例生命周期内执行的自动化功能。

14.4.3　BVoIP 服务

当前，供应商专有硬件上支持服务平台的大多数网络功能，且该服务平台也支持 BVoIP 服务。通常，应用服务器复合系统的当前物理实现方案包括一组可用商用硬件，包括机箱配置中的服务器刀片，并与其他支持组件（诸如第 2 层和第 3 层交换机、外部磁盘阵列和负载均衡器）集成在一起。大多数应用服务器在标准 Linux 操作系统上运行，且应用软件在商用 AS 容器（如 IBM WebSphere 和 Tomcat/Apache）或供应商提供的程序包中执行。

通常，AS 复合系统还包括一台或多台数据库服务器，同样使用商业上可用的数据库技术（如 Oracle）或供应商提供的数据库。一个 AS 复杂配置可能包含一个或多个 AS 和数据库类型实例，并为每个实例分配机箱中填充的一台特定刀片服务器。

支持 BVoIP 服务的网络功能虚拟化策略基于对容量增强、报废硬件和软件触发器以及新产品的需求。VNF 的设计和实现与新架构保持一致，并采用虚拟服务框架。在撰写本书时，AT&T 已部署了一些 BVoIP 服务的初始实现方案，包括移动电话录音和 AT&T 协作，我们在这里将其描述为 BVoIP 用例。

AT&T 协作是一种托管的 BVoIP 服务，旨在为所有业务部门提供服务。客户运营包含 1 ～ 5 条线路或分机的小型企业，直到拥有几千条线路或分机的大型企业。如图 14.22 所示，AIC 中部署了 AT&T 协作服务元素。DBE 可用于提供对平台的安全数据访问。会话边界网关用于提供对平台进行语音和视频呼叫的安全 SIP 访问。协作服务中心是一组服务器，它们执行服务逻辑、路由、媒体功能、设备管理、语音消息传递、桌面共享和支持服务。该综合体通过 SIP 互连（如果可用）以及 TDM 中继连接到其他运营商网络。

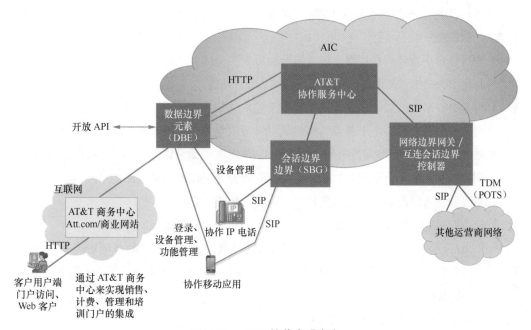

图14.22　AT&T协作实现方案

虚拟服务框架用于交付协作服务。适用于虚拟化 IMS 服务平台的大多数设计原则（请参阅第 14.4.1 节）也适用于此服务。将 SBC 分解为信令 SBC 和媒体 SBC。可对信令和媒体 SBC VNF 进行重用和实例化以用于访问和网络互联。将订户数据与 AS 逻辑分离开来。使用反关联性规则，可将 VNF VM 跨多个云可用性区域部署在站点处。将许多可重用 VNF 与此服务一起添加到 VNF 目录中，包括信令 SBC、媒体 SBC、DBE 和媒体服务器。协作服务中心包含的分解 SBC、媒体服务器 VNF 和 AS 可以重新用于其他服务。AT&T 协作是最早的虚拟化服务之一，且使用虚拟服务控制回路框架实现故障虚拟机的自动恢复，可以实现控制回路自动化。此外，AT&T 协作还支持针对特定用例的自动检测和通知，包括国际电话欺诈、注册失败、无拨号音和呼叫风暴检测。

14.5　未来研究的主题

随着虚拟服务初始部署的扩展，弹性领域拥有一些重要的学习成果。虚拟化服务需要非常重视从云故障中恢复。同时，需要以高度分布式的方式将虚拟化服务部署在多个具有地理弹性的站点上，以满足服务的可靠性需求。例如，必须至少在 4 个站点上部署服务才能满足"5 个 9"

（99.999%）的可用性，以解决因云升级而导致的停机问题。服务必须支持从站点重定向流量以实现云升级的能力，以及正常关闭站点处特定 VNF 的能力。为了将流量路由到 VNF 以实现上述目标，必须支持完全限定域名（FQDN）。

在编写本书时，虚拟化服务实例化过程需要考虑的一些领域包括 5G 支持的物联网（IoT）和其他新兴服务、服务的分布式配置、下一代不可知接入核心网、云解决方案、标准、数据库演进和控制回路效率。

根据当前预测，未来将存在 200 亿个 IoT 单位，从而迫使网络运营商大规模研究 IoT 服务的实现方案，这需要：

（1）通过特定于服务的叠加网支持垂直解决方案的灵活创建；

（2）利用 SDN/NFV 来设计可重用通用网络 / 平台功能；

（3）将 SDN/NFV 和 VNF 的分解 / 组合用于模块化架构；

（4）使用网络切片和特定于服务的实例化可将每项服务的总成本降至最低；

（5）通过成熟的公共服务支持平台，并采用 API 公开策略来创建和交付广泛的 IoT 支持服务；

（6）利用常见的服务引擎（如语音和视频等）和轻量级技术（如 WebRTC）；

（7）通过联合方法跨第三方垂直平台来支持水平解决方案；

（8）使用常见的核心智能 / 预测分析和基于策略的闭环响应功能；

（9）利用广泛的云部署位置，按需将时延敏感的功能和应用配置在边缘附近；

（10）在需要时，利用合作伙伴和托管平台来支持与垂直解决方案有关的 IoT 业务；

（11）支持灵活的部署方案和支撑结构：

① 托管在云上，并由服务提供商进行管理；

② 由供应商在服务提供商的云上进行托管和管理；

③ 由供应商进行托管和管理。

跨垂直平台的水平 / 垂直功能将通过云驱动和 API 公开原理以及 API/ 平台联合来实现。每个垂直平台都在云上得到支持，并将其 API 公开给 API 开发工作室，该工作室是服务支撑平台的一部分，用于开发通过 API 连接到垂直平台的水平 / 垂直应用。应用按需使用 API 来触发跨垂直功能。一个实例就是通过 API 联合跨"互联汽车"和"智能城市"IoT 垂直平台来调整交通信号灯，从而支持救护车快速通过。可以构建一种通过 API 平台公开的 API 将联网汽车和智能城市垂直连接起来；另一个实例是通过跨无人机和 mHealth 垂直平台在发生事故或灾难时通过 API 联合来提供急诊药物。这些服务将利用网络当前支持的可重用服务引擎功能来扩展所提供的 IoT 服务范围，包括 WebRTC 语音和视频、消息传递、通知、语音识别和 VoLTE 等。这些功能可以与任何服务提供商的网络结合以应用于物联网服务产品。例如，语音识别可用于联网汽车服务、向无人机提供 WebRTC 实时视频和远程信息处理数据、用于医疗保健服务的 WebRTC 视频呼叫功能、从无人机获取用于鸟瞰视图的 WebRTC 实时视频流等。

同样，这些服务将使用托管在云上的可重用核心功能。可重用模块将应用于如下领域：设备管理、身份管理、身份认证、数据提取、数据转换、数据存储、智能分析、策略引擎、策略管理、门户功能和 API 公开。这些可重用模块可以按需通过适当配置进行实例化，以应用于 IoT 服务，如图 14.23 所示。

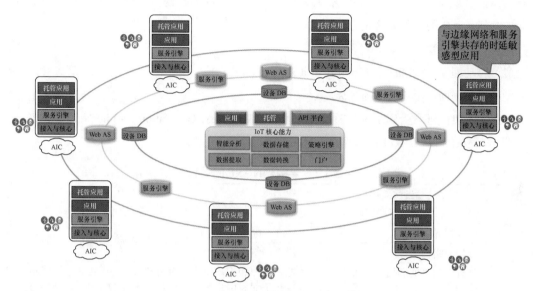

图14.23 IoT和其他新兴服务的分布式配置

5G 路线图的关键组成部分包括虚拟化移动核心网，并将该核心网配置到更加靠近网络边缘的位置，从而以经济高效的方式来支持 5G 和 IoT。广泛的云部署将支持访问、移动核心网和服务引擎虚拟化组件以高度分布式的形式进行部署，且将时延敏感的功能部署在更加靠近最终用户的位置。5G 带宽和速度的提高以及物联网数以十亿计的连接将推动这些更加广泛的云部署向前发展。分布式方法使用虚拟化移动核心网，该核心网部署在尽可能经济地靠近网络边缘的云位置上，以支持物联网和其他应用中连接到网络的数以亿计的物件。同样，分布式方法可用于适当部署应用和其他组件，以满足端到端的服务需求。将用户平面配置到边缘位置对于更好地提供诸多新型物联网服务尤为重要。可以将某些功能（如分析和策略实施功能）与部署在边缘的时延敏感功能一起进行配置，同时根据长期趋势分析和预测结果，可以将分析和策略实施功能跨边缘位置集中进行部署。配置的其他注意事项包括基于流量负载阈值和位置（如在特定时间段内某些高速公路上交通繁忙时触发的策略）进行实时动态重新分配。时延敏感的 IoT 服务实例是无人驾驶的互联汽车，在这种场景中，需要瞬间做出决策，以根据信号灯进行转弯，并基于无人机实时视频和远程信息处理进行分析和决策。对时延不敏感的服务实例是资产跟踪和资产管理。在这种场景中，可以将传感器数据配置在集中位置。总而言之，云位置的广泛部署支持面向服务的核心网架构，并提供支持新服务模型的灵活性。

NGxC（Next Generation "x" Core）是 AT&T 对即将到来的下一代多路访问分组核心架构及其功能的愿景。NGxC 中的 "x" 表示多路访问核心。这意味着对包括第 3 层及以上无线和有线核心功能（如策略、身份认证、信令等）虚拟化和集成的探讨。可以预见 NGxC 将充分利用 SDN/NFV 技术。

NGxC 将具有用于 NGxC VNF 合成和分解的模块化架构。这将有助于根据用例的特定需求来创建优化的 NGxC 实例。它将执行现有 4G 移动核心技术的大部分功能（如身份认证、计费、QoS、策略、移动性、切换等），并支持新的 5G 用例，同时实现与有线接入核心功能的协同作用。但是，这些功能将在 NGxC 环境中执行，且不一定遵循 4G 的架构概念。此外，NGxC 有望执行更新的功能，其中的一些新功能可归纳如下。

（1）访问不可知。

（2）移动即服务（MaaS，Mobility as a Service）。

（3）控制平面和用户平面的分离。

NGxC 的架构概念受到下一代移动网络（NGMN，Next Generation Mobile Network）白皮书的影响。表 14.1 归纳了 4G LTE 架构到 NGxC 的关键演进变化。

表14.1　4G LTE架构到NGxC的关键演进变化

编号	当前架构	NGxC
1	PNF	VNF
2	节点边界	VNF 的合成和分解
3	分层网络部署	灵活网络部署
4	具有控制平面和用户平面组合功能的节点	控制平面和用户平面完全分离，可以独立进行扩展和分配；控制平面和用户平面之间的标准接口；绑定用户平面功能的分解
5	多个控制平面和用户平面节点	统一控制平面 VNF 和统一用户平面 VNF。具有横向扩展性的基于云架构的软件
6	一个移动分组核心（MPC，Mobile Packet Core）可满足所有用例	对 NGxC 实例进行优化以满足各种用例
7	针对每个移动用户的移动性	MaaS
8	专为 3GPP 定义的 RAN 开展设计。事后考虑与非 3GPP 接入（如 Wi-Fi）实现互通	从早期就围绕多访问环境开展设计。针对非 3GPP 接入类型采用即插即用方式
9	手动创建服务	与 ONAP 一起自动创建服务

在云解决方案领域，研究领域之一是针对作为服务一部分的 VNF 使用容器技术和云原生解决方案。云原生计算基金会（CNCF，Cloud Native Computing Foundation）将容器技术视为支持网络功能更加以应用为中心的关键推动力。将低成本 OpenSource 数据库应用于实时服务是另一个研究领域。这些数据库的使用将使虚拟化服务具有更高的可扩展性和可靠性。它将使数据（如呼叫状态）可在多个地理冗余站点使用，从而提高服务的可靠性。这也将成为低成本移动核心网的推动力，该移动核心网将用于需要大规模扩展的物联网服务。另一个研究领域是控制回路和动态实例化的效率。当前，要求"5 个 9"（99.999%）的高可用性虚拟化服务正在部署高度冗余的配置。用于 VNF 故障检测和快速动态实例化的高效生态系统可以在将来实现最少的冗余配置，从而进一步降低使用 NFV 和 SDN 的虚拟化服务总成本。在所有服务域中，全面公开网络功能的 API，以支持第三方能够使用部署在云中的 VNF 来构建服务，将促使其他业务模型提供网络服务。

第 15 章

网络运营

艾琳·香农（Irene Shannon）和珍妮弗·耶茨（Jennifer Yates）

本章介绍面向网络运营的传统角色，以及迁移到网络云后将如何影响该角色。我们打算通过展示运营中的成本驱动因素来激发对基于网络的服务交付的创新需求。转向 NFV/SDN 和 ONAP 不仅可以缩短新服务的上市时间，还可以显著降低运营成本，而运营成本是服务提供商业务成本的主要组成部分。

15.1　引言

传统的网络运营涵盖三大类工作：提供适当配置的网元数量，以提供经济、优质的服务（网络配置）；确保网络中现有和规划网元高效提供必要的服务级别（网络管理）；预防故障或校正现有故障（网络维护）。

网络运营非常复杂，导致这一问题的关键因素是网络本身的高度分布式特性。在数以万计的地点（包括营业场所和居民区），存在物理设备。许多设备都处于恶劣的环境条件下，这可能会导致出现故障和性能下降。在网络基础设施上运行的诸多服务都具有严格的性能要求，这会导致复杂的网络设计，以确保可靠性和弹性。计算机技术已在网络运营中的应用实现了生产率的提高，从而支持有线和无线数据网络流量的爆炸性增长。

网络供应包括规划、工程和实施。在过去的 20 年里，由于技术和服务创新步伐加快，因而规划的范围变得越来越小。在 20 世纪 70 年代和 80 年代，远程网络规划（也称为基本网络规划）将展望下一个 20 年，以确定网络发展的计划。如今，基本规划周期已大大缩短，只需要专注于未来的 6 ～ 8 年。当前的网络规划提供了对未来 1 ～ 3 年网元数量的估计值，即使规划期较短，也很难预测用户需求和未来技术将如何影响网元需求的增长。一个实例是 2007 年推出了第一款智能手机，而智能手机在 7 年时间里使 AT&T 无线网络上的数据流量增加了 100000%。

网络管理可确保网元的高效使用并实现预定的服务目标。为了高效管理网络，拥有与网络流量、设备、软件以及最终用户使用的服务（如语音、数据和消息服务）性能相关的数据至关重要。尽管服务性能数据最不成熟，但大多数所需数据都是通过自动化系统获取的。性能管理既可以是主动性的，又可以是校正性的。我们为服务和网元定义了性能指标，并持续对其进行监控。对时间序列数据（TSD，Time Series Data）进行评估，以确定性能目前是否降低并确定是否存在可能导致性能下降的趋势。处理性能下降有手动和自动过程。如果根本原因与容量有关，则将会触发容量管理，可能需要较长的前置时间才能在传统网络中解决这一问题。管理功能还专注于网元的利用率，以确保采用最佳的方式来使用网元。网络管理的目标之一是对网元进行配置，以使其达到目标利用率。为了满足诸如语音应用等关键服务的可靠性要求，已在网络中部署了冗余设备和容量，这可能会导致效率降低。

网络管理包括当出现流量异常或设备问题时，确保网络保持良好的运行状态（承载所设计的流量负载）的网络管理功能。许多网络管理控制已经实现了自动化，因而网络本身可以自动响应潜在或已实现的异常情况。例如，当某个地区发生自然灾害时，将使用网络流量管理控制来确保拥塞不会扩散到网络的其他区域。除了自动控制之外，还有手动网络管理控制，这些控制在需要人工判断的异常情况下使用。例如，通常采取合理的控制措施，以确保源自灾区的呼叫获得优先于源自灾区之外但试图在该地区终止呼叫的处理。

网络运营的最后一个大类是网络维护。预防性维护涉及设备和程序的常规维护，如运行发电机来确保在潜在故障影响服务之前检测并消除故障。我们还可以将预防性维护视为主动更换汽车中的机油，这样就不会因没有足够的机油来保持发动机零件润滑而出现故障。除了预防性维护，还有校正性维护，也称为故障管理。自动检测网络事件（故障和性能恶化）的工作量很大，在经济可行的情况下，将执行对检测到事件的自动响应来实现连续的服务。这方面的一个实例是在 20 世纪 90 年代完成的设施恢复工作，以检测故障（如核心网中的光缆中断）并使用备用恢复和保护能力来确定故障周围的路由。系统自动向网络交叉连接系统发出命令以实现新路由。核心网的大多数设施故障都能得到无缝、快速的处理，从而在几分钟内就可以恢复服务。当网络检测到路由器不再响应或两台路由器之间的链路发生故障时，现代 IP 网络还可以自动更改其定向数据分组的方式。这是在路由元素本身中完成的，不需要任何人工干预。

2000 年，AT&T 投入了巨大的人力、物力来实现网络运营转变并朝着自适应管理模式发展。人们认识到，大多数网络管理功能都是针对特定类型的网络问题开发的。通过在最终用户觉察到之前利用许多数据源来发现潜在问题，AT&T 已将其大部分业务转移到了预测性或主动性战场。自适应运营的工作正在进行中，SDN/NFV 转换的基本原理之一是在良性循环中使用数据来实现自动化、学习和适应。

运营模式和流程是动态的，并受到诸如新技术、基于网络的新服务、运营经济学、市场格局、监管策略和公司业务目标等各种因素的影响。20 世纪 70 年代，当工程师意识到如何将计算机技术应用于网络运营以提高运营效率时，现代运营开始发生重大变化。基于计算机的运营支撑系统（OSS）使许多运营功能可以集中并远程执行。

随着网元数量增加几个数量级，执行规划、管理和维护所需的运营人员数量增长速度非常慢，这是由于运营系统功能的增强，包括在故障情形中关联相关警报的能力，自动测试以隔离故障，并执行自动运营以清除故障条件。

图 15.1 展示了自动化的作用。该图说明，即使网络警报数量一直在增加，但在某些情况下已经实现了自动化，以确保可售票事件（需要人工参与的事件）不会随警报数量线性增长。

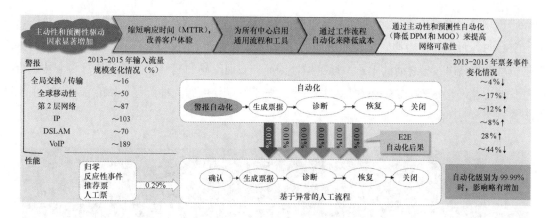

图15.1 自动化的作用

运营和工程团队

在像 AT&T 这样的典型大型网络运营商中，运营结构由执行基础和当前网络规划的工程团队以及运营团队组成。工程团队负责将新技术引入网络、设计网络、实施网络以及为网络扩容。工程师是特定网络技术领域的专家，这些领域包括第 0 层 / 第 1 层传输网、第 2 层以太网、第 3 层 IP/MPLS 网、移动无线接入网（RAN）和基于 IP 的服务等。这些网络系统中的每个部分都必须按照预定性能和容量要求进行设计，并提供特定的功能。根据特定技术领域的特征，设计方法可能会大不相同，且在经济性方面可能大相径庭。

运营组织负责对提供网络服务的所有技术进行日常管理，包括诸如升级、停用、故障管理和性能管理等所有生命周期的管理功能。运营组织负责提供可以执行远程无法完成的工作的当地技术人员。网络技术由以技术为中心的可靠性中心进行管理。服务管理中心专注于端到端服务体验，并监控诸如 IP 语音（VoIP）或移动数据连接等服务的运行状况和性能。

维护运营模型是分层的，在更高层级中，技能和责任级别不断提高。对于许多具有战略意义的、向前发展的技术和服务来说，传统上被划分为第 1 层的工作已经实现了完全自动化。第 1 层工作的内容包括检查和存储日志文件、验证端口配置以及验证电路连接性。第 2 层组织在网络中执行大多数维护工作，并完成尚未实现自动化的大多数管理工作。第 2 层技术人员比第 1 层技术人员的技能更高，且可以在无须帮助的情况下处理大多数任务，允许他们对网络系统进行更改，如更改访问控制列表（ACL）、路由配置或升级网元上的软件。他们是参与例行故障排除的主要团队。第 2 层负责监控网络性能，并确定是否需要采取措施来解决性能下降的问题。第 3 层组织可以在设计工作和运营支撑之间进行无缝切换。可以让第 3 层组织来协助解决和恢复复杂的网络问题。该团队还处理系统性问题，通常需要与网元供应商合作完成。第 3 层组织与设计网络服务的工程师有着紧密的合作关系，且在网元和服务的网络管理计划方面存在合作。第 3 层设计并认证更换网元、插入新网络技术或升级网络软件所需的复杂过程。它执行确定的复杂网络中断的根本原因所需的技术取证，并创建行动计划，以解决根本原因分析过程中未发现的任何问题。

AT&T 运营组织结构还包括一个全球技术运营中心（GTOC，Global Technology Operations

Center），这是一个单站点冗余网络运营中心，如图 15.2 所示。GTOC 管理中断升级，并在以技术为中心的各种可靠性中心、客户服务中心以及 FCC 等外部机构之间进行运营监督和协调。它还充当与内部高层领导之间的单一沟通渠道，因而一致而准确的网络事件相关信息将会传递给所有利益相关者。此外，GTOC 开发并维护整个运营组织中使用的关键流程，如准备和执行生产网络变更的适当方法。

图15.2　全球技术运营中心

由于 AT&T 的全球网络连接了 180 多个国家的 10 亿台设备，因而 GTOC 承担的任务异常艰巨。通常，每天都会发生超过 400 起网络事件；事件足够大，以确保 GTOC 参与。存在一个已建立的命令和控制过程，它可提供与 AT&T 如何响应网络服务降级或故障、流量异常以及拥塞 / 容量问题的指南。诸如本地交换运营商、内部交换公司、卫星公司和光缆公司之类的电信提供商都对超过某些阈值的中断拥有 FCC 报告要求。GTOC 中的事件管理者扮演中断报告和 FCC 备案的关键角色。

过去，虽然对自动化发展进行了巨大投资，但是网络的增长和变化速度已经开始超出我们以运行在网络生态系统之上的一组单独软件应用来交付自动化的能力。实际上，我们添加了复杂的功能和新元素，仅是为了大规模管理网络（如流量工程、RFC 3107、快速重路由、标签交换等）。运营工作的另一个重要推动力是网络基础设施中使用的多种不同元素，每种元素都是一个独特平台。例如，存在超过 50 个执行独特功能的特定网元，它们参与提供端到端移动服务！独特的平台的激增一直是诸多运营功能商品化和应用自动化以减少运营工作量的障碍。

15.2　NFV 和 SDN 对网络运营的影响

如前几章所述，NFV 和 SDN 正在推动网络和网络服务设计以及管理方式的根本性转变。从运营的角度来看，它正在改变日常功能的执行方式，如启动新的网元和生命周期管理。反过来，这可以提高运营效率，并随着时间的推移来改善客户体验。它会影响到运营团队的角色和职责，甚至会影响到相关人员的技能。

15.2.1　NFV 及其对运营的影响

与引入新技术一样，NFV 也是一把双刃剑。它通过快速启用新服务以及提升新网络容量以响应不断变化的网络状况的能力，提供了减少运营支出（OPEX）和改善客户体验的机会。但是，NFV 还从运营角度引入了更多的复杂性层，并赋予运营商更多的责任来集成传统上由供应商集成的技术。

如第 2 章所述，传统网元通过使用定制硬件和 ASIC 以及紧密集成的软件和特定于供应商的网元管理系统（EMS）来实现。因此，所有这些集成都由供应商提供，且生态系统对网络运营商来说就像是一个"黑匣子"。运营商 OSS 与设备进行交互以部署、配置和管理网元的接口都是与供应商有关的。

对于每个供应商甚至网元类型来说，网元和 EMS 报告的警报、日志和大多数性能指标都是不同的，甚至通用指标，如移动环境中的可访问性和可保持性（3GPP_KPI，CELLULAR_QoS）具有完全不同的含义，这些含义由来自不同供应商的设备进行测量和报告。运行具有这种多样性的网络需要在从 OSS 到每个不同网元的自定义接口上进行巨大投资。

使用传统物理网元，部署新网元需要派遣技术人员到每个准备部署新网元的站点。当硬件出现故障时，必须再次派遣技术人员到配置硬件的物理位置，以维修或更换组件（如线卡）或整个网元。当硬件停止提供服务时，根据部署的弹性选项，客户也可能会停止服务。或者，网络可能以单工模式运行。在这种模式中，第二次类似故障可能会对客户产生影响。因此，快速修复势在必行。技术人员要么 24×7 小时在现场，要么按需赶往故障地点。每个组件的备用硬件必须随时可用，以便实现快速部署，因而需要整个网络中存有大量库存闲置。

NFV 支持的最基本的运营转型可能是通过使用行业用语"将宠物变成牛"来减少运营开销的机会。自从有了物理网元，每个网元都类似于家庭宠物，它必须受到精心照顾和高度管理。当它"生病"时，需要对其精心调养以恢复健康。相比之下，与牛一样，使用需要支持的众多网络功能来高效扩展网络意味着不同网络功能需要看起来几乎相同并得到相应的处理。当某个网络功能"生病"时，将其替换为另一个网络功能更为简单（快速）。

使用 NFV 向"牛"模式转换需要满足如下条件：（1）对管理接口进行标准化处理，用于最大限度地提高来自不同供应商的 VNF 通用性；（2）能够按需快速启动新的网络功能，并将客户流量迁移到对客户影响最小的网络功能上。

通常认为，在基于定制硬件和 ASIC 的环境中，由于功能完全不同，因而对标准化网元的部署和配置方式以及由它们生成的数据进行标准化是不可行的。但是，网络功能的商用硬件和软件实现的转变为通过标准化 VNF 接口的许多功能从根本上转变网络运营商的运营模式提供了机会。

随着 VNF 管理接口变得越来越标准化，它支持用于部署、配置和管理 VNF 的通用机制，并将减少用于管理运营商网络中部署的多种不同类型网络功能所需的领域知识和运营知识的多样性。由于我们减少甚至消除了实施特定于供应商的接口来管理 VNF 以及处理特定于供应商的日志、警报和指标的需求，因而 OSS 和 SDN 平台（如 ONAP）将大大简化且成本更低。拥有标准化接口还应该简化中断管理。例如，在传统的网络中，本地化和解决更为复杂的服务问题通常需要让代表广泛网元的团队参与其中。当发生复杂的中断时，许多人加入中断电话会议（组织起来进行快速分类的音频呼叫），旨在确定哪个特定的网络功能（网元）出现问题，从而确定负责解决该问题的相应运营团队。发生某些问题的原因的复杂性以及支持这些因素所需的网元和领域知识的多样性，使资源使用效率降低。随着专有硬件逐步退出历史舞台和 VNF 管理接口日益标准化，目标是运营团队的参与将得到进一步简化，并相应增加运营支出。简化后的中断管理还应缩短中断时间，从而改善客户体验。

借助 NFV，我们不再需要专用硬件，而是利用商用服务器和云存储。服务器和存储容量是预先部署的，云容量增加和硬件更换会定期执行——无须紧急派遣技术人员。现在，部署网络功能的新实例或修复故障 VNF 成为一项软件训练内容。同样，对于部署的每种不同网元类型，也无须在网络上存储备用硬件。借助 NFV 和 ONAP，可以使用预先部署的服务器容量并填写 HEAT 模板来完全远程管理新网络功能的部署过程。而且，当 VNF 硬件或软件出现故障时，可以通过快速启用并在相同甚至不同物理位置的可用云容量上配置新的 VNF 来对其进行替换。这简化了部署新网络容量、响应流量激增、硬件或连接故障以及性能下降所涉及的操作任务，还确保通过更快的服务供应和更快解决影响服务的网络状况问题（故障、过载状况和性能下降）来改善客户体验。

动态分配资源的能力也为其他运营功能带来了新机遇。为了进一步说明 NFV 对网络运营的影响，我们考虑 VNF 变更管理的实例——尤其是网络运营商负责在 VNF 上升级软件的情形。变更是服务提供商网络中经常发生的事情，且会消耗大量的运营资源。网络设计人员和运营商会竭尽全力将对客户的影响降至最低。

在基于硬件的传统环境中，网络工程师已永久部署了备用网元容量来承载软件升级过程中的流量，与供应商合作实施了无中断的软件升级，或者在软件升级不可用或不可行等极端情况下，他们只需要接受维护活动可能会导致客户服务中断的事实。相比之下，借助 NFV，我们可以按需升级软件的新版本——通过将新的 VNF 与更新后的软件版本结合起来可以用于简化变更管理活动。然后，可以在尽量不影响服务的情况下将流量转移到新的 VNF 上。因此，我们可以经济高效地将对客户的影响降至最低，而不必部署昂贵的备用网络硬件。这确实需要云端拥有一些备用容量，可用于启动新的 VNF，但它是从支持多个 VNF 的容量池中提取出来的。这种方法会影响更改管理的执行方式，且需要相应的 ONAP 功能和分析功能以支持自动化。

15.2.2　与 NFV 相关的挑战

虽然 NFV 有望带来更高的效益，但它也面临着相关挑战。共享云基础设施的容量规划面临挑战，该基础设施支持大量 VNF，而这些 VNF 可根据需要进行动态扩展。准确的预测以及新服务器能力的及时部署至关重要。但是，要在一个充满活力的世界中使用可变 VNF 部署时间表来实现这一目标具有挑战性，尤其是随着大量新 VNF 技术的推出。人们在这种共享基础设施上下了很大功夫，如果容量在需要时不可用，那么这可能会对 VNF 部署时间表以及服务可靠性和性能产生巨大影响。

对 VNF 接口进行标准化以提供用于部署、配置和管理网络功能的通用机制需要全行业的有效合作。实现这种转变是一项非常艰巨的任务，需要重要的合作伙伴关系，以及标准机构、开源社区、网络运营商和 VNF 供应商的推动。虽然标准机构是电信行业用于凝聚共识、达成协议的传统论坛，但是越来越多的服务提供商正在利用开源社区中的参与和贡献来推动变革。

另一种挑战来自于新网络接口的引入，此类接口必须由网络运营商进行管理。在取消网络层（如 ATM）多年之后，通过引入单独的层——物理层（计算和存储平台，也称为硬件层）和逻辑（VNF/ 软件）层，虚拟化的复杂性不断增加。从历史上看，这两层可以合并到一个集成硬件 / 软件平台（网元）中，且给定类型的网元由专有 EMS 和单一运营团队进行管理。通常，引入新部门后，不同运营团队将对硬件和软件层进行管理。影响软件层（VNF）的硬件层（云服务器）问题将在两层均发出警报。如果没有适当的智能和自动化功能，则硬件和软件层上的警报可能会导致硬件运营团队和 VNF 管理团队同时响应所报告的问题，并同时调查根本原因。这将导致宝贵的运营资源的巨大浪费，因为实际上只需要硬件团队进行调查即可；VNF 团队可能必须通过对新硬件上的故障 VNF（如果不拥有自动化功能）重新进行实例化来解决这一问题，但是在软件层查找潜在破坏的根本原因会浪费资源。如果在通用硬件上支持多种 VNF，则这种影响会变得更加复杂。

因此，硬件层和软件层的分离需要额外的智能来获取和动态跟踪层间的关系，以便能将硬件故障和变更管理活动与对相应 VNF 的影响关联起来。当然，跟踪跨层依赖性，在网络层之间关联事件以及在管理不同网络层的运营团队之间协调变更活动并不是什么新鲜事。存在技术和过程，且当前已得到广泛应用以实现这一目标。但是，在网络云中采用这些技术和过程将需要新的警报和关联规则 / 策略。

同样，经过努力将曾经驻留在不同设备中的功能提取出来并将其集成到单一系统中，一场行业运动正在扭转这一趋势，以寻求实现目标的分解。分解是指在适用时将现有系统细分为基本模块。只要有可能，分解后的模块就可以使用标准的商用现货服务器或"白盒"交换机，并基于开源软件来实现。例如，可重构光分插复用器（ROADM）是由单一供应商提供的、拥有相应 EMS 的单片系统。通过分解，可以将 ROADM（第 13 章中的开放式 ROADM）分解为单独的应答器、波长选择开关和底板——所有这些组件都可由不同的供应商来提供。分解提供了更高的灵活性和创新能力，以及针对每种技术使用"同类最佳"的能力。但是，分解还会导致网络中需要管理的组件数量明显增加，这使定位和解决问题变得更加复杂。正如硬件和软件的分离一样，分解会导致需要管理的接口更多、新警报（当公开新接口时）以及定位问题所需的相应附加关联出现。这需要对不同模块及其角色、接口和故障模式有深入的了解。

ONAP 平台及相关分析和策略负责硬件和软件层之间、不同网络层之间以及分解后的网络功能之间的跟踪和关联。

15.2.3　ONAP 在网络运营中的作用

正如第 7 章所讨论的，ONAP 是"大脑"，用于提供以软件为中心的网络资源、基础设施和服务的生命周期管理和控制。ONAP 使我们能够迅速使用新服务，且从运营角度来看，它为网络管理功能实时、策略驱动的软件自动化提供了一种框架。

ONAP 平台与所支持的智能分析、配方和策略共同支持服务设计人员和运营商在所有 VNF 中以一致全面的方式自动执行网络供应、网络管理和网络维护功能。客户可在快速引入新型创新服务、缩短服务提供时间（可能是数分钟而不是数月）、改善服务性能等方面受益，因为自动化系统对故障状况的响应速度通常比操作人员快。ONAP 支持的自动化还支持运营团队在不扩大相应团队规模的情况下，能够应对客户需求的大规模增长——等效收入却未得到相应增长。

网络管理功能的自动化并不是什么新鲜事物，如今很多领域正在使用这一技术。但是，在技术和服务方式设计、构建、部署之后，经常会引入网络管理的理念。相比之下，网络管理自动化是基于 ONAP 的网络设计核心，重点是跨各种 VNF 和服务提供通用自动化以及可重用分析和工具。

1. 部署和删除 VNF

新服务部署、容量增加、流量管理甚至故障和性能管理都依赖于 ONAP 自动启动和配置 VNF 的能力。

VNF 供应（又称实例化）对新 VNF 部署和配置进行了描述。用于配置 VNF 的参数（如 IP 地址）需要进行自动选择或将其输入 ONAP 系统中——在理想情况下，是从自动化的外部接口输入参数。ONAP 负责确定在何处启动新的 VNF，在备用云容量上启动 VNF，配置 VNF，然后验证新的 VNF 已成功进行实例化。

以往，网络规划人员花费大量的时间和精力来设计长期扩容。由于部署物理网元和（在需要时）在中心局之间提供大容量链路需要较长的采购时间，因而他们必须提前做好计划。但是，因为不可能提前准确预测需求，所以最终无法实现容量次优部署。这会增加额外的网络运营复杂性，运营商需要根据可用容量来调整流量路由（尤其是在故障情况下）。

ONAP 和 NFV 共同支持 VNF 能在需要的地方、需要的时间变得可用。但是，我们仍然需要与数据中心进行互连。从历史的角度来看，对于甚高速链路（如 IP 路由器之间用的链路）来说，连接两个中心局需要几个月的配置时间，因为规划人员首先需要设计电路，然后由现场技术人员在中心局处将电路进行手动连接以建立连通性。但是，如果将 ONAP 与 ROADM 结合起来使用（参见第 13 章），则可以在几分钟内自动建立数据中心之间的连接——与用几个月的时间相比，效率有了大幅度提高！更进一步，可以在 IP 层和光层之间对控制平面进行集成，从而支持跨层智能决策和实时能力配置，以响应不断变化的网络状况（如故障、不断变化的流量模式）。

网络运营商已花费大量时间来管理流量以响应故障情况、流量模式变化以及规划的维护活动。运营商必须规划如何应对出现的状况，通常利用用于辅助决策的离线工具。一旦决定采取何种行动，运营商就会执行这些行动。例如，根据所采用的路由技术，这些行动可能涉及 DNS 更新或路由协议配置更改（如 OSPF 权重更改）。在虚拟化环境中，还包括启动或关闭 VNF。ONAP 与作用于 ONAP 采集和存储数据的智能算法相结合，将使这一过程实现自动化，从而避免了人工操作。

因此，ONAP 与智能分析和数据平面技术（NFV、ROADM）结合起来使用，正在创建一种更加智能的动态网络，该网络可以更加高效地适应不断变化的状况。但是，正如 15.2.2 节所描述，共享基础设施中引入了额外的复杂性以实现 VNF 管理的简单性和灵活性。

2. 网络和服务监控

正如第 16 章所述，各种网络功能（虚拟功能和物理功能）会生成大量故障、性能和日志数据。这些测量值可采集网络工程师、运营团队设计和规划网络云容量所需的信息，并支持他们回答一系列问题：网元是否在运行，是否可用？网元状态是否正常？CPU 利用率是否太高或网元内存是否用完？网络链路是否存在分组丢失现象？

但是，仅仅提供用于管理网络和服务的网络功能（或网元）视图是不够的。最重要的是客户得到的网络所提供服务的体验。语音通话是否清晰？接收的视频是否是高质量的（无卡顿和像素失真）？客户是否能够快速访问 Web 内容？端到端服务或应用监控旨在提供相关测量结果，这些结果试图获取从源到目的地、跨各种不同端点、跨不同服务和应用的端到端用户体验。

服务性能监控的扩展具有挑战性，这要归功于众多端点以及广泛的服务和应用。有两种主要技术——主动监控和被动监控。主动探测器跨网络发送测试流量，用于模拟客户服务；被动探测器"侦听"客户流量，用于提供对客户体验的累积可见性。通常，两种技术都在大型网络中得到利用，并试图构建跨客户累积的、与服务运行状况相关的理想视图。

运行于 ONAP 上的数据采集器负责采集运营任务（及其他任务）所需的日志、陷阱、计数器和服务监控测量结果，并将这些结果传送到长期存储器中进行历史分析。ONAP 还可以将这些测量结果应用于一系列实时运营任务，包括实时容量管理、识别网络和服务性能状况以及验证变更管理活动。

3. 控制回路：修复网络故障并消除客户影响

第 7 章中定义的 ONAP 控制回路是故障和性能管理、实时容量管理甚至流量管理不可或缺的一部分。控制回路的基本功能是检测、隔离和缓解问题，无论这些问题是"硬故障"（如网络和 / 或服务出现"中断"）、"软故障"（性能恶化），还是容量不足。在理想情况下，可以通过诸如重启虚拟机、重启故障 VNF、重路由流量或启动新 VNF 等自动响应方法来解决这些问题。但是，并非所有问题都可以自动得到解决——要么因为无法对问题进行自动定位，要么因为缓解响应应当前未实现自动化，或者根本无法实现自动化。在这些情况中，控制回路将通过票证或类似机制来通知网络运营商（人类），以便通过运营商干预来解决问题。

克服故障、性能和服务恶化面临的最大挑战是对问题进行定位和故障排除——查明问题所在位置和产生原因。在不知道问题所在位置以及根本原因不明的诸多情况下，将无法采取有效措施。

通常，单一潜在问题会导致警报和报警泛滥。为了说明这一点，我们考虑一个因服务器负载高而发生分组丢失的服务器实例。针对该问题，应当在物理层上发出警报，而物理层正是检测分组丢失、高负载以及相应高 CPU 利用率并报警的地方。驻留在服务器上的任何 VNF 也会受到影响，并发出报警信号。让我们假设这些 VNF 中有一个是网络路由器，它正面临着严重的分组丢失现象，并因而发出相应的警报。反过来，该网络路由器可用于支持移动网络服务，将两个移动网络 VNF 连接起来。这些移动 VNF 还将对两个 VNF 之间发生的分组丢失现象进行检测并报警，且生成相应的移动服务警报。因此，我们拥有针对每种组件在多个网络层生成的警报，这些警报代表了整体服务体验。在所有这些不同警报同时生成时，ONAP 如何知道需要采取哪些自动化措施？即使将这些警报简单传输给网络运营商进行处理，而不采用对这些警报进行组合的自动化技术，也会将不同网络层遇到的问题通知给多个独立的运营团队，且这些运营团队将独立地开始其调查行动。然而，在现实中，唯一能够主动解决根本问题的团队是负责分组丢失服务器的团队；如果高层运营团队或自动化部门能将问题隔离到故障服务器，则他们可以采取有效措施（如通过将相应虚拟机移动到其他物理服务器上）来减轻服务器问题的影响。

我们使用关联 [CORRELATION] 来关联跨物理和不同网络软件层、相邻网元之间以及不同服务级别的警报。与警报的数量相比，关联性和其他警报抑制技术将运营商打开的自动响应或票证数减少多个数量级。在上面的实例中，可以将在硬件、IP 和移动网元以及服务层生成的大量警报全部关联在一起，并将其隔离到故障服务器。通过生成单一关联警报，将自动识别出故障服务器，以及该故障对相应 VNF 和网络服务的影响。识别出事件的结果签名后，ONAP 便可以查找策略（规则），以确定需要采取的行动——无论这是诸如将受影响 VNF 移至新服务器等自动化行动，还是提供票证以供人工进行深度调查和维修。

服务设计人员和网络运营商通过 ONAP 策略来指定检测到的控制回路事件、执行的关联以及需要采取的最终措施。在上面的实例中，通过定义策略来指定将要为服务器、VNF 和服务层监控生成的警报，以及特定的关联规则。这些规则通知 ONAP 关联引擎如何将这些警报关联起来，以得出警报相关且服务器是潜在故障的结论。策略还控制 ONAP 对检测到的问题的响应。在该实例中，规定应将受影响的 VNF 迁移到新服务器，使故障服务器停止工作，记录基础服务器问题以便安排故障硬件进行维修。策略可能变得相当复杂。例如，充分考虑基于先前尝试操作的成功来尝试不同操作，并动态调用对 VNF 和服务性能的自动、主动测试。但是，尽管过渡到基于策略的模式能够增强灵活性，但它也引入了新的风险，需要对策略进行生命周期管理，且需要理解潜在的策略间的相互影响。因此，我们需要在基于策略的控制方案的灵活性、风险、复杂性和可管理性之间进行折中。

当服务设计人员和网络运营商设计控制回路时，他们应将客户体验作为策略设计的重点。服务质量管理（SQM）通过检测在运营范围之外可能出现的问题（在网络内部未检测到的问题）并量化已知网络故障对客户的影响来补充传统的故障和性能管理。

正如前面介绍的，服务性能测量结果可用于检测降级的客户体验。通过将降级的客户体验与已知网络故障和性能受损关联起来，我们可以识别并解决网络中未检测到的问题（即静默故障）。通过将客户影响与已知网络事件关联起来，我们可以基于客户影响对解决方案活动进行优先级排序，或者安排客户影响缓解措施来实现总体客户影响最小化。除了需要复杂的、服务相关的主动和 / 或被动测量基础设施之外，SQM 还需要可以在 ONAP 上以 DCAE 微服务形式执行的复杂分析，用于量化网络事件 [TONA，MERCURY] 对客户的影响，并检测异常恶性客户体验 [ARGUS]。SQM 还需要详细了解如何跨网络（包括跨网络层）承载客户流量。我们称其为端到端服务路径。

ONAP 支持的自动化以及相关事件检测、关联、SQM 和其他分析功能提供了通过实现操作故障排除自动化、缓解和修复操作来降低 OPEX 的能力。但是，我们也可以改善客户体验，因为自动化故障排除和修复通常会缩短调查和解决问题所需的时间，从而降低对客户的影响。但是，需要注意的是，ONAP 的有效性将由用于定义控制回路的策略和分析（微服务）的有效性来支配。

4. VNF 变更管理

网络会持续经历变化——随着新技术的引入、新功能的部署以及软件补丁的修复。这些更新通常涉及部署新软件更新或补丁，或者更改配置（通常是整个网络）。在推出变更之前，先对它们进行广泛的测试，然后将其引入小型现场部署 [首个现场应用（FFA，First Field Application）]。一旦成功实现小规模现场部署，通常将花费一段时间在网络范围内推广软件更新、补丁或配置更改。

通过采用过程方法（MOP，Methods of Procedure）或工作流来定义过程。采用该过程，可以将更改部署到给定的网络功能（虚拟功能或物理功能）上。工作流的核心是在网络功能上执行更改（这些更改可能是软件更新或补丁修复，也可能是配置更改），但是，必须对执行的任何更改进行验证（验证它是否已得到成功部署且没有负面影响）。因此，在更改执行之前和执行之后都定义了检查。通过对这些测试前和测试后的结果进行比较，可以确定更改是否成功（如 [MERCURY]）。如果更改不成功，则可以返回到更改的状态，或者可以执行其他措施。

以往网络更改是使用临时脚本和手动干预相结合来执行的，且每个运营团队通常都会创建自己的脚本。系统将会跟踪不同技术的变更管理时间表，并尝试识别同一技术以及跨网络层不同活动之间可能发生的冲突。然后，将通过执行复杂的手动"去冲突"以尝试处理已识别的冲突。

相比之下，ONAP 为所有网络功能的变更管理提供了一种一致且系统的方法，进而消除了对临时脚本的需求，并提供了跨网络功能技术的一致流程。变更管理工作流可由 ONAP 通过简单的拖放功能，利用预先定义、可重复使用的配方来指定。这些配方描述了执行变更（软件和 / 或配置更新）以及运行状况检查的机制。可以采用复杂的调度算法来安排更改活动。该算法充分考虑到相同类型的不同网络功能、跨网络层以及沿服务路径避免冲突的活动。可以想象这种情形，拥有成千上万个或更多网络功能、复杂的服务路径、多个网络层和一个动态网络，要实现这种调度可能会非常复杂，因而需要复杂的优化算法和详细准确的跨层拓扑。但是，一旦实现了这一目标，就没有必要进行手动"去冲突"。

最后，ONAP 还可以跨网络功能自动执行工作流程，并在出现问题时返回到流程执行前的状态。随着更改在网络上逐步推出，可以使用诸如 [LT_MERCURY_1，LT_MERCURY_2] 中所述的复杂分析来验证这些更改不会导致意外的负面影响，并实现预期的性能改善。如果没有实现期望目标，则有必要停止推出更改，直到确定并部署解决方案为止。

大规模自动执行变更管理流程可以降低运营成本，并减少人为操作错误 ["工厂运营错误（POE，Plant Operating Error）"] 的风险。

5. 对 ONAP 进行配置以启用运营自动化

ONAP 的主要目标之一是将新自动化的定义权交到服务设计人员和运营商的手中，并最大限度地减少引入新功能所需的任何软件开发工作量。例如，ONAP 支持用户（服务设计人员和运营人员）无须软件开发即可定义控制回路——指定需要检测的事件，用于定位问题的准确位置和根本原因的关联规则，定义用于自动缓解问题或警告网络运营商进行深度调查所采取的措施。ONAP 还支持指定从预定义构建基块到定义应如何执行变更管理活动的工作流。

ONAP 的这种动态可配置性环境确保了运营团队可以对用于管理网络和服务的策略和工作流进行控制，且不需要开发团队进行更改，除非需要新平台或分析功能或网络功能接口。这提高了运营商引入新功能的能力，支持针对网络中观察到的新状况的新的自动化功能的更快部署，并相应改善客户体验。

15.2.4　与 ONAP 相关的挑战

虽然 ONAP 有望像 NFV 一样带来令人兴奋的效益，但它同时也面临着相关挑战。

1. 安全策略

与自动化的优点相伴而生的是风险。诸如"不良"控制回路等意外或恶意引入的"不良"自动化可能会对网络和服务产生严重的负面影响。从理论上讲，控制回路可以执行某些诸如关闭整个网络等操作，这显然不是我们想得到的理想结果！因此，我们需要引入流程和技术，以实现策略（可能会导致负面结果）引入风险的最小化。这里，安全机制当然是至关重要的——我们必须确保只有同意制订策略的人才能使用安全机制。同时，我们还需要考虑如何验证策略——既要确保策略达到其期望的意图，又要确保它不具有负面影响或对系统中其他策略产生负面影响。因此，ONAP 策略框架采用了一系列技术来确保"安全策略"，从而降低了引入策略（对自动化结果会产生无意影响）所带来的风险。

图 15.3 描述了策略的生命周期——从设计和制订策略开始，到策略终止。为达到说明目的，我们在此以控制环策略为例，该策略指定了将要检测到的事件（问题），以及用于响应所检测事件而执行的关联和动作。

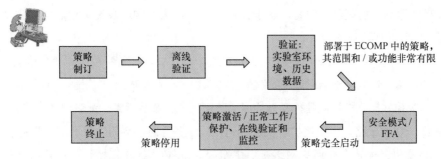

图15.3　策略的生命周期

策略由服务设计人员和网络运营商负责设计、制订并输入 ONAP 平台。引入新策略后，它应通过一系列验证，其中可能包括实验室测试、仿真和离线分析。一旦通过所有这些测试并批准该策略可以进行部署，就可以在策略运行现场进行激活，直到不再需要策略为止，此时可以停用策略（通过删除策略或将策略置于"休眠"模式，即仅对事件进行监控而无须采取自动操作）。此外，新策略的引入可能会导致对现有策略进行修改。

为了降低风险，即使是经过良好测试的新策略，通常也会逐步部署到网络中。这可能涉及仅在一小部分网络中启用策略，和 / 或在执行操作之前的一段时间内让网络运营商在控制回路策略中验证事件检测。考虑图 15.4 中的简单控制回路策略实例，如果确定该虚拟机无响应，则该策略将自动重新启动虚拟机。有一个用于定义虚拟机无响应的特定签名，且该签名的定义可能相对比较复杂。因此，当在实时网络中首次引入策略时，可以在"安全模式"下执行该策略。在这种模式中，仅执行条件（如果虚拟机无响应），而无须执行自动操作（重启虚拟机）。取而代之的是，ONAP 可以等待运营人员批准系统建议的操作，然后再执行该操作，或者仅在检测到条件满足后，打开一张票证进行手动调查和维修。监控该新策略的运营人员可以验证是否已成功检测到条件。一旦运营人员对运行于安全模式的策略感到满意，就可以对其进行全面操作，以便自动执行操作。该过程也可以使用涉及多个步骤的控制回路策略来执行，如图 15.5 所示。通过采用该策略，可以在激活序列中的下一个条件之前，使用上述方法来验证每个不同的条件。

> 如果虚拟机无响应，
> 则重启虚拟机

图15.4　简单的控制回路策略，重启虚拟机

> 如果虚拟机（VM）无响应，
> 则重启虚拟机
> 如果虚拟机（VM）无响应且虚拟机重启失败，
> 则重建虚拟机
> 如果虚拟机（VM）无响应且虚拟机重建失败，
> 则启用票证（人工干预）

图15.5　多步骤控制回路策略

在将策略引入 ONAP 生态系统之前，严格的安全机制以及对策略执行的测试和验证将会降低

"不良"策略到达网络的风险。但是，鉴于策略将产生巨大影响，我们希望确保为主动策略引入额外的安全机制，以防万一。

在运行期间，"护栏"可限制不当策略的潜在影响。比如，通常将山区高速公路上的护栏配置在高速公路的边缘，以为位于悬崖边缘的汽车提供保护。在正常情况下，汽车不应当撞到护栏。但是，如果汽车失控并撞到护栏，则护栏设计用于防止出现灾难性后果。策略护栏与其类似：它们在本质上是压倒一切的策略，当策略护栏检测到违反固定条件时，会阻止采取进一步的相关行动。

作为具体实例之一，考虑所有网络接口中至少 80% 必须始终保持正常运行状态的情况。如果该情况出现变化（太多网络接口关闭），则涉及接口关闭的所有控制回路操作都非常重要，且要防止接口关闭。诸如此类的"护栏"可以防止"不良"策略关闭网络——如果没有合适的"护栏"，则可以实现如图 15.6 所示的简单策略。

如果接口负载≥100%
则关闭接口

图15.6 "不良"策略实例

设计有效的"护栏"需要与可能出现的条件类型有关的专业领域知识和运营经验。因此，服务设计人员和运营人员应最终负责设计和管理"护栏"。同样，如果"护栏"被"破坏"，则应通知运营团队，并由团队负责调查和解决用于触发事件的条件。

策略测试和自动验证技术需要与总体治理流程（设计用于管理策略在整个策略生命周期中的进度）相辅相成。治理流程提供了一个选通过程，用于确定应在何时将策略移至现场进行部署、何时进入和退出安全模式以及何时将策略从生态系统中删除。通常，该治理流程由服务设计人员和网络运营商共同完成。

除了验证单一策略外，我们还必须考虑多种策略之间的相互关系。随着 ONAP 基础设施中的策略数量不断增加，了解不同策略如何相互作用并确保这些策略的一致性将变得越来越具有挑战性。例如，我们要能够识别出两种不同的策略何时可能会发生潜在冲突——如具有相同优先级的两种不同的策略可能在相同的条件下指定不同的操作。作为一个简单的实例，我们考虑图 15.7 中给出的两种策略。第一种策略规定，如果虚拟机的可用内存降到 20 GB 以下，则 ONAP 应该重新启动虚拟机；第二种策略规定，如果虚拟机的可用内存降到 15 GB 以下，则迁移虚拟机。这两种策略拥有重叠的条件（当可用内存 <15 GB 时），此时指定了两种不同操作——在第一个策略中重新启动虚拟机，而在第二个策略中迁移虚拟机。系统究竟应当采取何种行动？这些策略相互冲突，且不应在 ONAP 系统中共存，除非一种策略的优先级高于另一种策略。

控制回路策略1： **控制回路策略2：**
如果虚拟机可用内存<20 GB **如果虚拟机可用内存<15 GB**
则重启虚拟机 **则迁移虚拟机**

图15.7 冲突的控制回路策略

在现场部署之前，ONAP 使用高级分析功能验证单一策略和多种策略，包括检查策略是否存在上述冲突。当检测到问题时，将向策略设计者提供反馈信息，以便对策略重新进行设计以避免此类问题。

2. 确定运营策略

确定运营策略是另一个重大挑战，尤其是与控制回路有关的运营策略。ONAP 的策略框架支持运营商和设计人员对 ONAP 的行为进行控制。但是，ONAP 策略制订涉及的多种领域知识通常需要在许多网络运营商和工程师之间分发，这使综合集成面临着新的挑战。随着现场环境中引入新的 VNF 软件，可能存在着一些甚至连网络运营商和 VNF 供应商都不知道的软件漏洞。随着对事件的深入调查和常见模式的解密，软件漏洞只会随着时间的推移而逐渐显现出来。机器学习通过协助服务提供商对策略进行自动学习，来协助他们。对于控制回路，机器学习可通过挖掘大量的历史警报、性能和日志数据来自动获取签名和行动。机器学习可以确定哪些事件在统计上相关，因而它是警报相关的候选方案。机器学习还可以与获取人工运营人员行为的日志以及其他网络数据结合使用，以确定通常会触发运营人员采取特定行动的签名（相关事件）。例如，使用历史或实验室日志以及一系列其他网络数据源（警报、日志、性能测量）来获取运营人员何时手动重启虚拟机，机器学习技术可用于识别警报、性能和日志的组合，该组合通常会使运营人员重启虚拟机。该信息与专业领域知识相结合，可以转换为能够自动执行未来重启操作的策略。

3. 增加软件复杂度

ONAP 和虚拟化共同降低了我们对软件的依赖度，同时也降低了我们对硬件的依赖度。随着业界在这些技术方面积累了越来越多的经验，我们将了解到这是否会相应增加软件漏洞的数量和复杂性，以及是否会给故障排除带来更大的挑战。随着经验越来越丰富，我们希望能够越来越了解解决这些问题所需的工具。

15.3　改造运营团队

虽然业务量继续呈指数增长，但是服务提供商的收入增长并没有遵循相同的曲线。因此，即使面对正在部署的大量新型虚拟网络功能和控制功能（ONAP），运营团队通常也无法进行大规模扩展。从经济学上讲，即使当每个给定网络功能正在进行虚拟化，也不太可能立即更换所有旧物理网元。因此，服务提供商可能会采用"封顶增长"的方式来进行初始 VNF 部署。保持物理网络功能（PNF）不变，并在虚拟化功能上添加新的增长流量。虽然这样做可以提高资本效率，但是运营团队必须同时支持同一网络功能的物理版本和虚拟版本，从而大大增强了运营责任。所以，要在不扩大运营团队规模的条件下实现这一目标，就必须对传统技术（PNF）自动化进行显著增强，并充分利用 ONAP 所带来的更高效率。

网络功能虚拟化还改变了运营团队所扮演的角色。运营角色变得与传统软件公司（如谷歌或脸书）的角色更加相似。但是，由于"云"上运行的应用是用于提供组网能力并利用网络协议的网络功能，因而网络专家仍然扮演着非常重要的角色。

由于网络功能已实现虚拟化并使用通用硬件平台，因而单一运营团队可负责跨不同网络功能的硬件。这与物理网元形成鲜明对比：在物理网元中，考虑到基于硬件的典型网络功能的复杂性，运营团队通常致力于来自特定供应商的特定网元类型。例如，如果运营商拥有双重供应商策略，则针对给定网络功能支持两家不同供应商通常会导致拥有两个不同专用团队来支持每家供应商的每种给定类型网元。同样，由于 VNF 变得更像"牛"而不是"宠物"，因而来自不同供应商的不同网络功能会利用共同的接口、警报类型生成类似日志，这样运营人员和团队将能够更加轻松地跨来自不同供应商的不同类型网络功能开展工作。这将减少所需的运营团队数量，并相应减少参与跨网元复杂故障排除呼叫的团队数量。即使团队数量不足，也应当能够更快地解决这些复杂的问题。SDN 还使我们可以通过运营团队的相应整合来简化网络层（如 IP 和光纤）。

随着自动化通过 ONAP 以及其他方面的不断进步，较低的运营层（第 1 层、第 2 层）将持续减少和 / 或完全消除。以前由人类执行的任务将由 ONAP 和其他自动化进行处理。NFV 的引入还减少了现场工作人员的数量以及对中心局的快速按需访问需求。但是，日益增加的复杂性和对软件的依赖推动了第 3 层技能的提高。在第 3 层中，要求工作人员对基于软件的复杂问题进行复杂的调试。根据组织结构、角色和职责的不同，运营团队可能对更加高级的软件技能以及可以使用 ONAP 的策略界面来实现新型自动化的策略开发人员的需求也更大。

对于跨越 AT&T 网络复杂性的运营团队来说，面临的更大挑战之一就是优先考虑自动化工作。为了有效实现这一目标，必须详细了解运营团队的工作驱动因素以及运营人员将时间花费在何处。这通常不容易确定——但是，这对于能够有效决策将开支重点放在何处是至关重要的。

积极推出 NFV/SDN 技术需要快速开发、认证和部署。在 ONAP 开发过程中，采用敏捷软件开发技术 [AGILE_1，AGILE2] 和 DevOps 原理 [DEVOPS，DEVOPS_PHOENIX] 并通过供应商参与，是实现这一目标的关键。设计师、开发人员和运营团队（VNF 和 ONAP）之间的密切协作和参与对于实现这些目标至关重要。所有团队的成员都必须尽职调查计算，并共同承担风险。DevOps 对于实现"持续集成 / 持续交付"（CI/CD）也至关重要。ONAP 支持 VNF 的快速部署。但是，ONAP 的快速部署对于实现创新和 VNF 集成所需的速度也非常关键。因此，自动化也是管理 ONAP 本身的关键，包括支持快速软件实例化和更改。自动化对于最大限度地减少人为错误、提供更改所需的可重复过程以及提供支持快速检测、定位和解决 ONAP 故障和性能问题的智能也是至关重要的。ONAP 运营团队负责部署 ONAP 实例、更新 ONAP 软件以及检测、排除故障和解决 ONAP 问题。类似 ONAP 的功能和自动化也适用于 ONAP 运营，从而使诸多 ONAP 运营功能也可以完全实现自动化。

15.4 迁移到网络云

推出 NFV 和 ONAP 技术是一定要在对客户影响最小的情况下执行——即使面对控制平面和数据平面的快速变化也是如此。鉴于诸如 AT&T 网络的巨大规模和多样性，现实情况是并非所有流量都可以突然切换为由新 SDN/NFV 基础设施来承载。在可以预见的将来，典型客户连接可能会遍历虚拟网元和物理网元，因而虚拟网络功能将需要与物理网元协调工作；同样，ONAP 将需要与传统 OSS 和业务支撑系统（BSS）无缝运行。

15.4.1　推出网络云技术

自动化是网络云愿景的核心。SDN 和 NFV 共同提供了一个"从头再来的机会"，而不是继续基于随时间经历复杂演进过程的旧系统来构建。但是，在实现规模化愿景的同时，还要确保我们继续提供运营商级网络性能和卓越客户体验，就像汽车在高速公路上高速行驶时更换发动机一样，运营团队是执行这一发动机更换过程的核心。

AT&T 正在跨不同网络和服务积极部署 VNF 和 ONAP。如此积极的部署等同于巨变。考虑到运营商级服务的严格服务要求，必须以可接受的风险和对客户最小的影响来执行这种更改。那么，我们如何在平衡新技术引入速度的同时来管理这种风险？

在部署新技术之前对它们进行可扩展测试，并在现场进行技术的受控引入可以显著地降低风险。但是，为了跟上变化速度，必须尽可能地实现可扩展测试和现场验证的自动化。

随着数据平面和控制平面的同步更新，以及引入新策略来管理警报和事件关联，我们可以预期运营团队可能并不总是对网络损害具有完全的可见性。但是，端到端服务监控可用于检测影响客户的问题，否则这些问题可能会避开运营部门的监控。这种监控用于测试端到端服务路径的完整性；本质上涵盖了物理和虚拟网络技术。需要注意的是，为了能够将端到端服务测量结果与 VNF 和 PNF 相关联，我们必须拥有详细的端到端服务路径，而该路径完整描述了如何跨虚拟和物理网元（VNF 和 PNF）以及跨网络层来传输流量。这些目标可能并不容易实现，但对于能够将端到端测量结果与相关网络测量结果联系起来至关重要。

15.4.2　利用当前知识和经验来引导 SDN/NFV 部署

在运营传统 PNF 技术方面，运营商已经掌握了丰富的领域知识和专业知识。这些经验中的大部分与以软件为中心的新 VNF 环境有关。我们如何启动新的生态系统来利用以往的优势和经验？目前，在用于管理当今网络的旧 OSS 中拥有一些策略，例如，用于抑制警报和事件定位 / 根本原因分析的关联规则。随着物理网元被 VNF 取代，我们也许能够在新世界中利用这些策略。对传统规则进行转换以将其应用于 VNF 的复杂性取决于各种因素，如物理网元以及与其对应 VNF 之间的相似性。

15.4.3　和谐共存的传统网络和 SDN/NFV 网络

人们在基于硬件的传统网络以及将要进行虚拟化的大量不同网元上投入了巨资。因此，即使采用最激进的虚拟化部署计划，在可以预见的将来，我们也不可避免地生活在物理和虚拟的混合世界中。此外，某些网元中还存在着一些无法完全实现虚拟化或运行于商用现货计算硬件上的功能——例如，可重构光分插复用器（ROADM）中的光转发器和光交换机制、基站（eNodeB）远程无线单元，以及用于实现服务器互连的物理基础设施。

最初，ONAP 旨在对 VNF 进行管理，但它也可以对 PNF 进行管理。ONAP 的诸多优势（包括策略驱动、自动变更管理以及通过控制回路实现对网络状况的自动响应）也可以应用于 PNF。ONAP 可扩展性地启用新功能，这些功能并不广泛存在于当前的传统 OSS 中，包括对网络造成损害的自动化运营响应。当然，通过 ONAP，运营商可以通过策略来指定该功能，并将这一定义交到运营商手中，与通过对旧版 OSS 进行软件更新相比，这样可以更快地引入新功能。如果利用 ONAP 来管理物理网元，则可以淘汰传统 OSS 和 BSS，从而消除用于支持它们的运行成本。

有许多例子表明，ONAP 可用于自动执行对 PNF 的简单运营人员职责——从简单的自动化运营（如重新启动故障的移动单元站点），到用于响应本地化高网络负载、中断和计划维护活动的复杂流量管理，再到自动变更管理。与智能算法结合使用，ONAP 还可以提供自优化网络（SON）功能——例如，动态调整基站参数，用于在网络状态发生变化（如 OUTAGE_MITIGATION）时改善客户体验（与 SON 有关的更多详细信息，请参阅第 8 章）。

如前所述，客户流量通常会遍历由传统 OSS 和 ONAP 管理的物理和虚拟网元。因此，将需要运营商能够使用传统 OSS 和 ONAP 支持的智能来同时支持物理和虚拟世界。不能孤立地考虑这些域。当网络状况发生变化时，流量将在物理网元和虚拟网元之间来回路由，变更管理活动将需要跨域进行协调，而对复杂网络和服务问题进行故障排除将经常需要对两种域之间的复杂交互进行调试。

15.5 进一步研究的主题

在本节中，我们展示了需要进一步讨论的主题。

（1）对 VNF 进行分解以增强可操作性。业界早期对虚拟化活动的关注焦点集中在从物理网元中获取软件，并通过最少的更改将该软件迁移到云中来使该软件在云中运行。虚拟化为我们提供了一个重新思考如何构造网络软件以及分解功能的机会。但是，这些 VNF 通常不是刚开始就设计在云中运行的。如何在控制运行复杂性的同时对 VNF 进行分解？在虚拟化时，通过重新设计 VNF，我们如何才能走得更远，甚至简化 VNF 的可操作性？以 Edgeplex 体系架构为例，该架构对边缘路由器功能进行分解，以最大限度地提高客户管理的灵活性，用于提高可靠性和可管理性 [EDGEPLEX]。在探索如何有效地设计 VNF 来提高可操作性方面，有很大的研究空间。

（2）网络自动化智能。SDN 和 NFV 共同带来了新机会，以系统地实现网络功能自动化，并引入新的灵活性以及对不断变化的网络和客户状况的快速动态响应。但是，要实现这一点，需要复杂的智能——需要知道如何实现自动化、何时以及如何实现跨大量 VNF 和 PNF 的自动化。例如，自动解决网络问题需要通过分析和策略来检测异常网络状况，以准确关联事件，从而实现对问题的有效定位，同时需要使用复杂逻辑来推理应当采取何种行动。如果分析无法准确地检测和定位事件，或者响应不当，则可能会采取错误的行动，从而可能导致弊大于利。因此，存在与如何确定应当引入 ONAP 生态系统以支持运营自动化的高效智能（分析、工作流、策略和可用平台运营）相关的严峻挑战。我们如何可扩展地学习此处所需的策略规则？我们可以利用历史（PNF）规则和运营经验吗？我们如何创建可在各种 VNF 之间重用的策略？机器学习如何用于自动识别策略，如关联规则以及用于响应检测到的状况而采取的行动？面对大规模系统中固有的不良数据和数据丢失的情况，我们如何确保生态系统的完整性？

（3）安全策略。如前面所述，策略可以通过 ONAP 快速启用新功能实体的能力来大大提升灵活性。但是，这种灵活性也带来了风险。这里，我们如何最有效地平衡收益与风险之间的关系，并创造和采用技术来最大限度地降低风险？我们如何最有效地监督和管理策略——确保不会将可能造成危害的（不良）策略引入系统，并仔细管理不同策略之间的交互？

（4）传统技术和 SDN/NFV 技术之间的互通。正如 15.4 节所强调的，将新技术引入大规模、可运行传统网络面临着严峻的挑战。这种技术集成必须以无缝方式完成，而不会对客户产生影响。传统的技术和 SDN/NFV 技术应当如何实现互通？我们如何才能最有效地从传统技术无缝迁移到 SDN/NFV？传统的技术可以在多大程度上退出历史舞台？

致谢

作者衷心地感谢 Taso Devetzis、Juan Flores、Mark Francis、Mohammad Islam 和 Mike Paradise 对本章内容做出的贡献。

第 16 章

网络测量

拉杰·萨沃（Raj Savoor）和

凯瑟琳·迈耶 – 赫尔斯特恩（Kathleen Meier–Hellstern）

软件定义网络（SDN）和网络功能虚拟化（NFV）对传统运营服务的运营商模型提出了诸多新挑战。VNF 是根据资源需求进行实例化的，且用于连接服务的 SDN 受控逻辑连接可根据利用率、策略和弹性设计移动。SDN 和 NFV 数据模型必须具有可测量性，以确保与传统服务数据模型的一致性，同时添加涵盖虚拟化和 SDN 控制环境的设计工件的新实体和关系。

当添加、移动和停用 VNF 时，还必须以相同速率来定义、移动和淘汰测量点。在 SDN 本地叠加网支持的每个区域的主机上共存多个 VNF 的扁平化网络架构中，不再明显标记出用于测量资源利用率的传统静态方法、用于故障排除的汇集流以及高级服务分析。网络基础设施的虚拟化和虚拟机的动态移动也使传统的物理探针、光纤分路器和传统端口镜像功能变得不合时宜，从而需要针对 SDN 和 NFV 环境的新型虚拟探针（vProbe，virtual Probe）测量方法。

这些 NFV 和 SDN 实时流测量要求具备处理和分析来自网络基础设施中不同来源（如 VNF、云基础设施遥测源、SDN 控制器和虚拟探针）的大量数据流的能力。实时分析处理为网络运营商提供了确定必须在何处增加云容量的新机会，并支持网络运营商对服务保证问题进行快速响应。在闭环机制中应用实时分析，支持运营商对工作负载进行自动化处理并优化结果。

本章重点介绍算法、SDN 控制器和其他应用所需的网络数据和测量。同样，这里的重点是流量和网络容量管理的数据和测量需求。

16.1　SDN 数据和测量

为了说明如何测量数据并将其用于网络利用率的优化，请参考图 16.1，该图描述了 SDN 架构（参见第 13 章）。本节中与 SDN 架构有关的大部分材料均摘自电气和电子工程师协会（IEEE，Institute of Electrical and Electronics Engineers）通信杂志的文章。数据平面是波分复用（WDM，Wavelength Division Multiplexing）光网络上的 IP/MPLS。光学层使用灵活的 ROADM，这些 ROADM 提供开放接口以支持波长重新配置。这种接口支持对光网络进行集中控制来实现远程动态地建立 / 释放波长电路，从而调整第 3 层逻辑拓扑和容量。将 SDN 控制从第 3 层扩展到光学层对于实现网络供应和操作任务（如容量增加和故障恢复）的自动化和优化非常重要。许多供应商在其新产品中都支持此类控制接口。

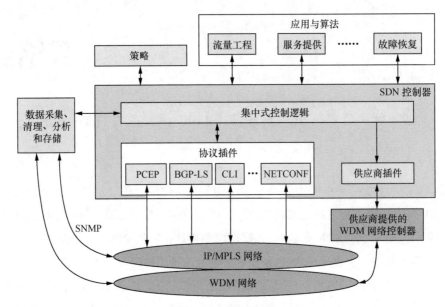

图16.1   SDN架构

IP/MPLS 路由器支持传统分布式路由。它们还提供开放接口，支持集中式 SDN 控制的实现。MPLS 在诸多操作中仍对 ISP 发挥着关键作用，包括路由、流量工程（TE，Traffic Engineering）、优先级控制、服务提供和故障恢复。因此，该架构中的 SDN 控件在标签交换路径（LSP）上工作。过去的一些工作通常基于由源 / 目标 IP 地址、协议和源 / 目标端口确定的五元组流来执行细粒度流量控制。虽然这种方法对某些系统（如数据中心网络）非常有用，但对于大型骨干网而言，是没有必要的，且在技术上具有挑战性。相反，借助路由优化算法，SDN 控制器将监控并在必要时介入管理这些 LSP，以对流量和网络状况做出反应，同时保持较高的可靠性。

与数据平面分离的全局 SDN 控制器通过各种接口与路由器和 ROADM 进行通信，以执行监控和控制任务。对于光学层，关键控制功能是建立 / 释放波长电路以调整第 3 层逻辑拓扑。控制器通过供应商提供的控制模块或针对开放式 ROADM 控制器的开放式 RESTful 接口来执行此类操作，然后继续进行光路径计算和 ROADM 配置。对于 IP/MPLS 层，关键控制功能是监控流量负载和链路状态，以执行全局优化的 LSP 操作，如建立 / 释放 LSP，调整 LSP 的路径 / 带宽，以及多径路由。控制器提供用于支持自定义策略和各种应用（如集中式流量工程、动态服务提供和故障恢复优化）的接口。逻辑上集中的控制器能够以物理上分布的方式实现，以达成可扩展性和弹性。特定的控制器设计和部署不在本章的讨论范围之内。有兴趣的读者可以参阅相关材料。

控制平面和数据平面之间的接口可扩展用于支持多种协议。虽然在 SDN 社区中经常对 OpenFlow 进行讨论，但迄今为止它并不是运营商网络架构中最关键的协议。图 16.1 描述了一些必不可少的协议和数据：针对链路状态、容量和每类带宽使用情况的边界网关协议 - 链路状态（BGP-LS）；在报告和重新调整 LSP 的路由和带宽方面，路径计算单元协议（PCEP）支持控制器和路由器之间的交互。简单网络管理协议（SNMP）用于使用分钟级频率对每条链路和 LSP 上的流量进行测量。测量数据可以对 BGP-LS 和 PCEP 进行补充，以实现全局最佳流量工程。

从数据和测量的角度来看，图 16.1 展示了先前的 SDN 中没有的两个关键方面：（1）以协调、集中控制的方式实时使用网络数据进行流量管理；（2）缩小了用于综合容量规划的时间范围。其他部分描述了需要哪些数据以及如何将其用于实时流量管理（实时网络状况数据）、迭代容量规划（网络资源清单数据），以及网络性能分析和 SDN 控制器监控。

16.2　在 SDN 中使用实时网络数据

在本节中，我们将给出一个由集中式 SDN 控制器控制的 IP/ 光网络（包括骨干和边缘位置）的实例，如图 16.2 所示。此外，我们将解释在何处测量实时网络数据以及如何测量实时网络数据。最后，我们将确定 SDN 控制器如何使用该数据来支持如下内容。

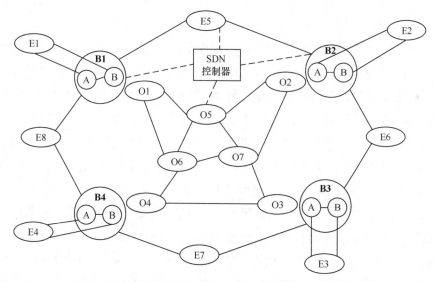

图16.2　具有骨干（B）和边缘（E）位置的IP/光网络实例

（1）使用 SDN 控制器的集中式 TE 可以更加高效地管理流量工程隧道、LSP 或流（我们已经在第 11 章中进行了讨论）。

（2）使用 ROADM 来动态管理和重新配置 IP 和光层之间的映射，以支持资源的更快配置。

（3）利用网络中可用的备用容量（尤其是在非高峰时段）来适时提供诸如带宽时间规划等新服务。

16.2.1　使用 SDN 控制器的 IP/ 光网络实例

图 16.2 是在图 16.1 的基础上进行的扩展，用于提供集成 IP/ 光网络及其与 SDN 控制器进行交互的实例。E[i] 代表 IP 边缘路由器；B[i] 代表 IP 核心或骨干网位置；O[i] 代表光节点（ROADM）。

光节点的子集与 IP 核心配置在同一位置。每个核心位置拥有两台核心路由器：路由器 A 和路由器 B。所有单播流量都始于 / 终止于边缘路由器，且可使用物理上的不同路径将每台此类路由器连接到至少两台核心路由器（相同或不同位置）。此外，还可能存在点对多点多播流量，且此类流量的所有端点也都是边缘路由器（当然，同一路由器可能同时执行边缘和核心功能）。

所有可能的 IP 路由器对中的一个子集通过 IP 链路建立连接，以形成一个 IP 网络。两个不同核心位置之间的 IP 链路需要通过光网络进行路由。作为实例，位置 B2 上的 IP 路由器 A 可以通过光节点 O2—O7—O6—O4 的序列连接到位置 B4 上的 IP 链路 B。SDN 控制器可以对边缘路由器、核心路由器和光节点进行控制。SDN 控制器可在逻辑上显示为单一集中式实体，但可以在功能上分解为控制 IP 网络的控制器和控制光网络的控制器，如图 16.1 所示。此外，为了实现可靠性和灾难恢复的目标，在地理上将一台主用 SDN 控制器和一台或多台备用 SDN 控制器部署于不同位置是非常有意义的。

16.2.2　在何处以及如何测量实时网络数据

关键的测量类型和位置如下。

（1）边缘到边缘的测量。可以测量和报告小型网络中所有边缘到边缘的单播和多播流。但是，对于大型 ISP 网络来说，这是不可扩展的，因为在此类网络中可能存在数亿种数据流。取而代之的是，可以按类型将边缘路由器的特定源—目标对之间的所有业务流聚合到少量 TE 隧道（在多播流情形中，为点对多点隧道）中。研究表明，在进行业务流聚合时，我们通常不必牺牲效率。一种用于测量和报告边缘到边缘 TE 隧道的机制是使用 PCEP。它可以将每条 TE 隧道的开 / 关状态、详细路由、信令带宽和所需带宽报告给 SDN 控制器。来自路由器的报告可以是定期报告和 / 或在对任何 TE 隧道属性进行重大更改后进行报告。

（2）核心到核心、边缘到核心和核心到边缘的测量。即使将单个边缘到边缘的流量聚合到 TE 隧道可以减少测量和托管实体数量，但通过为每对核心路由器使用少量核心到核心 TE 隧道进一步扩大聚合规模是非常必要的。在这种场景中，还需要使用边缘到核心和核心到边缘的 TE 隧道来测量和报告边缘到核心和核心到边缘的流量。在边缘路由器数量比核心路由器多得多的大型 ISP 网络中，核心到核心、边缘到核心以及核心到边缘 TE 隧道的总数通常显著低于边缘到边缘 TE 隧道的总数。上述用于测量和报告边缘到边缘 TE 隧道的 PCEP 机制也可以用于测量和报告核心到核心、边缘到核心和核心到边缘的 TE 隧道。

（3）独立 IP 链路测量。为了使 SDN 控制器高效路由边缘到边缘和核心到核心流量，获取流量路径上每条 IP 链路的最新状态是非常必要的。执行此项操作须采用 BGP-LS 协议，该协议使路由器向控制器报告其 OSPF 区域中每条链路的开 / 关状态、总容量以及每种流量类型的可预留总带宽。

（4）独立的光节点和链路测量。由于 IP 链路是通过光链路进行路由的，因而必须监控光链路的开 / 关状态，并在必要时基于该信息来更改 IP 链路的路由。

（5）SDN 控制器上的度量。为了实现可靠性和灾难恢复，应该有一台主用 SDN 控制器和一台或多台备用 SDN 控制器。应对每台 SDN 控制器的状态进行连续监控，如果确定主用控制器无法控制网络，则应将某台备用控制器转换为主用控制器。

需要注意的是，尽管上述某些数据目前已普遍可用，但在 SDN 之前的环境中，并没有以协调和集中的方式将其主动用于实时流量管理。在 SDN 环境中，通过用于管理路由器、ROADM 和其他网元的控制器以及高效优化算法，人们可以使用这些实时数据来实现传输网络管理最优化，从而保持最高的可靠性，并支持 ISP 提供新服务。

16.2.3　使用 SDN 控制器实现对 TE 隧道更加高效管理的集中式 TE

TE 隧道的传统路由使用分布式机制。在这种机制下，每条 TE 隧道由前端路由器进行路由。每台前端路由器都知道每条 IP 链路上的可用备用带宽以及该路由器控制的隧道所用的路径和带宽，但是它们没有所有隧道路径和带宽的全局视图。此外，两台不同的前端路由器可能会尝试在 IP 链路上接入相同备用带宽来路由其隧道，这可能会降低路由效率。为了解决效率降低的问题，我们使用了端到端测量（边缘到边缘或核心到核心）和上述独立 IP 链路测量，并将其反馈给 SDN 控制器。解决了路由效率低的问题，由于 SDN 控制器可以实时查看每条隧道路径和带宽的全局视图，且它是可以制订路由决策的单一逻辑实体（而不是诸多前端路由器的独立路由决策）。图 16.3 通过实例对分布式路由与集中式路由的打包效率进行了比较。最佳打包效率是通过多商品流（MCF，Multicommodity Flow）机制来实现的。在多商品流机制中，将每条 TE 隧道分割成无穷小的子组件，且每个组件都能以最高效的方式进行路由。我们将 MCF 的效率指定为 100%，并显示与之相比其他算法的效率。因为分布式路由是由许多不同实体来完成的，所以效率具有不确定性，变化范围通常为 90% ～ 98%。但是，SDN 控制器使用的集中式算法效率通常高于 99%。即使 MCF 机制的效率最高，但由于它需要对 TE 隧道进行任意分割，且通常需要几十分钟的运行时间，因而实际上无法实现。相比之下，SDN 控制器使用的集中式算法实际上是可以实现的，且可以在几秒内运行完毕。

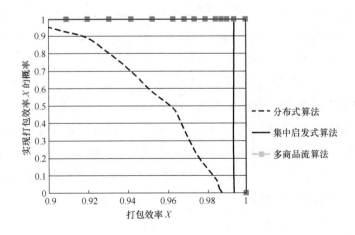

图16.3　分布式路由与集中式路由的打包效率比较

16.2.4　使用 ROADM 来动态管理和重新配置 IP 与光层之间的映射

通常，传统 IP 网络运行时的平均利用率不会超过 50%（在无故障情况下），这主要基于两方面原因：

（1）采购新 IP/ 光学设备的交货时间非常长（通常为 3 ～ 6 个月），因此，从本质上讲，我们需要构建一种可以容纳近 6 个月容量增长的网络；

（2）需要在网络中设计备用容量，以解决单台路由器和单条光链路（跨接纤维）的流量激增和计划外故障问题。

动态可重构 ROADM 支持我们可以将交货时间缩短到几周，从而实现更快的供应。此外，无须使所有 IP 链路一直保持连接状态（包括用于故障恢复的备用 IP 链路），仅需要使端点尾部（路由器端口和转发器的组合）和一些备用光再生器在发生故障或流量激增时快速建立连接。在任何给定的瞬间，只有那些支持该瞬间流量的端点尾部被连接起来。随着流量状况和网络状况发生变化，可以动态重新配置端点尾部（如果需要，还可以包括光再生器）来适应新的需求。这种方法在很大程度上依赖于前面提到的实时流量测量。首先，端到端（边缘到边缘或核心到核心）和独立链路测量以及分组 IP 和光学层的快速故障检测为容量增加或删除提供触发条件。其次，我们还需要实时查看可用的端点尾部和光再生器，以确定增加链路还是删除链路。

使用上述方法可使平均网络利用率（在无故障情况下）从大约 50% 提高到 70%。这种方法确实需要一些预先配置的备用端点尾部和备用光再生器。但是，与传统方法相比，总体节省开销相当可观。

16.2.5　使用可用的备用容量提供带宽时间规划服务

即使使用上述技术实现了高效的网络，网络中仍会存在一些可用的备用容量。在图 16.4 中，我们考虑了典型 ISP 网络的城际 IP 链路。每条链路拥有两个容量对称但通常流量负载非对称的方向。由于这一原因，我们分别给出了主方向和另一个方向上的流量。由于流量主要集中在网络的某些区域，因而链路容量通常不相同，且变化幅度很大。我们注意到，即使在主方向上的最大流量接近于容量，在其他方向上也仍留有大量带宽。此外，即使主方向仅在高峰时段接近容量，在非高峰时段也可能会有大量的备用容量。

基于 SDN 控制器提供的精确和最新流量测量并进行预测，可以提供带宽时间规划服务，该服务可以适时地使用备用容量。对于同一实例，图 16.5 显示了一组数据中心之间的备用可售流量，它是一天中时间的函数，并使用了归一化尺度。"典型值"情况假设带宽时间规划的需求在数据中心之间是对称的，且与可用容量的位置无关，而"最大值"情况假设带宽时间规划的需求与可用备用容量非常吻合。可以观察到，在网络高峰段存在着一些带宽时间规划机会，而在非高峰时段则存在着过高的带宽时间规划机会。

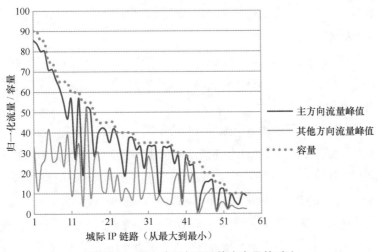

图16.4　最大流量与IP链接束容量的对比

图例：主方向流量峰值　其他方向流量峰值　容量

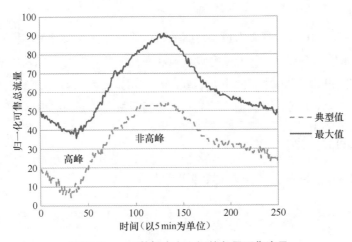

图16.5　一组数据中心之间的备用可售流量

图例：典型值　最大值

16.3　网络容量规划

16.2 节描述了实时网络数据如何在不牺牲高水平网络可靠性的前提下，以最少的网络资源来极大地改善传输网络的流量管理。本节将讨论 SDN 如何转换我们处理各种容量规划活动的方式。同时，SDN 转换支持及时信息、附加情报、流程集成和自动化。

16.3.1　当前网络容量规划过程

随着网络流量的不断增长，我们需要扩充网络容量以适应流量的增长。通常，网元采用模块化设计。规划人员必须决定何时需要新网元以及何时必须将新模块添加到现有网元中，且必须决定何时扩充链路容量。有时，扩充链路容量可能需要扩充网元容量。在某些时候，可以通过使用现有网元容量来扩充链路容量。

规划人员从与当前网络配置和当前网络流量相关的数据开始。当前网络配置上的数据分组包括用于连接各种网元的路由器、ROADM 和链路，以及当前不可用但正在添加中的网元和链路容量，这些数据来自库存和配置管理系统。

规划人员还必须预测网络将承载多少流量，从当前网络承载的流量开始，这一数据来自于性能管理系统。然后，规划人员基于对历史数据的趋势分析以及对新服务、市场状况和客户信息的投入来估计流量预期增长幅度。对于网络容量规划，需要一种流量矩阵，该矩阵表示不同源—目标对之间必须承载的流量规模。可以根据诸如 NetFlow 或 JFlow 等流数据或诸如 tomo-gravity 等推理方法来估计流量矩阵。该方法用到了链路接口测量值。接着，规划人员使用建模工具来模拟估计流量对网络容量的影响，并确定何处需要新容量。模拟预期流量影响的一个重要方面是模拟故障或因维护而暂时停用容量所导致的影响。诸如光纤切断的单一事件可能会导致多个网元发生故障。

在使用 SDN 之前，IP 服务规划人员决定哪些路由器对之间需要链路容量，然后将其用作第1 层网络容量规划的输入。通常，扩充新容量可能需要几个月。借助 SDN，可以动态打开路由器之间的链路，以响应网络故障或持续变化的流量状况。结果，路由器间的链路能够以更高的利用率运行，但是必须在第 1 层网络中规划备用容量，以适应按需打开的路由器间的链路。

16.3.2　SDN 的优势

在容量规划过程中，SDN 的一些关键优势可描述如下。

（1）SDN 前：

① 需要构建通过光链路静态路由的端到端 IP 链路；

② 订购 IP/ 光学设备的交货时间长（可达几个月）。在实际使用容量之前的几个月就必须决定何处需要扩充容量；

③ 预测精度非常重要。如果预测不精确，那么即使在几个月后，容量也可能发生错位。由于整个端到端 IP 链路都是静态的，因而尤其容易发生此类情况。

（2）SDN 后：

① 仅需要在关键位置构建端点（由路由器端口加上无色 / 无方向转发器组成的端点尾部）和备用再生器，并根据流量和网络故障在任意两个可用端点尾部（必要时，包括再生器）之间构建动态连接；

② 使用 SDN 加快配置可以将设备订购的交货时间从几个月缩短到几周。仅在容量得到实际应用的几周前，才能决定在何处扩充容量；

③ 预测精度的不确定性不太重要，因为容量规划的完成周期为几周。即使不进行预测，也不会存在静态的端到端 IP 链路，而会有端点（尾部）和可能的备用再生器。惩罚非常轻，因为每个端点尾部可以按需重新指向不同方向，且备用再生器是集中式资源，可以在其他地方使用。

16.3.3　流量矩阵数据

推出网络规划所需的流量矩阵数据可能具有挑战性。一种选择是使用诸如 NetFlow 或 JFlow 等流量测量产品。这些产品提供了多种选择来采集不同粒度级别的网络流量数据。通常会为每个五元组采集流量，即源 IP 地址、目标 IP 地址、协议、源端口和目标端口。由于数量大，因而经常使用数据抽样。流量测量值只能在选定路由器接口上进行采集，要么是因为某些网元不支持流量测量值的采集，要么是为了减少数据生成量。为了规划网络容量，需要用到流量流入和流出网络的源路由器和目标路由器。可能有必要从源 IP 地址和目标 IP 地址推断出源路由器和目标路由器，这需要从路由器中提取路由表并进行路由表查找。例如，如果流量测量值不可用或不完整，则导出流量矩阵的另一种方法是使用诸如层析重力（tomo-gravity）等推理方法。这种推理方法不会生成实际的流量矩阵，但结果通常足以用于建模。这种方法采用数学技术从链路接口测量中推出易于采集的流量矩阵。如果流量测量结果不完整，则可将其用于提升所得流量矩阵的质量。新的 SDN 功能以及虚拟探测的新机遇将支持在更多地方更快、更准确地采集测量值。

16.3.4　流量预测

网络运营商的常用做法是对其流量进行建模并对未来流量进行预测，然后将流量预测作为容量规划的输入来确定如何对网络进行扩展，如安装更多的再生器、转发器、路由器端口，并在特定路由器之间构建新的波长信道。流量预测的基本方法是研究历史流量测量，以对流量增长趋势进行量化。基于量化的增长率和当前的流量负载得出未来流量负载的估计值。

一个关键问题是如何提高预测精度。保守的预测可能会导致容量扩充不足，进而导致网络拥塞和服务质量（QoS）下降；激进的预测将导致后续容量规划向网络增加过多资源，从而导致不必要的成本增加。实际上，要获得准确的流量预测是一项艰巨的任务，因为网络承载的异构服务可能拥有完全不同的使用模式和增长率。某些流量可能会在白天达到峰值，而某些流量可能在晚上达到峰值；某些流量可能会跨整个骨干网络，而某些流量则在很大程度上位于本地网络，可能只跨了两三跳。某些服务的规模可能比较稳定，而某些服务的规模可能会快速增长。

在 SDN 前的环境中，提高预测精度的唯一可行方法是尝试进行细粒度的建模。考虑到服务的异构性，这有助于采用细粒度的方法将流量分为不同类型，并对每种流量分别进行建模和预测。例如，媒体流服务可能占有总流量的很大比重，且它们经常表现出变化幅度大、增长率高的特点。此类服务可能会表现出高度本地化，因为大多数流量不会跨越整个核心骨干网。通过理解此类流量的特征和路由，人们可以开发出一种专门针对媒体流的模型，从而提高预测精度。同时，对此类流量的本地路由特性进行合并也可以提高总流量负载的预测精度。

SDN 采用一种不同的方法来预测流量。准确长期预测的需求被周期时间的缩短所替代。考虑到流量增长的不确定性，几乎不可能在长时间内达到良好的预测精度。传统流量预测和相应的容量扩充所需的周期时间较长，这主要是因为操作过程是手动的、离散（非集成）的且天生冗长的。尤其需要指出的是，实际上不可能通过传统 ROADM 来显著加快劳动密集型波长的配置过程。在传统 ROADM 中，诸多约束条件（如波长颜色、方向和争用）会使安装和配置变得更加复杂。支持 SDN 的光网络有助于缩短服务供应的周期时间。虽然仍需要手动进行安装，但对于拥有开放接口、无色、无方向和无争用的 ROADM 来说，其复杂性要低一些。特别地，可以通过使用光网络控制接口来实现分析和波长供应自动化。由于周期时间缩短，因而流量预测变得更加容易和精确。通过在分组层进行动态重构，再加上支持 SDN 的光网络的灵活性，网络可以更好地适应流量的不确定性。

16.3.5　波长电路

在 WDM 上的 IP 架构中，路由器通过波长电路进行互连。波长电路可以跨整个光缆、ROADM、放大器、再生器等。实际上，两台路由器可以通过一束波长电路进行互连，其中并非同一束中的所有波长都采用相同的物理路由路径。用于实现不同路由器对互连的波长电路也可以跨越相同组的物理元件（如相同的光纤段）。当两个波长电路共享的元件发生故障时，两个波长电路都将发生中断。据说这两个波长电路属于相同的共享风险链路组（SRLG，Shared Risk Link Group）。

需要对每条波长电路的完整信息进行维护，且需要对每个波长的状态进行监控，以便在运行过程中排除故障。例如，如果多个波长电路同时发生故障，则这些波长电路中的共享设备很有可能出现问题。通过对 SRLG 数据进行检查，操作人员可以快速确定故障的根本原因，从而加快故障排除速度。波长电路信息对于容量规划也非常重要。路由和 SRLG 数据可用于确定每种潜在故障场景所需的其他资源。

16.3.6　第 0 层和第 3 层资源

在传统网络中，第 0 层和第 3 层都是静态的，因为添加和删除连接通常都是手动执行的。支持 SDN 的光网络为动态服务配置提供便利，因为能够按需以编程方式建立或释放波长电路，从而在几分钟内改变第 3 层网络。这种动态配置可用于建立新的波长电路来动态增加网络容量，它还可以用于执行故障恢复。图 16.6 描述了利用光学层恢复的 3 种情况。在情况（a）中，R1 上的线路卡故障导致 R1 和 R2 之间的连接断开。R1 和 ROADM1 之间的备用连接用于重新建立两台路由器之间的连接。在情况（b）中，发生故障的光纤会导致 R1 和 R2 之间的连接断开。在两端，线路卡—转发器连接变为空闲状态。SDN 控制器可以重用这些资源，并在空闲波长可用的情况下沿备用路径建立新的波长电路。在情况（c）中，R3 完全失效，SDN 控制器将 ROADM3 配置为重用所释放的波长和转发器，并在 R1 和 R2 之间扩充新的容量，这有助于传递先前通过 R3 的流量。

执行动态配置的基本要求是拥有第 0 层和第 3 层资源完整准确的描述，包括路由器端口、转发器、端点尾部、再生器、放大器和 WDM 到达表等。对第 0 层资源进行监控和维护可能会非常复杂，且与特定设备紧耦合。实际上，对第 0 层的特定控制由供应商提供的控制器来执行，这种控制器提供了一种开放接口来与第 3 层或全局 SDN 控制器进行交互。这种设计大大简化了资源监控和维护的设计和操作。

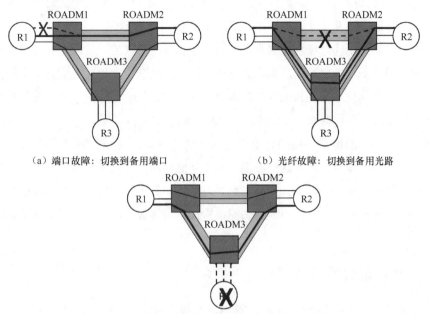

（a）端口故障：切换到备用端口　　　　　（b）光纤故障：切换到备用光路

（c）路由器故障：在路由器1和路由器2之间建立新光路

图16.6　光学层动态恢复（虚线是中断的光路，粗线是恢复的光路）

16.4　SDN 控制器测量框架

随着网络的不断转型，仍然需要持续发展测量技术。与以前的测量实现方案一样，服务提供商需要对服务级别协议（SLA）执行情况进行监控，快速识别影响客户服务或降低网络容量的网络损害事件，并隔离这些损害进行修复。这种转型更加强调了网络损害检测自动化的重要性，要求与 SDN 相关的测量解决方案能够进行扩展以实现这种自动化。

结合 NFV 和 SDN 的网络转型，再加上测量技术的进步，我们可以刷新和优化当前的测量框架，与 SDN 控制的虚拟或物理网元共同使用。我们现在可以利用这些转型来重新设计与 SDN 相关的测量解决方案，从而获得成本高效的方案，并提高方案的效率。

但是，随着继续进步，我们需要意识到，过去测量设计中实现的诸多功能原理仍然适用，这种转型为我们提供了机会，使我们能够对实现这些原理的测量工具进行优化。例如，传统上将测量分为以下几种类型（且它们仍然与 SDN 测量解决方案设计相关）：

（1）服务测量；

（2）网络测量；

（3）组件测量。

通常，服务测量重点关注客户在整个网络上的体验；网络测量重点关注基础网络的运行状况以及承载服务流量的网元互连；组件测量重点关注每个网元的运行状况。因此，服务测量有助于确定网络问题是否会影响到客户，而网络测量和组件测量则有助于放大可能对客户造成影响的根本原因以及进一步确定的事件（这些事件会降低配置的网络容量）。

传统上，这些功能中的每项功能都是在单独的工具集中实现的，彼此之间几乎不存在任何关联，因而通常需要若干种专门的测量组件。此外，这些工具在很大程度上依赖于网元供应商，而这些网元供应商通常提供捆绑到其产品中的测量代理，这不仅会导致供应商专有解决方案（使网元实现复杂）的出现，还会增加开发成本，拖延网络功能的交付进度。

随着 NFV 和 SDN 的出现，我们有机会对许多此类测量功能进行解耦和虚拟化，并将解耦和虚拟化对网元的影响降至最低。这种解耦的测量功能进而成为以原子组件为实现形式的候选方案。解耦为我们提供了优化测量工具集的机会，且利用同一工具可以对多项功能进行测量。虽然期望将测量特征与网元分离开来，但是识别测量特征是否为解耦候选方案并不总是一件容易的事情。

16.4.1　测量框架的目标

在更新先前测量框架以实现与 NFV/SDN 网络共同使用时，需要满足如下目标。

（1）改善客户服务体验，包括提供特定于客户的报告服务。

（2）履行服务义务，包括：

① 客户的 SLA 合规性监控；

② 履行法定义务；

③ 支持日常业务运营。

（3）帮助减少网络资本支出（CAPEX），包括优化网络容量和提高网络利用率。

（4）帮助减少网络运营支出（OPEX），包括：

① 服务障碍检测；

② 诊断和隔离网络问题。

（5）在采集数据的地方附近提取匿名数据，以降低与传输原始测量数据相关的网络负载。

（6）服务和网络测量数据之间的关联，因而可以自动进行隔离。这使构建匿名数据的目标馈送成为可能，并随后生成关键性能指标（KPI）和其他指标以自动指向网络损害。

（7）将测量网络的影响降到最低（如小于网络带宽的 0.5%）。

（8）实现达成目标所需的测量仪器占地面积最小化。例如，我们可能更愿意使用单个测量流来实现性能和可达性测量目标。

（9）重点监控网络运营商与客户之间的服务边界（即网络边缘），而不是核心网络。

（10）能够灵活制作新的测量签名，以快速验证特定应用流量的客户体验。

（11）快速下载测量数据。需要采用一种或多种标准、可扩展和安全方法将此类数据转发给 ONAP。

（12）采用 NETCONF/YANG、RESTCONF/YANG、APACHE AVRO 或与诸如谷歌远程过程

调用（gRPC，Google Remote Procedure Call）功能等效的协议来完全遵从包括配置和报告在内的新体系结构规范，并充分利用开源软件。

16.4.2　测量框架概述

针对诸如路由或交换数据分组等一组核心功能，可对所部署的网元进行优化。但是，由于各种用户社区（如客户、运营组和网络设计人员）的要求不同，因而需要对特定网元施加额外的测量要求。如图 16.7 所示，内部框中显示的网元重点关注路由数据分组（如作为提供 VPN 服务的一部分），并通过优化来完成该任务。

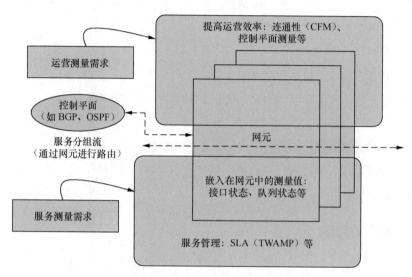

图16.7　嵌入支持测量仪器的网元

为了确保网络符合 SLA 且不存在连接障碍，我们开始在顶部添加服务测量要求，包括在网元中构建发送方和响应方功能仪表之间的双向主动测量协议（TWAMP，Two-Way Active Measurement Protocol）实例，以测量 SLA 合规性。

但是，这仍然不足以监控网络的正常运行，且无法确保网络运营小组拥有合适的信息来诊断网络中的问题，我们将需要用到其他仪器。一些实例将包括使用诸如 IEEE 连接故障监控（CFM，Connectivity Fault Monitoring）之类的协议来测量整个网络连通性的仪器。另一个实例包括用于测量控制平面正常运行（如监控 OSPF 协议公告）的工具。

从上面的实例可以看出，增加与核心功能不存在直接关系的测量工具后，网元将很快变得复杂。就时延部署新功能的时间而言，构建此类附加仪器的成本很高，且通常会使供应商花费多个发布周期才能完全符合附加的测量要求。

当然，我们可以研究与网元配置在同一位置的辅助物理设备，以专门提供附加的测量功能。但是，当网络扩展到包括几十万个此类网元时，迅速部署辅助监控设备变得不可行。

网络转型为通过多种方式来优化此类测量工具的占用空间提供了绝佳的机会。首先，通过将这些测量功能与网元分离开来，我们可以采用一次构建的方法，并在构成网络的无数产品中将其应用于所有应用范式。通过在网络中引入虚拟化技术，我们目前能够以经济高效的方式来解耦此类测量功能，并按需在网络中进行分配。其次，我们可以汇总多种类型的此类解耦测量值，并从单个测量流中推出多个观测值。例如，如果我们要查看"服务测量"，就可以重用 VNF 中部署的单个测量值来测量性能和可达性。通过将分析功能添加到整个解决方案中（如在 ONAP 内），可以支持我们重用所采集的测量数据，从跨网络的多层获取更多与测量相关的信息。

通过这种测量框架的变化，组件级监控将继续提供详细的网元测量功能。但是，其范围已缩小到仅采集与网元功能密切相关且不易分离的本机数据。例如，当路由器在其接口上接收或发送数据分组时，由于各种原因，它必须自始至终地保留该数据分组的计数。我们建议继续在路由器上采集此类本地导出的数据。另一个实例是路由器保存的、与内部数据分组处理有关的错误计数。但是，任何先前已经集成到网元中的综合测量功能都应该解耦并分别实现。

总体测量框架包括以下内容。

（1）组件级测量，重点测量单个网络组件的运行状况。

（2）网络边缘之间的服务和网络测量，包括采用主动、被动和混合技术。

（3）测量仪器编排。

（4）遥测，重点关注远程采集器和中央采集器之间测量数据的高效传输。

这里给出的测量框架可扩展为包括通用框架在内的其他测量准则。我们会在需要时不断评估是否需要将此类新机制包含在内。

16.4.3　组件级测量

组件级测量涵盖特定于网元的测量，并已在第 3 章中进行了详细描述。这一功能通常包括监控 CPU、内存、存储、链路和队列的利用率，监控组件级错误等。

总体方法是通过基于 YANG 模型来实现网元的组件测量，如图 16.8 所示。利用 YANG 模型，用户可以采用诸如命令行界面（CLI）和 SNMP 等传统的技术，将一种相当严格的组件测量解决方案转变为以数据模型为中心的灵活的测量解决方案。YANG 模型不仅涵盖了配置，还包括每种网元支持的各类功能组件运行状态。

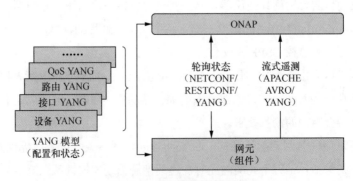

图16.8　组件测量仪器框架

从本质上讲，借助 ONAP，该解决方案可以利用托管网元支持的 YANG 模型来快速理解测量数据的上下文，从而提供适当的分析工具。它拥有接收以模型为中心的数据能力，并采用细粒度发布和订阅流式遥测机制同步（通过 NETCONF 或 RESTCONF 进行轮询 / 响应）或异步方式来接收数据，该解决方案提供了强大的功能自动化引擎，而此类功能主要取决于基于组件的测量值。

正如下面将要介绍的，可将同一模型驱动的测量框架应用于整个解决方案的其他部分，从而为 ONAP 提供一种通用框架，使其可以与所有基于网络的测量工件进行交互。

16.4.4　服务和网络测量

服务和网络路径测量对于整体测量解决方案非常重要。如图 16.9 所示，这些测量值允许网络运营商在将其配置于网络服务边缘时监控 SLA/ 服务级别目标（SLO，Service Level Objective）的合规性。另外，当将测量值配置于诸如 AIC（请参阅第 4 章）等基础设施边缘时，它们有助于测量网络路径的性能。网络路径性能测量值有助于确定影响服务的网络损害，这些损害可能会影响到与遍历公共网络核心的多个服务和客户有关的流量。

16.4.5　将服务和网络路径测量与网元解耦的案例

以往网络运营商依靠网元供应商为服务和基础设施监控提供大量的测量工具。通常，这会导致供应商专有解决方案的出现，并使网元实现方案复杂化。

我们始终面临的一个共同挑战是无法将这种测量功能与网元进行解耦。但是，将这些测量功能与网元解耦确实有若干优点，包括一次性构建网络并在构成该网络的众多产品中广泛应用解耦的能力。通过在网络中引入虚拟化技术，我们目前能够以经济高效的方式来解耦此类测量功能，并按需在网络中进行分配。

但是，应谨慎过渡到解耦程度更高的测量设计方案。以下标准测试将测量解耦功能是否有意义。

（1）测量功能是否得到增强？

（2）网络功能开发的周期是否缩短？

（3）网元和测量功能的开发成本是否降低？

（4）它是否能够提供测量功能的优化机会？

（5）它是否提供归一化测量数据以构建网络通用概览的机会？

（6）它对运营的影响是否最小？

通常，充当服务或网络监控角色的测量功能更能经常性满足解耦标准，同时需要更加仔细地评估用于解耦的组件测量。

我们将本机或嵌入式测量功能（如错误计数、诸如 CPU 和内存利用率等组件级统计信息采集）称为有机功能，以指示与网元的固有耦合。我们将其他测量功能称为无机功能或合成功能，可以将其与网元分离，并与单独的虚拟机（我们称为 SDN-Mon）进行绑定。实例包括诸如 TWAMP、CFM 和控制平面测量等服务和操作测量仪器，如图 16.9 所示。

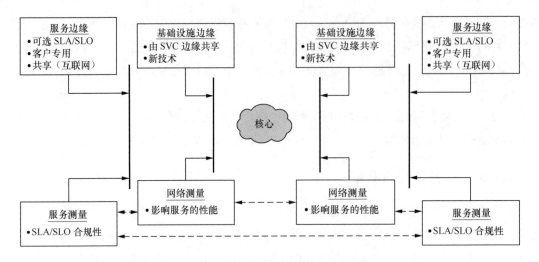

图16.9 服务和网络测量仪表

用于加载到 SDN-Mon 虚拟机的解耦候选采样方案可归纳如下。

（1）采用主动测量技术来对服务性能进行监控。

（2）采用主动测量对服务可达性进行监控。

（3）采用被动观测对控制平面仪器进行监控。

（4）将分析应用于网元生成的原始信息（如数据分组统计信息、流量统计信息），并生成关键性能指标（KPI）。

（5）线路插件（BITW，Bump-In-The-Wire）类监控，用于"嗅探"在网络边缘之间传输的数据分组。

（6）应用于捕获数据分组的深度包检测（DPI，Deep Packet Inspection）技术。

总而言之，将这些测量功能与网元进行解耦，可以考虑将这些功能整合到一台通用 SDN-Mon 虚拟机中。通过消除重叠的功能，整合将有助于优化测量仪器，从而简化整个测量解决方案。此外，这种方法还支持我们从专门从事此类业务的实体采购测量技术，而不是依赖于网元开发人员，后者的首要任务是确保网元首先满足其核心功能定义。

16.5 AT&T 的 SDN-Mon 框架

AT&T 的 SDN-Mon 定义了一种通用框架，该框架支持将所有无机（综合）测量功能与网元解耦，并将它们封装到通用框架中。就 ONAP 而言，这种通用框架与任何其他托管网元并无区别。

SDN-Mon 框架中封装的各种测量功能集在图 16.10 中显示为测量代理。这种测量代理实例包括上面列出的用于服务监控、控制平面监控或数据分组捕获的代理。

测量代理将按如下方式依次通过接口连接到 ONAP。

（1）通过使用基于模型的 NETCONF 或 RESTCONF 北向 API 进行配置。这将包括在特定测量代理的上下文中配置测量结果，以及通过 API 配置测量结果报告。

图16.10　AT&T的SDN–Mon框架

（2）利用基于模型的 NETCONF 或 RESTCONF 北向 API，通过轮询来检索测量结果。此类接口仅限于支持在测量代理处进行少量检索，且在诊断情形中使用该接口。

（3）利用基于模型的 APACHE AVRO API，通过流式遥测接口来检索测量结果。此接口设计用于支持从测量代理那里大批量检索测量结果，并基于发布 / 订阅范式来实现。

（4）SDN 模型提供如下功能。

① 通过配置界面为每个测量代理调度测量结果的能力，以及通过轮询或流式遥测接口调度测量结果报告的能力。

② 将测量代理功能封装在 YANG 模型中的、特定于测量的模型。TWAMP YANG 模型就是这种模型的实例之一。

该框架支持各种 SDN-Mon 功能的灵活部署。例如，在一个实例中，支持捆绑的部署模型，其中整个框架和测量代理将被部署为一个单独的集成组件。在另一个实例中，可以将其部署在分布式模型中，其中通用框架组件将集中进行部署，而测量代理将进行远程部署。在这两种部署方案中，与测量网络有关的总体体验都是相同的。

为了支持测量解决方案的大规模部署，并适应整个解决方案所需的各种测量技术，该解决方案可提供配置和采集测量数据的灵活性，因而在 SDN-Mon 框架的构建过程中采用基于标准的通用方法非常重要。

此类标准的实例之一是互联网工程任务组（IETF）的宽带网性能大规模测量（LMAP，Large-Scale Measurement of Broadband Performance）框架及其相应的 YANG 模型。使用 LMAP，我们将能够为各种测量功能带来配置的通用性，并开发出一种用于调度测量结果报告的通用方法。此外，采用 NETCONF 或 RESTCONF 协议以及基于 YANG 模型的 API 来编排此类测量结果的需求将为 ONAP 提供一种用于配置测量结果的通用方法。

为了采集测量结果，建议采用如下技术来传输符合 YANG 模型的实例化测量结果：

（1）针对基于事务的结果采集：采用 NETCONF 和 RESTCONF 技术；

（2）针对基于流式遥测的结果采集：采用 Apache Foundation 的 AVRO 或诸如 gRPC 等功能等效的规范，以及 JSON 对象有效的负载。

测量代理的其中一个实例是用于实现 TWAMP 的主动性能测量代理，另一个实例是数据分组捕获测量代理。无论哪种情况，采用 LMAP 都会提供一种通用接口和数据模型来配置测量结果，随后对结果进行汇总并将其转发到 ONAP 中。

通过使用通用 SDN-Mon 框架，并能将一组通用接口公开给一组不同的测量代理，AT&T 可以从最佳同类供应商解决方案中选择合适的测量代理仪器。这样就可以最大限度减少并最终消除构建测量供应商专有配置和采集方案的需求。

如前所述，就 ONAP 而言，SDN-Mon 虚拟机看起来与任何其他托管网元非常相似，如图 16.11 所示。

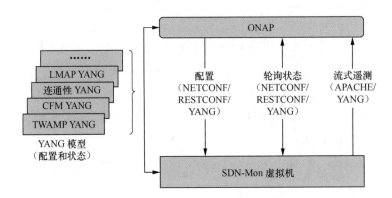

图16.11　通过接口将SDN–Mon框架连接到ONAP

将图 16.11 中的 SDN-Mon 解决方案与图 16.8 中描述的组件测量框架进行比较，可以非常容易地观察到在两种情况下 ONAP 的接口都是相同的。接口方面的唯一区别是 YANG 模型，该模型用于构建通过接口连接到 ONAP 的数据，因为 YANG 模型的列表将取决于托管功能集。

SDN-Mon 框架的网络部署实例

SDN-Mon 可能拥有几种部署方案，但是我们仅选择了其中两种部署方案来说明此框架的实用价值。

图 16.12 说明了用于路径性能测量的 SDN-Mon 虚拟机的两种实现方法，这些方法反过来又可用于 SLA 合规性测量。

（1）SDN-Mon 是通过辅助网元链接实现的服务功能。在这种场景下，SDN-Mon 虚拟机会通过在它们之间遍历相应的网元生成有代表性的测量数据分组流。这一部署场景可用于验证一对通信网元的 SLA 合规性。在过去的实现方案中，人们期望网络嵌入互操作协议以生成此类测量结果，从而使网元开发变得异常复杂。

（2）在靠近网元组的 SDN-Mon 虚拟机之间生成有代表性的测量数据分组流。该部署场景可用于验证位置之间（如两座城市之间）的 SLA 合规性，但并不针对特定网元的任何通信对。在过去的实现方案中，人们期望将每个位置上至少一个网元嵌入生成这种测量结果的可互操作协议，从而使网元开发变得异常复杂。

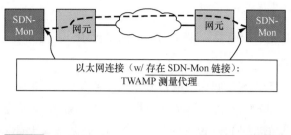

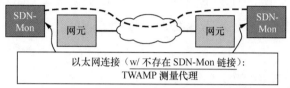

图16.12　SDN-Mon部署场景实例

从上面的实例可以看出，SDN-Mon 支持此类测量功能与网元解耦。SDN-Mon 虚拟机将封装此类测量功能，同时减轻网元实现此类功能的负担，这使网元可以专注于其主要功能。在这种情形中，网元的主要功能是转发数据分组。

16.6　遥测测量

将由 VNF 以及运营、管理和维护（OAM）虚拟机生成的测量消息传输到采集系统并对其进行处理面临着诸多挑战。考虑到通过各种接入技术连接到高速核心网的大规模、地理分布的消息生成者集合，我们研究此类传输设计方案是非常重要的，它们可以确保系统能够对海量信息进行处理，且消息体量会随着时间的推移而快速增加。

可以预期，根据所生成消息的来源和类型，任何实现方案都将在消息量上呈现多样性趋势。为了简化遥测技术的选择，大致可分为如下几类。

（1）小批量消息生产者。此类生产者将包括诸如 SNMP 陷阱和 SYSLOG 等传统警报流，这些警报流会转换为功能等效的消息以实现 SDN。对于任何给定的消息生产者而言，大多数此类消息的速率平均值处在低于千字节 / 秒的范围内。此类消息的另一个特征是，它们通常会在用于定义配置和运行状态的集成网络 YANG 模型中进行识别。在大多数情况下，这组消息也被看作是历史消息，通常是因机上处理而产生的；或者它们本质上是事务性的，充其量只能表示近实时状态。

（2）大批量消息生产者。此类生产者包括诸如匿名流记录等非传统流数据，以及可能用于闭环自动化的其他类型"原始"数据。对于任何给定的生产者，大多数此类消息的速率平均值处于兆字节 / 秒的范围内。通常，这些消息也有望在用于定义配置和运行状态的集成网络 YANG 模型中进行识别，且其格式与某些 YANG 模型定义的格式相同。我们可以将这组消息认为是实时的，或者在最坏的情况下接近实时，因而将它们及时传送给目标变得非常重要。

牢记以上注意事项，为遥测规定了以下选择。

（1）对于传统小批量消息生产者而言，推荐采用 NETCONF/YANG 或 RESTCONF/YANG。

（2）对于与诊断相关的小批量一次性消息生产者而言，推荐采用 NETCONF/YANG 或

RESTCONF/YANG。

（3）对于大批量消息生产者而言，推荐采用 Apache AVRO 或诸如带有 JSON 对象有效负载的 gRPC 等功能等效的协议。

可以预见，随着时间的推移，我们可能会选择一种解决方案来满足所有遥测需求，但是鉴于这些技术的新颖性，以上 3 种选择支持我们获得将每个消息域发展为成熟域的灵活性。虽然可以优先选择遥测解决方案，但要使这种解决方案完全合格，还需要做大量工作。随着运营经验越来越丰富，人们可以期望在这一领域进行深度研究和完善。

16.7 NFV 数据和测量

在讨论 NFV 测量之前，作为背景知识，我们首先回顾一下由 ITU-T 定义的用于管理通信网络中开放系统的电信管理网（TMN，Telecommunications Management Network）模型所定义的传统网络中的网络服务测量生命周期。电信管理网是 *ITU-T Recommendation series M.3000* 中的一部分。

服务网络管理分为 5 个功能区域，我们称之为 FCAPS（Fault，Configuration，Accounting，Performance and Security，故障、配置、计费、性能和安全）：

（1）故障管理——检测并通知网元发生的故障。

（2）配置管理——公开配置、清单和软件属性。

（3）计费管理——采集所有网元资源的使用情况信息。

（4）性能管理——在服务和网络级别监控和报告性能测量结果。

（5）安全管理——保护和授权对网络设备、资源和服务的访问。

然后，将每个功能区域集成到分层架构中，并在网元层（NEL，Network Element Layer）和网元管理层（EML，Element Management Layer）公开测量结果。

（1）网元层定义了网元接口，该接口用于对设备仪器的功能进行实例化。

（2）网元管理层以单个或组的形式为网元提供管理功能。它还支持对 NEL 提供的功能进行抽象。实例包括出于计费目的的采集统计数据，以及记录事件通知和性能统计信息。

16.7.1 NFV 数据模型

NFV 数据模型已经展开并抽象了原始的传统网络服务数据模型。此外，由于当前有一种用于负责 NFV 管理的统一的管理系统（ONAP），因而它使 NFV 数据模型独立于 EMS。

NFV 模型应与传统网络服务数据模型保持一致，并在需要时对其进行增强。它依赖于来自本机云基础设施的遥测数据和特定于有机 VNF 的测量结果。vProbe（无源和有源）在需要时会进一步增强 NFV 测量功能。

16.7.2 NFV 基础设施遥测数据模型

NFV 基础设施遥测数据表示基础设施级基线资源消耗的事件通知，它通常包括以下内容。

（1）计算、内存和存储遥测数据监控器（CPU 利用率、内存利用率、磁盘 I/O 运转率等）。

（2）网络接口监控器统计信息（字节、数据分组、速率、错误、分组丢失、时延、抖动）——有些测量结果可能通过本地遥测服务（OpenStack Ceilometer）可用，而另一些测量结果则可能必须通过 SDN 控制器或底层网络交换机进行采集。

（3）本机和虚拟机管理程序日志、事件和警报数据。

每个本机云环境都将定义自己用于公开本机遥测数据的遥测服务。通常情况下，由于 AIC 基于 OpenStack 和 KVM 构建（请参阅第 4 章），因而 Ceilometer 支持遥测服务。

1.　OpenStack 遥测服务：Ceilometer

Ceilometer[1] 是 OpenStack 遥测数据采集服务的一种开源组件，该组件提供了在所有当前 OpenStack 核心组件中对数据进行标准化和转换的功能。其数据可用于在所有 OpenStack 核心组件中提供资源跟踪、容量规划 / 管理和警报功能。

Ceilometer 项目于 2012 年启动，其最初目标是支持分析引擎来使用这种单一来源将事件转换为可计费的使用记录，并将该记录标记为"计量"。随着项目的快速进展，并开始在多个项目中采集越来越多的计量数据，OpenStack 社区开始意识到可以将次要目标添加到 Ceilometer 项目中，项目旨在提供采集测量结果的标准方法，而不考虑采集的用途，如图 16.13 所示。

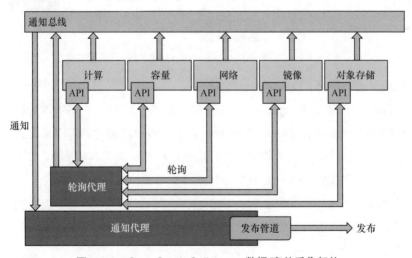

图16.13　OpenStack Ceilometer数据/事件采集架构

图 16.13 描述了采集器和代理如何从多个来源采集数据。Ceilometer 项目创建了以下两种采集数据的方法。

（1）总线侦听器代理，它接收在通知总线上生成的事件并将其转换为 Ceilometer 测量样本。

（2）轮询代理，轮询某些 API 或其他工具以定期采集信息；由于轮询方法可能会加重 API 服务的负载，因而它不是首选方法。

---

[1]　Ceilometer6.1.1文档，OpenStack基金会，更新版本，2016年7月4日。

Ceilometer 通知代理支持第一种方法，该代理监控消息队列中的通知。可以将轮询代理配置为轮询本地管理程序或远程 API[服务和主机级 SNMP/ 互联网协议多播倡议（IPMI，Internet Protocol Multicast Initiative）守护程序公开的公共 REST API]。

Ceilometer 监控器测量样本可以发布给多个采集器。即将发布的启用 Ceilometer 数据支持的当前功能包括：

（1）通知程序，基于通知的发布程序，它将测量样本推送到消息队列，该消息队列可由采集器或外部系统使用；

（2）UDP，它使用 UDP 数据分组来发布样本；

（3）HTTP，它以 REST 接口为目标；

（4）Kafka，它将数据发布到 Kafka 消息队列中，以供任何支持 Kafka 的系统使用。

可以通过 REST API 来访问由轮询和通知代理采集的数据，如图 16.14 所示。

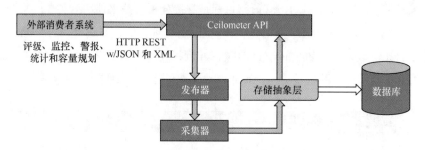

图16.14 OpenStack Ceilometer数据/事件记录架构

2. OpenStack 遥测服务：Ceilometer 实例

可以将 Ceilometer 配置为从 OpenStack 服务和虚拟机监控程序 / 虚拟化层采集测量值。图 16.15 给出了 NFV 堆栈中的 OpenStack Ceilometer 配置。多租户运营的关键问题之一是超额预订诸如 CPU、内存、内存总线和 I/O 等物理资源。监控超额预订水平非常重要，而 Ceilometer 可以为监控提供相应的测量数据。监控 AIC 性能和容量计算资源须配置的要素如下。

（1）CPU 计数器。

（2）内存使用和分配计数器。

（3）磁盘 I/O 计数器。

（4）网络 I/O（因虚拟机争用的存在，因而网络 I/O 通常不是瓶颈，但可用于检查是否为虚拟机成功建立了网络接口）。Ceilometer 在 SDN 本地控制器中拥有插件，以监控租户之间的东西向流量。

（5）由于提供了对 Linux SYSSTAT 实用程序（也用于 Nagios 监控）和 KVM/Quick EMUlator（QEMU）虚拟机管理程序的支持，因而可以添加其他测量结果。

下面将描述一个与 CPU 计数器和内存计数器有关的具体实例，见表 16.1 和表 16.2。

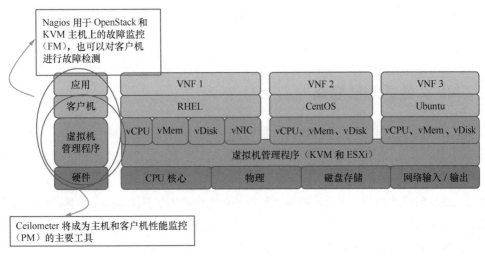

图16.15　NFV堆栈中的OpenStack Ceilometer配置

表16.1　Ceilometer CPU计数器

测量描述	级别	OpenStack Ceilometer 参数
虚拟机已准备就绪但无法安排在物理 CPU 上运行的总时间 [a]	虚拟机级	CPU 消耗时间（ms）
主机的活动 CPU 比率占总可用 CPU 的百分比。活动 CPU 大约等于已用 CPU 与可用 CPU 之比（是主机视图而不是客户机视图）[a]	主机级，按每台虚拟机进行测量	Libvirt 和 HyperV 中的 cpu-util
与 vCPU 使用率的关系：		
虚拟 CPU 使用率 =（大约）使用频率（MHz）（虚拟 CPU 数量 × 核心频率）		

注：[a] 截至 2016 年 7 月 14 日，该测量结果已通过 Xen 虚拟机管理程序的认证。

表16.2　Ceilometer内存计数器

测量描述	级别	OpenStack Ceilometer 参数	单位
虚拟机内核根据最近访问的内存页面来估算已启动虚拟机在用的所有物理内存量	虚拟机层	不适用	kB
已启动虚拟机为客户机内存消耗的所有物理内存量（该虚拟机在主机上使用的机器内存量）	虚拟机级	Libvirt 中的 memory.resident 和 memory.usage	kB
虚拟机内核将当前的客户机物理内存量换出到虚拟机的交换文件中	虚拟机级	不适用	kB
虚拟机内存控制驱动程序（vmmemctl）分配的内存量。当前通过虚拟机从虚拟机回收的客户机物理内存量	虚拟机级	不适用	kB
分配给已用虚拟机且高于预留量的所有机器内存之和	虚拟机级	不适用	kB

上面的计数器可用于监控 OpenStack 租户的物理资源消耗水平，而分析则可以揭示何时超量预订会导致性能恶化。

16.8 NFV 数据测量框架

在 AT&T 的愿景中，虚拟化网络功能有望以一种高度动态的方式进行实例化，这需要能够对虚拟化资源以及最终用户事务中可采取行动的事件提供实时响应。NFV 生命周期管理（包括实例化、横向扩展/纵向扩展、性能测量、事件关联、终止、重新启动等）要求在租户级和基础设施级进行细粒度和精确的测量。运营商需要一种被动和主动的测量框架，以从多供应商动态虚拟化基础设施中采集关键性能、使用情况、遥测和事件，从而计算各种分析并根据观察到的异常或重大事件采取适当的措施来做出响应。

16.8.1 NFV 有机数据测量模型

对于网络运营商来说，为了实现 NFV 的全部优势，能够对 VNF 生命周期自动进行管理非常重要。ONAP 编排解决了 VNF 生命周期的各种问题，如实例化、弹性扩展、服务保证、从资源故障中自动恢复和资源分配等。因此，VNF 需要配备符合标准的功能以实现自动化测量。VNF 必须为 ONAP 提供兼容性接口来执行数据采集和事件通知。当前选项是 JSON 模式和 REST API。AT&T 不使用 SNMP、CLI 和 EMS，以确保供应商独立。

虚拟网络中的端到端服务可靠性和可用性将在很大程度上取决于近实时地监控和管理 VNF 行为的能力，而不是依赖于网元的可靠性和可用性。ONAP 平台将使用这些资源提供的功能对 VNF 性能进行监控，以主动预测潜在问题，并通过采取适当的措施（如重新启动资源或提供额外容量）自动解决这些问题。这意味着，需要 VNF 开发人员提供丰富的监控和警报功能集，来为近实时监控和主动解决问题提供便利。

需要 VNF 以实时和近实时流提供如下网络数据。

（1）符合已定义标准的故障警报和事件格式。

（2）事件（即主机/客户配置更改等）。

（3）性能管理数据（即应用 KPI）。

（4）使用情况数据（即呼叫详细记录）。

（5）按需访问其他详细跟踪和故障排除数据。

16.8.2 vProbe 被动测量数据模型

传统网络中的被动探针监控需要一种设备，该设备可以镜像特定服务网络接口以捕获网络数据分组，来进行特定于服务的分析。被动网络监控可以采集数据分组并将其关联为丰富的事务记录。虚拟化使传统物理探针变得过时。用于被动探测的 NFV 方法将物理探针转换为虚拟探针（vProbe）网络功能，该功能将与目标服务 VNF 共同存在，并在共享 vSwitch 上使用数据分组镜像。

由于固有效率低和成本高，为了实现消除在网络中各点进行基于被动探针的监控目标，VNF本机应该提供增强工具，以支持被动测量（如会话分析），从而实现 VF 和网络的详细视图。在VNF 接口上部署被动 vProbe 的情况下，它将支持如下测量。

（1）可配置时间间隔的详细 VNF 事务记录（流记录、会话记录、交易记录等）。

（2）VF 处理的控制平面消息流。

（3）用户平面流（可以采用灵活配置的方式，如 IP、时间间隔等）。

可以对上述原始测量结果进行深度处理、汇总和分析，以生成若干项重要指标。这些指标和相关基础数据向网络运营商开放，以协助实现网络规划、工程设计和故障排除服务。vProbe 支持的一些常见测量和功能包括：

（1）网元的当前容量和底层网络的容量；

（2）诸如吞吐量、时延、误差等 KPI；

（3）通过协议和方向来描述事务数量及其分布的统计信息；

（4）具有可视化访问的追溯功能，以找出网络中问题和故障的根本原因。

传统做法是，被动探测得到的数据已广泛用于第 3 层或第 4 层，以支持其排除故障、避免网络拥塞、消除技术瓶颈。

与 VNF 中的情形一样，通过使用 Heat 编排模板，可以推动 vProbe 的编排部署。一旦完成部署，vProbe 将由服务编排器通过 API 进行控制，且报告的所有测量结果均通过 ONAP 进行采集。此外，vProbe 应当生成自我监控的统计信息，以实现灵活编排，确保运行状态正常，并提升系统性能。

16.8.3　vProbe 主动测量数据模型

主动探针监控是一种测量过程，它将合成事务输入系统或网络中，并监控事务的流量以检测异常，或测量可用于 SLA 报告的特定性能或可用性。这对于简单连通性测试或性能测试是非常有用的。例如，对通过覆盖 SDN 本地控制器和 Leaf-Spine 底层网络连接、在同一云区域中运行的两台主机之间的时延进行计时，以及更为复杂的分析任务，如采集测量结果以验证 QoS 和是否满足可用性目标。

云环境中的 NFV 实现方案通常会遇到性能下降或故障（称为灰色故障）等问题。在这种情况下，传统的被动测量无法检测到该问题，或者软件组件无法正确报告故障情况。这些"灰色"故障可能会导致网络中断或资源链接丢失、特权丢失等，从而在没有提示的情况下影响到 NFV租户。充当租户并生成合成心跳的主动探针，在心跳受损时会发出警报，支持操作员主动获取与租户影响相关的通知。

与 VNF 中的情形一样，通过使用 Heat 编排模板、主动探针的配置以及探针心跳频率的配置来推动 vProbe 的编排部署，这些都可以使用集中式管理功能进行管理。一旦完成部署，主动vProbe 将由服务编排器通过 API 进行控制，且报告的所有测量结果和警报均通过 ONAP 进行采集。

16.9　VNF 报告指标

VNF 开发人员负责报告和记录与 VNF 事务有关的关键测量结果，以及警报、资源利用率、性能和可用性等关键事件通知。VNF 事务记录可以采用传统会话的详细记录或其他标准化形式。通常，事件报告有望采用标准化协议和流事件形式来执行。警报也可以采取操作人员可编程阈值交叉警报的形式。

16.9.1　VNF 资源消耗和运营指标

服务提供商定义并使用关键能力指标（KCI，Key Capacity Indicator）来评估 VNF 的负载和规模概况，并监控系统运行状况和单位成本。通过严谨的容量规划和管理优化实践来对指标进行优化，这些实践通常使用 NFV 环境中的闭环机制来实现自动化。

用于优化资源消耗和性能的 KCI 实例包括：

（1）CPU 利用率；

（2）内存利用率；

（3）存储 I/O 负载；

（4）网络带宽利用率。

实现可预测性能和最优单位成本在本质上是非常复杂的。云环境的动态特性无法为性能和资源消耗提供实时的硬保证。在资源可用性的可预测性与最佳资源分配之间通常要进行权衡取舍。在传统单租户架构和设计中，趋势和概要分析可用于分配资源。当将其他维度放入总体租户行为和单个租户行为预测中时，多租户环境中的问题将会变得更加棘手。运营商的责任是为所有租户分配足够的资源并设计合理的容量，同时还要确保资源利用得到优化。

超额预定资源是一项重要的运营管理实践。超额预订实践取决于订户所采取的行动以及订户不会同时或始终不在其峰值 SLA 上运行的概率。预测流量分析是优化资源的重要组成部分。通过监控 KPI 和 KCI 来调整超额预订率。

另一项重要的运营实践是实现闭环自动化功能以管理 VNF 和相关资源。闭环运营指标可用于测量和报告 VNF 生命周期管理自动化事件。AT&T 已在 ONAP 中实现了闭环运营，用于报告这些闭环事件的有效性（如检测到虚拟机中断和虚拟机重新启动的时延）的指标对于运营记分卡来说非常重要。

闭环事件指标包括目标生命周期管理的频率、时延和成功率的测量结果。这些指标可以用作运行状况和资源消耗指标（诸如 VNF 自动重启等闭环事件发生的频率的增加，可以作为表示 VNF 弹性风险或资源瓶颈的指标）。

16.9.2　VNF SLA 和 KPI

通常，SLA 指定 KPI 的目标，而 VNF 实现方案需要满足这些目标。SLA 由用户期望确定，且在某些情况下，由合同或法规约束条件来决定。VNF 的典型 KPI 包括：

（1）时延；

（2）可用性；

（3）完成率；

（4）缺陷率。

需要时延范围以确保应用事务流能够及时完成。应用层时延约束条件取决于预期响应时间的协议范围。需要将支持未确认事务重试的协议视为 VNF 时延范围的一部分。

可用性是基于时间的指标，它表示 VNF 正常运行时间所占的百分比。停机时间用于衡量 VNF 的不可用时间，通常以秒、分钟或小时为单位来表示。

完成率用于衡量通过 VNF 事务成功实现的比率，而事务与 VNF 应用相关。

缺陷指未成功的 VNF 事务，换句话说，是指未按预期完成的 VNF 事务。缺陷以绝对计数和比率来进行衡量。系统（用于处理大量事务）缺陷的标准表示方法是使用百万缺陷率（DPM，Defect Per Million）事务。

16.9.3　VNF 弹性报告

对于服务运营商而言，衡量 VNF 弹性的能力并评估云平台适应和恢复任何中断的能力至关重要。由于每个 VNF 都有可能不同的可用性目标，因此，其基础弹性设计也可能会有所不同。有若干个可以通过测量来评估的弹性行为特征，如下。

（1）无缝性。测量服务的连续性或无缝性需要在 VNF 受损时测量对最终用户的影响。可将服务连续性目标定义为即使当异常事件发生时也不会中断的用户体验。如果在 VNF 损害（包括故障事件、检测和故障转移恢复）持续期间用户感知不到其存在，则可以将其表征为无缝服务连续性。

（2）健壮性。可以通过评估基础设施中额外容量的可用性和更为广泛的可访问资源来实现对健壮性的测量。拓扑透明性有助于提高弹性，拓扑约束条件越少，对可用资源的限制就越少，从而将物理故障以及电力或网络中断的影响降至最低。

（3）均匀度。测量均匀度需要对性能进行分布式测量，并在不同云区域和位置之间对 VNF 性能进行比较。当某项服务由分布在多个虚拟机和多个位置上的多个 VNF 提供时，对这些 VNF 的服务请求可能出现不平衡，并会导致资源约束条件不断发生变化。通过确保服务请求进行分发并实现负载均衡，可以实现统一的性能。这样做可以降低资源稀缺带来的风险，从而提高 VNF 的弹性。

虚拟功能的弹性涵盖了可靠性和性能。VNF 弹性的典型可靠性测量指标包括：

（1）可用性；

（2）缺陷数；

（3）DPM；

（4）完成率；

（5）时延。

测量结果必须获取所提供的事务、成功完成的事务以及未成功完成或有缺陷的事务。缺陷事务的分类可能包括在一定时间内未完成的事务。

针对基于时间的可用性测量结果，可以使用 VNF 响应的心跳或轻型有源探针来确定 VNF 的运行状况。需要一种控制器机制来确定应当多久发送一次探针，以及出现多少个未答复的探针时即可确定 VNF 是否可用。此外，还需要一种控制器机制来确定 VNF 状态所需的已确认探针的频率和数量。

ONAP 数据采集和分析引擎提供了用于报告 VF 可靠性 KPI 的机制。此外，其他运营支撑系统可以从 ONAP 提供的公共数据存储中检索数据。

16.10　VNF 扩展测量

采用 NFV 的主要好处之一是它具备通过扩展其底层云资源来适应可变工作负载的能力。VNF 扩展可在水平或垂直方向完成。水平扩展也称为向左 / 向右扩展，它添加一组新资源（虚拟服务器、存储和网络带宽）或删除一组现有资源，以适应工作负载的变化。另外，垂直扩展（也称为向上 / 向下扩展）会增加或减少分配给现有虚拟实例的资源量。例如，为已经在运行的虚拟机分配更多 / 更少的物理 CPU 或内存。虽然有这两种机制可以完成 VNF 扩展，但是大多数云提供商仅支持水平扩展，因为大多数常见的操作系统如果不重新启动，就不支持垂直扩展。

16.10.1　NFV 服务自动扩展

自动扩展旨在以自动化方式动态地调整云资源来适应各种工作负载。在自动扩展中，当满足使用监控的 VNF KPI 来定义的扩展规则 / 策略集时，VNF 管理器会监控 VNF KPI 并触发 VNF 扩展。存在可用于 VNF 扩展触发的若干类 KPI。下面列出一些实例：

（1）VNF 的工作负载（如 LTE 服务的活跃订户总数）；

（2）资源利用率（如 CPU、内存、磁盘 I/O 和网络 I/O 使用率）；

（3）VNF 性能指标（如吞吐量、时延）；

（4）特定于 VNF 的指标（如队列长度）；

（5）来自 VNF、虚拟基础设施管理器（VIM）和 EMS 的各种事件。

基于上述扩展触发指标，可以采用不同的技术来构建自动扩展机制。下面是自动扩展技术的分类，共分为五组：

（1）基于阈值的规则；

（2）强化学习；

（3）排队论；

（4）控制论；

（5）时间序列分析。

自动扩展机制的最终目标是实现 VNF 资源消耗最小化，同时确保 VNF 性能高于目标水平。因此，有效且高效的自动扩展机制应在理解自动扩展指标和技术对 VNF 性能和资源消耗的影响后，做出明智的选择。具体来说，过度配置资源、提前开始横向扩展和过晚开始纵向扩展可能会导致资源浪费，而资源配置不足、提前开始纵向扩展和过晚开始横向扩展可能会导致性能下降。同时，自动扩展机制还需要考虑影响等待时间的各种因素以完成 VNF 扩展的执行，如引入自动扩展触发的时间、检测到自动扩展触发的时间、创建 / 删除所需资源的时间、对于新的 / 已删除的虚拟机的开始 / 停止运行的时间。此外，应谨慎使用冷却间隔，避免振荡效应，即过于频繁地执行扩展操作——因为该间隔不允许执行额外的自动扩展。

16.10.2　扩展触发器

VNF 扩展拥有多种类型，具体取决于扩展触发器和发出扩展请求的方式。ETSI GS NVF SW 001 确定了以下 3 种 VNF 扩展模型：

（1）自动扩展；

（2）按需扩展；

（3）手动触发扩展。

在自动扩展模型中，VNF 管理器和 NFV 编排器监控 VNF KPI，并发出触发扩展请求。而在按需扩展模型中，VNF 监控其组件（VNF）的 KPI，并将扩展请求发送到 VNF 管理器。在手动触发扩展模型中，来自 OSS/BSS 的操作人员基于对 VNF 上负载增加 / 减小的观测值 / 期望值来触发扩展。

16.10.3　横向扩展：说明性实例

下面描述横向扩展的说明性实例。想象一下，运行 VNF 和 VNF 管理器（用于监控 VNF 资源消耗，即 CPU 和网络 I/O 的使用情况）的虚拟机可实现 VNF 的自动扩展。当前，虚拟机在如下级别上使用其资源：CPU 使用率 =45%，内存使用率 =32%，网络使用速率 =484 kbit/s。VNF 的负载不断增加，导致如下虚拟机的资源消耗：CPU 使用率 =75%，内存使用率 =51%，网络使用速率 =806 kbit/s。此时，VNF 管理器观察到虚拟机的 CPU 使用率达到了横向扩展的 CPU 使用率阈值（75%）。这使 VNF 管理器向 NFV 编排器发出请求，用于触发 VNF 横向扩展操作。然后，NFV 编排器和云基础设施管理器将新的虚拟机和负载均衡器分配给 VNF。新的虚拟机和 VNF 的负载均衡器成功创建并正常运行后，负载均衡器将增加的 VNF 负载有效分配到两台虚拟机之间。

16.11　VNF 效率测量和 KCI 报告

将网络功能从物理网元迁移到虚拟化云环境是一个复杂的过程，而评估迁移后的功能是否遵守本机云原则对运营商而言是一项关键任务。简单移植和虚拟化网络功能可能无法优化资源消耗和工作负载的性能。

影响虚拟化云环境中网络功能的已知开销有以下几种，我们需要对这些开销进行评估和量化。

（1）虚拟化开销；

（2）系统管理程序开销；

（3）叠加网虚拟路径开销。

此外，还有一些影响 VNF 资源消耗和性能的 VNF 设计选择，包括如下几个方面的权衡取舍：

（1）使用非均衡存储器访问（NUMA）；

（2）用户空间和内核空间之间的上下文切换；

（3）中断驱动与轮询。

可以将 VNF 效率定义为与受控实验室测试中的性能相比，VNF 如何高效处理所提供生产负载的指标。假设生产中每种资源的利用率随着负载的变化而变化，一种计算方法是确定所提供负载与虚拟机资源利用率的比率。如果该比率与实验室中的基准比率相同，则将效率视为 100%。如果该比率小于实验室基准比率，则效率低于 100%，并被认为性能已降级。如果该比率高于实验室基准比率，则效率会高于 100%，且性能会比预期的好。

计算效率指标的目标是多重的：

（1）对不同供应商之间的网络功能虚拟化实现方案进行比较；

（2）制定成本优化的建议；

（3）预测不同工作负载条件下的资源消耗；

（4）确定云基础设施和 VNF 设计中的区域，以进行性能优化。

测量生产中的 VNF 效率需要一些先决条件，主要包括：

（1）将 VNF 分解为工作负载（数据平面、控制平面、信号处理和存储）；

（2）确定每个工作负载的流量模型和性能指标；

（3）基准效率确定了受控实验室环境中每个 VNF 工作负载及其定义的流量模型的性能指标。

VNF 效率可以根据实现它的虚拟机效率来计算。虚拟机工作效率的平均值／最大值／最小值将用于定义 VNF 的效率。

16.12　最佳配置和规模调整的 VNF 测量

通常将虚拟化网络功能实现为单台虚拟机或可重用组件的分解组，并将每个组件都实现为虚拟机。在云计算模型中，资源是在虚拟机级进行抽象的——这种抽象确保了 VNF 的有限控制权，即它能确定将虚拟机配置在哪台特定主机处，以及将何种虚拟机与 VNF 配置在同一位置。

AT&T 的 VNF 指导方针指定每个 VNF 必须至少包含以下信息，以支持在虚拟化环境中对 VF 进行实例化：

（1）VF 程序包布局（获取 VF 组件之间的基本网络和应用连接、群集／高可用性设计、每个组件的扩展功能等）；

（2）vCPU、内存／RAM、磁盘；

（3）带宽配置文件；

（4）VF 软件镜像；

（5）多租户 / 单租户；

（6）配置策略和约束条件（包括关联性、反关联性、时延注意事项）、冗余、外部 / 持久存储、虚拟网络接口卡（vNIC）和网络；

（7）供应商关联性或反关联性规则必须与 AT&T 对无单点故障的要求保持一致。

我们将选择把哪些虚拟机配置于云环境或区域中哪台物理机或哪个群集上，并在其上执行的过程称为虚拟机最优配置。需要最优的虚拟机配置方案以实现资源利用率的最大化，这要求将虚拟机配置在指定约束条件内的最小物理主机集上，且开销最小。

通常，将该问题分为两种情况——初始虚拟机配置和未来虚拟机迁移。采用简化形式，可以采用启发式方法解决初始虚拟机配置的问题。然后，可以在初始虚拟机配置完成后，采用机器学习技术来最大限度地减少未来虚拟机的迁移量。下面是一些主要的 VNF 参数和测量值，它们会影响到初始虚拟机配置和未来虚拟机迁移。

（1）通过最大限度地降低物理主机（资源）使用数量来实现资源利用率的最大化。

（2）约束条件是以下任意参数的组合，具体取决于 VNF：

① 包括吞吐量、时延等在内的 SLA KPI；

② 单位成本 KCI（CPU、内存、存储和网络带宽）；

③ 用于实现可扩展性和弹性的关联性 / 反关联性规则。例如，可能会要求某个 VNF 的两个组件不能位于同一台主机上和 / 或同一 VNF 的两个实例不能位于同一数据中心或群集中；

④ 实现虚拟机初始配置时间最小化；

⑤ 实现未来虚拟机迁移量最小化。

VNF 可以在任何 AIC Flavor 上实现。AIC Flavor 在提供可消耗资源方面有所不同，如 vCPU 数量、内存大小和磁盘分配等。

最优资源消耗、超额预订和开销最小化可以指导和确定最佳 VNF Flavor 的选择。做出此项选择的主要权衡因素可归纳如下。

（1）较小规模将支持更加精细的设计、更高的资源利用率，从而实现更高的成本利用率和可用性（尤其是对于大量小型 VF 来说）。它可能涉及更多的扩展事件，这些事件可能会导致更高的开销、违反 SLA 以及可能导致收益损失。

（2）较大规模可能会导致资源利用率降低，但扩展事件较少，且对 SLA 的影响可能较小。较大的 VF 可能表示它们的活跃实例较少，因而在发生故障时可靠性偏低。

工作负载特征还可用于确定 VNF VM 的规模。采用此标准的主要权衡因素可归纳如下。

（1）与更易预测的静态工作负载相比，行为达到峰值的动态工作负载可能会导致大规模扩展（并导致高开销事件的出现）。扩展开销取决于工作负载类型。通常，网络和存储密集型工作负载比计算密集型工作负载具有更大的开销。

（2）与增长率缓慢的 VNF 相比，具有较高增长率的小型工作负载将意味着更快地拥有更大的虚拟机。

16.13 有待进一步研究的领域

在本节中，我们确定并介绍一些需要进一步探讨的主题：

（1）优化算法的改进。需要持续优化算法，以在执行速度和提高效率之间进行折中。在这一方面，AT&T 与大学进行合作，并在 2015 年组织了 AT&T SDN 网络设计挑战赛。任务是基于虚拟但客观存在的网络拓扑和流量矩阵，提出一种快速高效的 IP/ 光网络设计和路由算法，并使用集中式 SDN 流量管理功能。来自美国以大学为主的 18 个团队参加了比赛，获奖者是康奈尔大学团队，该团队基于评审标准，充分考虑了执行速度和设计效率。

（2）测量的可扩展性。如果存在 N 个端点，则测量的复杂性为 N^2。当我们将流量从核心到核心转移到边缘到边缘时，复杂性将大大增加，且需要对测量技术进行持续研究。相关功能之一是放大边缘到边缘测量特定方面的能力，这比筛选整个端到端流量的速度要快得多。

（3）SDN 控制器的弹性。通常，SDN 控制器的集中式算法将与路由器使用的分布式算法结合起来使用。重要的是要确保由集中式算法和分布式算法做出的决策是一致的。同样，通常存在多台 SDN 控制器，其中一台 SDN 控制器处于工作状态，而其他 SDN 控制器处于待机模式。确保多台控制器之间的数据同步是非常重要的，一旦活跃 SDN 控制器发生故障，备用 SDN 控制器就可以转变为活跃控制器，并立即开始无缝运行。

致谢

作者衷心地感谢 Soshant Bali、Gagan Choudhury、Kevin D'Souza、Minh Huynh、Carolyn Johnson、Richard Koch、Bala Krishnamurthy、Zhi Li、Ashima Mangla、Kartik Pandit、Donghoon Shin、Simon Tse 和 Kang Xi 对本章内容做出的重要贡献。

第 17 章
向软件转移

托比·福特（Toby Ford）

向软件转移是一种观念转变，会影响到电信运营商运营的各个方面——从雇用的员工、运营效率、创造的内容，到对市场需求的响应速度等。这种转变有可能产生重大影响——缩短实现价值的时间、决策由数据驱动、质量显著提高、运营可预测性提高、运营成本降低。向软件转移所带来的不仅仅是创新和速度。电信运营商看到向软件转移的优势后，便会前所未有地开展共享和协作。

17.1 引言

2011 年，马克·安德森（Marc Andreessen）在题为《软件正在吞噬整个世界》的论文中提出软件正在改变每个行业的事实，与苹果公司的合作关系（暗示了智能手机及其应用的重要性）证明了软件正在改变 AT&T 和威瑞森（Verizon）的原因。当时，对于整个电信行业尤其是 AT&T 公司来说，在它们宣称自己已经转型并在从"转向软件"获益之前还有很长的路要走。安德森的文章的核心观点——软件正在吞噬整个世界，这也是本章的重点。

如今，在所有电信行业中，都出现了一种新兴观念，即"向软件转移"提供了生成和加速的可能性，而这是缓慢、定制、垂直集成、孤立、厂商驱动、以硬件为中心的方法所无法提供的。以硬件为中心的方法被大量项目和项目经理以及典型"瀑布式"方法所包围，基于需要花费多年时间才能达成共识的标准，且无法保证生存。近年来以软件为中心的方法的推动力是将敏捷方法应用于开发使用当前现代方法构建的新功能，提供如此频繁的变化路径和实现价值的时间，可以将其视为连续、实时的演进。举例来说，许多现代电子商务网站和金融系统每小时动态变化多次，而且往往变化非常大、非常显著，以尽可能快地响应市场。向网络云过渡的目的是为电信行业提供类似的收益。

从专注于手动配置、供应商专有、基于硬件的产品的运营思维方式转变为专注于自动化和开源软件的开发人员思维方式是向网络云转型的重点。一旦软件和开发人员的思维模式确定，就会出现一批有用的技能、技术和文化。UNIX 哲学、敏捷开发方法、用于服务管理的信息技术基础架构库（ITIL，Information Technology Infrastructure Library）标准、软件可重用模板化的"设计模式"、开源许可和社区、应用程序编程接口（API）公开、微服务和 DevOps 都是其中的一些实例。

除了从软件技术和方法中获益之外，开发和培养由第三方开发人员和合作方构成的生态系统（已成功在个人计算机、Web 1.0 和 2.0 以及移动应用中得到证明）是电信行业"向软件转移"的主要目标。开源软件的主要优势在于，可以不受限制地访问软件和其本身拥有协作生态系统。在围绕网络功能虚拟化（NFV）和软件定义网络（SDN）的开源项目中，无论是在范围，还是在取得的成果方面，世界各地的运营实体的参与和加入都是绝无仅有的。

对于电信运营商而言，"向软件转移"可以为运营商带来巨大的优势——在扩展产品和服务以及简化运营等方面可以快速响应市场需求，大大提高灵活性和可扩展性。网络和云提供商已经展示了这种方法如何助力实现超大规模。

虽然当前的电信网络是"软件密集型"的，但它不是"软件中心型"的。"硬件为中心，软件密集型"环境中经常出现的问题可列举如下。

（1）过早的优化。

（2）变更成本高昂——硬件变更比较困难。

（3）软件开发无法定期交付，尤其是在使用瀑布式开发方法时。

（4）孤岛中的开发导致冗余开发——有限的水平平台和模块化思维。

（5）不愿冒险，不愿承担责任。

（6）缺乏模块化和对可组合解决方案的承诺。

（7）财务模型不足且不一致。

（8）倾向于"多就是少"的思维并未认识到简单性的升级扩展问题。

17.2　向软件转移

"向软件转移"基于这样一种观念，即人们可以从不完美的元素中创造出完美的东西。如果该软件是模块化且开放的（所有人都可以进行访问），那么不完美的元素可以随着时间流逝而被人们独立、反复地进行完善。在过去的 60 年里，软件开发本身已经取得了长足的发展。这种演进的基础是技术和构建块的可用性，如图 17.1 所示。

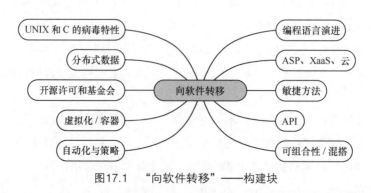

图17.1　"向软件转移"——构建块

促进（并支撑）向"现代"软件转移的技术包括：

（1）UNIX 和 C 的病毒特性；

（2）开源；

（3）Linux 和 Apache 基金会、OpenStack、OpenDaylight（ODL）和 NFV 开放平台（OPNFV）；

（4）脚本和并行编程语言；

（5）敏捷方法和 DevOps；

（6）云；

（7）Web 2.0、API 公开和互操作性；

（8）云原生工作负载：容器、微服务和可组合性。

17.3　UNIX 和 C 的病毒特性

许多关键的软件和标准概念源自 20 世纪 70 年代初期 UNIX 和 C 的发展。考虑到它们的盛行以及诸如 Linux 和 C++ 之类的直系后代盛行，这就引出了一个问题——它们成功的秘诀是什么？除了技术本身以外，围绕该技术的文化和理念是助力 UNIX 和 C 如此普及的原因。它们的寿命和生存能力可以追溯到其病毒特性，尤其是简单性和社区性。

1969 年，AT&T 贝尔实验室的肯·汤普森（Ken Thompson）和丹尼斯·里奇（Dennis Ritchie）发明了 UNIX 和 C。UNIX 和 C 的结合旨在实现简单性，支持多个用户并为开发人员提供舒适的环境，尤其是为开发人员提供社区。如今，可将敏捷重构、并行性和开发人员支持等基本概念看作是从这种方法衍生而来的，并构成了现代软件开发的基础构建块。

AT&T 贝尔实验室的研究员、程序员兼 UNIX 贡献者道格·麦克罗伊（Doug McIllroy）进一步刻画了 UNIX 哲学的主要特征：“这是 UNIX 哲学：编写一劳永逸的程序，编写能够实现协同工作的程序，编写能够处理文本流的程序，因为这是一种通用接口”。UNIX 的核心理念是对工具进行流水线化处理并确保所有此类工具都能充当过滤器，从而带来了诸如可组合性之类的现代概念，并由此促使模块化概念的出现。这些概念进而预示了诸如微服务之类的现代方法，并预示了诸如 RESTful API 和 JSON 之类的程序之间简单清晰的接口，这些程序充当了远程过程调用（RPC）的通用形式。“拥有清晰、简洁接口的简单和模块化”的相同理念已被用作构建更加复杂的系统的基础。

麦克罗伊展示了另一种 UNIX 哲学，“设计和构建软件，甚至是操作系统，都应该尽早进行尝试，最好在几周内进行尝试。请毫不犹豫地丢弃繁重部分并对其进行重构”。快速构建软件原型、尽早交付给客户，在开发人员和客户之间建立尽可能短的反馈环的想法是当今敏捷发布计划的基本宗旨。经常重复的口头禅“尽早发布，经常发布，并倾听客户的反馈”就是结果。

UNIX 的简单性是将诸如兼容分时系统（CTSS，Compatible Time-Sharing System）和 Multics 等传统操作系统整合和“重构”到简化设计的结果中。在许多方面，UNIX 本身体现了安托万·德·圣艾修伯里（Antoine de SaintExupéry）描述的理想概念：“简单是完美的状态，而完美之道，不是增而有益，而是减而有损。”

"重构"的概念是敏捷方法的核心。重构或完善代码使其更稳定的想法来自 UNIX 哲学，同样来自麦克罗伊，他说："真正的编程英雄是编写负面代码的人。"

UNIX 还是多样化社区发展中有意义的第一个实例。引用丹尼斯·里奇（Dennis Ritchie）的名言："我们想要保留的不仅仅是一个能够开展编程的良好编程环境，而是一种社区可以结成伙伴关系的系统……我们从经验中知道，公共计算的本质……由远程访问时间共享系统提供……不仅是将程序键入终端，也不是按键操作……而是鼓励密切合作。"尽管 UNIX 是专有许可软件，且即使存在固有的内部阻力，也无法更加广泛地分发代码，然而最初的开发人员仍在其他电话公司、其他操作系统供应商以及学术界和研究界内部建立了一个社区，尤其是与加州大学伯克利分校计算机系统研究小组建立了合作关系。从 AT&T 贝尔实验室的这一起点出发，可以得到 UNIX 的许多变体，如图 17.2 中的时间表所示。典型的移动设备上的 Android 和 iOS 操作系统分别来自 UNIX 的直系后代 Linux 和 OSX。

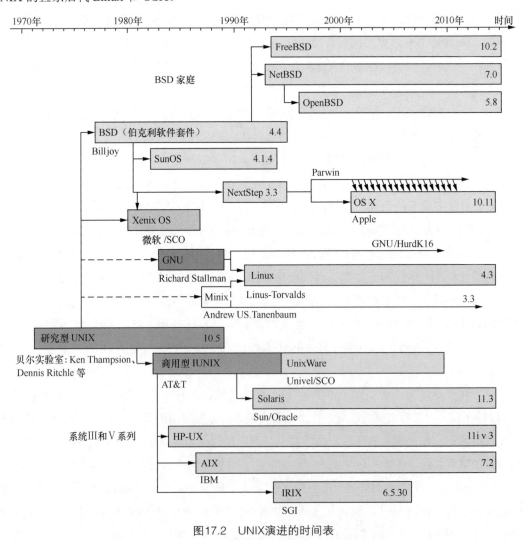

图17.2　UNIX演进的时间表

此外，UNIX 的其他变体以及诸如 GCC 和 LLVM 等 C 编译器演进的悠久历史、UNIX 和 C

的共同特性为许多原始开源工作想法提供了灵感。

17.4　开源

开源的优势显而易见——长期成本更低，知识产权（IP，Intellectual Property）摩擦更少，协作创新增强，生成性创新更多，应用并行需求以减少重复解决问题，了解他人在做什么以及向其他更有能力的开发人员学习。

从开源获取最大价值的总体策略可以归纳为以下三大基本运营宗旨。

（1）消费并从中学习。

（2）通过发现并行需求和协作来贡献和获得帮助。

（3）重构；丢弃一项，然后重新开始。

通常遵循如图 17.3 所示的过程来使用开源。

这种简单的描述显示了开放源代码固有的功能如何支持你在选择可用软件或创建新软件之前，尝试并检查多个软件选项。在你前进的道路上，不存在销售人员或实验室管理者。你可以"自由"开展实验。查找所需功能的开源软件，就像从互联网上进行搜索并从 GitHub 上下载软件一样简单。由于可以对代码进行检查，因而开放源代码提供了从代码中学习的能力——不仅可以了解代码的工作原理，还可以了解代码的发展方式，这是开源代码区别于专有代码的核心理念。开源为开发人员提供了学习他人如何使用和开发软件的机会。鉴于可访问性（尤其是通过诸如 GitHub 之类的社交版本控制系统）可访问任何所需软件功能的多个选项，还可以通过进一步查看开发人员的技能组来区分各种可用软件源。

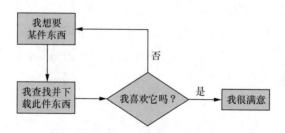

图17.3　最简单形式的开源合作

2005 年，林纳斯·托瓦兹（Linus Torvalds）开发了版本控制软件 Git，以克服当时存在版本控制工具的缺点。它使远程脱机操作在集中式存储库中更加可行，且最重要的是，分支、分叉和合并等烦琐的工作也变得轻而易举。与 Linux 内核类似，Git 属于免费软件。当 GitHub 使用 Git 并向其中添加 Web 2.0/ 社交元素时，GitHub 的革命就开始了。Git 的优势和社交方面的优势结合，使 GitHub 成为事实上的源代码存储库配置位置。GitHub 使分叉变得非常时髦——这是朝着不受阻碍的进程迈出的又一步。

随着软件变得越来越复杂，需要更多手段来推动其发展。当然，对于软件来说，始终需要最初的努力工作来使其可靠性和功能达到可接受的基本水平。从哪里开始，取决于软件的可扩展性和软件功能范围，软件的开发过程可能会持续很长时间。同时，基本功能应该变得越来越稳定——特别是，如果该软件模块化程度足够高，且如果人们遵循 UNIX 格言"一次只做一件事，做到最好"，以及"重构"的敏捷宗旨。

为什么协作在开源中如此重要？特别是考虑到无须做出任何贡献就可以从开源软件中获得价值，直到需要更改某些内容为止。如果更改是以隔离形式进行的，且不需要与他人进行共享，则更改还需要永久进行隔离。因此，首先进行协作，出售其他构成要素（所有者 / 审查者 / 质量保证团队 / 自动化团队），变更需求才有意义。为了进行更改，可能需要引导。因此，跨社区的合作势在必行。这是在开源社区中获得帮助的艺术。

在当今的软件领域中获得帮助还涉及一个关键理念——从能力更强或经验更加丰富的开发人员那里获得帮助。例如，使用 Kubernetes（谷歌从其内部 Borg 工具衍生而来的开源容器集群软件），意味着可以从拥有 10 多年开发经验、世界上分布最广的计算机科学家和开发人员那里获得软件和帮助。

软件的复杂性将增加到需要进行一轮简化或重构的程度。这就是"你应该舍得丢弃"这个说法的来源。改进的方法、编程语言或用于简化软件的全新机制总是存在的。有时需要重新开始从第一个版本中学习，然后将其应用于开发更好的第二个版本。

实例之一就是尝试在 Go 中重写 OpenStack。OpenStack 开发人员社区一直在使用 Python——许多人认为 OpenStack 仅是一个 Python 项目。英特尔组建了一个小组，使用 Go 编程语言在名为 Ciao 的开源项目中编写了 OpenStack 网络和虚拟机管理组件的第二版，并显著改善了这些组件的扩展特性。

知识产权（IP）问题是开放源代码面临的重要问题之一。开源软件是否已获得专利，之后根据专有或开源许可进行发布取决于作者或原创者是否认为许可过程会创造更多的价值，还是取决于公开的生成性效应。一旦决定将软件贡献给开源，重要的是要确定分发软件的开源许可。在开放源代码中，除了发布源代码外，所有开放源代码许可证均将版权授予由原创者发布的软件。每个开源许可都对不同关注点进行了权衡，并尝试建立一个满足许可证颁发者需求的开发社区。某些开源许可制度为下游用户创造了软件"自由"权利的条件，从而导致了"通用公共许可证"（Copyleft）的出现。例如，强大的通用公共许可证优先考虑确保所有下游用户获得源代码的无限制权利和修改软件的权限。相比之下，不设限的许可证仅保证第一代下游用户可以获得许可证权利，且通常可将这些许可证理解为允许下游用户以更严格的条款（包括专有条款和通用公共许可条款）发布修改版本。一些许可证明确授予专利权，以避免用户之间的专利纠纷。

通常，存在 4 种开源许可制度。

（1）学术许可。这是最简单的许可制度，对开源软件下游用户的要求极低，大多数情况下要求归功于原创者，并保留版权声明 [如麻省理工学院（MIT, Massachusetts Institute of Technology）和 BSD 许可]。

（2）不设限的许可。在复杂性方面，这些许可向下游用户提供实质性权利，包括在某些情况下的明确专利权，同时允许所有下游用户使用，包括将开源软件添加到专有产品中。但是，在不设限的许可下，对开源代码的下游用户存在着一定的限制条件。举例来说，如果下游用户以"潜艇"专利（如 Apache 2.0 许可）对软件提出质疑，则终止许可。

（3）弱 Copyleft 许可。开源软件的原创者在此处慎重做出选择，以对其软件进行版权保护，然后根据 Copyleft 对其进行许可。Copyleft 是一种利用版权法来实现培育和鼓励平等、不可剥夺的权利目标的策略，这些权利包括复制、共享、修改和完善作者的原创性工作。下游用户在分发 Copyleft 之前必须满足的条件之一是：此类用户对该软件所做的任何更改同样可在 Copyleft 许可下发布。Copyleft 许可能够确保代码的所有修改版同样不受任何限制，如 Eclipse 和宽松通用公共许可（LGPL，Lesser General Public License）许可。

（4）强 Copyleft 许可。强 Copyleft 许可拥有促进软件共享的重要条件。据说，此类许可可使得软件"永远不受使用限制"。除了具有较弱的版权限制外，强 Copyleft 许可还拥有其他条件，可能会侵犯或共同选择相邻或关联的专有代码，这取决于将 Copyleft 代码与专有代码进行组合或关联的方式。（如 GPLv2 或 GPLv3 许可）。

17.5　Linux 和 Apache 基金会、OpenStack、ODL 以及 OPNFV

最初，开放源代码项目仅涉及少数专业人员，但是这些项目的承诺带来了成功，这促使大公司作为消费者和贡献者参与其中。大公司的参与需要围绕治理结构展开，最终对活动进行合并，制订营销、出售、提供服务、融资、发展该项目的合理预期，并拥有必要的法律保护。在大多数情况下，这些称为"开源基金会"（OSF，Open Source Foundation）的新实体都是非盈利组织（但值得注意的是，Mozilla 基金会与谷歌的搜索引擎合作关系除外）。第一个开源基金会是成立于 1985 年的自由软件基金会（FSF，Free Software Foundation），其目的是支持 GNU 项目及其庞大的开源软件库。最初，GNU 项目软件是要开发自己的操作系统，但最终提供了建立 Linux 操作系统（官方名称为 GNU/Linux）所需的许多软件。

自由软件基金会（FSF）、始于 Apache Web 服务器增长发展起来的阿帕奇软件基金会（ASF，Apache Software Foundation）、围绕 Linux 增长以及 Linux 基金会的协作项目倡议建立的 Linux 基金会，都为最初从事 OpenStack 项目的人们创立一个类似的联合基金会提供了动力。国际商业机器公司（IBM，International Business Machine）、AT&T 和其他实体以及 Rackspace 一起，积极寻求使其成为自己的独立基金会。与其他独立的供应商或较小社区支持的 2012 年解决方案（如 Nimbula、Eucalyptus 和 OpenNebula）相比，OpenStack 在技术方面以及营销和精心策划峰会方面均具有优势。这些替代方案最终消失在 OpenStack 的背景中。OpenStack 的"联合"插件模型利用了 Netscape 和 UNIX 以前所倡导的现象，这一直是 OpenStack 成功的关键。它为拥有专用和开放解决方案的供应商提供了一种在标准基础架构编排框架中进行集成的方式。最后，与传统标准机构不同，OpenStack 提供了一种可以制订事实上"开放"标准的途径，该标准由供应的代码来实现，适用于存储和虚拟机等项目，而专有供应商不希望通过工作来制订相关标准。

与服务器和存储虚拟化领域中的 OpenStack 一样，ODL 项目及其基金会为 SDN 领域提供了同样的"联合"优势。目前，ODL 项目已经建立了一个稳定且不断发展的联盟。ODL 旨在重点关注现有环境和新环境，这是它的主要优势之一。它允许 ODL 用于大量用例集，从配置现有交换机和路由器，到控制基于 OpenROADM 的设备配置，再到对路由和流量的控制。采用类似方式，在虚拟机管理程序数据平面领域，当诸如开放式虚拟交换机（OVS）和 OpenContrail 这样的现有架构没有能力或没有治理模型来完成此项任务时，FD.io 便填补了"联合"的空白。

当欧洲电信标准化协会（ETSI）的 NFV 行业规范组（ISG，Industry Specification Group）完成其第一套 NFV 白皮书时，一群致力于此项工作的参与者提出了创建 NFV 标准开源参考实现方案的想法。基于创建 OpenStack 和 ODL 的经验教训，在 Linux 基金会协作项目工作内成立了一个名为 OPNFV 的开源基金会。OPNFV 旨在定期发布用于实现 NFV 及其相关基础设施的参考平台和参考方法。OPNFV 项目的目标是减少与 NFV 用例记录，创建 NFV 的功能、性能测试标准和工具，集成诸如 OpenStack 和 ODL 等现有软件，填补关键功能缺失的空白，并确保 NFV 需求在上游项目中得到表达和接受代码。这样，可以在各种集成软件中保持一致性和互操作性。

在"向软件转移"的过程中，开源基金会（特别是那些拥有联盟框架的基金会）及其协作生态系统在 NFV 和 SDN 的选用和演进中发挥着不可或缺的作用。

17.6 脚本和并行编程语言

与复杂程序相关的漫长编译时间导致了脚本语言的产生，以及持续构建和测试过程的出现。我们看到了解释型语言的兴起——Perl、Python、PHP 和 Ruby 等。尽管最初被称为"kiddie 脚本"语言，但它们在超大规模系统（Facebook/PHP 和 OpenStack/Python）的部署中的使用有所增加。

随着多处理器和商业集群的规模化发展，对支持并行处理的语言需求导致函数式语言的发展，如为并行编程提供原生支持的 Erlang 以及提供原生和更简单并行编程的 Go。

Go 之所以受欢迎是因为它提供了脚本语言的许多优势、编译语言的性能以及函数式语言的并行性。这导致 Go 在云基础设施以及诸如 Docker 和 CoreOS 等容器管理解决方案上的使用量有了巨大增长。

17.7 敏捷方法和 DevOps

敏捷方法是支持变更的引擎，这种变更非常频繁，以至于本质上可以将其视为持续变更。瀑布式方法首先在计划过程中累积尽可能多的功能（假设发布中所提供的功能是具体的），这意味着规划时间范围更长，且随着市场条件和客户需求的变化存在永久性滑移的风险。

另外，功能越少，发布周期越短，确定发布日期的可能性就越大，随后进行迭代以捕获所需的任何市场变化。具体而频繁的发布日期是敏捷方法的本质。模块化软件架构使在不中断软件系统级性能的情况下，更易于持续提高各个元素的质量。因此，敏捷方法推动了模块化方法的发展。

此外，敏捷方法中的测试要求在编写代码的同时编写测试代码，我们将这一概念称为测试驱动的开发，这样可以确保在所有测试通过后该软件都能稳定发布。这使开发人员可以添加更多功能和新测试。小型迭代和测试的结合促使持续集成 / 持续开发（CI/CD）概念的出现。这些强大的概念使许多电子商务站点和软件即服务（SaaS，Software as a Service）实体能够迅速发展以响应市场和客户需求。毫无疑问相同方法不适用于电信基础设施。

敏捷方法的最后一个特征是，人们意识到，在许多迭代周期之后，需要安排时间来"重构"或清理并处理任何积累的"技术债务"——用于发布或快速解决问题的捷径，但与现有系统的概念完整性不一致，如图 17.4 所示。

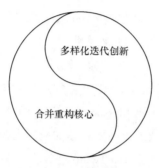

图17.4　敏捷开发的阴阳图

敏捷方法支持持续变化。将诸如全面测试自动化、持续集成（CI）、持续部署和同行评审之类的方法应用于基础设施自动化和编排，正在彻底改变典型网络服务的设计、实现和操作方式。敏捷方法支持小规模团队做更多事情、更快创建，且可以做得更加高效，甚至传统系统管理员或网络管理员所扮演的角色正在迅速发生变化。当将这种敏捷方法应用于称为 X（其中 X 可以代表系统、网络、数据库等）管理员的传统操作角色，并将其与扩展规模所需的必要自动化相结合以支持超大规模部署时，你将得到所谓的 DevOps。DevOps 角色可分为 3 个元学科：策略、可预测性和可扩展性。因此，需要有一种策略引擎、某种类型的一致性检查器以及某种扩展机制（向上扩展和向下扩展）。许多重要的现代创新都涉及这些领域。例如，OpenStack 中针对策略的 Congress 框架（第 7 章对 ONAP 的策略引擎进行了讨论）或与可预测性相关的创新（Chef、Puppet、CFEngine 等），以及用于动态可扩展性的 OpenStack Heat 项目。

17.8　Web 2.0、RESTful API 公开和互操作性

API 是现代软件不可或缺的一部分。API 的使用场景包括：

（1）系统的一部分想要与同一系统的另一部分进行对话；

（2）一个系统想通过网络与另一个系统进行对话；

（3）"客户端"软件（如 Web 浏览器）希望与"服务器"软件（如 Web 服务器）进行对话；

（4）多个"客户"想要订阅服务。

API 的一个有趣用法是它们向外界公开系统的基础数据。例如，当 SaaS 实体——Salesforce.

com 于 2000 年开始提供服务时，他们立即通过公开的超文本传输协议（HTTP）上的可扩展标记语言（XML）API，不仅提供了 Web 表示层，还提供了整个数据库。该 API "公开" 是 "Web API" 使用的第一个实例，最终成为云计算的整体定义。这种 API "公开" 功能使客户和第三方能够在其应用中集成 Salesforce 数据。

通常，API 在技术上很有价值，因为 API 可驱动更多的模块化和可扩展设计。这些设计支持组件互换，从而选出最佳组件。API 还支持在同一数据源上创建多个表示层，从而得到最优表示层。例如，2002 年，当 Amazon 推出亚马逊网站服务（AWS，Amazon Web Service）时，它开始仅支持第三方将其表示层后的 Amazon.com 内容和产品集成到其应用或服务中。在 Web 2.0 时代，"API 混搭" 理念走到了最前沿——应用可能是许多不同 API 的结合体，且这些不同的 API 组合在一起可以生成新事物。例如，人们可以使用 Flickr 的照片 API 和谷歌的地图 API，将它们组合在一起可以生成一种视觉游览应用。

API 如何影响电信行业向软件转移？在 19 世纪后期，电信行业开始向客户和第三方公开 API，以进行短消息服务（SMS，Short Message Service）和多媒体消息服务（MMS，Multimedia Messaging Service）消息传递，并通过第三方构建的应用来控制呼叫。Facebook 是这些 SMS 和 MMS 网关的最大用户之一。例如，当诸如 Twilio 之类的实体提供电话 API 时，移动应用或游戏的应用开发人员就有可能以独特的方式来合并语音通信。

在 NFV/SDN 情境中，API 也很有价值。在 NFV 环境的虚拟基础设施管理（VIM）层中，当 VIM（如 OpenStack 框架）公开 API 时，工作流程自动化的开发人员可以依靠标准配置 API 来创建虚拟机（VM）、块存储，以及用于设置应用或 VNF 的本地网络。NFV 环境中的这种 API 公开可实现网络功能从实例化到扩展、缩放，再到修改和删除等整个生命周期的端到端自动化。在电信行业中，API 的广泛采用增加了一种新型服务。在这种新型服务中，开发人员就是客户。这是生成性创新的一个实例，大量开发人员生态系统可以通过 API 在各种公开服务的基础上构建新的应用和新的混搭。

API "公开" 的难点之一是 API 的变化频率，如何传递变化的消息，公开相同或相似 API 的其他人如何更改或不更改 API。当系统设计人员依赖 API 时，自然希望公开的 API 随时随地保持静态和连续。这注定是标准机构开始出现并试图帮助创建 "可互操作" API 的领域。随着 API 的发展，从 "版本化" API 到自省 API（开发人员可以依靠单个 API 来读取公开 API 的定义），再到希望更改并准备在合理范围内进行相应调整的接口，新技术似乎已在这方面有所帮助。

17.9 云原生工作负载：容器、微服务可组合性

从 1991 年万维网的发明到 1995 年商业浏览器的推出，对第三方 "托管" 客户网站（而不是在内部服务器上进行托管）的需求出现了。很快，出现了许多公告板服务，且互联网服务提供商开始将 "网络托管" 作为一种选择添加进来，使其可以在服务提供商设施中运行客户网站。

1998 年，USinternetworking（USi）通过提供帮助建立托管在其设施、由互联网（或专用连

接）连接起来的企业应用 [客户关系管理（CRM），企业资源计划（ERP, Enterprise Resource Planning)] 而成为第一个应用服务提供商（ASP, Application Service Provider）。同时，USi 也开始为可用性、安全性和过程保证提供服务级别协议（SLA）。这些 SLA 帮助企业克服了将服务移至异地的恐惧。随着时间的推移，ASP 意识到它们的计算资产一直未得到充分利用，而这些资产可以在多租户之间进行共享。VMware 的服务器虚拟化技术使其成为现实。Salesforce.com 将 ASP 的想法又向前再推进一步，它提供了完全托管的 CRM 产品，该产品仅作为多租户网站运行，这被公认为是第一件真正的 SaaS 产品，它实际上是第一种现代"云"服务。

当 Amazon 开始通过公开 API 来提供 Web 服务（AWS）时，云的理念真正兴起。2006 年，在 Amazon.com 数据公开仅几年后，AWS 又添加了其他服务。AWS 公开用于对象存储的简单存储服务（S3, Simple Storage Service）接口不久，用于弹性计算的弹性计算云（EC2, Elastic Compute Cloud）接口——基础设施即服务（IaaS, Infrastructure as a Service）宣告诞生。开发人员可以通过 API 调用轻松启动服务器、新的存储分配、数据库等。多项增强功能（RESTful API、激活 Javascript 等）使 API 得到了广泛使用——这在 Web 2.0 发起阶段起到了重要作用。这允许以弹性方式（向上扩展或向下扩展）提供一种先前无法使用的新型服务组合设计。2008 年，Heroku 进一步推广了这一概念，并发布了第一种真正的平台即服务（PaaS, Platform as a Service）产品，而该产品实际上是在 AWS 之上运行的。

在操作系统中，用于提供将进程和库与其他进程分离开来的独立处理环境概念是一条称为"chroot"的 UNIX 命令，该命令在某个原始防火墙的实现方案中得到了进一步发展。今天，这一概念已经演变为我们所熟知的容器。

随着 API 和容器的引入，微服务开始兴起。它返回到 UNIX 哲学——做些小事情，并拥有清晰的接口。它还引入了先前不可用的下一级模块化和混搭组合性。下一步是云原生应用——从不完善的部分来构建完美的整体。

为什么云、容器和微服务在"向软件转移"的过程中非常重要？

流量激增，加上收入持平或下降，迫使电信运营商开始重新评估网络的设计、部署和运营方式。"向软件转移"推动了如何开发或采购技术以及如何集成到网络等方面的重大变革。云为电信运营商提供了机会，可以利用实时获得的资源来推动资产的充分利用，并形成可组合解决方案。容器提供了服务器虚拟化所不能提供的概念简化和更高的资源利用率，而微服务则代表了　种达到最佳极限的新型应用架构范式。

第 18 章

未来的发展趋势

珍妮弗·罗伯逊（Jenifer Robertson）和克里斯·帕森斯（Chris Parsons）

NFV/SDN 之后的世界是什么样的？捕获、采集和分析数据的技术进步正在迅猛发展，以跟上数据生成的指数级增长速度。这些数据的潜在价值遵循与机器学习（ML）和人工智能（AI）驱动超级自动化、增强操作和交互性相似的指数级增长轨迹。与这种超级自动化结合使用时，SDN 网络的海量数据生成将使网络操作变得不可见。从管理和传输方面最大数量的运营和客户数据的优势出发，这些技术将会展示可以改变行业和经济模式的新信息。

18.1 发展趋势

在全球范围内，企业正在寻求从内部运营以及客户与企业交互中获取大量数据的方法。未来，数据配置文件将变得无处不在，以至于更多公司将在数据经济中进行交易。物联网设备的普及在很大程度上推动了数据生成和存储速度呈指数级增长。到 2020 年底，将有 20 亿～ 500 亿台联网设备，全球流量将超过 2.3 ZB。过去，世界上的数据每世纪翻一番，现在每 2 年便翻一番。数据的这种加速增长已经影响到获取有价值见解的能力，因为可用数据量通常是压倒性的。

随着数据使用量的增长，对安全性、身份管理和隐私的关注也在增加。数据泄露可能性的增加使安全表在端点和移动数据上变得举足轻重。世界经济论坛将网络犯罪列为全球最大的风险。据估计，2014 年出现了 4.3 亿种新型恶意软件，比上一年增长了 40%。一次破坏的平均成本已提高到每次事件 700 万美元或丢失（或被盗的）每条记录价值高达 221 美元。对企业和消费者来说，安全性至关重要。2014 年，美国司法部的互联网犯罪投诉中心记录了 269422 例与网络安全相关的投诉，自 2000 年以来增长了 1500% 以上。消费者隐私和安全问题也已开始影响互联网活动。与 2013 年相比，近一半的消费者更担心隐私，且 74% 的消费者因隐私问题而限制了在线活动。

然而，尽管存在非常实际的安全性和隐私问题，但社区更常被用于从数据中获取更多价值。几乎每个行业都在朝着"开放式创新"的趋势发展。在这种创新模式中，公司与学术机构、研究人员和其他公司合作，有时甚至与竞争对手合作。公司及其生态系统之间的界限变得越来越不可见。例如，Hortonworks 公司和亚利桑那州立大学、贝勒医学院和梅奥诊所已组成一个联盟来定义和开发开源基因组学平台，以加速基于基因组学的精准医学。白宫科学技术政策办公室首席数据科学家帕蒂尔（DJ Patil）表示："开放社区和协作释放数据的力量是解决精准医学等复杂问题的正确方法。这样的计划将打破数据孤岛，并在跨行业开放平台上共享数据，从而加快基于基因组学的研究并最终挽救生命"。

可用数据的剧增也是导致机器学习和人工智能实际应用出现的关键变化之一。可用数据量、用于深层网络的新兴训练技术以及在 PC 和视频游戏机中对神经网络进行建模使用的图形处理单元（GPU），使人工智能有了现在的高速发展。经过大量数据训练后，人工智能技术在目标检测、语音识别和自然语言处理（NLP）等领域呈现出了显著的进步。从本质上讲，机器学习和深度学习（DL）技术被设计为迭代的，通过不断学习并对结果进行优化。人工智能不是基于规则或基于策略的自动化来引导系统迈向下一个最佳步骤，而是基于数据、上下文、模式和结果来提出更加智能的推荐。随着系统的不断迭代，将会采集更多数据，并自动调整算法以最大限度地降低误差。Coursera 创始人吴恩达（Andrew Ng）强调了数据对于这项技术的重要性，他说："不是谁拥有最佳算法，而是谁拥有最多的数据。"

雷·库兹韦尔（Ray Kurzweil）相信，有了这些进步，到 2029 年，我们将达到"奇点"，即人工智能超越人类智慧的时候，这种情况可能会引发许多社会问题。诸如设计人工智能以帮助人类最大化效率而不破坏人的尊严等原则非常重要。人们还形成共识，人类最终应对人工智能的结果负责，这意味着需要对技术使用者进行一定程度的控制。

18.2　域演进

随着时间的推移，趋势和技术发展的融合导致功能发生了重大变化。这些转变对电信网络（平台、产品、流程和人员）产生了广泛影响。参照操作域（D）中的结构变化，图 18.1 记录了从一种环境到另一种环境的演进。

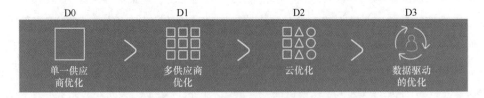

图18.1　域的演进历史

域 0（D0）由针对网络和 IT 环境的单一供应商解决方案驱动，在业界已有 100 多年的历史。通常，功能由单一供应商提供，包含在专有硬件中并对其进行优化。随着时间的推移，通过添加更为复杂的功能，对解决方案进行了优化和改进；这些解决方案是为实现高可用性而设计和实现的。但是，供应商之间缺乏互操作性是阻碍大规模运营的制约因素之一。

域 1（D1）是在多供应商环境中实现优化的演进阶段。跨供应商解决方案的标准化降低了复杂性，推动了更大的规模经济，并实现了互操作性。该规模还生成了大量数据。尽管仅分析了一小部分可用数据，但它为决策提供了有意义的信息。

域 2（D2）是向以云为中心的环境的自然演进，最早出现在 IT 领域，目前出现在网络领域。

该环境中的优化主要以功能抽象为特征，而功能抽象使软件可以掩盖多供应商环境的复杂性。从基于硬件的功能到基于软件的功能（该功能运行于商业云基础设施上）的演进极大地提高了可扩展性和敏捷性。它可以将数据从 D1 中的泛在物理架构中释放出来，通过识别事件和模式并采取基于规则的行动，形成一致的闭环自动化的基础。

域 3（D3）是演进逻辑的下一步，它拥有四大关键趋势：数据生成的步伐不断加快、社区获取有意义洞察的需求、高级安全性和身份管理需求，以及利用人工智能来实现超级自动化。在 D3 中，建立数据和功能社区可以释放内部超级自动化机会，并可以促进跨实体的相关创新。在 D2 中，通过重耕海量数据生成带来的复杂性，可用于驱动智能优化和大规模个性化，从而为跨多个行业的新业务和运营模式铺平了道路。

18.3　网络中的超级自动化

在后 NFV/SDN 世界中，内部数据和功能的社区将在企业内部形成，并使用大量的机器学习使网络操作不可见。前面各章（第 8、9 和 16 章）描述了与软件定义网络相关的机器学习和人工智能关键应用。这些关键应用包括：

（1）自优化网络；

（2）网络安全和威胁分析；

（3）故障管理；

（4）客户体验。

机器学习不是执行反应性分析，而是协助基于时变信号提前准确预测异常或事件。机器学习预测未来几天、几周或几个月内哪些机器可能会出现宕机。当将这些预测结果与其他数据（先前的季节性模式、天气事件、峰值需求行为）结合使用时，人工智能可以解释数据以推荐并自动执行流量路由操作，从而减小对客户的影响。机器学习和人工智能的超级自动化的实例超越了策略或规则，它可以指导系统采取最佳的下一步操作。此外，随着系统不断迭代和采集更多数据，机器学习和人工智能可以从成功和失败中学习，并相应调整其模型，以进一步优化性能。

18.4　企业内部的超级自动化

在 D3 中，企业将通过形成相关数据和功能的社区转变为学习型企业；在流行的机器学习／人工智能环境中，每项社区行动都会提供进一步的训练，从而形成永久性优化环境。例如，现在的呼叫中心每天早上开放，且代理以与前一天相同的方式开始工作。在高度自动化的世界中，前一天接听的 10000 个电话（举例）提高了自动化程度，并会影响到当天的结果。同样，更加智能的销售生成工具将会帮助销售人员更好地了解其受众的需求和偏好。将优化现场技术员的派遣流程，来为距离最近的技术人员发送具有特定作业成功记录的最佳跟踪记录，并将通过数字助理来扩展工作流程本身。数字助理可以基于从所有最佳技术人员身上学习到的 AI 推荐操作来指导技术人员以最高效和最有效的方式完成作业。每个业务部门（社区）每分钟都可以受益，从而可以通过最少的人工操作来实现更加智能的操作。

人类与人工智能之间的"联姻"将驱动知识型员工需要对技能进行不同的优先排序，诸如协作、产生共鸣和创造能力等技能将变得至关重要。这些是机器无法复制的人类技能。人工智能可以丰富和增强这些技能。认知智能和对业务的广泛理解可以指导人工智能使用以结构化方式来解决最大的业务问题，从而实现巨大的价值。由于人类最终必须对人工智能的决策和结果负责，因而判断将变得更加重要。

18.5　跨实体的创新

如前所述，在企业内部建立社区可以释放内部超级自动化机会。随着这些社区扩展到包括对参与有兴趣的供应商、合作伙伴、客户、大学和其他机构，价值创造将呈现指数级跃升。尽管先前的演进状态存在足够的风险以至于这些社区无法获得奖励，但 D3 仍然需要提供一种安全可信的环境来移动或连接数据。在这个即将到来的世界中，成功和价值不再与谁生成数据相关，而与谁有权使用数据以及出于何种目的使用这些数据相关。

结果是，通过打破数据孤岛并混搭各种数据集，以实现更大规模和更高速率的创新。D3 将为人类和企业创建一种以新型开放方式共享数据、访问 AI 并进行协作的方式。在社区创建者控制共享或拥有所有权的情况下，创新将轻松地向内和向外转移。这种开放式创新环境可能会导致新业务模式的出现，它重新定义了创造和获取价值的整个逻辑。支持这种社区学习能力可以极大加快解决难题的速度。这已经在智慧城市中得到实现。虽然处于早期阶段，但是智能城市社区共享数据，从而支持对城市基础设施的智能管理，并利用 AI 来优化公用事业、流量和社区感兴趣的其他各个方面。

威胁分析是展示 D3 功能的另一个领域。例如，网络中的机器学习可以识别两个客户位置之间的流量模式异常，并预测可能存在的安全威胁。这种网络元数据在受保护的信息交换中进行共享，而网络元数据可以与所有可用相关数据组合使用。AI 引擎基于所采集的数据来识别出流量模式与已知解释不相关，并向客户发送网络异常警报，通知潜在威胁。从 AI 引擎那里，客户能够将共享的威胁数据与其内部数据结合起来以确定风险程度，或者可以使用软件定义网络功能授予自动调整网络的权限以降低风险。

18.6　小结

后 NFV/SDN 世界的特点是数据驱动的优化。它通过机器学习和人工采集来重耕海量数据生成的复杂性。数据和功能社区推动了网络和企业内部的超级自动化。网络运营变得不可见，增加的员工经验可提供更好的客户体验。在这种未来的状态下，公司不仅将在其应用、员工和业务部门的内部社区推动数据驱动的优化，还将在供应商、合作伙伴、客户、大学和其他机构之间的关系社区内部推动数据优化。在这种创新的诸多诱人结果中，最主要的也许会是将要崛起的创新型商业模式——完全是价值交换、社会参与和市场观念的新理论。

第 1 章

[1] 800 Service Using SPC Network Capability—Special Issue on Stored Program Controlled Network, Bell System Technical Journal, Volume 61, Number 7, September 1982.

[2] J. Van der Merwe. Dynamic Connectivity Management with an Intelligent Route Service Control Point, Proceedings of the 2006 SIGCOMM Workshop on Internet Network Management. Pisa, Italy, pp. 147–161.

第 3 章

[1] Comer, D. E. 2014. Computer Networks and Internets. Upper Saddle River, New Jersey: Pearson Education,Inc. ISBN: 978-0133587937.

[2] Rosenblum, M. 2004. The Reincarnation of Virtual Machines. ACM Queue. July-August. 2(5): 34-40.

[3] Silberschatz, A. , Galvin, P. B. , and Gange, G. 2012. Operating System Concepts. Hoboken, New Jersey: JohnWiley and Sons.

[4] Smith, P. 2011. Network Resilience: A Systematic Approach. IEEE Communications Magazine. 49(7): 88-97.

[5] Spurgeon, C. E. and Zimmerman, J. 2000. Ethernet: The Definitive Guide: Designing and Managing Local AreaNetworks, 2nd Edition. Sebastopol, California: O'Reily Media.

第 5 章

[1] Choudhury, G. 2004. Models for IP/MPLS Routing Performance: Convergence, Fast Reroute, and QoS Impact. In Performance, Quality of Service and Control of Next-Generation Communications Networks II (Proceedings of SPIE). Philadelphia, PA: SPIE-The International Society for Optical Engineering, pp. 1-10.

[2] Giloth, G. F. 1987. The Evolution of Fault Tolerant Switching Systems in AT&T. In H. K. A. Avizienis (ed.), The Evolution of Fault Tolerant Computing (pp. 37–54). Baden, Austria: Springer-Verlag/Wien.

[3] Hoeflin, D. A. 2005. An Integrated Defect Tracking Model for Product Deployment in Telecom Services. InProceedings of the 10th IEEE Symposium on Computers and Communication (ISCC 2005) (pp. 927-932). IEEE.June 27-30, 2005, Cartagena, Murcua, Spain.

[4] Martersteck, K. E. and Spencer, A. E. Jr. 1985. The 5ESS switching system-Introduction.

AT&T Technical Journal, 64(6), part 2, 1305-1314.

[5] IEEE Computer Society . 2010. IEEE Std. 1044-2099 (Revisions of IEEE Std. 1044-1993) IEEE Standard Classification for Software Anomalies. New York: IEEE Computer Society.

[6] Johnson, C. R. 2004. VoIP Reliability: A Service Provider's Perspective. IEEE Communications, July, pp. 48-54.

[7] Klincewicz, J. G. 2013. Designing an IP Link Topology for a Metro Area Backbone Network. International Journal of Interdisciplinary Telecommunications and Networking, 5(1), 26-42.

[8] Krishnan, K. D. 1994. Unified Models of Survivability for Multi-technology Networks. In Proceedings of ITC 14. New York: Elsevier Science B.V, Volume 1A, pp. 655-665.

[9] Lancaster, W. G. 1986. Carrier Grade: Five Nines, the Myth and the Reality. Pipeline, 3(11), 6.

[10] Lyu, M. R. 1996. Handbook of Software Reliability Engineering. Los Alamitos, CA: IEEE Computer Society Press and McGraw-Hill.

[11] Martersteck, K. E. 1981. The 4ESS System Evolution. Bell System Technical Journal, 60(6), part 2, 1041-1228.

[12] Metz, C. 2002. IP Anycast: Point-to-(any) point Communication. IEEE Internet Computing, 6(2), 94-98.

[13] Musa, J. 1999. Software Reliability Engineering. New York: McGraw-Hill.

[14] Rackspace . 2015. Creating Resilient Architectures on Microsoft Azure. Windcrest, TX: Rackspace.

[15] Ramesh Govindan (Google, USC); Minei Ina , Kallahalla Mahesh , Koley Bikash , Vahdat Amin (Google). 2016. Evolve or Die: High Availability Design Principles Drawn from Google's Network Infrastructure. Proceedings of the 2016 ACM Conference on Special Interest Group on Data Communication, pp. 58-72. August 22-26, Florianopolis, Brazil.

[16] Taylor, M. 2016. Telco-grade Service Availability from an it-grade Cloud. IEEE CQR, May 9-12 (p. 21). Stevenson, WA: IEEE.

[17] Tortorella, M. 2005a. Service Reliability Theory and Engineering, I: Foundations. Quality Technology and Quantitiative Management, 2(1), 1-16.

[18] Tortorella, M. 2005b. Service Reliability Theory and Engineeting, II: Models and Examples. Quality Technology and Quantitative Management, 2(1), 17-37.

[19] Wirth, P. A. 1988. A Unifying Approach to Performance and Reliability Objectives. ITC 12, June 1998. Torino, Italy: International Advisory Council of the International Teletraffic Congress, (Vol 4, pp. 4.2B2.1-4.2B2.7).

[20] Wu, T.-H. 1992. Fiber Network Survivability. Boston, MA: Artech House, Inc.

[21] Zhang, X. 2009. Software Risk Management. In Sherif, M. H. (ed.), Handbook of Enterprise Integration. Boca Raton, FL: CRC Press. Chapter 10, pp. 225-270.86 .

第 6 章

[1] S. Agrawal , V. Narasayya , B. Yang . Integrating Vertical and Horizontal Partitioning into Automated Physical Database Design, Proceedings of the 2004 ACM SIGMOD International Conference on Management of Data, June 13-18, 2004, Paris, France.

第 8 章

[1] Deng, L. Recent Advances in Deep Learning for Speech Recognition at Microsoft, ICASSP 2013—2013 IEEE International Conference on Acoustics, Speech and Signal Processing, May 26–31, Vancouver, BC, Canada.

[2] Desai, A., Nagegowda, K.S., Ninikrishna, T. 2016. A Framework for Integrating IoT and SDN Using Proposed OF-enabled Management Device, 2016 International Conference on Circuit, Power, and Computing Technologies (ICCPCT), March 18–19, Tamilnadu, India.

[3] Gilbert, M., Jana, R., Noel, E., et al. 2016. Control Loop Automation Management Platform, 5th IEEE Global Conference on Signal and Information Processing—IEEE GlobalSip 2016, Washington, DC.

[4] Dean, J., Ghemawat, S. MapReduce: Simplified Data Processing on Large Clusters, OSDI' 04: Sixth Symposium on Operating System Design and Implementation, December 2004.

[5] Lecun, Y., Bengio, Y., Haffner, P. 1998. Gradient based Learning Applied to Document Recognition, Proceedings of the IEEE. 86, 11.

[6] Mitchell, T. 1997. Machine Learning, Mcgraw-Hill Series in Computer Science. McGraw-Hill, Inc. New York, NY.

[7] Minsky, M., Papert, S. 1969. Perceptrons: An Introduction to Computational Geometry, MIT Press, Cambridge, Massachusetts.

[8] Gopalan, R. 2016. Predictive Machine Learning for Software-Defined Networking Applications, AT&T Internal White Paper.

[9] Rahim, M. 1991. Artificial Neural Network for Speech Analysis/Synthesis, Chapman and Hall, Cambridge.

[10] Rumelhart, D.E., Hinton, G.E., Williams, R.J. 1986. Learning Internal Representations by Error Propagation, MIT Press, Cambridge, Massachusetts.

[11] Shannon, C.E. 1948. A Mathematical Theory of Communication, Bell Systems Technical Journal, 27, 3, 379–423.

[12] Wang, J.L., Li, H., Wang, Q. 2010. Research on ISO 8000 Series Standards for Data Quality, Standard Science, 12, pp. 44–46.

[13] Wyatt, M. 2016. Microservices Principles, AT&T Internal White Paper.

第 9 章

[1] E. Amoroso. Rings around Things, AT&T Cyber Security Conference.

[2] Seven Pillars of Carrier Grade Security in the AT&T Global IP/MPLS Network, AT&T, 2011.

[3] ECOMP (Enhanced Control, Orchestration, Management, and Policy) Architecture White Paper, AT&T Inc., 2016.

[4] AT&T Project Astra, ISE. Northeast Project Award Winner 2015 and ISE. North America Project Award Winner 2015—Commercial Category.

[5] T. Kim, M. Peinado, G. Mainar-Ruiz. StealthMEM: System-Level Protection against Cache-Based Side Channel Attacks in the Cloud, USENIX Association, August 8, 2012.

第 12 章

[1] Bosshart, P. Programming Protocol-independent Packet Processors; ACM SIGCOMM Computer Communication Review; Vol. 44, No. 3, 88–95, July 2014.

[2] Clos, C. A Study of Non-blocking Switching Networks; Bell System Technical Journal; 32, No. 2, 406–424, March 1953.

[3] Kreutz, D. Software-defined Networking: A Comprehensive Survey; Proceedings of the IEEE; Vol. 103, No. 1, 14–76, January 2015.

[4] McKeown, N. OpenFlow: Enabling Innovation in Campus Networks; ACM SIGCOMM Computer Communication Review; Vol. 38, No. 2, 69–74, April 2008.

[5] Singh, A. Jupiter Rising: A Decade of Clos Topologies and Centralized Control in Google's Datacenter Network; Proceedings of the 2015 ACM Conference on Special Interest Group on Data Communication, pp. 183–197, London, United Kingdom, August 17–21, 2015.

[6] Stallings, W. Foundations of Modern Networking: SDN, NFV, QoE, IoT, and Cloud; Pearson Education Inc., Indianapolis, Indiana, 2016.

第 13 章

[1] M. Birk and K. Tse, Challenges for Long Haul and Ultra-long Haul Optical Networks, in Optically Amplifed WDM Networks, Academic Press, Chapter 10, p. 277.

第 15 章

[1] [3GPP_KPIS] 3GPP TS 32.450 V9.1.0 (2010-06)—Key Performance Indicators (KPI) for Evolved Universal Terrestrial Radio Access Network (E-UTRAN): Definitions (Release 9), ETSI, 2010.

[2] [CELLULAR_QOS] G. Gomez and R. Sanchez. End-to-End Quality of Service over Cellular Networks, John Wiley & Sons, 2005.

[3] [MERCURY] A. Mahimkar, Z. Ge, J. Wang, et al. Rapid Detection of Maintenance Induced Changes in Service Performance, Proceedings of the Seventh Conference on Emerging Networking Experiments and Technologies, Article No. 13, Tokyo, Japan, December 6–9, 2011.

[4] [LT_MERCURY_1] A. Mahimkar, H. H. Song, Z. Ge, et al. Detecting the Performance Impact

of Upgrades in Large Operational Networks, Proceedings of the ACM SIGCOMM 2010 Conference, pp. 303–314, New Delhi, India, August 30–September 3, 2010.

[5] [LT_MERCURY_2] A. Mahimkar, Z. Ge, J. Yates, C. et al. Robust Assessment of Changes in Cellular Networks, Proceedings of the Ninth ACM Conference on Emerging Networking Experiments and Technologies, pp. 175–186, Santa Barbara, California, December 9–12, 2013.

[6] [ARGUS] H. Yan, A. Flavel, Z. Ge, et al. Argus: Endto-end Service Anomaly Detection and Localization from an ISP's Point of View, Proceedings of the 31st Annual IEEE International Conference on Computer Communications (INFOCOM), Orlando, Florida, March 25–30, 2012.

[7] [TONA] Z. Ge, M. Kosseifi, M. Osinski, Method and Apparatus for Quantifying the Customer Impact of Cell Tower Outages, U.S. patent 9426665.

[8] [SON] J. Ramiro and K. Hamied (Editor). Self-Organizing Networks (SON): Self-Planning, Self-Optimization and Self-Healing for GSM, UMTS and LTE, Wiley, 2011.

[9] [OUTAGE_MITIGATION] X. Xu, I. Broustis, Z. Ge, et al. Magus: Minimizing Cell Service Disruption During Planned Upgrades, Proceedings of the 11th ACM Conference on Emerging Networking Experiments and Technologies. Article No. 21, Heidelberg, Germany, December 01–04, 2015.

[10] [DEVOPS] M. Loukides. What is DevOps? O' Reilly, 2012.

[11] [DEVOPS_PHOENIX] G. Kim, K. Behr, G. Spafford. The Phoenix Project: a Novel about IT, DevOps, and Helping Your Business Win, IT Revolution Process, 2014.

[12] [AGILE_2] C. Larman, Agile and Iterative Development: A Manager' s Guide, Addison-Wesley, 2004.

[13] [EDGEPLEX] A. Chiu, V. Gopalakrishnan, B. Han, et al. EdgePlex: Decomposing the Provider Edge for Flexibilty and Reliabity, Proceedings of the 1st ACM SIGCOMM Symposium on Software Defined Networking Research. Article No. 15, Santa Clara, California, June 17–18, 2015.

第 16 章

[1] Birk, M., G. Choudhury, B. Cortez, et al. Evolving to an SDN-enabled ISP Backbone: Key Technologies and Applications. IEEE Communications Magazine, 54(10):129–135, 2016.

[2] Jain, S., A. Kumar, S. Mandal, et al. B4: Experience with a Globally-deployed Software Defined WAN. ACM SIGCOMM Computer Communication Review, 43(4):3–14, 2013, ACM.

[3] Berde, P., M. Gerola, J. Hart, et al. ONOS: Towards an Open, Distributed SDN OS. In Proceedings of the Third Workshop on Hot Topics in Software Defined Networking, pp. 1–6, Chicago, Illinois, August 22, 2014, ACM.

[4] Choudhury, G., B. Cortez, A. Goddard, et al. Centralized Optimization of Traffic Engineering Tunnels in a Large ISP Backbone Using an SDN Controller. INFORMS Optimization Society Conference, March 17–19, 2016, Princeton, NJ.

[5] Zhang, Y., M. Roughan, C. Lund, et al. An Information Theoretic Approach to Traffic Matrix Estimation. In SIGCOMM ' 03, Proceedings of the 2003 Conference on Applications, Technologies, Architectures, and Protocols for Computer Communications, pp. 301–312, Karlsruhe, Germany, August 25–29, 2003.

[6] Feldmann, A., A. Greenberg, C. Lund, et al. Deriving Traffic Demands for Operational IP Networks: Methodology and Experience. IEEE/ACM Transactions on Networking, 9(3):265–280, June 2001.

[7] Lorido-Botrán, T., J. Miguel-Alonso, and J. A. Lozano. a Review of Auto-scaling Techniques for Elastic Applications in Cloud Environments. Journal of Grid Computing, 559–592, 2014.

[8] T. Lorido-Botrán, J. Miguel-Alonso, and J. A. Lozano. Auto-Scaling Techniques for Elastic Applications in Cloud Environments, University of Basque Country, Technical Report EHU-KAT-IK-09-12, 2012.

[9] Mao, M., J. Li, and M. Humphrey. Cloud Auto-scaling with Deadline and Budget Constraints. In Proceedings of the 11th IEEE/ACM International Conference on Grid Computing, pp. 41–48, Brussels, Belgium, October 2010.

[10] Anand, A., J. Lakshmi, and S. Nandy. Virtual Machine Placement Optimization Supporting Performance SLAs. 2013 IEEE 5th International Conference on Cloud Computing Technology and Science (CloudCom), vol. 1. IEEE, 2013, pp. 298–305. Bristol, United Kingdom, December 2–5, 2013.

第 17 章

[1] Andreessen, M. 2011. Why Software is Eating the World. The Wall Street Journal. August 20, 2011.

[2] Bias, R. 2012. Clouds are Complex, but Simplicity Scales; a Winning Strategy for Cloud Builders. Cloudscaling Blog. February 29, 2012.

[3] Salus, P. H. 1994. A Quarter Century of UNIX. Addison-Wesley, Reading, MA.

[4] Voegels, 2007. Dynamo: Amazon's Highly Available Key-value Store. 21st ACM Symposium on Operating Systems Principles, October 14–17, 2007, Stevenson, WA.

[5] McIlroy, M. D., E. N. Pinson, and B. A. Tague. 1978. UNIX Time-sharing System: Foreword. Bell System Technical Journal 57 (6): 1899–1904.

[6] Brooks, F. , B. Frederick. 1995. The Mythical Man-month: After 20 years. IEEE Software 12 (5): 57–60.

[7] Raymond, E. S. 2001. The Cathedral and the Bazaar: Musings on Linux and Open Source by

an Accidental Revolutionary. O' Reilly Media, Inc. ISBN 1-56592-724-9.

[8] Burgess, M. 2000. Principles of Network and System Administration. Wiley, Hoboken, NJ.

[9] Cheswick, B. 1991. An Evening with Berferd: in which a Cracker is Lured, Endured, and Studied, USENIX.